中国电建集团西北勘测设计研究院有限公司

技术专著系列

高寒地区高拱坝混凝土温度控制技术研究与应用

雷丽萍　黄天润　郭红彦　著

U0291687

中国水利水电出版社
www.waterpub.com.cn

·北京·

内 容 提 要

本书全面介绍了高寒地区高拱坝混凝土温度控制技术与工程应用成果，主要以黄河上游龙羊峡、李家峡、拉西瓦拱坝工程为依托，结合高寒地区气候特点与高拱坝混凝土温控设计标准和防裂要求，对混凝土原材料选择、配合比优化设计、热力学性能试验研究、运行期水库水温预测分析、拱坝准稳定温度场计算、典型坝段施工期温度应力与温控措施仿真计算研究、施工期温度应力反演分析研究、高寒地区高拱坝 MgO 微膨胀混凝土技术等开展了一系列关键技术研究工作，形成一整套完整的高寒地区高拱坝温度控制技术，为黄河上游、怒江、金沙江、澜沧江上游等高寒地区高拱坝温控设计与施工提供了有力的技术支撑，具有广泛的推广应用价值，对我国高寒地区高拱坝混凝土温控防裂具有较高的现实指导意义。

本书研究内容丰富，逻辑严密，资料翔实，工程实例资料完整，可供水电工程技术人员和科研单位及高等院校等相关专业人员参考。

图书在版编目（CIP）数据

高寒地区高拱坝混凝土温度控制技术研究与应用 / 雷丽萍，黄天润，郭红彦著. -- 北京：中国水利水电出版社，2020.9
ISBN 978-7-5170-8873-8

Ⅰ. ①高… Ⅱ. ①雷… ②黄… ③郭… Ⅲ. ①寒冷地区－混凝土坝－拱坝－温度控制－研究 Ⅳ. ①TV642.4

中国版本图书馆CIP数据核字(2020)第175238号

书　名	高寒地区高拱坝混凝土温度控制技术研究与应用 GAOHAN DIQU GAO GONGBA HUNNINGTU WENDU KONGZHI JISHU YANJIU YU YINGYONG
作　者	雷丽萍　黄天润　郭红彦　著
出版发行	中国水利水电出版社 （北京市海淀区玉渊潭南路 1 号 D 座　100038） 网址：www. waterpub. com. cn E - mail：sales@waterpub. com. cn 电话：(010) 68367658（营销中心）
经　售	北京科水图书销售中心（零售） 电话：(010) 88383994、63202643、68545874 全国各地新华书店和相关出版物销售网点
排　版	中国水利水电出版社微机排版中心
印　刷	北京印匠彩色印刷有限公司
规　格	184mm×260mm　16 开本　21 印张　511 千字
版　次	2020 年 9 月第 1 版　2020 年 9 月第 1 次印刷
印　数	0001—1000 册
定　价	118.00 元

作 者 简 介

雷丽萍　女，1964 年出生，大学本科毕业，教授级高级工程师。长期从事水电工程施工组织设计，尤其专注于大体积混凝土温控仿真计算及温控措施研究。曾编写了李家峡、拉西瓦、功果桥、赞比亚下凯富峡水电站大坝温控设计专题报告，负责并完成了"高寒地区高拱坝温度控制技术研究"科研报告的编写，参与了"干热河谷碾压混凝土坝温控技术"科研报告的编写，参编了《三峡水利枢纽混凝土工程温度控制手册》《混凝土坝温度控制设计规范》（NB/T 35092—2017）。主持并完成了引汉济渭三河口、新疆精河、金沙江叶巴滩等双曲拱坝投标大坝温控仿真复核研究报告，在大坝混凝土温控设计方面积累了丰富的经验。发表相关论文 6 篇，获省部级科技进步一等奖 5 项。

黄天润　男，1963 年出生，硕士研究生毕业，中国电建集团西北勘测设计研究院有限公司副总工程师，正高级工程师，电力勘测设计大师，中国水利学会碾压混凝土筑坝专业委员会委员，陕西省水力发电工程学会施工专业委员会理事。长期从事水电工程、岩土工程施工设计研究、技术管理和科研工作。曾任专业室负责人、施工处总工程师、拉西瓦水电站设计总工程师、EPC 总承包项目总工程师。先后主持或负责设计了李家峡、公伯峡、积石峡、拉西瓦、功果桥、鲁地拉、马来西亚巴贡、加纳布维、赞比亚下凯富峡、镇安等大中型水电工程 40 余项，在水利水电及岩土工程施工设计和技术管理方面积累了丰富的经验。获省部级科技进步一等奖 4 项、优秀工程设计一等奖 6 项、国家优秀工程设计金奖 1 项。2011 年获"陕西省优秀勘察设计师"称号。

郭红彦　男，1969 年出生，大学本科毕业，学士学位，中国电建集团西北勘测设计研究院有限公司副总工程师，正高级工程师，水利水电工程院（抽水蓄能工程院）院长。一直从事水电水利施工组织设计及技术管理工作。曾担任专业室主任，施工与造价设计分院院长，班多、茨哈峡、尔多工程副总设计工程师。曾负责设计或专业技术管理李家峡、拉西瓦、班多、羊曲、茨哈峡、尔多等 10 多项大中型水电工程项目，在施工组织设计及混凝土温度控制设计方面积累了丰富的实践经验，相关设计和科研成果多次获集团公司和省部级奖励。

20 世纪 80 年代建成的黄河龙羊峡水电站

黄河龙羊峡水电站上游水库

20 世纪 90 年代建成的黄河李家峡水电站

黄河李家峡水库全貌

2010 年建成的黄河拉西瓦水电站

黄河拉西瓦拱坝下游全貌

拉西瓦水电站进水口及开关站

拉西瓦水库初期蓄水深孔泄洪

前　言

近年来随着一批大型、巨型水电工程的建设，我国水电技术有了突破性的发展，达到了世界领先水平，在大坝混凝土原材料及温度控制方面积累了丰富的经验。水电作为一种清洁能源，正在适时有序开发，目前已经开始对黄河上游、金沙江上游等高寒地区工程开展前期勘探设计工作，规划了多个超过 200m 的高拱坝。众所周知，拱坝是一种复杂的超静定结构，温控防裂工作至关重要。高拱坝的温控防裂问题，是拱坝设计的关键技术课题。而高寒地区地质条件复杂，气候条件恶劣，高拱坝混凝土防裂问题尤为突出，温控难度大，对拱坝混凝土原材料和温度控制要求更高、更严格。

拉西瓦水电站位于青海省贵德县与贵南县交界的黄河干流上，是黄河上游龙羊峡—青铜峡河段规划的第二个大型梯级电站。该工程于 2002 年 7 月 1 日正式开工，2004 年 1 月截流，2009 年 4 月首批 5 号、6 号机组并网发电，2010 年 10 月大坝浇筑完成。随着拉西瓦水电站拱坝的成功建设，中国电建集团西北勘测设计研究院有限公司（以下简称"西北院"）在黄河上游已完成了龙羊峡、李家峡、拉西瓦三个大型水电站工程的高拱坝设计，最大坝高分别为 178m、155m、250m，这三座电站均地处西北青藏高原寒冷地区，具有年平均气温低、气温年变幅和日变幅大、冻融循环次数高、气温骤降频繁、气候干燥等不良气候条件，大坝混凝土温控防裂难度大。三个工程的成功建设，使西北院在高寒地区高拱坝混凝土温度控制技术方面积累了许多成功的经验。

本书主要以黄河拉西瓦、李家峡、龙羊峡水电站工程为依托，结合高寒地区气候特点、高拱坝混凝土温控设计标准和防裂要求，对高寒地区高拱坝混凝土原材料选择及其配合比性能、高寒地区高拱坝运行期水库水温及其坝体准稳定温度场、高寒地区高拱坝施工期温度应力及其温控措施、高寒地区高拱坝 MgO 微膨胀混凝土技术、高拱坝施工期温度应力反演分析等一系列关键技术进行了全面系统的研究，形成了一整套完整的高寒地区高拱坝温度控制技术，提出了符合高寒地区高拱坝工程实际的夏季温控防裂措施和冬季混凝土施工方法、保温标准及其综合防裂措施。为黄河上游、金沙江上游等高寒地区高坝混凝土温控防裂提供了有力的技术支撑，具有借鉴和指导意义。

全书共分 7 章。第 1 章、第 3 章、第 5 章、第 6 章由雷丽萍编写；第 2 章、第 4 章由雷丽萍、黄天润、郭红彦编写；第 7 章由黄天润、雷丽萍编写；黄天润、郭红彦对全书进行了统稿。李蒲健、白兴平参与了高寒地区高拱坝全年封拱灌浆温控措施研究，黄艳艳、王天广、王春国、权锋、张群、黄燕妮、郭浩洋、赵鑫等参与了部分图表处理和资料整理工作。

本书是在西北院完成的"高寒地区高拱坝混凝土温度控制技术研究"科研成果的基础上，经过进一步的深化提炼编写而成，是西北院几代人在黄河上游高寒地区工程建设中对高拱坝温控技术的探索与攻关，融入了作者从事大坝混凝土温控专业领域几十年工程经验的精华，在编写过程中也吸收了秦湘、陈聿伦等西北院老专家的工程经验和设计思路，是集体智慧的结晶。值此西北院建院 70 周年之际，谨以此书献给广大水电建设者，希望能为黄河上游、金沙江上游等高寒地区工程建设提供技术支持和参考。

在本书出版之际，对西北院领导和职工在本书编写中给予的大力支持与帮助、对参与工程的设计者与建设者，在此一并表示真诚的感谢。同时对北京水利水电科学研究院的张国新、胡平、杨萍、刘毅、王少江及武汉大学的常晓琳、周伟、段寅等科研院校研究人员对本书部分内容的合作研究表示真诚的感谢。

本书引用了国内部分专家的有关资料，对引自公开发表的书刊内容，均列为本书的参考文献，以表敬意和感谢。

由于作者水平有限，书中难免存在疏漏和不足之处，敬请广大读者批评指正。

作者

2020 年 8 月 28 日

目 录

第1章 概 述

1.1 主要依托工程概况

1.1.1 龙羊峡水电站

龙羊峡水电站位于青海省共和县和贵南县交界的黄河干流上，是上游龙羊峡—青铜峡河段规划的第一个梯级电站，是以发电为主的大型综合利用水利枢纽工程。坝顶高程2610m，水库正常高水位2600m，相应库容247亿 m^3，为多年调节水库。

拦河大坝为混凝土重力拱坝，最大坝高为178m，最大底宽80m，最大中心角$82°02'39''$，主坝上游面弧长396m，左右岸均设有重力墩和混凝土副坝，挡水建筑物前沿总长1272.6m，主坝混凝土总量为154万 m^3。该工程共分18个坝段，除厂房和泄洪坝段横缝间距为24m外，其余坝段横缝间距均为18m，顺水流方向设置三条施工纵缝。泄水建筑物由中孔、深孔、底孔泄水道和溢洪道组成。中孔布置在左岸，底孔、深孔和溢洪道布置在右岸。

电站共安装有4台单机容量为320MW的水轮发电机组，总装机容量为1280MW，为坝后式厂房。大坝混凝土采用5台20t缆机浇筑，$6m^3$ 机关车水平运输，于1982年6月28日开盘浇筑第一仓混凝土。1986年10月开始下闸蓄水，首台机组于1987年9月正式并网发电，1989年6月四台机组全部投入运行。坝址区气候条件如下：

(1) 多年平均气温为5.8℃；7月月平均气温最高，为19.2℃；1月月平均气温最低，为−9.3℃；气温年变幅达14.19℃。

(2) 一年中日温差大于15℃的天数约有208d，大于18℃的天数有138d。

(3) 年平均气温骤降次数为12次，平均各月均有出现，最大气温降温幅度达16℃，寒潮往往伴随大风，更加剧了气温骤降的冷击作用，全年刮6级风以上达80d。

(4) 正负气温交替频繁，年冻融循环次数达67次。

(5) 气候干燥，年降水量仅271mm，而蒸发量达2030mm，相对湿度仅52%。

(6) 冬季施工期长，每年10月下旬至次年3月下旬日平均气温低于5℃，混凝土即进入冬季施工，历时长达160d。

1.1.2 李家峡水电站

李家峡水电站工程是黄河上游龙羊峡—青铜峡河段规划的第三个梯级电站，工程位于青海省尖扎县和化隆县交界处，距西宁市直线距离55km。

该工程以发电为主，装机容量为2000MW，共装机5台，总库容为16.48亿 m^3，调节库容0.6亿 m^3，为日、周调节水库，属于一等大（1）型工程。枢纽主要建筑物主要由拦河坝、坝后式双排机厂房、泄引水建筑物等组成。拦河大坝为三心圆双曲拱坝，大坝建基面高程 2030m，坝顶高程 2185.0m，最大坝高 155m，最大底宽 40m，主坝共分 20 个坝段，其中 9～13 号坝段为河床引水坝段（压力钢管为坝后背管），16 号、7 号为左右中孔坝段，15 号坝段左底孔坝段，其余为边坡坝段，左岸设 1 号、2 号、3 号重力墩。沿坝轴线高程 2185m 横缝间距最大为 23.99m（1 号坝段），最小 16.47m（8 号坝段），横缝平均间距约 20m。主体工程混凝土总量为 252 万 m³，其中主坝约 130 万 m³，厂房及引水建筑物 48.36 万 m³，泄水及下游防护工程 49.35 万 m³。

大坝混凝土采用通仓浇筑，机关车水平运输，4 台 20t 平移式缆机配 6m³ 立罐垂直入仓浇筑。该工程主体于 1989 年 3 月开工，大坝混凝土于 1993 年 4 月 28 日开盘浇筑第一仓混凝土，于 1996 年 12 月 26 日首台机组发电，1999 年 12 月第四台机组发电，工程全部竣工。坝址区气候条件如下：

（1）多年平均气温为 7.8℃；7 月月平均气温最高，为 19.15℃；1 月月平均气温最低，为 -6.15℃；气温年变幅达 12.65℃。

（2）日气温变幅大，一年中日温差大于 15℃ 的天数约有 146d。

（3）气温骤降频繁，年平均气温骤降次数为 13 次，平均各月均有出现，最大气温降温幅度达 16.8℃，寒潮往往伴随大风，更加剧了气温骤降的冷击作用。

（4）正负气温交替频繁，年冻融循环次数达 77.2 次。

（5）太阳辐射热强，日平均照射时间为 6～8h。气候干燥，年降水量仅 331mm，而蒸发量达 1881.4mm，相对湿度仅 50.1%。

（6）冬季施工期长，每年 11 月上旬至次年 3 月中旬日平均气温低于 5℃，混凝土即进入冬季施工，历时长达 140d。

1.1.3　拉西瓦水电站

拉西瓦水电站位于青海省贵德县与贵南县交界的黄河干流上，是黄河上游龙羊峡—青铜峡河段规划的第二个大型梯级电站，属一等大（1）型工程。枢纽距上游龙羊峡水电站 32.8km（河道距离），距下游李家峡水电站 73km，距青海省西宁市公路里程为 134km。

枢纽主要建筑物包括拦河坝、右岸地下厂房、引水及泄水建筑物等。拦河坝为对数螺旋线双曲薄拱坝，最大坝高 250m，拱冠最大底宽 49m，拱端最宽处约 55m。大坝建基面高程 2210m，坝顶高程 2460m。主坝共分 22 个坝段，除 10～13 号坝段横缝间距较大（平均约为 23～25m）外，其余 18 个坝段横缝间距平均为 21m。水库正常蓄水位为 2452m，相应库容 10.89 亿 m³，电站总装机容量 4200MW。主体工程混凝土浇筑量约 373.4 万 m³，其中大坝及泄水建筑物约 295.2 万 m³。

拉西瓦水电站工程于 2002 年 7 月 1 日正式开工，2004 年 1 月 9 日实现黄河截流，大坝混凝土于 2006 年 4 月 15 日开盘浇筑，大坝混凝土采用 3 台 30t 中速缆机施工，9m³ 侧卸式自卸汽车运输。2009 年 3 月 1 日水库开始蓄水，2009 年 3 月 12 日大坝 2376.5m 以下灌区于全部灌浆完毕，水库初期蓄水发电水位为 2370m，2009 年 4 月实现首批（5 号机、6 号机）机组发电，2009 年 9 月 15 日 3 号机投产发电，2009 年 12 月 31 日 2 号机投产发电，2010 年 8 月 1 号机投产发电，2010 年 10 月坝体基本浇筑到顶高程 2460m，已经安全运行 11 年。坝址区气候条件如下：

（1）拉西瓦多年平均气温为 7.2℃；7 月月平均气温最高，为 18.3℃；1 月月平均气温最低，为−6.4℃；气温年变幅达 12.5℃。

（2）日气温变幅大，一年中日温差大于 15℃ 的天数约有 190d，大于 18℃ 的天数为 117d。

（3）气温骤降频繁，年平均气温骤降次数为 10.2 次，平均各月均有出现，最大气温降温幅度达 14.4℃，寒潮往往伴随大风，更加剧了气温骤降的冷击作用。

（4）正负气温交替频繁，年冻融循环次数达 117 次。

（5）太阳辐射热强，日平均照射时间为 8h。气候干燥，年降水量仅 175mm，而蒸发量达 1950mm，相对湿度仅 52%。

（6）冬季施工期长，每年 11 月上旬至次年 3 月中旬日平均气温低于 5℃，混凝土即进入冬季施工。

总结三个工程坝址区气候条件，均具有年平均气温低、日温差和气温年变幅大、气温骤降频繁、冻融循环次数多、冬季施工期长、气候干燥、太阳辐射热强等特点，这些均给混凝土表面保温带来极大困难，混凝土表面保温防裂要求高，温度控制措施更严格。

1.2 高寒地区气候特点

通过分析总结龙羊峡、李家峡、拉西瓦工程坝址区气象资料，对高寒地区气象特点总结如下：

（1）工程地处青藏高原寒冷地区，高程均大于 2000m，气候条件恶劣，具有年平均气温低（5.8~7.2℃），年气温变幅大（12.35℃）。相同条件下其基础温差应力和表面应力更大，大坝混凝土温度控制更难、更严格。

（2）气温日变幅大。日温差大于 15℃ 的天数，全年平均有 190d，这给混凝土表面保温带来困难，要求表面保温标准高，历时长。

（3）气温骤降频繁。全年平均出现 10~13 次，且各月均有出现；三日型最大降温幅度达 16.8℃（出现在 2—5 月），寒潮往往伴随着大风，大风又加剧了气温骤降的冷击作用。全年八级以上大风约有 17d，最大风速达 18m/s。频繁的寒潮、大风增加了混凝土表面保温防裂难度，因此须特别重视混凝土表面保护工作。

（4）正负气温交替频繁，年冻融循环次数达 117 次。因此，对混凝土的抗冻等耐久性要求较高。

（5）每年 10 月下旬混凝土进入冬季施工，到次年 3 月中旬结束，长达约 5 个月。冬季施工工序多，难度大，混凝土表面极易受冻开裂，必须重视混凝土冬季施工方法选择，要有较严格的表面保温措施。

（6）气候比较干燥，年降水量仅 175mm，而年蒸发量却达 1950mm，平均相对湿度仅 52%，太阳辐射热强，全年日照时数高达 2884.1h。混凝土表面极易出现干缩裂缝，需特别注意加强混凝土表面的养护工作。

（7）由于拱坝坝体较薄，坝体受外界气温变化影响更为敏感，因此应特别重视高拱坝混凝土上下游面永久保温工作。

高寒地区部分工程区气候特点见表 1.2−1~表 1.2−9。

表 1.2 - 1　　　　　　　　　　高寒地区部分工程区气温资料

项　目	气温/℃													坝顶高程/m
	1月	2月	3月	4月	5月	6月	7月	8月	9月	10月	11月	12月	全年	
龙羊峡水电站	-9.3	-4.3	2.7	8.6	13.1	15.7	19.2	17.5	12.7	5.7	-2.3	-8.5	5.8	2610
李家峡水电站	-6.2	-2.6	3.9	10.4	14.2	17.1	19.15	18.83	14.0	8.3	0.8	-4.87	7.8	2185
积石峡水电站	-5.0	-1.2	4.8	10.8	14.7	17.6	19.8	19.5	15.0	9.3	2.1	-3.6	8.7	1861
羊曲水电站	-11.9	-7	-1.4	4.3	8.7	11.6	13.4	12.8	8.5	2.5	-4.9	-9.8	2.3	2721
班多水电站	-13	-8.7	-1.4	2.4	6.9	9.8	11.6	11.0	6.9	1.0	-7.0	-11.9	-0.5	2764
叶巴滩水电站	1.9	5.4	8.1	11.0	15.4	17.9	18.2	17.3	14.9	10.7	5.7	1.7	10.8	2894
拉西瓦水电站工程坝址区气温资料统计表														
月平均气温	-6.4	-2.4	3.7	9.6	13.5	16.2	18.3	18.2	13.5	7.3	0.1	-5.0	7.2	2460
月平均最高气温	2.8	6.3	12.6	17.7	20.9	23.3	25.6	25.4	20.9	15.9	9.3	4.4	15.5	
月平均最低气温	-13.7	-9.8	-3.1	2.0	6.3	8.9	11.4	11.7	7.8	0.6	-6.5	-11.7	0.3	
极端最低气温	-23.8	-19.8	-15.1	-9.9	-3.5	-0.1	4.1	3.2	-3.3	-12.0	-17.8	-20.8	-23.8	
极端最高气温	13.7	18.3	25.3	35.0	30.5	32.3	38.7	34.7	32.4	25.6	19.3	13.2	38.7	
上旬平均气温	-7.3	-4.9	1.7	7.8	12.5	15.2	17.7	19.2	15.7	9.9	2.4	-3.6		
中旬平均气温	-7.3	-2.6	4.2	10.1	13.3	16.1	18.2	18.2	13.4	7.5	0.0	-5.4		
下旬平均气温	-5.6	-0.8	5.7	11.8	14.7	17.3	19.0	17.5	12.0	4.7	-2.2	-6.3		

表 1.2 - 2　　　　　　　　拉西瓦坝址区水温、地温资料　　　　　　　　单位:℃

项　目	1月	2月	3月	4月	5月	6月	7月	8月	9月	10月	11月	12月	全年
月平均水温	5.17	4.47	4.43	6.13	7.27	8.07	9.23	10.10	11.17	10.67	8.87	5.40	7.58
地表温度	-6.7	-1.4	6.5	13.8	18.6	21.9	23.6	22.3	16.8	9.5	0.6	-5.7	10.0
地下 5cm 温度	-5.2	-1.0	6.6	13.6	18.2	21.3	23.1	22.2	17.3	10.6	2.3	-3.9	10.4
地下 10cm 温度	-4.8	-1.1	6.2	13.1	17.7	20.9	22.8	22.1	17.6	11.1	3.0	-3.2	10.5
地下 15cm 温度	-4.3	-1.1	5.9	12.6	17.3	20.5	22.5	22.0	17.6	11.5	3.7	-2.5	10.5
地下 20cm 温度	-3.8	-1.1	5.4	11.9	16.7	19.9	22.1	21.9	17.8	11.8	4.2	-1.9	10.4

注　表中水温资料已考虑了龙羊峡水库蓄水后的影响,为 1995 年后平均实测资料。

表 1.2 - 3　　　　　　　拉西瓦地区降水量、蒸发量、湿度资料

项　目	1月	2月	3月	4月	5月	6月	7月	8月	9月	10月	11月	12月	全年
平均降水量/mm	9.6	7.4	0.5	8.6	19.7	20.6	30.0	22.4	22.6	9.7	12.2	11.7	175
平均蒸发量/mm	50.6	83.6	174.9	250.6	254.8	231.5	235.4	244.8	173.5	130.8	73.7	46.1	1950.3
最小相对湿度/%	0	0	0	0	0	6	12	3	3	0	2	0	0
平均相对湿度/%	42	39	40	43	53	60	65	61	63	59	51	47	52

表 1.2-4 拉西瓦地区日照时数、平均总云量、太阳辐射热

项　目	1月	2月	3月	4月	5月	6月	7月	8月	9月	10月	11月	12月	全年
日照时数/h	223.1	212.9	240.0	251.0	265.0	255.4	258.6	267.9	216.5	230.5	235.2	228.0	2884.1
日照百分率/%	73	71	66	64	60	60	60	64	60	68	76	77	66
平均总云量/%	0.44	0.56	0.66	0.66	0.72	0.70	0.65	0.59	0.64	0.49	0.38	0.35	0.57
太阳辐射热/(cal/cm^2)	8251	9375	12990	15046	16862	16874	17033	16096	12634	11330	8980	7858	155696

表 1.2-5 拉西瓦地区风力资料

项　目	1月	2月	3月	4月	5月	6月	7月	8月	9月	10月	11月	12月	全年
平均风速/(m/s)	1.3	2.2	3.0	0.7	2.5	2.1	2.0	2.1	2.2	1.8	1.3	1.1	2.0
平均最大风速/(m/s)	10.0	10.0	12.3	12.8	10.3	9.9	8.7	9.5	9.7	9.0	8.8	8.7	9.98
极大风速/(m/s)	15.0	16.0	18.0	18.0	18.0	17.0	14.0	13.0	13.0	16.0	15.0	15.0	18.0
≥8级风天数/d	1.1	1.6	5.0	4.3	1.3	1.0	0.3	0.7	0.3	0.6	0.4	0.7	17.3

表 1.2-6 高寒地区部分水电站冻融循环次数

项　目	1月	2月	3月	4月	5月	6月	7月	8月	9月	10月	11月	12月	全年
拉西瓦水电站	18.7	22.5	16.4	2.9	1.0	0	0	0	0	7.4	25.8	23.9	117
龙羊峡水电站		8.3	18.3	4.0						12.3	23.3	0.4	67.0
李家峡水电站	12.14	18.27	10.73	0.64						1.59	18.0	15.81	77.2

表 1.2-7 拉西瓦地区气温骤降资料统计表

项　目		1月	2月	3月	4月	5月	6月	7月	8月	9月	10月	11月	12月	全年
2～4日内日平均气温降低≥6℃的平均次数及出现频率	6～10℃平均次数	0.6	0.6	0.8	1.6	1.6	0.6	0.4	0.6	0.6	0.8	1.1	0.3	9.6
	11～15℃平均次数	0.1	0.1	0	0.1	0.2	0	0	0	0	0.1	0	0	0.6
	月平均总次数	0.7	0.7	0.8	1.7	1.8	0.6	0.4	0.6	0.6	0.9	1.1	0.3	10.2
	出现频率/%	6.9	6.9	7.8	16.7	17.6	5.9	3.9	5.9	5.9	8.8	10.8	2.9	100
不同降温类型日平均气温降温≥6℃的平均次数及出现的最大降温值	1日型 平均次数	0	0.3	0.3	0.8	1.0	0.2	—	0.2	0.4	0.3	0.2	0.2	3.9
	1日型 最大降温值/℃	—	6.8	6.7	8.3	8.5	8.5	—	6.5	7.5	8.0	6.2	6.8	8.5
	2日型 平均次数	0.3	0.7	0.7	1.1	1.6	0.4	0.4	0.6	0.5	0.6	0.6	0.3	8.0
	2日型 最大降温值/℃	7.7	11.3	8.9	9.7	14.1	9.4	6.4	8.3	8.1	10.5	8.5	8.0	14.1
	3日型 平均次数	0.7	0.7	0.2	0.7	1.1	0.5	0.1	0.6	0.1	1.0	1.2	0.2	7.1
	3日型 最大降温值/℃	10.1	9.5	8.9	10.6	14.4	9.5	6.2	10.7	8.4	10.9	9.0	8.9	14.4

表 1.2-8 各水电站寒潮资料对比表　　单位：次

项　目	1月	2月	3月	4月	5月	6月	7月	8月	9月	10月	11月	12月	全年
拉西瓦水电站	0.7	0.7	0.8	1.7	1.8	0.6	0.4	0.6	0.6	0.9	1.1	0.3	10.2
龙羊峡水电站	1.3	1.3	1.0	1.3	1.3	1.0	0.7	1.1	1.2	1.3	1.3	0.6	12.0
李家峡水电站	0.5	0.55	1.0	2.0	2.3	1.0	1.5	1.5	1.0	0.8	0.6	0.4	13.0

表 1.2-9　　　　　　　　　　日 温 差 天 数 统 计 表　　　　　　　　　　单位：d

日温差/℃ 项目	≥10	≥15	≥18	≥25
龙羊峡水电站多年平均天数	309	208	132	11
拉西瓦水电站多年平均天数	298	190	117	5
李家峡水电站多年平均天数	277	146		
刘家峡水电站多年平均天数			104	30

1.3　高拱坝混凝土设计要求及其温控特点

（1）大坝混凝土强度等级分区是按坝体不同部位的最大拉应力、压应力、抗渗、抗冻要求及其他特殊要求而定。高拱坝混凝土一般具有强度等级高、抗渗、抗冻、抗裂等耐久性指标高等特点。表 1.3-1 为国内部分高拱坝混凝土强度等级及耐久性要求。

表 1.3-1　　　　　　　国内部分高拱坝混凝土强度等级及耐久性要求

工程名称	最大坝高 /m	强度等级			抗冻等级			抗渗等级		
		下	中	上	下	中	上	下	中	上
拉西瓦	250	C32	C25	C20	F300	F300	F300	W10	W10	W10
小湾	292	C40	C35	C30	F250	F250	F250	W14	W12	W10
溪洛渡	278	C40	C35	C30	F300	F300	F250	W15	W14	W13
锦屏	305	C40	C35	C30	F300	F250	F250	W15	W14	W13
白鹤滩	284	C40	C35	C30	F300	F250	F250	W15	W14	W13

（2）高拱坝一般建基要求高，基础弹性模量均较大；由于拱坝的受力特点，对整体性要求高，均要求采取通仓浇筑的施工方法。而高拱坝拱冠和拱端厚度一般均较大，众所周知，基础仓面尺寸越大，基岩弹性模量越高，其基础混凝土约束应力越大，而混凝土强度等级高，绝热温升相对较高，相应的水化热温升应力越大，因而大坝温度控制要求更严格，难度更大。表 1.3-2 国内部分高拱坝混凝土温控计算基本参数。

表 1.3-2　　　　　　　　国内部分高拱坝混凝土温控计算基本参数

工程名称	最大坝高 /m	基岩弹性模量 /GPa	基础浇筑块尺寸 /(m×m)	最终绝热温升 /℃	自生体积变形
拉西瓦	250	30	55×23	26.0	$-33×10^{-6}$
小湾	292	30	72×26	27.0	$10×10^{-6}$
溪洛渡	278	20	23×60	28.0	$-38×10^{-6}$
锦屏	305	30	30×65	28.0	$-28×10^{-6}$
白鹤滩	284	26	23×85	23.4	$19.7×10^{-6}$

（3）为了满足大坝混凝土强度、抗冻、抗裂等耐久性要求，必须提高混凝土自身抗裂性能。

综上所述，高寒地区气候条件恶劣，具有年平均气温低、气温年变幅大、日变幅大、气温骤降频繁，年冻融循环次数高，日照强烈，气候干燥，冬季施工时间长等特点，对大坝混凝土强度等级要求高，抗渗、抗冻等耐久性指标要求更高，对混凝土表面保温防裂要求高；同时高拱坝基础浇筑块尺寸大，基岩弹性模量高，基岩约束应力和水化热温升应力大，大坝温度控制要求更严格，难度更大。

1.4 大体积混凝土结构特点

（1）大体积混凝土是脆性材料，抗拉强度只有抗压强度的 $1/10 \sim 1/12$，而且拉伸变形一般很小，短期加载时一般情况只有 $(60 \sim 100) \times 10^{-6}$，长期加载时的极限拉伸变形也只有 $(120 \sim 200) \times 10^{-6}$。

（2）大体积混凝土结构断面尺寸较大，由于水泥水化热的影响，混凝土浇筑后内部温度急剧上升，一般在 $3 \sim 7d$ 达到最高温度，但此时混凝土弹性模量小、徐变较大，因此升温阶段引起的压应力并不大；随着龄期的延长，混凝土的弹性模量逐渐增大，一般 28d 混凝土弹性模量达到最终弹性模量的 80% 左右，因此降温阶段弹性模量比较大而徐变又很小，在一定约束条件下会产生较大的拉应力。

（3）大体积混凝土通常暴露在大气中，与水或空气接触，受外界气温或水温的变化，会在大体积结构中产生相当大的拉应力。

（4）在钢筋混凝土结构中，拉应力是钢筋承担的，混凝土主要承受压应力。大体积混凝土通常是少筋或素混凝土，而大体积混凝土结构内，如果出现拉应力，只能依靠混凝土自身来承受，混凝土的抗拉强度越高，其抗裂能力愈强。

基于上述特点，在大体积混凝土结构设计中，通常不希望出现较大拉应力，仅仅允许产生较小的拉应力，一般高拱坝运行期允许拉应力不宜大于 1.2MPa。而在施工过程中或运行期间，大体积混凝土往往会因温度变化而产生较大的拉应力，若温度控制不当，大体积混凝土很容易产生裂缝。

1.5 混凝土温度应力发展过程

（1）早期应力：自混凝土浇筑开始，至水泥水化热发热基本结束，即升温阶段，一般约 1 个月，混凝土最高温度一般出现在 $3 \sim 7d$。这个阶段有两个特点：一是因水泥水化热作用而放出大量水化热，引起内部温度急剧上升；二是混凝土弹性模量随时间而急剧变化，这个阶段产生的主要是压应力。

（2）中期应力：自水泥放热作用基本结束时或混凝土开始降温，至混凝土冷却到最终稳定温度，即降温阶段，这个时期的温度应力是由于混凝土的冷却或外界温度的变化所引起的，中期应力与早期温度应力相叠加，即是施工期的最大应力。这个阶段弹性模量仍在变化，但变化幅度较小。

（3）晚期应力：混凝土完全冷却结束后的运行期，温度应力主要是由于外界气温的变化和水温的变化所引起的。这些应力和早期、中期的残余应力相互叠加形成了混凝土的晚期应力。

1.6　影响混凝土抗裂性能的主要因素

鉴于高寒地区气候特点与高拱坝混凝土温控要求，不仅要严格进行混凝土温度控制，同时还要提高混凝土自身的抗裂性能，以防止混凝土表面产生裂缝。

影响混凝土抗裂能力的主要因素有混凝土极限拉伸值、抗拉强度、弹性模量、徐变变形、自生体积变形、水化热温升、线膨胀系数、干缩变形等。评价混凝土的综合抗裂性指标如下：

$$K = \frac{\varepsilon_p + R_L C + G}{\alpha T_r + \varepsilon_s}$$

式中：K 为混凝土的抗裂能力；ε_p 为混凝土的极限拉伸值；R_L 为混凝土的抗拉强度；C 为混凝土的徐变度，可取 7d 加荷 90d 持荷龄期的徐变值；G 为混凝土的自生体积变形，可取 90d 的变形值；α 为混凝土的线膨胀系数；T_r 为混凝土的绝热温升，取 28d 的绝热温升值；ε_s 为混凝土的干湿变形，可取 90d 的变形值。

1.6.1　混凝土的极限拉伸值

混凝土的极限拉伸值是指在拉伸荷载作用下，混凝土的最大拉伸变形量，它是影响混凝土抗裂性能的主要因素。混凝土的极限拉伸的主要影响因素如下：

（1）混凝土的强度等级越高，混凝土极限拉伸值越大。即混凝土极限拉伸值随着混凝土的强度增长而增大；而且极限拉伸在早期增长很快，在 180d 后虽有增长，但是增值甚小。

（2）养护条件对混凝土极限拉伸值有较大影响，极限拉伸值随着混凝土的养护龄期延长而增长。潮湿养护比干燥存放时的极限拉伸值可提高 20%～50%。可见加强养护可提高混凝土的抗裂性。

（3）在水胶比相同的条件下，若用掺合料代替部分水泥，极限拉伸值将随掺合料掺量的增加而降低；同样，混凝土极限拉伸值随水泥浆相对体积或水泥含量的增加而增大；施工时若骨料级配变差或砂料变细等都会引起混凝土水泥浆量不足，振捣不密实，从而引起混凝土抗裂性能变差。

（4）采用高强度等级的水泥可提高混凝土极限拉伸值；同一强度等级不同品种的水泥的极限拉伸值差别不大。

（5）骨料从弹性模量和黏聚力两方面影响着混凝土极限拉伸值。用低弹性模量的骨料拌制的混凝土，其混凝土弹性模量也低，可提高混凝土极限拉伸值。如用轻质凝灰岩或陶粒做骨料拌制的混凝土，其极限拉伸值可提高 2～3 倍；用碎石做混凝土粗骨料比一般天然砂砾石可提高 20%～30%。

（6）若水泥中的 C_4AF 含量高，而 C_3A 含量低，其早期强度低，而后期强度增长率较高，其混凝土极限拉伸值一般较大。

1.6.2　混凝土抗拉强度

混凝土抗拉强度是影响混凝土抗裂性的重要因素之一。混凝土抗拉强度越大，混凝土的抗裂能力越高。影响混凝土抗拉强度的因素，基本上与影响抗压强度的因素相同。即水泥标号越高，水胶比越小，骨料表面越粗糙，混凝土振捣越密实，养护时间越长等，混凝土抗拉强度越高。

1.6.3　混凝土弹性模量

混凝土弹性模量是指混凝土产生单位应变所需要的力。它取决于骨料本身的弹性模量及混凝土的灰浆率。混凝土弹性模量越大，对混凝土抗裂越不利。

1.6.4　混凝土的徐变度

在持续荷载作用下，混凝土的变形随时间不断增加的现象称为徐变。徐变变形比弹性变形大 1～3 倍，单位应力作用下的徐变变形称为徐变度。混凝土的徐变对混凝土的温度应力有较大影响。对大体积混凝土来说，混凝土的徐变度越大，应力松弛越大，对混凝土抗裂越有利。

1.6.5　混凝土自生体积变形

在恒温恒湿条件下，由胶凝材料的水化作用引起的混凝土体积变形称为自生体积变形。当自生体积变形为膨胀时，尤其是 28d 龄期以后的膨胀，可补偿混凝土因温降产生的收缩变形，对混凝土防裂有利。当自生体积变形为收缩时，对混凝土防裂不利。因此自生体积变形对混凝土抗裂有不容忽视的影响。

1.6.6　混凝土线膨胀系数

混凝土线膨胀系数是指单位温度变化导致混凝土长度方向的变形。混凝土线膨胀系数一般为 $(5.4～12.6)×10^{-6}/℃$。混凝土线膨胀系数主要取决于骨料的线膨胀系数。一般石英岩骨料混凝土的线膨胀系数最大为 $12.6×10^{-6}/℃$，其次为砂岩骨料混凝土线膨胀系数为 $(11～12)×10^{-6}/℃$，灰岩骨料混凝土的线膨胀系数值最小，仅 $(5～6)×10^{-6}/℃$。混凝土的线膨胀系数与温度应力成正比，即混凝土温度应力随着线膨胀系数的减小而减小。线膨胀系数越小，对混凝土抗裂越有利。

1.6.7　混凝土水化热温升

混凝土的水化热温升越高，基础混凝土温差应力越大，混凝土的抗裂性也越差。影响混凝土水化热温升的主要因素为水泥的矿物成分、掺合料的品质与掺量、混凝土配合比、胶材用量等。

1.6.8　混凝土干缩变形

混凝土干缩变形是指置于未饱和空气中因水分散失而引起的体积收缩。影响混凝土干缩变形的主要因素有水泥、掺合料、骨料的品种及用量、混凝土龄期与养护条件等。对于大体积混凝土的干燥仅限于很浅的表面。一般暴露在 50％ 相对湿度的空气中，干燥影响深度约 7cm，需要一个月；而达到 70cm 深度需要 10 年。因此对于大体积混凝土而言，干缩的影响并不大。但是表面干缩容易引起表面干缩裂缝，因此施工中还是应重视早龄期28d 前的混凝土养护。

第 2 章　高寒地区高拱坝混凝土配合比性能研究

2.1　混凝土原材料选择

考虑高寒地区高拱坝混凝土具有强度等级高，对抗渗、抗冻、抗裂等耐久性指标要求高，大坝混凝土温度控制要求严格。因而大坝混凝土原材料选择时应从提高混凝土强度（尤其是早期抗拉强度）和抗冻等耐久性指标，减少水泥水化热温升，有利于大坝温度控制等方面综合考虑。

2.1.1　水泥

高拱坝混凝土应优先选择中热硅酸盐水泥或低热硅酸盐水泥，水泥的强度等级应与混凝土的设计强度等级相适应，且不宜低于 42.5 号，在满足《中热硅酸盐水泥、低热硅酸盐水泥》（GB/T 200—2017）对中热硅酸盐水泥要求的前提下，同时还要对水泥的主要化学成分、矿物组成、细度等提出严格的要求。

（1）为了利用 MgO 混凝土自生体积的延迟微膨胀性能，同等条件下宜选择自生体积变形是微膨胀的水泥，或者控制水泥内含 MgO 在 $3.5\%\sim5.0\%$，使混凝土的自生体积变形是微膨胀，减小收缩变形，以补偿混凝土降温时所产生的收缩拉应力，从而提高混凝土自身抗裂性能，有利于大坝混凝土温度控制。

（2）为简化混凝土温控措施，降低混凝土水化热温升，宜控制水泥 7d 水化热小于 280kJ/kg。

（3）为了提高混凝土的抗裂强度，宜控制水泥熟料中 C_4AF 的含量大于 16%，28d 抗折强度不小于 8.0MPa。

（4）水泥颗粒的粗细直接影响水泥的凝结硬化及强度。水泥颗粒越细，水泥水化作用越充分，凝结硬化的速度越快，其早期强度亦越高，但是对于大体积混凝土而言，水泥颗粒又不能太细，否则水泥早期发热速度较快，不利于温度控制，对混凝土早期防裂不利。因此水泥比表面积宜控制在 $250\sim300m^2/kg$。

（5）当混凝土骨料存在潜在碱—硅酸有害反应时，为了有效拟制碱骨料有害反应，必须采用低碱水泥，要求所用水泥中的碱含量（$NaO+0.658K_2O$ 计）必须小于 0.6%。

（6）为了提高混凝土的和易性，延缓混凝土凝结时间，要求生产水泥所用石膏中的 G 类石膏（$CaSO_4 \cdot 2H_2O$）应大于 75%。

（7）在环境水有侵蚀性的情况下，应选择具有抗侵蚀性能的水泥。如刘家峡、龙羊峡、李家峡三个工程地下水质分析表明，地下水对混凝土均有中等程度的硫酸盐侵蚀，而永登中热 42.5 号硅酸盐水泥有抗硫酸盐侵蚀性能，基本满足工程要求。

黄河上游大型工程使用的水泥品种主要有甘肃祁连山水泥有限公司生产的中热 42.5 号硅酸盐水泥和青海省大通水泥厂生产的中热 42.5 号硅酸盐水泥，这两种水泥质量稳定，性能优良，均能满足高拱坝对水泥的要求。

2.1.2 掺合料与外加剂

为了充分利用混凝土的后期强度，节省水泥用量，必须采用双掺技术，在满足混凝土各项性能指标的条件下，应最大限度地掺加优质粉煤灰、高效减水剂和引气剂，以便提高混凝土强度和抗冻性能，降低水泥水化热温升，简化温控措施，改善混凝土性能。

（1）为提高混凝土强度和抗冻性能，宜采用优质粉煤灰，并严格控制粉煤灰的烧失量、细度等。掺入的粉煤灰的品质应不低于Ⅱ级粉煤灰的质量要求。

（2）水工混凝土必须掺入适量的高效减水剂和引气剂，以便减少水泥用量，改善混凝土和易性。由于混凝土在浇筑及高频振捣过程中，可能会产生大量的气泡损失，应掺入一定的稳气剂。为保证外加剂质量，要求使用的外加剂生产厂家有一定生产规模和质量保证体系，质量均匀稳定，同时要求在满足混凝土的和易性等性能条件下，其减水率必须大于21%。外加剂的最佳掺量应通过试验确定。掺入的引气剂可使混凝土在搅拌过程中引入大量的不连续的小气泡，气泡直径不应大于0.2mm，确保含气量应控制在5%～6%。根据拉西瓦工程经验，含气量必须大于5.5%，否则相对动弹性模量损失较大。

2.1.3 骨料

在水工大体积混凝土中骨料的重量约占混凝土的85%，骨料的品质对混凝土的技术性能及经济效益均产生重要影响。选择性能优良的混凝土骨料是保证拱坝大体积混凝土具有良好的耐久性能以及高抗裂能力的先决条件。

2.1.3.1 骨料的基本特性

对于水工大体积混凝土来说，骨料最重要的特性就是强度特性、耐久性及热力学特性、均匀性。

（1）骨料的强度特性。骨料的强度特性主要取决于其矿物组成、结构致密性、质地均匀性等。水工混凝土一般采用岩石饱和抗压强度、压碎指标以及跌落损失等指标评价人工骨料的强度特性。混凝土的强度随着骨料的岩石强度增大而提高；骨料的压碎指标越小，骨料的岩石强度越大；人工骨料的跌落损失随着岩石强度增加而减小。对于人工骨料，规范要求控制母岩饱和抗压强度大于40MPa。对于200m级高拱坝，一般要求母岩饱和抗压强度宜大于1.5倍的混凝土强度等级，以保证其有较多的强度储备。

（2）骨料的耐久性。概括地讲，骨料的耐久性是指骨料物理作用的体积稳定性和化学作用的体积稳定性。前者指由于骨料颗粒内部含水量因冻融-干湿-温差变化等引起骨料体积变化，从而导致混凝土体积失稳而降低耐久性，以及由于骨料的磨损对混凝土抗冲磨能力的影响；后者则指碱-骨料反应的化学破坏作用，造成混凝土内部体积稳定性的变化。

水工混凝土一般采用坚固性、耐磨性以及碱活性等指标评价人工骨料的耐久性。骨料的坚固性指标越小，所配制混凝土的抗冻融能力越强；骨料磨损率越小，混凝土的抗冲磨强度越高。一般宜选择坚固性指标和磨损率较小，同时又没有碱活性反应的骨料。

（3）骨料热力学特性。骨料的弹性模量和线膨胀系数是影响混凝土热学特性的主要因素之一。混凝土弹性模量、线膨胀系数主要取决于骨料的特性。骨料的弹性模量越大，混凝土的弹性模量将越大，极限拉伸将减小。根据工程试验统计资料，石英岩线膨胀系数最大，为 $12.6 \times 10^{-6}/℃$；其次是砂岩、花岗岩、玄武岩，砂岩的线膨胀系数为 $11.5 \times 10^{-6}/℃$，而石灰岩的线膨胀系数最小约为 $5.4 \times 10^{-6}/℃$，对混凝土温控有利。

为减小大坝混凝土温度应力，有利于温控防裂，一般宜选择弹性模量低和混凝土线膨胀系数较小的骨料。对于有条件的工程，首先选择石灰岩骨料；也可采用组合骨料，可利用低线膨胀系数的骨料做细骨料，以降低混凝土线膨胀系数。如溪洛渡水电站拱坝混凝土采用灰岩砂代替玄武岩砂，其混凝土的线膨胀系数减小 20.7%。锦屏一级水电站拱坝混凝土采用大理岩砂代替砂岩砂，其混凝土的线膨胀系数减小 16.5%，同时掺大理岩人工砂可以降低砂岩混凝土 1 年的膨胀率 26.5%～46.5%。由此可见，在砂岩混凝土中掺用大理岩人工砂，不仅可以减小混凝土线膨胀系数，还有利于减小砂岩混凝土的碱活性膨胀变形。

（4）骨料的均匀性。高拱坝对骨料均匀性要求较高，要求粗细骨料应质地坚硬、清洁、级配良好。天然骨料砂的细度模数宜为 2.2～3.0，人工骨料砂子细度模数宜为 2.4～2.8。粗骨料的超逊径含量应满足设计要求，天然骨料的针片状含量小于 15%。

一般天然骨料往往存在天然级配差、砂子细度模数分配不均等缺点。如拉西瓦水电站红柳滩料场中天然级配较差，各级骨料分配不均。粗骨料中粒径为 150～80mm 的含量 19.16%，粒径为 80～40mm 的含量 27.63%，粒径为 40～20mm 的含量 22.05%，粒径为 20～5mm 的含量 31.16%。可知，粗骨料粒径为 80～150mm 特大石含量较少，粒径为 5～20mm 的小石含量较多。混凝土细骨料占整个料场的 27.4%，细骨料级配稍差，其中极粗砂含量为 15.6%、粗砂 14.2%、中砂 25.3%、中细砂 25.1%、细砂 10.6%；砂子颗粒偏粗，细度模数 2.8～3.0，属于偏粗的中砂，且整个料场砂子细度模数分配不均。因此在砂石加工系统中应采取下列措施：

1）增加细砂回收设施。

2）将砂子分粗砂和细砂两级堆放，均匀掺混，避免砂子细度模数不均匀变化。

3）增加人工制砂设施，采用富裕的小石制砂。

4）有序分区开采，均衡生产等措施调整砂的细度模数，使天然砂的细度模数尽量达到 2.4～2.8 的要求。

2.1.3.2　骨料碱活性及其判定方法综述

一般岩石中含有一定量的酸性—中性火山玻璃、隐晶—微晶石英、方石英等矿物成分，这种岩石可能具有碱-硅酸活性反应；一般碳酸盐岩石中含有细粒泥质灰质白云岩或白云质灰岩、硅质灰岩及硅质白云岩，那么这种碳酸盐岩石可能具有碱-碳酸活性反应。常见的碱活性岩石如表 2.1-1 所示。

碱骨料反应是影响混凝土耐久性的一个重要因素，特别是对于大坝混凝土结构。一旦发生碱骨料反应将无法补救，给工程带来的危害是相当严重的。

目前国内外工程界检验混凝土骨料碱活性骨料的常用方法一般可分为三大类，即化学法、岩相法、测长法。其中，测长法又可分为多种试验方法，如砂浆棒长度法、混凝土棱柱体法。按照试验周期长短又可分为常规试验方法和快速试验方法。

（1）岩相法：岩相法的基本理论是基于光性矿物学。具体操作是把骨料磨制成薄片，在偏光显微镜下鉴定矿物成分及其含量，以及矿物结晶程度和结构，并测定其隐晶质、玻璃质成分含量。岩相法是最基本的方法，能够判断骨料中是否含有碱活性的岩石矿物，但

表 2.1 - 1   常 见 的 碱 活 性 岩 石

岩石类别	岩石名称	碱活性矿物成分
火成岩	流纹岩、应安岩、斑岩	玻璃或析晶玻璃，方石英和鳞石英，蛋白石质/玉髓暗脉/晶体填充物，微晶或隐晶质石英
	安山岩	玻璃或析晶玻璃，方石英和鳞石英，蛋白石质/玉髓暗脉/晶体填充物
	松脂岩、珍珠岩、黑曜岩	酸性—中性火山玻璃，隐晶—微晶石英、方石英等
	花岗岩、花岗闪长岩、石英-闪长岩	高应变石英或微晶石英，蛋白石质或玉髓脉
	玄武岩（包括粗玄岩）	玻璃或析晶玻璃，蛋白石/玉髓暗脉/晶体填充物
沉积岩	火山熔岩、火山角砾岩	火山玻璃
	凝灰岩（包括熔结凝灰岩）	玻璃或析晶玻璃，鳞石英，高应力石英，微晶或者隐晶质石英，蛋白石质/玉髓质暗脉/晶态填充物
	砂岩和粉砂岩	高应变石英。一些岩石胶结了大量蛋白硅、玉髓硅、微晶石英或隐晶质石英
	杂砂岩	微晶或隐晶质石英，尤其是在一些变质杂砂岩中。但不是所有的杂砂岩都有碱活性
	硅藻土	蛋白石
	碧玉	玉髓、微晶石英
	燧石	玉髓质硅，微晶或隐晶质石英。一些变体可能含有蛋白质硅
	白云岩（细粒泥质灰质白云岩、硅质白云岩）	细粒的石英、蛋白石或玉髓，细白云石晶体（可能导致碱-碳酸盐反应）
	灰岩（灰泥、白垩、白云质灰岩、硅质灰岩）	细碎散布的石英、蛋白石或玉髓，与煌石有关
	泥岩、黏土岩、硬泥绿石	微晶或隐晶质石英
变质岩	角页岩	微晶或隐晶质石英
	板岩、千枚岩	微晶或隐晶质石英
	片麻岩（麻粒岩、片岩）	高应变石英和（或）石英颗粒之间的弱结晶边界，微晶或隐晶质石英，蛋白石质或玉髓脉
	糜棱岩、碎裂岩、角砾岩	应变、重结晶的石英，隐晶质和微晶质石英，玻璃状材料
	石英岩	高应变石英和（或）石英颗粒之间的弱结晶边界，微晶或隐晶质石英

这个方法只能定性而不能定量地评估含碱活性骨料在混凝土中引起破坏的程度。

（2）化学法：美国 ASTM 标准 C289 骨料潜在碱活性试验方法和我国《水工混凝土砂石骨料试验规程》（DL/T 5151—2014）中均有规定。化学法仅仅是反映骨料与碱发生化学反应的能力，由于其反应时间短（24h），这种方法对评价高活性的骨料是合适的，但应注意某些矿物如碳酸盐等的干扰。碳酸盐可使试验结果产生较大的偏差，特别是对缓慢反应的岩石或者活性微弱的骨料，往往会作出非碱活性的错误结论。

（3）砂浆棒长度法：美国 ASTM 标准 C227 水泥-骨料混合物潜在碱活性检验方法和我国有《水工混凝土砂石骨料试验规程》（DL/T 5151—2014）第 5.2 节砂浆棒长度法均

有规定。此方法使用的水泥含碱量应为 1.2%，水泥与骨料的比例为 1 : 2.25。砂浆棒长度法适用于碱骨料反应快的骨料，而不适用于碱骨料反应慢的骨料。砂浆棒长度法一直是作为碱活性鉴定的经典方法。1951 年由美国提出并制定了试验标准，并列入许多国家的标准中。这种方法对活性较高、反应较快的骨料的检验是适用的，可以判定骨料的碱活性；但对于反应较慢的活性骨料或活性较低的骨料，这种方法往往不能在指定时间内作出准确的判断，甚至造成误判。

（4）砂浆棒快速法：砂浆棒快速法是 1986 年由南非建筑研究所的 Oberholoster 和 Davis 提出，加拿大、日本、印度等国都普遍采用这种方法，美国于 1994 年将其列为正式 ASTM 标准 C1260 - 94。具体方法见美国 ASTM 标准 C1260 - 94《骨料潜在碱活性试验方法》（砂浆棒法），我国《水工混凝土砂石骨料试验规程》（DL/T 5151—2014）第 5.4 节关于砂浆棒快速法也叙述了相应的试验方法。骨料的级配含量与水泥骨料之比与美国 ASTM 标准 C227 方法一致。试件成型后，连模一起放入温度为 20℃、相对湿度 95% 的养护室或养护箱中，养护 24h 后脱模，并测量试件的初始读数，然后把试件放入 80℃ 恒温密封水浴箱中恒温 24h，将试件取出擦干，快速测量试件基准长度，然后浸泡在盛有 1mol/L NaOH 溶液的养护筒中，并将养护筒放入温度 80℃ 的恒温水浴箱中，观测 3d、7d 和 14d 的试件长度，并计算砂浆膨胀率。

该方法能在 16d 内检测出骨料在砂浆中的潜在有害的碱-硅酸反应，尤其适合于检验反应缓慢或只在后期才产生膨胀的骨料。砂浆棒快速法不仅可以作单一一种活性骨料碱活性判定，而且还可以作混合骨料的碱活性评定。

砂浆棒快速法是在采取高温、高碱等措施下，加速活性骨料与碱的反应，能在较短时间内检测出骨料在砂浆中的潜在有害的碱-硅酸反应。试验证明，砂浆棒快速法可大大缩短周期，而且并不导致非活性骨料与碱反应。因此砂浆棒快速法是目前检验骨料碱活性的快速试验方法，也越来越多地被人们所接受。1993 年，中国工程建设标准化协会将砂浆棒快速法推荐为评定我国骨料碱活性的行业标准，特别是在评定慢膨胀骨料碱活性方面，显示出了优越性。

（5）混凝土棱柱体试验法是根据加拿大标准（CAN/CSA - A23.2 - 14A - M90）骨料的潜在膨胀编写而成。混凝土棱柱体法比砂浆棒长度法更接近实际情况，许多试验资料表明，其试验结果与其他试验方法的评定结果基本一致。但是试验龄期长达 2 年，不能快速取得结果。

骨料碱活性判定及其抑制措施更不容忽视。通常采用岩相法初步判定是否具有碱活性岩石，砂浆棒快速法进行进一步判定，这种方法简单快速，而且一般不会漏判，重要的工程还须进行混凝土棱柱体法判定。这种方法龄期长，试验尺寸大，接近工程实际。粉煤灰对骨料碱活性反应具有明显的抑制作用，随着粉煤灰掺量的增加，活性骨料混凝土的膨胀率将大幅度减小，当混凝土中掺用 20% 以上的粉煤灰时，其混凝土膨胀率明显降低，抑制效果明显。

混凝土骨料碱活性检验方法汇总见表 2.1 - 2。

2.1.3.3　骨料选择原则

混凝土骨料的选择应根据优质、经济、就地取材的原则进行选择。必须高度重视骨料

表2.1-2 混凝土骨料碱活性检验方法汇总表

检测方法	硅酸盐骨料的碱活性检验			碳酸盐骨料的碱活性检验
	砂浆棒长度法	砂浆棒快速法	混凝土棱柱体试验法	
试验综述	测定水泥砂浆试件的长度变化，以判断水泥中的碱与活性骨料间的反应引起的膨胀是否具有潜在危害。该方法主要适用于检验碱硅酸（盐）反应，不适用于碱-碳酸盐反应	该方法能在16d内检测出骨料在砂浆中的潜在碱-硅酸反应。该方法主要适用于检验碱硅酸反应较快产生膨胀的骨料	评定混凝土试件在升温及潮湿条件养护，水泥中的碱与骨料反应引起的膨胀是否具有潜在危害。该方法可适用于碱-硅酸反应和碱-碳酸盐反应	碱-碳酸盐反应主要是脱去白云石反应。该试验是用固定浓度的碱，浸泡碳酸盐岩样，定期测量脱白云石岩样的膨胀过程。该方法适用于碳酸盐岩石的研究与料场初选
试验条件	养护温度38℃±2℃，要求系统碱含量为1.2%±0.05%，水泥与砂的质量比1:2.25，砂浆流动度为105~120mm	养护温度80℃±2℃，要求水泥中的碱含量为0.9%±0.1%，水泥与砂的质量比1:2.25，水胶比0.47	养护温度20℃±3℃，相对湿度95%标准养护下，总碱含量为1.25%，水胶比0.42~0.45	试件为圆柱体岩样，直径9mm±1mm，长35mm±5mm，放入盛有4%的NaOH 1L容器瓶，置于20℃±2℃的恒温室保存，然后定期取出测量试件长度变化
评定标准	当砂浆半年膨胀率小于0.1%，或三个月膨胀率大于0.05%时，即评定为具有潜在危害性的活性骨料，反之为非活性骨料	砂浆试件14d的膨胀率小于0.1%，则骨料判定为非活性骨料；砂浆试件14d的膨胀率大于0.2%，则骨料判定为活性骨料；砂浆试件14d的膨胀为0.1%~0.2%，应结合现场记录、岩相分析，并延长至28d后的结果综合评定	当试件一年的膨胀率等于或大于0.04%时，则判定为具有潜在危害反应的活性骨料；膨胀率小于0.04%则判定为非活性骨料	浸泡84d试件膨胀率大于0.1%，该岩石应评定为具有潜在碱活性危害，不宜作为混凝土骨料

的强度特性、耐久性及热学特性指标。应选择骨料压碎指标和坚固性指标相对较小、弹性模量适中、线膨胀系数相对较小的骨料。从经济性考虑，可优先选用天然骨料，其次为人工骨料，或者两者互相补充，即组合骨料。从提高混凝土抗裂性能方面考虑，可对天然骨料和人工骨料、组合骨料进行综合比较后确定。对于高拱坝应优先选择性能优良的混凝土骨料。

选择天然骨料时，应选择质地坚硬、清洁、级配良好的骨料，必须严格控制粗骨料的压碎指标小于 12%、坚固性小于 5%，控制骨料的针片状和软弱颗粒含量满足设计要求。对于天然级配较差的骨料，在砂石加工系统工艺设计中应采取以下措施改善砂子级配：

（1）采用细砂回收设施回收细砂。

（2）将砂子分粗砂和细砂两级堆放，通过料堆堆存调节产量的不均匀性。

（3）增加人工制砂设施，采用富裕的小石制砂及对粗砂磨细，以补充细砂，调整砂的细度模数。

（4）砂子采用分区开采，均衡生产；使天然砂的细度模数达到 2.4～3.0 的要求。

选择人工骨料时，若有条件时，宜优先选择石灰岩骨料；也可采用组合骨料，利用线膨胀系数低、骨料弹性模量低的骨料做细骨料，以降低混凝土线膨胀系数。控制母岩的饱和抗压强度大于混凝土强度等级的 1.5 倍，压碎指标小于 12%，岩石的坚固性指标小于 5%。

2.2　混凝土配合比设计原则和方法

结合高寒地区气候特点，高拱坝不仅要求混凝土具有较高的抗压强度、抗冻、抗渗等耐久性指标，同时要求提高混凝土自身的抗裂能力。一般要求 28d 的极限拉伸值不小于 0.85×10^{-4}，90d 极限拉伸值不小于 1.0×10^{-4}。配合比设计的核心是提高混凝土的抗冻及抗裂性能，应选择优质的水泥、粉煤灰和骨料，配合比设计宜采用"两低三掺"的原则，即低水胶比、低用水量；高掺粉煤灰、高效减水剂、优质引气剂（破乳剂、稳气剂）等。

2.2.1　设计龄期

根据高拱坝工程规模和施工期长、承受荷载晚的特点，为了充分发挥粉煤灰混凝土后期强度，减少胶凝材料用量，降低混凝土绝热温升，大坝混凝土一般采用 90d 或 180d 设计龄期，采用 360d 设计龄期或更长龄期时，需要经过论证。国内一些坝高超过 200m 的高拱坝如拉西瓦、小湾、锦屏、溪洛渡等均采用 180d 的设计龄期，与 90d 龄期相比，180d 设计龄期可节约 10% 的胶材用量，降低混凝土绝热温升 2～4℃，经济效益显著。高寒地区高拱坝，对混凝土早期抗裂强度要求较高，不宜使用 360d 的设计龄期。

2.2.2　粉煤灰掺量

高寒地区高拱坝混凝土强度等级及抗裂指标要求高，尤其是早期抗裂强度，因此粉煤灰掺量不宜过大，且粉煤灰的品种和掺量应通过试验论证。工程经验表明，一般应控制基础约束区混凝土粉煤灰最大掺量不宜大于 30%，非约束区混凝土的粉煤灰最大掺量不宜大于 35%。采用更高掺量时，需通过试验论证。

2.2.3 外加剂

为提高混凝土的抗冻性，应掺入适量的高效减水剂和引气剂。为避免高频振捣过程中混凝土气泡损失过大，可掺入适量的稳气剂，以确保混凝土含气量在 5%～6% 范围内。若大气泡较多，可掺入适量的破乳剂。外加剂的品种和掺量需通过试验论证。要求减水剂的减水率大于 21%。

2.2.4 强度保证率

《混凝土拱坝设计规范》（DL/T 5346—2006）规定，坝体混凝土强度用混凝土抗压强度的标准值表示，混凝土抗压强度标准值应在设计龄期下，用标准试验方法制作养护的边长为 150mm 立方体试件，用标准试验方法测得的具有保证率 80% 的抗压强度确定。考虑高寒地区高拱坝混凝土粉煤灰掺量较大，对混凝土早期强度有一定影响，因此为提高混凝土早期强度，高寒地区高拱坝混凝土强度保证率一般要求不低于 85%。

2.2.5 配合比设计原则及方法

混凝土配合比是指混凝土中的胶凝材料（水泥、掺合料）、粗骨料、细骨料、水及外加剂等材料用量之间的比例关系。混凝土配合比设计的任务就是将原材料合理地加以配合，在满足混凝土强度、耐久性、和易性等指标要求的前提下，采用较小的胶凝材料用量，以降低水泥水化热温升，有利于大坝混凝土温控防裂，同时降低工程造价。

混凝土配合比设计实质就是确定四种原材料之间的对比关系。即水泥与水之间的对比关系（即水胶比 W/C）、砂子与石子之间的对比关系（砂子占砂石总重量的百分数，即砂率）、水泥浆与骨料之间的对比关系（用单位用水量来表示），当这三种对比关系确定后，混凝土的配合比就确定了。由于在施工过程中将会出现混凝土质量不均匀的现象，因此在确定水胶比时，应根据现场施工质量控制水平和设计要求的强度保证率，首先确定施工配置强度，然后再计算水胶比、砂率及单位用水量。

2.2.5.1 施工配置强度的确定

根据混凝土强度等级要求和设计强度保证率要求确定混凝土施工配置强度。混凝土配置强度计算公式为

$$f_{cu,0} = f_{cu,k} + t\sigma$$

式中：$f_{cu,0}$ 为混凝土制强度，MPa；$f_{cu,k}$ 为混凝土设计龄期的强度标准值，MPa；t 为概率度系数；σ 为混凝土强度标准差，MPa。

混凝土保证率和概率度系数对应表详见表 2.2-1，混凝土强度标准差详见表 2.2-2。

表 2.2-1　　　　　　　　混凝土保证率和概率度系数对应表

保证率	62.5	69.2	72.5	75.8	78.8	80.0	82.9	85.0	90.0	93.3	95.0	97.7	99.9
概率度系数	0.40	0.50	0.60	0.70	0.80	0.84	0.95	1.04	1.28	1.50	1.65	2.0	3.0

表 2.2-2　　　　　　　　混凝土强度标准差

强度标准值	≤C15	C20～C25	C30～C35	C40～C45	≥C50
标准差	3.5	4.0	4.4	5.0	5.5

2.2.5.2　确定水胶比的原则

当混凝土原材料品种、质量等其他条件不变的情况下，水胶比（W/C）的大小，直接决定了混凝土的强度和耐久性。试验证明，在原材料相同的情况下，混凝土的强度随水胶比的增大而降低的规律呈曲线关系，而混凝土的强度与灰水比（即水胶比的倒数）的关系则呈正比例直线关系，即灰水胶比越大混凝土强度越高，灰水比越小混凝土强度越低；反之，水胶比越小混凝土强度越高，水胶比越大混凝土强度越低。可根据不同水胶比的混凝土强度试验结果，采用数学统计的方法，建立混凝土强度与水胶比之间的关系公式。

（1）确定水胶比的原则上是在满足强度、耐久性及和易性等要求的前提下，尽可能选用较大的水胶比，即选择较小的胶凝材料用量，以节约水泥，降低混凝土水泥水化热，有利于大坝混凝土温控防裂，同时节省工程造价。

（2）对于高寒地区，应适当减小水胶比，提高混凝土的抗冻性能等耐久性，宜控制混凝土最大水胶比小于表 2.2-3 的要求。高强度等级（＞C25）混凝土最大水胶比宜不大于 0.45。

表 2.2-3　　　　　　　　　　　　大坝混凝土允许最大水胶比

气候分区	混 凝 土 部 位				
	水上	水位变化区	水下	基础	抗冲磨
严寒和寒冷地区	0.50	0.45	0.50	0.50	0.45
温和地区	0.55	0.50	0.50	0.50	0.50

表 2.2-4 为国内部分高拱坝混凝土强度等级及水胶比要求。相比较而言，拉西瓦地处高原寒冷地区，抗冻等级较高为 F300，其强度等级虽不是最高的，但其水胶比相对较小，对提高混凝土耐久性有利。

表 2.2-4　　　　　　　　国内部分高拱坝混凝土强度等级及水胶比要求

工程名称	气候条件	最大坝高 /m	强度等级			抗冻等级			水胶比		
			下	中	上	下	中	上	下	中	上
拉西瓦	寒冷地区	250	C32	C25	C20	F300	F300	F300	0.40	0.45	0.50
小湾	温和地区	292	C40	C35	C30	F250	F250	F250	0.42	0.46	0.50
溪洛渡	温和地区	278	C40	C35	C30	F300	F300	F300	0.42	0.46	0.50
锦屏	温和地区	305	C36	C30	C25	F200	F200	F200	0.43	0.48	0.53

（3）提高混凝土的抗冻性等耐久性指标：《混凝土拱坝设计规范》（DL/T 5346—2006）规定，要求寒冷地区大体积混凝土抗冻等级达到 F200，严寒地区的大体积混凝土抗冻等级达到 F300。但是由于水工混凝土工作条件的复杂性、长期性和重要性，目前对水工混凝土的抗冻指标的认识已提高到一个新的高度和水平。因此国内一些温和地区的高拱坝如小湾、锦屏、溪洛渡等大坝混凝土抗冻等级已突破规范，抗冻等级采用 F250、F300 等。混凝土的抗冻等级是评价水工混凝土耐久性的重要指标，如何提高大坝混凝土的抗冻指标是大坝混凝土配合比设计的重要内容。

混凝土受冻破坏的根本原因是由于混凝土中的水冻胀破坏。影响混凝土的抗冻指标的因素很多，包括水胶比、含气量、气泡间距及孔径大小、水泥、掺合料、外加剂品种及掺量、骨料粒径等，同时施工工艺、养护条件、环境等也会影响混凝土的抗冻性能。提高混凝土的抗冻性能主要从以下几方面入手：

1）降低水胶比：即在水泥用量一定的条件下，减少单位用水量，从而减少混凝土中的孔隙水，可使混凝土致密，渗透性小，孔隙率降低，从而提高混凝土的抗冻性。

2）含气量：混凝土中掺入优质高效减水剂和引气剂，可使混凝土引入大量互不贯通、密闭均匀的孔径为 0.05～0.2mm 的微小气泡，隔断毛细管渗水通路，改变混凝土的孔隙结构。不仅提高混凝土的抗冻性，而且提高混凝土的抗渗性。大量试验证明，混凝土含气量在 5%～6% 时，可有效提高混凝土的抗冻性；但当含气量超过一定量时，含气量每增加 1%，混凝土强度相应降低 3%～5%，所以含气量不宜过高，应通过试验确定最佳含量。

3）气泡间距及孔径大小：在含气量一定条件下，对混凝土抗冻性起决定作用是气泡间的距离和气泡孔径，也就是单位体积气泡数的多少。间距越小，单位体积气泡数越多，则有利于混凝土抗冻性的提高；当气泡直径大于 $450\mu m$ 时，对混凝土抗冻性能是不利的。因此为减小奈系减水剂所产生的大气泡，宜掺入一定量的破乳剂 SP169。

4）混凝土强度等级越高，其抗冻等级相应提高，因此可适当提高混凝土强度等级，但是仅靠提高强度等级又是不经济的。

5）施工工艺对混凝土抗冻性能的影响：在混凝土搅拌、运输、浇筑过程中，由于外界气候环境和施工条件的因素，混凝土的坍落度和含气量损失是不可避免的。现场试验资料表明，混凝土的含气量随着坍落度的损失而损失，随骨料级配的增大、浇筑时间的延长而降低，特别是在高频振捣外力的作用下，混凝土的含气量损失就更大，过振可造成混凝土分层离析，气泡损失更大，从而降低混凝土强度，严重影响混凝土的抗冻性能。为了避免不适当的高频振捣引起的混凝土抗冻性能的降低，混凝土中宜掺入一定稳气剂，来保持混凝土的含气量和稳定性，提高混凝土的抗冻性能。

2.2.5.3 确定单位用量的原则及方法

混凝土单位用水量的多少，是控制混凝土拌和物流动性大小的主要因素。因此，确定用水量的原则，应以混凝土拌和物达到要求的流动性为准。影响混凝土用水量的因素很多，如骨料品种（如天然砂砾石或人工骨料）、石子的最大粒径、砂石的级配、水泥品种及需水量等，所以很难用公式表示。初步试验可参考表 2.2－5 确定不同坍落度混凝土的单位用水量。

表 2.2－5　　　　　　　　　混凝土单位用水量参考表

粗骨料最大粒径 /mm	混凝土单位用水量/(kg/m³)				
	坍落度 1～3mm	坍落度 3～5mm	坍落度 5～7mm	坍落度 7～9mm	坍落度 9～11mm
20	170	175	180	185	190
40	150	155	160	165	170
80	130	135	140	145	150
150	115	120	125	130	135

确定单位用水量的方法：先根据拌和物坍落度的要求，先根据上表初步估算用水量。然后按估计的用水量试拌混凝土，测定其坍落度，若坍落度不满足要求，应调整用水量，再进行试验，直至满足设计的坍落度，最终确定单位用水量。

需要指出的是表 2.2-5 适用于卵石、中砂拌制的混凝土：

1）当使用细砂时，用水量可酌加 5～10kg；

2）采用人工骨料时，用水量可酌加 10～15kg；

3）使用火山灰硅酸盐水泥时，用水量可酌加 10～20kg；

4）掺用加气剂、塑化剂等外加剂时，用水量可增加 10～20kg；

5）使用人工砂时，用水量可增加 6～9kg。

2.2.5.4　砂率的确定

砂率是表示砂子和石子之间的组合关系。由于砂子的粒径远小于石子，因此砂率的变动，会使骨料的总表面积有显著地改变，将对混凝土的拌和和物的流动性特别是黏聚性有很大的影响。因此，在确定混凝土配合比时，必须选定最优砂率。所谓最优砂率，就是在保证混凝土拌和物具有良好的黏聚性并达到流动性要求时，水泥用量最小的砂率。影响最优砂率的因素如下：

（1）骨料的最大粒径较大，级配较好，表面光滑时，由于粗骨料的空隙率较小，可采用较小的砂率。

（2）砂子的细度模数较小时，由于砂子的细颗粒较多，混凝土的黏聚性容易得到保证，而且砂子在粗骨料中的剥开作用较小，故可采用较小的砂率。

（3）水胶比较小，水泥浆较稠时，由于混凝土的黏聚性容易得到保证，故可采用较小的砂率。

（4）施工要求的流动性较大时，粗骨料常易出现离析，所以为保证混凝土的黏聚性，需采用较大的砂率。

（5）当掺用加气剂、塑化剂等外加剂时，可适当减小砂率。

初步试验时砂率的选择可参考表 2.2-6。

表 2.2-6　　　　　　　　　　　**砂率初步选择参考表**

粗骨料最大粒径 /mm	砂率/%						
	水胶比 0.45	水胶比 0.50	水胶比 0.55	水胶比 0.60	水胶比 0.65	水胶比 0.70	水胶比 0.75
20	35	36	37	38	39	40	41
40	29	30	31	32	33	34	35
80	24	25	26	27	28	29	30
150	21	22	23	24	25	26	27

2.2.6　高寒地区高拱坝混凝土配合比设计实例

本节主要以拉西瓦工程为依托，对拉西瓦拱坝混凝土原材料选择及配合比设计进行系统的论述。

2.2.6.1　混凝土骨料选择及其碱活性研究

（1）拉西瓦坝址区红柳滩料场的天然砂砾石料储量丰富，开采运输条件好，交通方便。石质坚硬，砾石磨圆度、颗粒形状均较好。料源整体质量较好，尤其是粗骨料压碎指标（仅 3.5）和坚固性指标（1.39）均较小，远远小于规范要求，表明骨料强度和抗冻性能较好。但是整个红柳滩料场中天然级配较差，粗骨料中粒径为 150～80mm 含量为 19.16%，粒径为 80～40mm 含量为 27.63%，粒径为 40～20mm 含量为 22.05%，粒径为 20～5mm 含量为 31.16%。可知，粗骨料中大石和特大石含量较少，小石含量多。混凝土细骨料占整个料场的 27.4%，细骨料级配稍差，其中极粗砂 15.6%、粗砂 14.2%、中砂 25.3%、中细砂 25.1%、细砂 10.6%。细骨料中细砂明显不足，且各分区砂子分配不均，细度模数 2.8～3.0，属于偏粗的中砂。

因此在拉西瓦砂石料加工系统工艺设计中，设计采取下列措施来改善砂子级配及均匀性：①增加细砂回收设施，回收细砂；②将砂子分粗砂和细砂两级堆放，通过料堆堆存调节产量的不均匀性；③增加人工制砂设施，采用富裕的小石制砂及对粗砂磨细，以补充细砂，调整砂的细度模数；④砂子采用分区开采，均衡生产。

（2）经岩相法鉴定，红柳滩砂砾石料场的天然骨料含有多种碱活性岩石，主要有流纹岩、火山凝灰岩、火山凝灰角砾岩、石英斑岩-石英流纹斑岩、石英砂屑岩、花岗岩、花岗斑岩、白云岩等。活性骨料含量为 12.0%～14.8%，多集中在粒径大于 20mm 级配中，且随粒径增大而活性骨料含量增多。

（3）骨料碱活性检测试验：按照《水工混凝土砂石骨料试验规程》（DL/T 5151—2001），分别采用砂浆棒快速法和混凝土棱柱体法对红柳滩料场的各级骨料进行了碱活性检测试验。

砂浆棒快速法检验结果表明，砂、小石和特大石样品 14d 的砂浆膨胀率分别为 0.251%、0.206% 和 0.241%。中石、大石和蛮石样品 14d 的砂浆膨胀率分别为 0.184%、0.179% 和 0.174%，在 0.1% 至 0.2% 之间；28d 的砂浆膨胀率分别为 0.319%、0.331% 和 0.334%，大于 0.2%。因此综合判定拉西瓦红柳滩料场的各级骨料全部为具有潜在危害性反应的活性骨料。详见图 2.2-1。

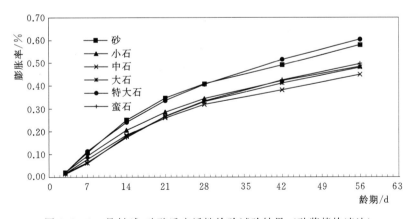

图 2.2-1　骨料碱-硅酸反应活性检验试验结果（砂浆棒快速法）

混凝土棱柱体法试验结果表明，砂、大石、蛮石试件一年的膨胀率大于 0.04%，可判定为具有潜在危害性反应的活性骨料；小石、中石、特大石试件一年的膨胀率小于

0.04％，可判定为非活性骨料。但从图 2.2-2 曲线可见，小石、中石、特大石三个粒级的岩石膨胀率发展十分迅速，曲线斜率较大，有增大的趋势，达到 0.04％ 的膨胀率仅是时间问题，应慎重对待。

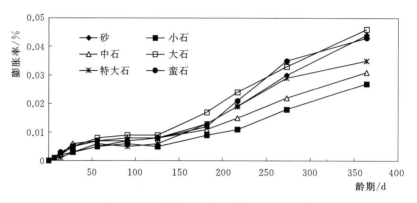

图 2.2-2　混凝土棱柱体法检验试验结果

结合岩相法、砂浆棒快速法及棱柱体试验方法，综合判定拉西瓦红柳滩料场的各级骨料均为具有潜在碱活性反应的活性骨料。

（4）骨料碱活性抑制试验成果。

1）砂浆棒快速法碱活性抑制试验成果。分别对石英斑岩—石英流纹斑岩（英安斑岩）、火山凝灰岩、流纹岩、花岗岩、花岗斑岩，合计共 5 个碱活性岩石样品，进行骨料碱活性抑制试验，试验采用平凉Ⅱ级粉煤灰，掺量分别为（15％、20％、30％、35％）。试验结果见图 2.2-3～图 2.2-8。由试验结果可知，除花岗岩外，上述岩性的砂浆棒快速法 14d 的检测结果均大于 0.2％；当掺 20％ 以上平凉Ⅱ级粉煤灰时，即可明显抑制骨料碱活性反应，且满足规范要求的膨胀率。

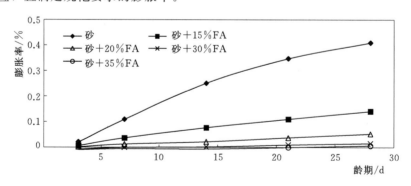

图 2.2-3　砂碱活性检验与抑制砂浆棒快速法试验结果

2）混凝土棱柱体法骨料碱活性拟制试验成果。采用工程用永登 42.5 级中热水泥（碱含量 0.48％），平凉Ⅱ级粉煤灰（碱含量 2.59％），粉煤灰掺量分别为 30％、35％，进行骨料碱活性抑制试验。对拉西瓦的 6 种骨料共 12 组进行试验。混凝土棱柱体法抑制试验结果见图 2.2-9～图 2.2-11。

混凝土棱柱体法抑制试验结果表明，掺 30％ 和 35％ 的平凉Ⅱ级粉煤灰后，各区骨料

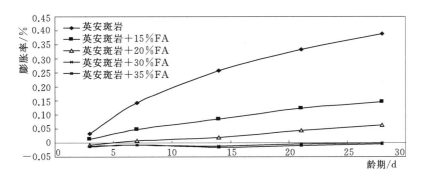

图 2.2-4　英安斑岩碱活性检验与抑制砂浆棒快速法试验结果

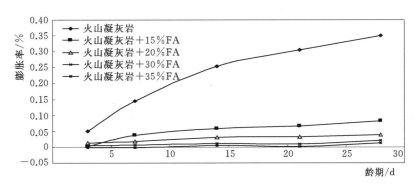

图 2.2-5　火山凝灰岩碱活性检验与抑制砂浆棒快速法试验结果

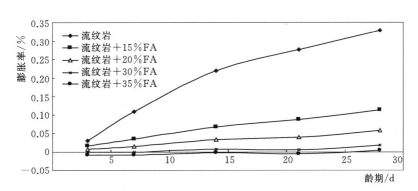

图 2.2-6　流纹岩碱活性检验与抑制砂浆棒快速法试验结果

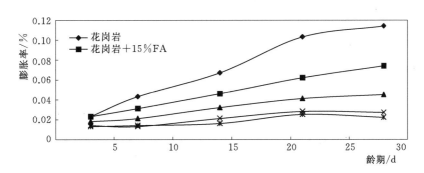

图 2.2-7　花岗岩碱活性检验与抑制砂浆棒快速法试验结果

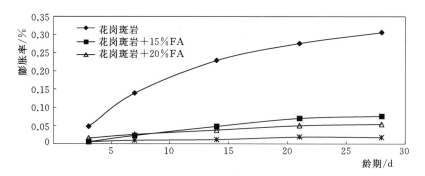

图 2.2-8　花岗斑岩碱活性检验与抑制砂浆棒快速法试验结果

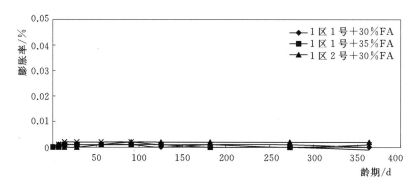

图 2.2-9　1 区骨料碱活性抑制试验混凝土棱柱体法试验结果

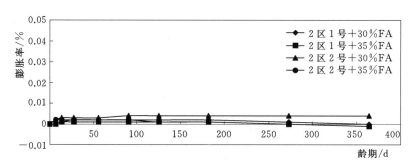

图 2.2-10　2 区骨料碱活性抑制试验混凝土棱柱体法试验结果

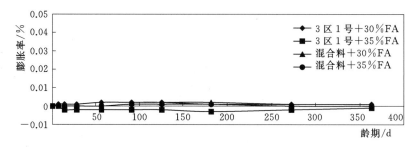

图 2.2-11　3 区骨料碱活性抑制试验混凝土棱柱体法试验结果

混凝土一年的膨胀率远小于 0.04，可以有效抑制红柳滩砂砾石骨料的碱-硅酸反应活性，满足规范要求。

综上所述，岩相法、砂浆棒快速法、混凝土棱柱体法等综合判定拉西瓦红柳滩料场的各级骨料全部具有潜在危害性反应的活性骨料。当掺 20% 以上平凉 Ⅱ 级粉煤灰时，砂浆棒快速法试验结果混凝土 14d 膨胀率小于 0.1%，混凝土棱柱体法一年的膨胀率均小于 0.04%，即可有效抑制骨料碱活性反应，满足规范要求。

2.2.6.2 胶凝材料

（1）水泥。根据黄河上游龙羊峡、李家峡等已建工程水泥使用经验，拉西瓦主体工程选用甘肃省祁连山水泥有限公司生产的永登中热 42.5 号硅酸盐水泥（以下简称"永登水泥"）和青海大通水泥股份有限公司生产的中热 42.5 硅酸盐水泥（以下简称"大通水泥"）进行原材料比选试验。结合高寒地区高拱坝对混凝土的要求，拉西瓦水电站主体工程混凝土所用水泥主要性能指标除应满足《中热硅酸盐水泥　低热硅酸盐水泥　低热矿渣硅酸盐水泥》（GB 200—2003）中对中热硅酸盐水泥的全部要求外，还应满足下列要求：

1）MgO 含量：由于水泥中内含 MgO，其自生体积具有延迟性膨胀性能，可以补偿混凝土降温时所产生的收缩拉应力。为使混凝土产生微膨胀性能，要求所用水泥中 MgO 的含量宜大于 3.5%，但不宜大于国标规定的 5.0%；如：刘家峡、龙羊峡使用的永登水泥中内含 MgO 含量较高（3.5%～4.0%），自生体积膨胀变形为 $40 \times 10^{-6} \sim 60 \times 10^{-6}$ 微应变，李家峡大坝混凝土外掺 2.5%～3.5% 的 MgO，使水泥中 MgO 含量达 5.0% 左右，大坝自生体积膨胀变形为 $50 \times 10^{-6} \sim 70 \times 10^{-6}$ 微应变。

2）水化热：为了有效控制混凝土中的水泥水化热温升，简化温控措施，所用水泥水化热不仅要满足 GB 200—2003 的要求，同时要求 7d 水化热不宜大于 280kJ/kg。

3）C_4AF 的含量：为了提高混凝土的抗拉强度，应控制水泥熟料中 C_4AF 的含量宜不小于 16%。

4）水泥细度：水泥颗粒的粗细直接影响水泥的凝结硬化强度。水泥颗粒越细，比表面积越大，水泥水化作用越充分，凝结硬化的速度越快，其早期强度越高。但是对于大体积混凝土而言，水泥颗粒又不宜太细，否则水泥早期发热速度较快，不利于混凝土温度控制，对混凝土早期防裂不利。因此水泥比表面积宜控制在 $250 \sim 300 \text{m}^2/\text{kg}$。

5）碱含量：中热水泥对碱含量一般没有特别要求，一般由供需双方商定。由于拉西瓦混凝土骨料存在潜在碱-骨料有害反应，要求采用低碱水泥，因此要求所用水泥中的碱含量（$NaO + 0.658K_2O$ 计）必须小于 0.6%。

6）考虑高寒地区气候条件恶劣，对混凝土表面抗裂要求较高，因此需提高混凝土抗拉强度，特别是早期抗拉强度。水泥 28d 抗折强度不小于 8.0MPa。

7）天然石膏的含量：所谓 G 类石膏就是在形式上主要以石膏（$CaSO_4 \cdot 2H_2O$）存在的石膏。一般在水泥熟料磨细时应加入 2%～5% 的石膏（$CaSO_4 \cdot 2H_2O$），以调节水泥的凝结时间，即起缓凝作用，这点对大体积混凝土施工尤为重要。因此要求在生产水泥时所用的石膏中的 G 类石膏含量（$CaSO_4 \cdot 2H_2O$）应大于 75%。

8）为控制混凝土出机口温度，要求进入拌和机的水泥温度必须小于 65℃。

9）为保证混凝土质量，供应的水泥应保持质量稳定。

试验表明，拟选用的两种水泥质量良好，均满足国家标准 GB 200—2003 对中热硅酸盐水泥的要求，基本满足拉西瓦水泥指标要求。相比较而言，永登水泥早期强度较高，大通水泥后期强度较高；但是永登水泥比表面积稍大，大通水泥的碱含量稍偏高，应与厂家进行协商，并加强对水泥中碱含量的控制。两种水泥的化学成分、矿物成分、物理力学性能及水化热试验结果见表 2.2-7～表 2.2-9。

表 2.2-7　　　　　拉西瓦水泥水泥化学成分、矿物成分检测结果

项目	化学成分/%								矿物成分/%			
	SiO$_2$	Al$_2$O$_3$	Fe$_2$O$_3$	CaO	MgO	fCaO	SO$_3$	R$_2$O	C$_3$S	C$_2$S	C$_3$A	C$_4$AF
GB 200—2003					≤5.0	≤1.0	≤3.5		≤55		≤6	
拉西瓦水泥要求					3.5～5.0	≤1.0	≤3.5	≤0.6	≤55		≤6	≥16
大通水泥	21.55	4.46	5.64	60.74	4.02	0.46	1.76	0.62	48.6	21.4	1.64	18.82
永登水泥	20.80	4.17	5.19	61.64	4.00	0.15	1.90	0.53	50.3	21.8	2.25	15.78

表 2.2-8　　　　　水泥物理性能试验结果

项目	比重 /(g/cm^3)	比表面积 /(m^2/kg)	标准稠度用水量/%	烧失量 /%	安定性 (试饼法)	凝结时间/(h：min)	
						初凝	终凝
GB 200—2003		≥250		≤3.0	合格	≥1：00	≤12：00
大通水泥	3.25	297	24.0	0.49	合格	3：25	4：26
永登水泥	3.23	322	23.8	0.50	合格	2：23	3：22

表 2.2-9　　　　　水泥力学及热学性能检测结果

项目	水化热/(kJ/kg)		抗压强度/MPa			抗折强度/MPa		
	3d	7d	3d	7d	28d	3d	7d	28d
GB 200—2003	≤251	≤293	12.0	22.0	42.5	3.0	4.4	6.5
大通水泥	220	249	17.1	26.0	51.1	3.7	5.1	7.9
永登水泥	217	249	15.4	28.1	55.9	3.4	5.8	8.7

（2）粉煤灰。为了充分利用混凝土后期强度，提高混凝土强度等级，节约水泥，降低混凝土水泥水化热温升，简化温控措施，改善混凝土性能，抑制混凝土骨料碱活性反应等，必须在坝体混凝土中掺入一定比例的优质粉煤灰。

为了确保工程质量，曾经对兰州西固电厂、宝鸡电厂、渭河电厂、靖远电厂、平凉电厂等原状粉煤灰质量、产量、供货等情况进行实地考察，并进行了对比试验研究，根据粉煤灰质量、年产量、运距及综合单价，最终确定了靖远电厂Ⅰ级粉煤灰、平凉电厂的Ⅱ级粉煤灰作为拉西瓦水电站工程混凝土专供粉煤灰供应厂家。

试验结果表明，靖远电厂Ⅰ级粉煤灰和平凉电厂Ⅱ级粉煤灰均能满足工程要求。且靖远电厂粉煤灰质量较好，属于Ⅰ级粉煤灰；平凉电厂粉煤灰除细度外，其他指标均能满足Ⅰ级粉煤灰的要求，相当于准Ⅰ级粉煤灰。化学成分分析检测结果表明，平凉粉煤灰碱含量偏高，需要与厂家协商解决。确定的拉西瓦主体工程使用粉煤灰品质指标要求、两种粉煤灰品质鉴定结果和化学成分分析分别见表 2.2-10 和表 2.2-11。

表 2.2－10　　　　　拉西瓦主体工程使用粉煤灰品质指标要求和鉴定结果

指　　标		粉煤灰等级		拉西瓦粉煤灰标准	鉴定结果	
		Ⅰ	Ⅱ		靖远电厂	平凉电厂
细度 0.045mm 方孔筛筛余量/%		≤12	≤20	≤20	7.0	19.4
烧失量/%		≤5	≤8	≤5	2.92	0.27
SO₃/%		≤3	≤3	≤3	1.05	0.5
需水量比/%	永登水泥	≤95	≤105	≤95	91	90
	大通水泥				89	84
碱含量（以 Na₂O 当量计）		≤1.5	≤1.5	≤2.0	1.39	2.59

表 2.2－11　　　　　　　　粉煤灰化学成分检测结果

品种	化学成分/%							碱含量/%	比表面积/(m²/kg)
	SiO₂	Al₂O₃	Fe₂O₃	CaO	MgO	Na₂O	K₂O		
靖远粉煤灰	48.70	25.00	9.10	7.60	2.97	1.44	0.44	1.39	509
平凉粉煤灰	53.40	26.55	6.60	6.10	2.80	1.53	1.58	2.59	395

2.2.6.3　外加剂

为了改善混凝土性能，提高混凝土耐久性，减少单位水泥用量，大体积混凝土中均须掺入高效缓凝型的优质减水剂和引气剂。要求减水剂的减水率大于 20%，混凝土的掺气量控制在 4%～6%。

在混凝土配合比试验研究阶段，曾对浙江龙游外加剂厂生产的 ZB 系列、河北石家庄生产的 DH 系列、江苏建筑科学研究院有限公司生产的 JM 系列等 7 种外加剂和河北石家庄生产的 DH₉ 引气剂、浙江龙游外加剂厂生产的粉状引气剂、上海麦斯特生产的 202 引气剂等 4 种引气剂进行了试验研究。试验成果详见表 2.2－12～表 2.2－14。

表 2.2－12　　　　　　　掺减水剂混凝土性能指标综合鉴定结果

试验项目		检　测　结　果					
		基准混凝土	ZB－1A	JG－3	JM－Ⅱ	DH₃G	SP－8HR	SX
掺量/%		—	0.75	0.75	0.75	0.85	2.00	1.00
减水率/%		—	22.0	20.7	22.6	23.2	21.3	23.8
含气量/%		1.2	4.06	3.53	3.79	6.84	2.31	8.62
砂浆流动度/mm		132.8	130.3	126.5	131.6	128.5	129.9	127.4
泌水率/%		100	72.37	63.95	56.33	62.53	216.28	241.50
凝结时间/(h：min)	初凝	5：53	9：11	11：31	17：03	13：08	11：17	8：27
	终凝	8：33	11：47	17：16	21：34	16：50	24：36	12：40
抗压强度比/%	3d	100	162.6	204.9	171.5	171.5	165.9	147.2
	7d	100	154.4	179.1	179.1	173.3	147.6	144.4
	28d	100	126.9	151.6	151.6	150.6	129.1	111.1
28d 收缩率/%		100	125.0	122.9	124.9	125.4	97.3	92.5
7d 水化热/(J/g)		257.7	240.5	252.3	222.7	235.8	217.6	257.5

表2.2-13 掺外加剂混凝土随时间延长坍落度损失试验结果

编号	名称	掺量/%	机口坍落度/mm	15min		30min		60min		90min	
				坍落度/mm	损失率/%	坍落度/mm	损失率/%	坍落度/mm	损失率/%	坍落度/mm	损失率/%
1	基准混凝土	—	133.5	81	39	71	47	70	48	44	67
2	ZB-1A	0.75	118.5	62	48	45	62	26	78	23	80
3	JG-3	0.75	127.0	46	64	35	72	21	83	8	94
4	JM-Ⅱ	0.75	113.0	60	47	21	81	12	89	—	—
5	DH₃G	0.75	152.0	61	60	33	78	19	88	—	—
6	SP-8HR	2.00	159.0	125	21	58	64	19	88	—	—
7	SX	1.00	158.0	117	26	58	63	40	75	38	76

表2.2-14 引气剂混凝土性能试验结果

试验项目		DL/T 5100—1999	检测结果			
		引气剂	DH_9	龙游	202	SK-H
掺量/(1/万)			0.8	0.6	1.5	1.1
减水率/%		≥6	13.4	13.4	14.6	13.4
含气量/%		4.4~5.5	5.22	4.34	4.34	4.92
泌水率/%		≤70	36.6	24.2	31.1	15.4
凝结时间之差/min	初凝	-90~+120	-8	-45	-35	-34
	终凝	-90~+120	-16	-56	-52	-26
抗压强度比/%	3d	≥90	86.2	99.2	87	90.2
	7d	≥90	94.1	90.4	86.1	91.4
	28d	≥85	89.9	89.2	86.7	90.5
28d收缩率/%		<125	91.7	93.2	88.8	84

减水剂试验结果表明,在推荐掺量下除JG-3的减水剂减水率略小于21%外,其余减水剂的减水率均大于21%,各种减水剂均具有一定的引气性能,均属于高效缓凝型减水剂。其中浙江龙游厂生产的ZB-1A各项性能均较优,江苏建筑科学研究院有限公司生产的JM-Ⅱ除30min后的坍落度损失偏大外,其他性能稳定良好。

引气剂比选试验表明,河北石家庄生产的DH_9引气剂除3d强度略偏低外,其他性能均满足标准要求,具有引气气量大、缓凝等作用,且性能稳定。

类比国内工程经验,经综合分析,建议采用浙江龙游外加剂厂生产的ZB-1A和江苏建筑科学研究院有限公司生产的JM-Ⅱ减水剂作为拉西瓦主体工程混凝土的减水剂;河北石家庄生产的DH_9引气剂作为拉西瓦水电站主体工程混凝土引气剂。

2.2.6.4 混凝土配合比优化设计

大坝混凝土配合比设计时,应在满足混凝土设计强度、抗渗、抗冻、极限拉伸、均匀性等各项指标的前提下,优化混凝土配合比,采用双掺技术,最大限度地掺加优质粉煤灰，同时掺入适量的高效减水剂和引气剂，以便减少水泥用量，改善混凝土性能，降低混凝土水化热温升，简化混凝土温控措施。拉西瓦水电站主体工程混凝土原材料选择及其混凝土配合比性能试验研究开始于 2003 年 4 月，业主、设计和试验单位多次去原材料厂家进行实地考察，要求调整原材料参数，试验结果表明，混凝土配合比及其力学性能均能满足设计要求，并于 2004 年 9 月 17 日通过审查，会后专家建议对大坝混凝土推荐配合比进一步优化，进一步加大粉煤灰掺量，降低单位混凝土中的用水量和胶材用量。

（1）大坝混凝土设计龄期。考虑拉西瓦工程坝高库大，混凝土施工期较长，大坝承受荷载晚等特点，为了充分利用混凝土的后期强度，减少水泥用量，降低混凝土水化热温升降，简化温控措施，降低工程造价，拉西瓦大坝混凝土强度设计龄期采用 180d 龄期。与 90d 设计龄期相比，采用 180d 设计龄期可节约 10% 的胶凝材料用量，经济效益显著。

根据混凝土试验结果，拉西瓦大坝混凝土整体强度较高，早期 7d 抗压强度已达设计强度的 50%~60%。混凝土极限拉伸值亦高，7d 轴拉强度为 2.0~2.18MPa，极限拉伸值为 0.77×10^{-4}~0.86×10^{-4}；28d 轴拉强度为 2.56~3.10MPa，极限拉伸值为 0.87×10^{-4}~1.05×10^{-4}（大于 0.85×10^{-4}），均满足早期抗裂要求。

（2）大坝混凝土设计要求及强度分区。大坝混凝土强度等级分区是按坝体不同部位的最大拉应力、压应力、抗渗、抗冻要求及其他特殊要求而定。拉西瓦水电站拱坝混凝土设计要求见表 2.2 - 15。

表 2.2 - 15　　　　　　　　拉西瓦水电站拱坝混凝土设计要求

| 混凝土分区 | 强度等级 | 级配 | 最大水胶比 | 强度保证率/% | 龄期/d | 粉煤灰/% | | 极限拉伸值（×10⁻⁴） | | 工程部位 |
						约束区	非约束区	28d	90d	
Ⅰ	C32F300W10	四	≤0.40	≥85	180	≤30	≤35	≥0.85	≥1.0	大坝基础
		三	≤0.40	≥85	180	≤30	≤35	≥0.85	≥1.0	
Ⅱ	C25F300W10	四	≤0.45	≥85	180	≤30	≤35	≥0.85	≥1.0	大坝中部
Ⅲ	C20F300W10	四	≤0.50	≥85	180	≤30	≤35	≥0.85	≥1.0	大坝上部

（3）试验要求。

1）施工配置强度：经计算 $C_{180}32$ 混凝土的配制强度为 36.7MPa；$C_{180}25$ 混凝土的配制强度为 29.2MPa。

2）根据骨料级配试验，按照最大容重法选出三种石子级配，进行试拌，并选择混凝土拌和物流动性最好的骨料级配。该次试验选择的三级配混凝土中大石：中石：小石的配料比例为 40%：30%：30%，松散堆积容重 1737kg/m³，紧密堆积容重 1906kg/m³；四级配混凝土中特大石：大石：中石：小石的配料比例为 30%：30%：20%：20%，松散堆积容重 1904kg/m³，紧密堆积容重 2042kg/m³。

3）四级配混凝土的优选试验采用两种水泥（永登水泥、大通水泥）、两种粉煤灰（靖远Ⅰ级、平凉Ⅱ级）、两个粉煤灰掺量（30%、35%）、三个水胶比（0.40、0.45、0.50）进行试验，成型 7d、28d、90d、180d 四个龄期的抗压强度。

4）三级配混凝土的优选试验采用一种水泥（永登水泥）、两种粉煤灰（靖远Ⅰ级、平凉Ⅱ级）、两个粉煤灰掺量（30%、35%）、三个水胶比（0.40、0.45、0.50）进行，成型7d、28d、90d、180d 四个龄期的抗压强度。

5）优选试验时，过 40mm 方孔筛湿筛混凝土的坍落度按 4～6cm 的范围控制，含气量按 4.4%～5.5% 的范围控制。

（4）试验结果分析。优化试验结果表明，该次优化试验混凝土性能具有以下特点：

1）试验结果表明：粉煤灰与水泥有一定的适配性。在满足混凝土含气量要求的条件下，大通水泥配制的混凝土引气剂掺量小于永登水泥，掺平凉Ⅱ级粉煤灰的混凝土中引气剂的掺量小于靖远Ⅰ级粉煤灰。分析原因是由于永登水泥与靖远灰的细度小的缘故。

2）粉煤灰掺量由 30% 增加到 35%，混凝土含气量减小 0.2%～0.5%，说明粉煤灰掺量增大，对混凝土的抗冻性能有一定影响，但是影响不大。

3）两种水泥对强度的影响比较（表 2.2-16）：①永登水泥混凝土 7d 抗压强度较大通水泥高 2.5MPa；②永登水泥混凝土 28d 抗压强度与大通水泥基本持平；③永登水泥混凝土 90d 抗压强度反较大通水泥低 2.9～4.9MPa；④永登水泥混凝土 180d 抗压强度反较大通水泥低 1.7～2.3MPa。

总体而言，永登水泥早期强度较高，大通水泥后期强度较高。

表 2.2-16　　　　　　　　　水泥品种对混凝土强度的影响分析表　　　　　　　　单位：MPa

水泥品种	水胶比	混凝土强度							
		粉煤灰掺量 30%				粉煤灰掺量 35%			
		7d	28d	90d	180d	7d	28d	90d	180d
永登水泥	0.50	17.4	32.6	42.0	45.4	16.3	31.1	41.0	47.1
	0.45	20.0	34.6	47.0	50.7	19.6	33.2	44.4	51.5
	0.40	24.2	40.0	55.3	59.3	22.4	37.1	50.5	56.3
	强度平均值	20.5	35.7	48.2	51.8	19.4	33.8	45.3	51.6
大通水泥	0.50	13.8	31.0	45.3	48.1	12.9	30.0	46.5	49.7
	0.45	17.0	36.9	50.5	53.7	16.1	35.2	49.9	53.0
	0.40	23.3	39.0	57.7	60.4	22.0	38.5	54.2	57.3
	强度平均值	18.0	35.6	51.1	54.1	17.0	34.5	50.2	53.3
强度差（永登－大通）		2.5	0.1	−2.9	−2.3	2.5	−0.7	−4.9	−1.7

（5）两种粉煤灰对强度的影响比较（表 2.2-17）。从 7d 到 180d 抗压强度相比，平凉粉煤灰配制的混凝土强度略低于靖远粉煤灰配制的混凝土强度 1.9～6.7MPa，说明Ⅰ级粉煤灰对提高混凝土强度有利。

（6）粉煤灰掺量对混凝土强度的影响比较。粉煤灰掺量对混凝土强度的影响成果详见表 2.2-18。

1）对永登水泥而言，靖远粉煤灰掺量由 30% 增大到 35%，混凝土各龄期强度降低 0.7～2.8MPa；平凉粉煤灰掺量由 30% 增大到 35%，7～90d 龄期混凝土强度降低 1.5～3.1MPa，180d 强度反增加 1.5MPa。

表 2.2-17　　　　　　　　粉煤灰品种对混凝土强度的影响分析表　　　　　　　单位：MPa

粉煤灰品种	水胶比	永 登 水 泥				大 通 水 泥			
		7d	28d	90d	180d	7d	28d	90d	180d
靖远	0.50	18.6	34.1	45.8	49.5	14.7	29.7	46.5	49.6
	0.45	19.8	35.4	49.2	53.3	18.1	37.7	52.1	55.5
	0.40	24.9	39.4	55.4	59.6	24.6	40.7	57.1	60.4
	强度平均值	21.1	36.3	50.1	54.1	19.1	36.0	51.9	55.2
平凉	0.50	15.1	29.6	37.2	43.0	12.0	31.2	45.3	48.2
	0.45	19.8	32.3	42.2	48.9	15.0	34.4	48.3	51.2
	0.40	21.7	37.7	50.9	56.0	20.7	36.8	54.8	57.3
	强度平均值	18.9	33.2	43.4	49.3	15.9	34.1	49.5	52.2
强度差（靖远－平凉）		2.2	3.1	6.7	4.8	3.3	1.9	2.4	3.0

注　表中数据为采用对应品种的水泥和粉煤灰，30％、35％粉煤灰掺量时的强度平均值。

表 2.2-18　　　　　　　　粉煤灰掺量对混凝土强度的影响分析表　　　　　　　单位：MPa

粉煤灰品种	水胶比	永 登 水 泥				大 通 水 泥			
		7d	28d	90d	180d	7d	28d	90d	180d
靖远	0.50	−1.2	−0.8	−3.1	−1.9	−1.1	−0.6	1.3	2.6
	0.45	0.3	−0.4	−2.3	−1.7	−0.6	−1.2	−0.4	1.5
	0.40	−1.1	−1.2	−2.5	−2.2	−1.8	0.7	2.7	4.0
	平均值	−0.7	−0.8	−2.8	−1.9	−1.2	−0.4	1.2	2.7
平凉	0.50	−1.0	−2.2	1.1	5.2	−0.6	−1.4	1.2	0.5
	0.45	−1.2	−2.4	−2.4	3.2	−1.3	−2.3	−0.8	−2.9
	0.40	−2.4	−4.6	−8.0	−3.9	−0.9	−1.8	−9.6	−10.3
	平均值	−1.5	−3.1	−3.1	1.5	−0.9	−1.8	−3.1	−4.2

注　表中数据为采用对应品种的水泥和粉煤灰，粉煤灰掺量由 30％增大到 35％时强度的增加值。正值表示强度增加，负值表示强度降低。

2）对大通水泥而言，靖远粉煤灰掺量由 30％增大到 35％，混凝土强度 7d、28d 强度分别降低 1.2MPa 和 0.4MPa，90d、180d 强度反增加 1.2 MPa 和 2.7MPa；平凉粉煤灰掺量由 30％增大到 35％，混凝土 7～180d 强度降低 0.9～4.2MPa。

综合评定永登水泥掺 30％的平凉粉煤灰和大通水泥掺 35％的靖远粉煤灰的适应性较好，做到了水泥与粉煤灰优势互补。再次说明水泥与粉煤灰有一定的适配性。

（7）强度试验结果整体较高。设计的 $C_{180}25$ 混凝土，按水胶比 0.50、35％粉煤灰掺量的条件下，28d 的强度几乎全部满足设计要求；设计的 $C_{180}32$ 混凝土，水胶比 0.5 的混凝土 90d 强度全部满足设计要求。

考虑拉西瓦水电站地处西北高寒地区，坝高库大，对混凝土强度等级、耐久性等要求较高，基础混凝土允许最大水胶比不宜大于 0.45。因此推荐大坝基础 $C_{180}32$ 混凝土选用 0.40 水胶比，$C_{180}25$ 混凝土选用 0.45 水胶比，用水量控制在 76～78kg。$C_{180}32$ 四级配混

凝土的胶材总量为 $185 \sim 195 \mathrm{kg/m^3}$，$C_{180}25$ 四级配混凝土的胶材总量为 $169 \sim 173 \mathrm{kg/m^3}$ 之间，基础混凝土粉煤灰掺量为 30%，非约束混凝土粉煤灰掺量为 35%。

拉西瓦水电站大坝四级配、三级配混凝土配合比优化试验结果见表 2.2-19 和表 2.2-20，水胶比对混凝土强度的影响分析见表 2.2-21 和表 2.2-22。拉西瓦大坝主要混凝土最终推荐配合比参数详见表 2.2-23 和表 2.2-24。

由表 2.2-23 和表 2.2-24 可知，拉西瓦大坝配合比参数中水胶比、单位用水量、胶材用量均较小，混凝土强度试验结果整体较高，说明配合比参数较优。

表 2.2-19　　　　　　　拉西瓦水电站大坝四级配混凝土配合比优化试验结果

编号	水胶比	粉煤灰掺量/%	用水量/(kg/m³)	胶材总量/(kg/m³)	水泥用量/(kg/m³)	砂率/%	JM-Ⅱ掺量/%	DH₉掺量/(1/万)	拌料体积/L	坍落度/cm	含气量/%	抗压强度/MPa			
												7d	28d	90d	180d
L₄YJ-30-50	0.50	30	76	152.0	106.4	25.0	0.5	1.3	40	5.9	5.4	19.2	34.4	47.3	50.4
L4YJ-30-45	0.45	30	75	166.7	116.7	24.4	0.5	1.65	40	5.1	5.2	19.6	35.6	50.6	54.1
L4YJ-30-40	0.40	30	76	190.0	133.0	24.0	0.5	1.55	40	4.7	5.3	27.4	41.1	61.6	60.7
L4YJ-35-50	0.50	35	78	156.0	101.4	25.0	0.5	1.8	30	5.0	4.9	18.0	33.7	46.5	51.9
L4YJ-35-45	0.45	35	78	173.3	112.7	24.4	0.5	1.65	30	5.1	5.1	19.9	35.2	47.8	52.4
L4YJ-35-40	0.40	35	78	195.0	126.8	24.0	0.5	1.7	30	5.4	5.1	24.3	38.8	54.1	56.1
L4YP-30-50	0.50	30	76	152.0	106.4	25.0	0.5	1.2	40	4.8	5.5	15.6	30.7	36.6	40.4
L4YP-30-45	0.45	30	78	173.3	121.3	24.4	0.5	1.2	40	20.4	33.5	43.4	47.1
L4YP-30-40	0.40	30	78	195.0	136.5	24.0	0.5	1.2	40	5.8	5.4	22.9	41.2	54.9	57.9
L4YP-35-50	0.50	35	76	152.0	98.8	25.0	0.5	1.3	40	7.6	6.0	14.6	28.5	37.7	45.6
L4YP-35-45	0.45	35	74	164.4	106.9	24.4	0.5	0.9	30	5.4	5.4	19.2	31.1	41.0	50.5
L4YP-35-40	0.40	35	76	190.0	123.5	24.0	0.5	0.85	30	5.4	5.3	20.5	38.8	51.1	54
L4DJ-30-50	0.50	30	76	152.0	106.4	25.0	0.5	0.65	30	5.6	5.6	15.2	30.0	45.8	48.3
L4DJ-30-45	0.45	30	74	164.4	115.1	24.4	0.5	0.65	30	6.7	4.9	18.4	38.3	52.3	54.7
L4DJ-30-40	0.40	30	76	190.0	133.0	24.0	0.5	0.7	30	6.0	5.5	25.5	40.3	58.7	58.4
L4DJ-35-50	0.50	35	76	152.0	98.8	25.0	0.5	0.65	30	6.3	5.6	14.1	29.4	47.1	50.9
L4DJ-35-45	0.45	35	76	168.9	109.8	24.4	0.5	0.7	30	6.1	4.9	17.8	37.1	51.9	56.2
L4DJ-35-40	0.40	35	74	185.0	120.3	24.0	0.5	0.7	30	6.9	4.8	23.7	41.0	58.4	62.4
L4DP-30-50	0.50	30	78	156.0	109.2	25.0	0.5	0.45	30	4.8	5.5	12.3	31.9	44.7	47.9
L4DP-30-45	0.45	30	78	173.3	121.3	24.4	0.5	0.45	30	5.6	5.6	15.6	35.5	48.7	52.6
L4DP-30-40	0.40	30	78	195.0	136.5	24.0	0.5	0.45	30	4.1	5.5	21.1	37.7	59.6	62.4
L4DP-35-50	0.50	35	76	152.0	98.8	25.0	0.5	0.45	30	5.3	4.8	11.7	30.5	45.9	48.4
L4DP-35-45	0.45	35	76	168.9	109.8	24.4	0.5	0.45	30	7.0	5.5	14.3	33.2	47.9	49.7
L4DP-35-40	0.40	35	76	190.0	123.5	24.0	0.3	0.45	30	6.6	5.6	20.2	35.9	50.0	52.1

注　表中混凝土编号说明：L 代表拉西瓦混凝土；3（4）代表三（四）级配混凝土；Y 代表永登水泥；D 代表大通水泥；J 代表靖远粉煤灰；P 代表平凉粉煤灰；第一个两位数代表粉煤灰掺量；第二个两位数代表水胶比。

表 2.2-20　　　　拉西瓦水电站大坝三级配混凝土配合比优化试验结果

编　号	水胶比	粉煤灰掺量/%	用水量/(kg/m³)	胶材总量/(kg/m³)	水泥用量/(kg/m³)	砂率/%	JM-Ⅱ掺量/%	DH₉掺量/(1/万)	拌料体积/L	坍落度/cm	含气量/%	抗压强度/MPa			
												7d	28d	90d	180d
L3YJ-30-50	0.50	30	90	180.0	126.0	31.0	0.5	1.25	30	5.6	5.5	18.2	33.1	46.3	48.9
L3YJ-30-45	0.45	30	90	200.0	140.0	30.0	0.5	1.30	30	5.5	5.7	23.9	39.5	53.1	55.2
L3YJ-30-40	0.40	30	87	217.5	152.3	29.0	0.5	1.40	30	5.7	5.4	26.4	43.9	56.1	59.6
L3YJ-35-50	0.50	35	91	182.0	118.3	31.0	0.5	1.60	30	6.8	4.7	17.1	32.3	43.6	48.4
L3YJ-35-45	0.45	35	91	202.2	131.4	30.0	0.5	1.60	30	6.3	5.4	19.4	31.7	45.0	50.6
L3YJ-35-40	0.40	35	88	220.0	143.0	29.0	0.5	1.60	30	5.0	5.3	21.9	36.5	51.0	52.4
L3YP-30-50	0.50	30	86	172.0	120.4	31.0	0.5	0.65	30	5.1	5.2	17.1	31.6	45.1	45.8
L3YP-30-45	0.45	30	86	191.1	133.8	30.0	0.5	0.75	30	6.8	5.1	19.3	31.1	42.3	48
L3YP-30-40	0.40	30	83	207.5	145.3	29.0	0.5	0.60	30	4.8	5.2	26.3	43.3	52.6	57.2
L3YP-35-50	0.50	35	83	166.0	107.9	31.0	0.5	0.75	30	5.9	5.0	16.3	30.7	43.0	44.4
L3YP-35-45	0.45	35	83	184.4	119.9	30.0	0.5	0.63	30	7.0	5.3	21.4	36.1	49.9	49.9
L3YP-35-40	0.40	35	83	207.5	134.9	29.0	0.5	0.75	30	5.4	5.4	22.1	38.1	49.6	51.7

注　表中混凝土编号说明：L代表拉西瓦混凝土；3（4）代表三（四）级配混凝土；Y代表永登水泥；D代表大通水泥；J代表靖远粉煤灰；P代表平凉粉煤灰；第一个两位数代表粉煤灰掺量；第二个两位数代表水胶比。

表 2.2-21　　　　水胶比对混凝土强度的影响分析表（四级配）

编　号	水胶比	抗压强度/MPa				强度增长率/%			
		7d	28d	90d	180d	7d	28d	90d	180d
L4YJ-30-50	0.50	19.2	34.4	47.3	50.4	56	100	137	146
L4YJ-30-45	0.45	19.6	35.6	50.6	54.1	55	100	142	152
L4YJ-30-40	0.40	27.4	41.1	56.6	60.7	67	100	138	148
L4YJ-35-50	0.50	18.0	33.7	46.5	51.9	53	100	138	154
L4YJ-35-45	0.45	19.9	35.2	47.8	52.4	57	100	136	149
L4YJ-35-40	0.40	24.3	38.8	54.1	56.1	63	100	139	145
L4YP-30-50	0.50	15.6	30.7	36.6	40.4	51	100	119	132
L4YP-30-45	0.45	20.4	33.5	43.4	47.3	61	100	130	141
L4YP-30-40	0.40	22.9	41.2	54.9	57.9	56	100	133	141
L4YP-35-50	0.50	14.6	28.5	37.7	45.6	51	100	132	160
L4YP-35-45	0.45	19.2	31.1	41.0	50.5	62	100	132	162

续表

编　号	水胶比	抗压强度/MPa				强度增长率/%			
		7d	28d	90d	180d	7d	28d	90d	180d
L4YP－35－40	0.40	20.5	38.8	51.1	54.0	53	100	132	139
L4DJ－30－50	0.50	15.2	30.0	45.8	48.3	51	100	153	161
L4DJ－30－45	0.45	18.4	38.3	52.3	54.7	48	100	137	143
L4DJ－30－40	0.40	25.5	40.3	55.7	58.4	63	100	138	145
L4DJ－35－50	0.50	14.1	29.4	47.1	50.9	48	100	160	173
L4DJ－35－45	0.45	17.8	37.1	51.9	56.2	48	100	140	151
L4DJ－35－40	0.40	23.7	41.0	58.4	62.4	58	100	142	152
L4DP－30－50	0.50	12.3	31.9	44.7	47.9	39	100	140	150
L4DP－30－45	0.45	15.6	35.5	48.7	52.6	44	100	137	148
L4DP－30－40	0.40	21.1	37.7	59.6	62.4	56	100	158	166
L4DP－35－50	0.50	11.7	30.5	45.9	48.4	38	100	150	159
L4DP－35－45	0.45	14.3	33.2	47.9	49.7	43	100	144	150
L4DP－35－40	0.40	20.2	35.9	50.0	52.1	56	100	139	145

表 2.2－22　　　　　水胶比对混凝土强度的影响分析表（三级配）

编　号	水胶比	抗压强度/MPa				强度增长率/%			
		7d	28d	90d	180d	7d	28d	90d	180d
L3YJ－30－50	0.50	18.2	33.1	46.3	48.9	55	100	140	148
L3YJ－30－45	0.45	23.9	39.5	53.1	55.2	61	100	134	140
L3YJ－30－40	0.40	26.4	43.9	56.1	59.6	60	100	128	136
L3YJ－35－50	0.50	17.1	32.3	43.6	48.4	53	100	135	150
L3YJ－35－45	0.45	19.4	31.7	45.0	50.6	61	100	142	160
L3YJ－35－40	0.40	21.9	36.5	51.0	52.4	60	100	140	144
L3YP－30－50	0.50	17.1	31.6	42.3	45.8	54	100	134	145
L3YP－30－45	0.45	19.3	34.1	45.0	48.0	57	100	132	141
L3YP－30－40	0.40	26.3	43.3	52.6	57.2	61	100	121	132
L3YP－35－50	0.50	16.3	30.7	43.0	44.4	53	100	140	145
L3YP－35－45	0.45	21.4	36.1	48.9	49.9	59	100	135	138
L3YP－35－40	0.40	22.1	38.1	49.6	51.7	58	100	130	136

表 2.2－23　拉西瓦大坝主要混凝土推荐配合比参数表

编号	水胶比	粉煤灰掺量/%	胶材总量/(kg/m³)	砂率/%	JM-II掺量/%	DH9掺量/(1/万)	混凝土材料用量/(kg/m³)								拌料体积/L	坍落度/cm	含气量/%
							水	水泥	粉煤灰	砂	小石	中石	大石	特大			
C₁₈₀32F300W10（四级配）																	
L4YJ-30-40	0.40	30	190.0	24.0	0.4	0.9	76	133	57	515	331	335	499	504	60	5.5	5.4
L4YJ-35-40	0.40	35	195.0	24.0	0.3	1.0	78	127	68	515	331	335	498	504	60	5.5	5.3
L4YP-30-40	0.40	30	195.0	24.0	0.3	0.7	78	136	59	511	329	332	495	500	60	6.5	5.3
L4YP-35-40	0.40	35	190.0	24.0	0.3	0.9	76	123	67	513	330	333	497	502	60	4.4	5.5
L4DJ-30-40	0.40	30	190.0	24.0	0.3	0.7	76	133	57	515	331	335	499	504	60	6.5	5.6
L4DJ-35-40	0.40	35	185.0	24.0	0.3	0.85	74	120	65	517	332	336	501	506	60	5.0	5.3
L4DP-30-40	0.40	30	195.0	24.0	0.3	0.35	78	136	59	512	329	333	495	501	60	6.8	5.4
L4DP-35-40	0.40	35	190.0	24.0	0.3	0.4	76	123	67	513	330	334	497	502	60	5.5	5.5
C₁₈₀25F300W10（四级配）																	
L4YJ-30-45	0.45	30	168.9	24.4	0.3	1.4	76	118.2	51	530	332	336	500	505	60	5.8	5.3
L4YJ-35-45	0.45	35	173.3	24.4	0.3	0.7	78	112.7	61	528	330	334	497	503	60	5.1	5.4
L4YP-30-45	0.45	30	173.3	24.4	0.3	0.7	78	121.3	52	527	330	333	496	502	60	6.0	5.6
L4YP-35-45	0.45	35	168.9	24.4	0.3	0.6	76	109.8	59	529	331	334	498	503	60	6.8	5.5
C₁₈₀32F300W10（三级配）																	
L3YJ-30-40	0.40	30	215.0	29.0	0.5	1.4	86	150.5	65	608	454	459	607		50	6.4	5.5
L3YJ-35-40	0.40	35	220.0	29.0	0.5	1.3	88	143	77	605	451	456	603		50	5.5	5.5
L3YP-30-40	0.40	30	207.5	29.0	0.5	0.6	83	145.3	62	611	455	460	609		50	5.6	5.3
L3YP-35-40	0.40	35	207.5	29.0	0.4	0.5	83	134.9	73	610	455	460	608		50	6.0	5.4

注　表中混凝土编号说明：L代表拉西瓦混凝土；3（4）代表三（四）级配混凝土；Y代表水登水泥；D代表大通水泥；J代表靖远粉煤灰；P代表平凉粉煤灰；第一个两位数代表粉煤灰掺量；第二个两位数代表水胶比。

表 2.2－24　　　　　　　拉西瓦大坝混凝土配合比优化试验成果汇总表

强度等级	编　号	水胶比	粉煤灰掺量/%	胶材总量/kg	抗压强度/MPa				强度增长率/%			
					7d	28d	90d	180d	7d	28d	90d	180d
L₄C₁₈₀32	L4YJ－30－40	0.4	30	190.0	27.4	41.1	56.6	60.7	67	100	138	148
	L4YJ－35－40	0.4	35	195.0	24.3	38.8	54.1	56.1	63	100	139	145
	L4YP－30－40	0.4	30	195.0	22.9	41.2	54.9	57.9	56	100	133	141
	L4YP－35－40	0.4	35	190.0	20.5	38.8	51.1	54.0	53	100	132	139
	L4DJ－30－40	0.4	30	190.0	25.5	40.3	55.7	58.4	63	100	138	145
	L4DJ－35－40	0.4	35	185.0	23.7	41.0	58.4	62.4	58	100	142	152
	L4DP－30－40	0.4	30	195.0	21.1	37.7	59.6	62.4	56	100	158	166
	L4DP－35－40	0.4	35	190.0	20.2	35.9	50.0	52.1	56	100	139	145
	最大值			195.0	27.4	41.2	59.6	62.4	67	100	153	166
	最小值			185.0	20.2	35.9	50.0	52.1	53	100	132	139
	平均值			190.0	23.2	39.4	55.1	58.0	59	100	140	147
L₄C₁₈₀25	L4YJ－30－45	0.45	30	168.9	19.6	35.6	50.6	54.1	55	100	142	152
	L4YJ－35－45	0.45	35	173.3	19.9	35.2	47.8	52.4	57	100	136	149
	L4YP－30－45	0.45	30	173.3	20.4	33.5	43.4	47.3	61	100	130	141
	L4YP－35－45	0.45	35	168.9	19.2	31.1	41.0	50.5	62	100	132	162
	最大值			173.3	20.4	35.6	50.6	54.1	62	100	142	162
	最小值			168.9	19.2	31.1	41.0	47.3	55	100	130	141
	平均值			171.1	19.8	33.9	45.7	51.1	59	100	135	151
L₃C₁₈₀32	L3YJ－30－40	0.4	30	215.0	26.4	43.9	56.1	59.6	60	100	128	136
	L3YJ－35－40	0.4	35	220.0	21.9	36.5	51.0	52.4	60	100	140	144
	L3YP－30－40	0.4	30	207.5	26.3	43.3	52.6	57.2	61	100	121	132
	L3YP－35－40	0.4	35	207.5	22.1	38.1	49.6	51.7	58	100	130	136
	最大值			220.0	26.4	43.9	56.1	59.6	61	100	140	144
	最小值			207.5	21.9	36.5	49.6	51.7	58	100	121	132
	平均值			212.5	24.2	40.5	52.3	55.2	60	100	130	137

2.3　高拱坝混凝土性能试验研究

本节主要以拉西瓦水电站工程双曲拱坝为依托，针对高寒地区高拱坝混凝土力学性能（包括抗压、劈拉、轴拉）、变形性能（包括抗压弹性模量、抗拉弹性模量、极限拉伸等）、体积稳定性（干缩、自生体积变形）、抗冻抗渗等耐久性能、热学性能、全级配混凝土性能等进行了全面系统的试验研究。

2.3.1 混凝土力学性能试验

2.3.1.1 抗压强度

大坝混凝土性能试验采用永登水泥和平凉Ⅱ级粉煤灰的配合比进行试验，以对Ⅱ级粉煤灰混凝土的性能做深入研究。因此，四级配混凝土有两组 C32 和两组 C25 的抗压强度，三级配混凝土有两组 C32 的抗压强度。大坝混凝土的抗压强度试验结果见表 2.3-1。

表 2.3-1　　　　　　　　　　大坝混凝土的抗压强度试验结果

级配	强度等级	编　号	抗压强度/MPa				抗压强度增长率/%（以 28d 抗压强度为基准）			
			7d	28d	90d	180d	7d	28d	90d	180d
四	C32	L4YP-30-40	22.9	41.2	54.9	57.9	56	100	133	141
		L4YP-35-40	20.5	38.8	51.1	54.0	53	100	132	139
	C25	L4YP-30-45	20.4	33.5	43.4	47.3	61	100	130	141
		L4YP-35-45	19.2	31.1	41.0	50.5	62	100	132	162
三	C32	L3YP-30-40	26.3	43.3	52.6	57.2	61	100	121	132
		L3YP-35-40	22.1	38.1	49.6	51.7	58	100	130	136

由表 2.3-1 可见，不同级配、不同强度等级的混凝土的 180d 强度都远大于设计配制强度（$C_{180}32$ 混凝土的配制强度 36.7MPa；$C_{180}25$ 混凝土的配制强度 29.2MPa）。以 28d 抗压强度为基准，拉西瓦混凝土 7d 抗压强度平均增长率为 53%～62%，90d 抗压强度平均增长率为 121%～133%，180d 抗压强度平均增长率为 132%～162%。粉煤灰掺量由 30% 加大到 35%，各龄期混凝土的抗压强度降低 6%～10%。

2.3.1.2 劈拉强度

劈拉强度试验的混凝土配合比同抗压强度，大坝混凝土的劈拉强度试验结果见表 2.3-2。

表 2.3-2　　　　　　　　　　大坝混凝土的劈拉强度试验结果

级配	强度等级	编　号	劈拉强度/MPa				劈拉强度与抗压强度的比值			
			7d	28d	90d	180d	7d	28d	90d	180d
四	C32	L4YP-30-40	1.57	2.07	3.28	3.67	0.069	0.050	0.060	0.063
		L4YP-35-40	1.66	2.35	3.40	3.65	0.081	0.061	0.067	0.068
	C25	L4YP-30-45	1.52	2.10	3.05	3.55	0.075	0.063	0.070	0.075
		L4YP-35-45	1.50	2.11	3.45	3.62	0.078	0.068	0.084	0.080
三	C32	L3YP-30-40	1.74	2.58	3.80	4.25	0.066	0.060	0.072	0.075
		L3YP-35-40	1.63	2.30	3.73	4.11	0.074	0.060	0.075	0.079

一般地，混凝土的劈拉强度随着混凝土的龄期延长而增大，随着水胶比的降低而增加，随着粉煤灰掺量的增加而减小，混凝土的拉压比变化范围一般为 0.06～0.10。

拉西瓦混凝土劈拉强度试验结果基本上符合一般规律，三级配、四级配混凝土的劈拉强度尚属正常，但由于抗压强度整体偏高，不同龄期的劈拉强度与抗压强度的比值偏低，基本上为 1/20～1/12。

2.3.1.3　轴拉强度

试验采用 100mm×100mm×550mm 大"8"字形试件，轴拉强度是极限拉伸试验的轴向破坏强度值的结果。大坝混凝土的轴拉强度及轴拉强度与抗压强度比值见表 2.3-3。

表 2.3-3　　　　　　大坝混凝土的轴拉强度及轴拉强度与抗压强度的比值

级配	强度等级	编　号	轴拉强度/MPa				轴拉强度与抗压强度的比值			
			7d	28d	90d	180d	7d	28d	90d	180d
四	C32	L4YP-30-40	2.14	2.90	3.71	4.22	0.093	0.070	0.068	0.073
		L4YP-35-40	1.99	2.77	3.65	4.17	0.097	0.071	0.071	0.077
	C25	L4YP-30-45	2.04	2.80	3.48	3.98	0.100	0.083	0.080	0.084
		L4YP-35-45	2.13	2.56	3.39	4.12	0.111	0.082	0.083	0.091
三	C32	L3YP-30-40	2.18	3.10	3.94	4.37	0.083	0.072	0.075	0.076
		L3YP-35-40	1.61	2.43	3.83	4.16	0.073	0.064	0.077	0.080

试验结果表明：拉西瓦混凝土的轴拉强度相对来说较大。粉煤灰掺量由 30% 增加到 35% 时，7d、28d 早期轴拉强度相对降低 4%～8%，90d、180d 后期轴拉强度降低小于 5%。说明粉煤灰掺量增大，对混凝土早期抗拉强度有一定影响。

2.3.2　混凝土的变形性能试验

2.3.2.1　抗压弹性模量

抗压弹性模量试件尺寸为 $\phi150×300mm$，变形用位移传感器测量，测距为 150mm，抗压弹性模量为 40% 轴心抗压强度时的应力与应变的比值。混凝土的抗压弹性模量试验结果列于表 2.3-4。

表 2.3-4　　　　　　　混凝土的抗压弹性模量试验结果

级配	强度等级	编　号	抗压弹性模量/GPa				抗压弹性模量与抗压强度的比值			
			7d	28d	90d	180d	7d	28d	90d	180d
四	C32	L4YP-30-40	29.0	35.0	40.3	43.0	0.127	0.085	0.073	0.074
		L4YP-35-40	28.4	35.8	38.9	40.5	0.139	0.092	0.076	0.075
	C25	L4YP-30-45	25.6	31.1	36.7	39.1	0.125	0.093	0.085	0.083
		L4YP-35-45	26.9	32.0	38.4	40.2	0.140	0.103	0.094	0.088
三	C32	L3YP-30-40	28.8	34.1	39.5	46.9	0.110	0.079	0.075	0.082
		L3YP-35-40	29.1	35.6	41.4	44.6	0.132	0.093	0.083	0.083

试验结果显示，拉西瓦四级配、三级配混凝土的抗压弹性模量都比较高，比小湾大坝混凝土的抗压弹性模量高 12～16GPa，对大坝混凝土抗裂不利。相同水胶比时，粉煤灰掺量由 30% 增加到 35%，对混凝土抗压弹性模量影响不大，混凝土各龄期抗压弹性模量相差小于 5%。水胶比越大，抗压弹性模量越小。三级配、四级配混凝土的 180d 抗压弹性模量相差约 10%。

2.3.2.2　轴拉弹性模量

轴拉弹性模量值来源于极限拉伸试验的结果，这里的轴拉弹性模量为 50% 破坏强度时的应力与应变的比值。轴拉弹性模量试验结果列于表2.3-5。从表2.3-5的试验结果来看，不同粉煤灰掺量对混凝土的轴拉弹性模量影响不大，基础混凝土轴拉强性模量与抗压弹性模量的比值接近1，随龄期的增长率稍有下降。

表2.3-5　　　　　　　　　混凝土的轴拉弹性模量试验结果

级配	强度等级	编号	轴拉弹性模量/GPa				轴拉弹性模量与抗压弹性模量的比值			
			7d	28d	90d	180d	7d	28d	90d	180d
四	C32	L4YP-30-40	28.1	34.1	38.7	40.8	0.969	0.975	0.960	0.949
		L4YP-35-40	28.8	32.6	37.0	40.2	1.013	0.909	0.952	0.993
	C25	L4YP-30-45	28.1	33.2	37.6	41.4	1.126	1.067	1.026	1.059
		L4YP-35-45	29.0	32.9	37.0	40.5	1.079	1.028	0.964	1.007
三	C32	L3YP-30-40	30.4	36.1	38.6	42.8	1.055	1.057	0.976	1.007
		L3YP-35-40	31.5	37.5	39.2	43.5	1.081	1.053	0.946	1.021

2.3.2.3　极限拉伸值

极限拉伸试验采用100mm×100mm×550mm大"8"字形试件，变形值采用差动式位移传感器和数字位移计量仪测试，测距为200mm，数字位移计量仪的最小读数为0.1μm，根据轴向拉伸测得的应力与应变关系，以拉断时的最大变形计算出混凝土的极限拉伸值。采用过30mm方孔筛的湿筛混凝土成型试件。混凝土的极限拉伸值试验结果列于表2.3-6。

表2.3-6　　　　　　　　　混凝土的极限拉伸值试验结果

级配	强度等级	编号	极限拉伸值（×10⁻⁴）				极限拉伸值增长率/%（以28d为基准）			
			7d	28d	90d	180d	7d	28d	90d	180d
四	C32	L4YJ-30-40	—	1.01	1.08	—	—	100	107	—
		L4YJ-35-40	—	0.98	1.18	—	—	100	120	—
		L4YP-30-40	0.86	1.00	1.07	1.14	86	100	108	114
		L4YP-35-40	0.78	0.96	1.10	1.15	81	100	115	120
		L4DJ-30-40	—	1.06	1.21	—	—	100	114	—
		L4DJ-35-40	—	1.05	1.10	—	—	100	105	—
		L4DP-30-40	—	1.01	1.22	—	—	100	121	—
		L4DP-35-40	—	1.05	1.09	—	—	100	104	—
	C25	L4YJ-30-45	—	0.92	1.05	—	—	100	114	—
		L4YJ-35-45	—	0.87	1.02	—	—	100	117	—
		L4YP-30-45	0.77	0.96	1.04	1.09	80	100	108	114
		L4YP-35-45	0.79	0.88	1.02	1.12	90	100	116	127
三	C32	L3YJ-30-40	—	1.01	1.04	—	—	100	103	—
		L3YJ-35-40	—	0.95	1.15	—	—	100	121	—
		L3YP-30-40	0.80	0.98	1.14	1.19	82	100	116	121
		L3YP-35-40	0.77	0.86	1.11	1.14	66	100	121	124

从表 2.3-6 的试验结果来看，混凝土的极限拉伸值随着龄期的增加有较为显著的增大。拉西瓦混凝土的极限拉伸值完全能够满足设计提出的 28d 大于 0.85×10^{-4}、90d 大于 1.0×10^{-4} 的设计要求。

不同水泥对极限拉伸值的影响不大，采用大通水泥的混凝土的极限拉伸值比采用永登水泥的混凝土的极限拉伸值高 0.05×10^{-4}。粉煤灰品种和掺量对极限拉伸值的影响亦不大。总体来说，采用平凉灰的混凝土的极限拉伸值略低于采用靖远灰的混凝土的极限拉伸值；粉煤灰掺量由 30% 增加到 35%，混凝土的 28d 极限拉伸值降低 0.05×10^{-4}，到 90d 龄期时不同粉煤灰掺量混凝土的极限拉伸值基本接近；粉煤灰掺量越高，混凝土的极限拉伸增长率越大。

2.3.2.4　混凝土徐变试验

混凝土的徐变是指在持续荷载作用下，混凝土结构变形随时间不断增加的现象。其大小受温度、湿度、加荷应力等诸多因素的影响。原级配混凝土的徐变度（即单位应力下的徐变变形）计算公式为

$$C_0 = \beta \frac{n_0}{n_s} C_s$$

式中：C_0、n_0 分别为原级配混凝土的徐变度、灰浆率；C_s、n_s 分别为湿筛混凝土的徐变度、灰浆率；β 为折算系数，一般在 $0.82 \sim 1.16$，统计平均值为 1.0。

试验加荷龄期：7d、28d、90d、180d。

持荷时间：加荷时间＋持荷时间＝360d。

试验按照《水工混凝土试验规程》（DL/T 5150—2001）进行。

拉西瓦大坝基础混凝土徐变度试验成果见图 2.3-1。由试验成果可知，拉西瓦大坝混凝土徐变度试验成果符合一般规律，即混凝土的徐变度随加荷龄期的增大而减小；即加荷龄期越早，徐变度越大；混凝土徐变度随持荷龄期的延长而增加。拉西瓦大坝基础混凝土 7d 加荷龄期最大徐变度为 46.8×10^{-6}，小湾 7d 加荷龄期最大徐变度为 55.9×10^{-6}，锦屏 7d 加荷龄期最大徐变度为 60.2×10^{-6}，与小湾、锦屏等工程相比，其徐变度相对较小。从混凝土防裂角度考虑，徐变度越小，混凝土温度应力越大，对温控不利。

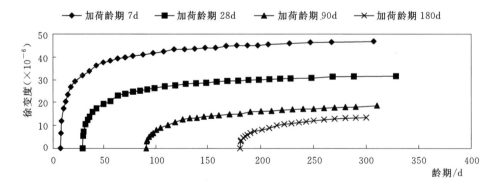

图 2.3-1　拉西瓦大坝基础混凝土徐变度试验成果

2.3.3 混凝土的体积稳定性试验

2.3.3.1 干缩

混凝土干缩试验试件尺寸为 100mm×100mm×500mm 棱柱体。混凝土成型后 2d 拆模，测定基长，混凝土干缩值由安装在立式干缩架上的千分表测定。试验室温度控制为 20℃±2℃，相对湿度为 60%±5%。总共进行了 12 个配合比的混凝土干缩试验，试验结果见表 2.3-7～表 2.3-9。其随时间的变化趋势，见图 2.3-2～图 2.3-4。

表 2.3-7　　　　　　　　　C32F300W10 四级配混凝土的干缩

龄期 ($t-2$)/d	干缩（$\times 10^{-6}$）			
	L4YP30-40	L4YP35-40	L4YJ30-40	L4YJ35-40
0	0.0	0.0	0.0	0.0
1	4.4	5.1	11.2	11.9
3	50.3	60.8	44.7	48.9
5	86.4	87.5	69.8	80.7
7	115.2	115.3	100.1	111.4
10	155.9	167.0	139.8	154.4
15	203.9	221.6	180.7	194.9
20	259.3	261.9	230.0	243.8
25	283.6	293.8	255.2	267.0
28	307.9	299.4	259.1	277.8
35	339.0	322.2	289.9	306.8
40	361.6	334.7	309.0	325.6
50	369.5	364.2	339.2	348.9
60	389.2	381.3	354.9	367.6
70	402.2	399.4	366.1	381.8
80	407.9	408.5	378.4	391.5
90	423.7	415.9	385.2	396.0
105	429.4	421.0	390.8	403.4
120	436.1	426.7	393.0	408.0
135	440.7	430.1	396.4	410.2
150	446.3	435.8	399.8	414.8
165	449.7	440.3	403.1	415.9
180	453.1	442.6	406.5	418.2

表 2.3-8　　　　　　　　　C$_{180}$32 三级配混凝土的干缩

龄期 ($t-2$)/d	干缩（$\times 10^{-6}$）			
	L3YP30-40	L3YP35-40	L3YJ30-40	L3YJ35-40
0	0.0	0.0	0.0	0.0
1	11.9	10.2	21.2	26.7
3	50.6	54.0	53.5	49.5
5	83.5	87.0	84.3	85.3

续表

龄期	干缩（×10⁻⁶）			
(t−2)/d	L3YP30−40	L3YP35−40	L3YJ30−40	L3YJ35−40
7	115.3	114.3	112.2	117.2
10	154.0	164.4	145.7	156.4
15	185.8	192.8	194.3	207.6
20	230.1	213.3	240.6	263.4
25	249.4	241.8	258.5	279.9
28	255.1	255.4	276.3	300.3
35	283.0	276.5	284.1	300.3
40	300.6	289.5	302.0	322.5
50	323.3	302.6	323.2	341.3
60	339.2	318.5	336.6	355.5
70	349.4	324.8	353.9	375.4
80	359.7	334.4	362.8	386.2
90	364.2	340.2	372.3	389.1
105	369.9	345.3	377.8	393.6
120	373.3	347.6	380.1	395.9
135	376.7	349.8	384.4	399.3
150	380.1	353.2	386.8	400.4
165	382.4	356.7	390.1	402.7
180	386.9	358.9	394.6	403.9

表 2.3−9　　　　　　　　　　　$C_{180}25$ 四级配混凝土的干缩

龄期	干缩（×10⁻⁶）			
(t−2)/d	L4YP30−45	L4YP35−45	L4YJ30−45	L4YJ35−45
0	0.0	0.0	0.0	0.0
1	6.3	11.8	10.2	7.1
3	50.0	62.9	26.2	23.1
5	79.0	93.2	71.7	73.6
7	106.3	127.9	96.7	102.2
10	163.1	180.6	126.9	141.2
15	192.6	214.2	175.2	198.9
20	222.2	228.6	212.2	244.0
25	258.5	270.2	252.0	288.5
28	277.8	290.4	263.9	303.3
35	313.6	320.7	293.0	339.0
40	322.2	332.9	303.8	351.1
50	346.0	357.0	310.6	362.1
60	369.9	383.4	334.4	388.5
70	385.2	391.7	351.5	400.0

龄期	干缩（×10⁻⁶）			
$(t-2)/d$	L4YP30－45	L4YP35－45	L4YJ30－45	L4YJ35－45
80	396.0	406.9	347.0	404.9
90	404.0	416.4	361.2	417.0
105	410.9	423.6	373.1	428.6
120	413.1	425.9	374.9	431.3
135	418.8	430.3	384.4	438.5
150	422.2	434.9	382.3	437.4
165	427.8	438.2	384.0	437.4
180	430.1	441.7	384.4	439.6

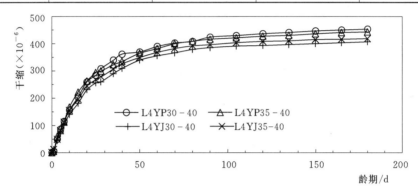

图 2.3－2　四级配混凝土 C32F300W10 的干缩曲线

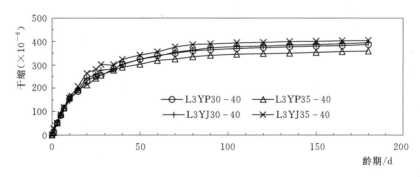

图 2.3－3　三级配混凝土 C32F300W10 的干缩曲线

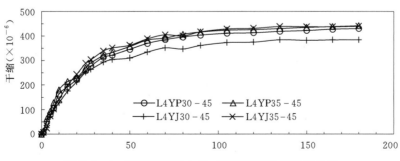

图 2.3－4　四级配混凝土 C₁₈₀25F300W10 的干缩曲线

混凝土配合比中单位用水量、胶材用量和品种、骨料粒径等对干缩都有较大的影响。而单位用水量是决定干缩率大小的主要因素。

在水胶比相同的条件下,单位用水量越大,其胶凝材料越多,水泥浆含量越多,灰浆率越大,混凝土的干缩就越大。骨料对混凝土的干缩有较显著的制约作用,即混凝土中骨灰比越大,干缩越小,即骨料粒径越大,干缩越小;水胶比越大,干缩率越大;这是因为水胶比越大,水泥浆越稀,硬化成水泥石后所含的凝胶体越多,晶体越少,而干缩主要是由水泥石的凝胶体逐渐干缩而引起的。

(1) 该次试验大部分结果基本符合一般规律,即水胶比相同的条件下,单位用水量大,干缩率相应增大。

(2) 混凝土干缩率与粉煤灰的等级有关,即相同条件下Ⅰ级粉煤灰拌制的混凝土干缩率较Ⅱ级粉煤灰的干缩率小,即靖远灰混凝土的干缩率较平凉灰的干缩小。

(3) 水泥品种与细度对混凝土的干缩有很大影响。水泥细度越细,干缩率越大。永登水泥的细度较大通水泥细,在原材料选择试验阶段可知,永登水泥的干缩率较大通水泥的干缩率大。

(4) 拉西瓦四级配混凝土 180d 龄期的干缩率为 $(400 \sim 450) \times 10^{-6}$,三级配混凝土 180d 龄期的干缩率为 $(350 \sim 400) \times 10^{-6}$,四级配混凝土的干缩率反而较三级配大。这是由于试验时须剔除大于 40mm 的骨料,因此四级配混凝土的灰浆率较三级配大,因而其干缩亦大。而现场施工时三级配混凝土的干缩率实际比四级配干缩率大。

(5) 0.45 水胶比混凝土的干缩率较 0.40 水胶比干缩率小,这是因为 0.40 水胶比和 0.45 水胶比四级配混凝土的单位用水量相同,0.40 水胶比的混凝土胶材用量多,所以 0.40 水胶比的混凝土 180d 龄期的干缩率稍大。

2.3.3.2　拉西瓦大坝混凝土自生体积变形

混凝土的自生体积变形对大坝混凝土的抗裂性有着不可忽视的影响。如果混凝土的自生体积变形收缩较大,对混凝土抗裂不利。如果混凝土自生体积变形具有微膨胀性,它可以补偿混凝土因温度降低而产生的收缩变形,因而对提高混凝土的抗裂性有利。混凝土的自生体积变形是评价混凝土抗裂性能的一个重要参数。

自生体积变形试件尺寸为 $\phi 150mm \times 500mm$ 的圆柱体,试件中心内埋电阻式应变计,混凝土振实后用锡焊将筒密封,密封后立即放入恒温室。自生体积变形测量采用比例电桥,根据测量电阻式应变计的电阻与电阻比及混凝土的热膨胀系数来计算其自生体积变形值。

在性能阶段试验中,测定了 6 个采用永登水泥和平凉粉煤灰的混凝土配合比的自生体积变形。试验结果见表 2.3-10 及图 2.3-5~图 2.3-6。

表 2.3-10　　　　　　　　　混凝土的自生体积变形

龄期/d	自生体积变形 $(\times 10^{-6})$(四级配)				自生体积变形 $(\times 10^{-6})$(三级配)	
	L4YP30-40	L4YP35-40	L4YP30-45	L4YP35-45	L3YP30-40	L3YP35-40
0	0.00	0.00	0.00	0.00	0.00	0.00
1	2.31	-1.87	3.14	3.32	-3.04	4.41

续表

龄期/d	自生体积变形（×10⁻⁶）（四级配）				自生体积变形（×10⁻⁶）（三级配）	
	L4YP30－40	L4YP35－40	L4YP30－45	L4YP35－45	L3YP30－40	L3YP35－40
2	3.46	−2.91	−0.17	7.70	−1.48	2.95
3	3.16	−3.36	−0.75	4.75	−4.43	2.22
5	0.04	−1.30	2.38	6.6	−5.03	0.00
7	−0.56	−3.81	6.4	12.08	−2.72	6.74
10	−5.06	−8.53	−1.30	6.81	−10.40	−1.21
15	−12.11	−15.91	1.3	12.08	−15.15	1.48
20	−15.16	−18.72	−11.49	1.45	−15.52	−9.16
25	−20.33	−20.63	−19.31	−3.55	−20.02	−14.30
28	−20.03	−22.99	−24.39	−11.50	−22.45	−22.01
35	−22.45	−22.7	−26.40	−13.19	−19.6	−18.66
40	−22.60	−21.1	−26.49	−13.28	−23.0	−20.47
50	−25.56	−29.7	−23.86	−13.10	−22.8	−21.11
60	−26.05	−29.2	−23.76	−15.78	−26.1	−18.66
70	−28.11	−31.4	−28.30	−18.02	−25.8	−25.88
80	−33.43	−33.5	−25.53	−20.16	−27.9	−25.3
90	−33.43	−31.6	−25.2	−17.3	−28.3	−22.5
105	−30.46	−33.4	−30.7	−22.6	−31.6	−28.7
120	−28.11	−33.7	−28.9	−21.0	−32.1	−29.1
135	−30.8	−33.5	−28.1	−22.8	35.9	−30.5
150	−30.8	−34.4	−30.7	−25.6	−36.4	−30.7
165	−29.8	−35.9	−30.4	−25.3	−36.1	−30.2
180	−29.8	−36.0	−30.5	−25.3	−36.3	−30.5
线膨胀系数（×10⁻⁶）/(1/℃)	9.38	9.45	10.38	10.52	9.38	9.87

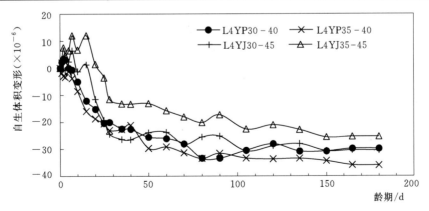

图 2.3－5　拉西瓦四级配混凝土的自生体积变形曲线

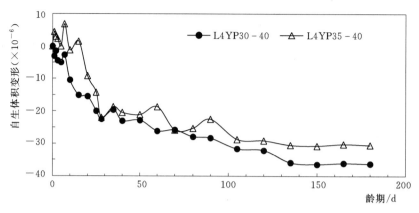

图 2.3-6　拉西瓦三级配混凝土的自生体积变形曲线

试验结果显示，四级配混凝土 180d 龄期的自生体积变形为（－25.6～－36.0）×10^{-6}；三级配混凝土 180d 龄期的自生体积变形为（－30.5～－36.3）×10^{-6}。至 180d 龄期，混凝土的自生体积变形已趋于平稳。

该次混凝土自生体积变形试验采用的水泥和粉煤灰相同，仅变化水胶比和粉煤灰掺量。粉煤灰掺量由 30% 增大到 35%，0.40 水胶比的四级配混凝土自生体积收缩变形增加 2.6×10^{-6}，0.45 水胶比的四级配混凝土自生体积变形收缩减小 5.2×10^{-6}，0.40 水胶比的三级配混凝土自生体积变形减小 5.8×10^{-6}，综合分析，粉煤灰掺量由 30% 提高至 35% 对混凝土自生体积变形影响较小。

混凝土自生体积变形主要取决于胶凝材料的性质。尽管在发包设计阶段，曾与厂家协商，采取了一定措施，在水泥原料中掺加了高镁矿石，使水泥熟料中内含 3.5%～5.0% 的 MgO，目的使大坝混凝土自生体积变形产生微膨胀，但是拉西瓦大坝混凝土自生体积变形仍为收缩型。分析原因主要是由于水泥煅烧温度较高（1800℃），降低了 MgO 的活性，同时由于粉煤灰对自生体积变形膨胀有抑制作用。

2.3.4　混凝土的热学性能试验

混凝土的热学性能是大坝混凝土温控计算的基本参数，它包括了混凝土的比热、导温系数、导热系数、线膨胀系数、绝热温升等。热学性能试验按照《水工混凝土试验规程》（DL/T 5150—2001）有关规定进行。除绝热温升采用原级配混凝土、水泥水化热采用砂浆测定外，其余参数均采用湿筛后骨料最大粒径为 40mm 的混凝土测定。绝热温升试验采用 2005 年优化试验成果，其余热学性能试验均采用 2004 年发包阶段试验成果。

2.3.4.1　混凝土比热

混凝土的比热是指单位重量的混凝土温度升高 1℃ 时所需的热量。其值一般为 0.837～1.047kJ/(kg·℃)，比热试验采用绝热法测定。混凝土比热为 2004 年发包阶段试验成果。试验结果见表 2.3-11～表 2.3-12。表中平均比热计算公式为

$$\overline{C}(\theta_1, \theta_2) = C_0 + \frac{C_1}{2}(\theta_1 + \theta_2) + \frac{C_2}{3}(\theta_1^2 + \theta_1\theta_2 + \theta_2^2)$$

式中：C 为湿筛后混凝土的平均比热，θ_1、θ_2 为混凝土实验前、后的温度；经验系数 C_0、

C_1、C_2通过试验求得。由试验成果可知，不同水泥不同配合比试验的混凝土原级配混凝土比热相差不大，对于混凝土来说，一般按常量考虑。

表 2.3-11　　　　　　混凝土比热试验结果（永登水泥＋西固灰）

| 配合比编号 | 设计等级 | 水泥产地 | 粉煤灰掺量/% | 级配 | 水胶比 | 方程中系数 | | | 平均比热/[kJ/(kg·℃)] | 原级配平均比热/[kJ/(kg·℃)] |
						C_0	C_1(×10⁻³)	C_2(×10⁻⁵)		
3	C30F200W8	永登	30	四	0.43	0.9099	2.9664	−1.8876	0.9959	0.9328
3-1	C30F200W8	永登	30	四	0.43	0.9201	2.4041	−1.2935	0.9939	0.9316
3-2	C30F200W8	永登	30	四	0.43	0.9361	2.2607	−1.5074	1.0004	0.9355
4	C35F200W10	永登	30	四	0.41	0.9500	0.9864	0.4541	0.9973	0.9339

表 2.3-12　　　　　　混凝土比热试验结果（青海水泥＋西固灰）

| 配合比编号 | 设计等级 | 水泥产地 | 粉煤灰掺量/% | 级配 | 水胶比 | 方程中系数 | | | 平均比热/[kJ/(kg·℃)] | 原级配平均比热/[kJ/(kg·℃)] |
						C_0	C_1(×10⁻³)	C_2(×10⁻⁵)		
3	C30F200W8	青海	30	四	0.40	0.92143	0.6489	0.7374	0.9602	0.9109
3-1	C30F200W8	青海	30	四	0.40	0.93972	0.2919	0.1182	0.9719	0.9179
3-2	C30F200W8	青海	30	四	0.40	0.92268	0.7260	0.8332	0.9662	0.9346
4	C35F200W10	青海	30	四	0.38	0.93184	0.6724	0.4005	0.9657	0.9342

2.3.4.2　混凝土的导温系数、导热系数与线膨胀系数

混凝土的导温系数是表示混凝土进行热交换的特征指数，其值越大越有利于热量的扩散。一般情况下，混凝土的导温系数随骨料用量的增多、混凝土单位用水量的减少而增大，导温系数采用直接法测定。

导热系数可由试验得到，也可由计算求得，本书中的导热系数 λ 由混凝土比热 c、容重 γ 和导温系数 α 求得：

$$\lambda = c\gamma\alpha$$

普通混凝土的线膨胀系数一般为 $10 \times 10^{-6}/℃$，变化范围大约是 $(5.8 \sim 12.6) \times 10^{-6}/℃$。混凝土的导温系数、导热系数及线膨胀系数试验成果见表 2.3-13～表 2.3-14。

表 2.3-13　混凝土的导温系数、导热系数及线膨胀系数试验成果（永登水泥＋西固灰）

配合比编号	设计等级	粉煤灰掺量/%	级配	水胶比	容重/(kg/m³)	比热/[kJ/(kg·℃)]	导温系数/(m²/h)	导热系数/[kJ/(m·h·℃)]	线膨胀系数(×10⁻⁶)/℃
3	C30F200W8	30	四	0.43	2432	0.9959	0.00338	8.186	9.5
3-1	C30F200W8	30	四	0.43	2454	0.9939	0.00346	8.439	9.3
3-2	C30F200W8	30	四	0.43	2454	1.0004	0.00342	8.396	9.2
4	C35F200W10	30	四	0.41	2439	0.9973	0.00353	8.586	9.7

试验结果表明，不同配合比混凝土比热、导温系数、导热系数相差不大，对于混凝土来说，一般按常量考虑，主要反映混凝土的热传导性能；而线膨胀系数主要由混凝土骨料岩石品种所决定拉西瓦混凝土天然骨料岩性主要为砂岩、花岗岩、石英砂岩、凝灰岩

等，其线膨胀系数相对较大，该次试验值为 $(8.7\sim9.7)\times10^{-6}$，而在优化试验自生体积变形试验中所测的线膨胀系数为 $(9.5\sim10.5)\times10^{-6}$，这主要是由试验条件和试验误差所致。综合考虑拉西瓦大坝混凝土线膨胀系数按 9.5×10^{-6} 考虑。

表 2.3 - 14　　　　　混凝土的导温系数、导热系数及线膨胀系数

试验成果（青海水泥十西固灰）

配合比编号	设计等级	粉煤灰掺量/%	级配	水胶比	容重/(kg/m³)	比热/[kJ/(kg·℃)]	导温系数/(m²/h)	导热系数/[kJ/(m·h·℃)]	线膨胀系数(×10⁻⁶)/℃
3	C30F200W8	30	四	0.43	2465	0.9602	0.00356	8.426	8.9
3 - 1	C30F200W8	30	四	0.43	2467	0.9719	0.00339	8.128	9.1
3 - 2	C30F200W8	30	四	0.43	2503	0.9662	0.00362	8.755	8.9
4	C35F200W10	30	四	0.41	2494	0.9657	0.00341	8.213	8.7

2.3.4.3　混凝土绝热温升

混凝土绝热温升测定在日本全自动 MIT - 686 - 0 型混凝土热量测定仪上进行，温度跟踪精度为 $\pm0.1℃$，试件尺寸 $\phi400\times400mm$，可直接进行全级配混凝土试验。采用最小二乘法进行曲线拟合，对双曲线方程和指数方程两种线形进行优选，结果以双曲线方程为最优。

该次试验共进行了四组混凝土的绝热温升试验，即采用永登水泥的四组 $C_{180}32$ 四级配混凝土。混凝土绝热温升—历时测定结果见表 2.3 - 15 和图 2.3 - 7。混凝土绝热温升—历时表达式及其他热学性能指标见表 2.3 - 16。

表 2.3 - 15　　　　　　　混凝土绝热温升测定结果　　　　　　单位:℃

龄期	L4YP30 - 40	L4YP35 - 40	L4YJ30 - 40	L4YJ35 - 40
1d	8.2	8.0	9.9	9.0
2d	12.3	12.7	14.8	11.5
3d	14.6	15.4	17.6	13.5
4d	16.3	17.4	19.3	16.1
5d	17.8	19.1	20.7	18.0
6d	18.9	20.2	21.7	19.1
7d	19.9	20.9	22.3	20.2
8d	20.7	21.4	23.0	20.9
9d	21.2	21.8	23.4	21.5
10d	21.6	22.0	23.7	21.9
11d	22.0	22.3	24.0	22.3
12d	22.3	22.4	24.2	22.5
13d	22.6	22.6	24.4	22.8
14d	22.8	22.7	24.6	23.1
15d	23.0	22.8	24.8	23.2

续表

龄期	L4YP30-40	L4YP35-40	L4YJ30-40	L4YJ35-40
16d	23.2	22.9	24.9	23.3
17d	23.3	23.0	25.0	23.4
18d	23.5	23.1	25.1	23.5
19d	23.6	23.2	25.2	23.6
20d	23.8	23.3	25.3	23.7
21d	23.9	23.3	25.3	23.8
22d	24.0	23.4	25.4	23.8
23d	24.1	23.4	25.4	23.9
24d	24.2	23.4	25.4	23.9
25d	24.2	23.5	25.5	23.9
26d	24.3	23.5	25.5	24.0
27d	24.3	23.5	25.6	24.0
28d	24.4	23.6	25.6	24.0

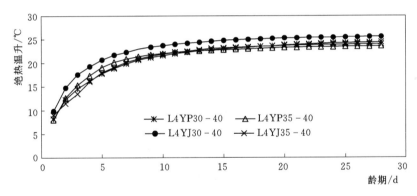

图 2.3-7 混凝土绝热温升—历时曲线图

表 2.3-16 混凝土绝热温升—历时表达式及其他热学性能指标表

试验编号	导温系数 （×10^{-3}） /(m²/h)	比热 /[kJ/(kg·℃)]	初始温度 /℃	28d绝热温升 /℃	拟合绝热温升 /℃	绝热温升		
						表达式	95%置信度	适用条件
L4YP30-40	3.887	0.935	20.3	24.4	26	$T=\dfrac{26.0}{t+2.35}$	0.3	$t \geqslant 0.5\mathrm{d}$
L4YP35-40	3.772	0.919	24.7	23.6	25.2	$T=\dfrac{25.5t}{t+1.80}$	0.9	$t \geqslant 0.5\mathrm{d}$
L4YJ30-40	3.830	0.983	23.9	25.6	27.0	$T=\dfrac{27.3t}{t+1.64}$	0.4	$t \geqslant 0.5\mathrm{d}$
L4YJ35-40	3.604	0.959	23.2	24.0	25.8	$T=\dfrac{25.8t}{t+1.73}$	0.5	$t \geqslant 0.5\mathrm{d}$

注 表中 T 为绝热温升，℃；t 为历时，d。

由四组配合比绝热温升试验检测结果可知,使用靖远灰的混凝土绝热温升稍高于使用平凉灰混凝土,30%掺量时高 1.2℃,35%掺量时高 0.4℃。粉煤灰掺量由 30% 增加到 35%,混凝土绝热温升略有降低,靖远灰降低 1.6℃,平凉灰降低 0.8℃。也就是说,采用 35%掺量的平凉灰可获得较低的绝热温升。

2.3.5　混凝土的耐久性能试验

2.3.5.1　抗冻性

拉西瓦大坝混凝土的设计抗冻等级为 F300,试验龄期为 90d。试验按照《水工混凝土试验规程》(DL/T 5150—2001),在日本进口全自动冻融试验机上完成。混凝土中心冻融温度为(−17～5)℃±2℃,一个冻融循环过程耗时 3～4h。

混凝土冻融破坏的判断指标为相对动弹性模量和质量损失率,当相对动弹性模量降至 60%或质量损失率达到 5%时,结束试验。

拉西瓦三、四级配共进行了 4 组共 16 个混凝土配合比的抗冻试验,列于表 2.3-17～表 2.3-20,相对动弹性模量随冻融循环次数的变化见图 2.3-8～图 2.3-11。试验结果表明,拉西瓦大坝三、四级配混凝土的抗冻性能够满足设计要求。

表 2.3-17　　C$_{180}$32F300W10 四级配混凝土的抗冻试验结果(永登水泥)　　　　%

冻融循环次数	L4YJ30-40		L4YJ35-40		L4YP30-40		L4YP35-40	
	相对动弹性模量	质量损失率	相对动弹性模量	质量损失率	相对动弹性模量	质量损失率	相对动弹性模量	质量损失率
25	99.1	0.00	94.3	0.17	99.2	0.00	98.7	0.00
50	98.0	0.04	93.2	0.27	98.3	0.06	96.7	0.08
75	97.4	0.06	92.7	0.32	98.2	0.12	95.9	0.18
100	96.9	0.08	92.3	0.37	98.1	0.16	95.0	0.28
125	96.4	0.09	91.7	0.48	97.5	0.25	94.4	0.36
150	96.0	0.11	91.1	0.60	96.0	0.41	93.9	0.44
175	95.7	0.17	90.6	0.73	95.3	0.48	93.4	0.52
200	95.5	0.23	90.1	0.85	94.4	0.54	93.0	0.60
225	94.8	0.28	87.6	0.94	94.0	0.58	92.8	0.70
250	94.2	0.33	85.3	1.03	93.6	0.66	92.5	0.79
275	93.2	0.36	82.0	1.22	91.9	0.81	92.2	0.95
300	92.5	0.41	80.3	1.29	91.0	1.00	91.8	1.11
含气量	5.6		5.1		5.5		5.4	

表 2.3-18　　C$_{180}$32F300W10 四级配混凝土的抗冻试验结果 (大通水泥)　　　　%

冻融循环次数/次	L4DJ30-45		L4DJ35-45		L4DP30-45		L4DP35-45	
	相对动弹性模量	质量损失率	相对动弹性模量	质量损失率	相对动弹性模量	质量损失率	相对动弹性模量	质量损失率
25	98.9	0.00	99.2	0.00	99.5	0.04	99.5	0.00
50	98.4	0.05	97.6	0.05	98.6	0.10	99.0	0.05
75	97.3	0.10	96.6	0.07	97.3	0.20	98.2	0.30

冻融循环次数/次	L4DJ30-45		L4DJ35-45		L4DP30-45		L4DP35-45	
	相对动弹性模量	质量损失率	相对动弹性模量	质量损失率	相对动弹性模量	质量损失率	相对动弹性模量	质量损失率
100	96.2	0.10	95.6	0.10	96.0	0.30	97.5	0.55
125	93.7	0.35	94.1	0.17	93.3	0.50	95.2	0.65
150	91.4	0.50	92.7	0.25	90.7	0.71	93.0	0.75
175	90.6	0.60	91.4	0.27	87.7	0.76	92.4	0.90
200	89.8	0.70	90.2	0.30	84.7	0.81	91.8	1.05
225	89.2	0.75	89.4	0.55	84.0	0.89	91.0	1.13
250	88.5	0.80	88.8	0.60	83.3	0.96	90.2	1.20
275	86.7	1.00	85.1	0.70	74.0	1.06	89.2	1.35
300	84.4	1.2	81.6	1.05	66.9	1.11	88.6	1.45
含气量	5.8		5.6		5.0		5.7	

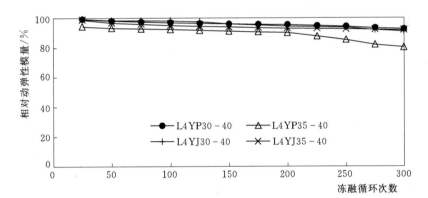

图 2.3-8 $C_{180}32F300W10$ 四级配混凝土相对动弹性模量变化曲线（永登水泥）

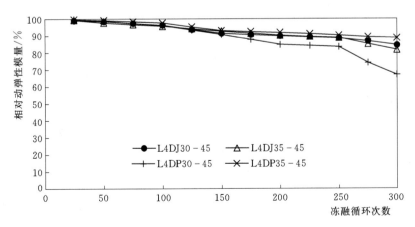

图 2.3-9 $C_{180}32$ 四级配相对动弹性模量变化曲线（大通水泥）

表 2.3 - 19　　　　　C₁₈₀25 四级配混凝土的抗冻试验结果（永登水泥）　　　　%

冻融循环次数	L4YJ30 - 45		L4YJ35 - 45		L4YP30 - 45		L4YP35 - 45	
	相对动弹性模量	质量损失率	相对动弹性模量	质量损失率	相对动弹性模量	质量损失率	相对动弹性模量	质量损失率
25	98.1	0.05	94.4	0.04	99.2	0.00	96.1	0.05
50	92.4	0.55	92.9	0.66	98.3	0.06	93.8	0.51
75	91.7	0.63	92.2	0.72	98.2	0.12	93.5	0.58
100	91.0	0.71	91.5	0.78	98.1	0.16	93.3	0.65
125	89.6	0.86	88.9	1.01	97.5	0.25	92.8	0.84
150	88.3	1.03	86.3	1.24	96.0	0.41	92.4	1.03
175	87.0	1.14	83.3	1.35	95.3	0.48	91.9	1.12
200	85.6	1.26	80.3	1.44	94.4	0.54	91.4	1.20
225	83.3	1.37	76.3	1.61	94.0	0.58	91.0	1.32
250	81.1	1.47	72.4	1.77	93.6	0.66	90.6	1.45
275	79.4	1.52	69.0	1.83	91.9	0.81	90.4	1.50
300	77.7	1.57	65.6	1.89	91.0	1.00	90.2	1.55
含气量	5.3		5.4		5.6		5.5	

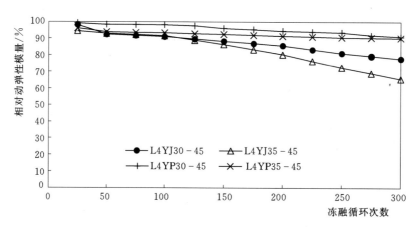

图 2.3 - 10　C₁₈₀25 四级配相对动弹性模量随冻融循环次数的变化

表 2.3 - 20　　　　　C₁₈₀32 三级配混凝土的抗冻试验结果（永登水泥）　　　　%

冻融循环次数	L4YJ30 - 45		L4YJ35 - 45		L4YP30 - 45		L4YP35 - 45	
	相对动弹性模量	质量损失率	相对动弹性模量	质量损失率	相对动弹性模量	质量损失率	相对动弹性模量	质量损失率
25	99.1	0.00	99.7	0.00	99.0	0.00	99.0	0.00
50	98.0	0.04	98.8	0.05	98.6	0.05	97.2	0.10
75	97.4	0.06	98.6	0.10	98.3	0.10	96.8	0.16
100	96.9	0.08	98.5	0.15	98.1	0.15	96.4	0.21

续表

冻融循环次数	L4YJ30-45		L4YJ35-45		L4YP30-45		L4YP35-45	
	相对动弹性模量	质量损失率	相对动弹性模量	质量损失率	相对动弹性模量	质量损失率	相对动弹性模量	质量损失率
125	96.4	0.09	94.9	0.25	96.5	0.27	96.1	0.25
150	96.0	0.11	91.4	0.35	95.0	0.40	95.8	0.32
175	95.7	0.17	89.3	0.45	94.3	0.45	95.6	0.38
200	95.5	0.23	87.2	0.55	93.5	0.50	95.3	0.44
225	94.8	0.28	86.4	0.60	93.0	0.55	95.1	0.50
250	94.2	0.33	85.5	0.65	92.6	0.60	94.8	0.55
275	93.2	0.36	80.6	0.70	91.8	0.80	94.3	0.65
300	92.5	0.41	75.1	0.75	90.8	0.9	93.8	0.76
含气量	5.5		5.4		5.8		5.6	

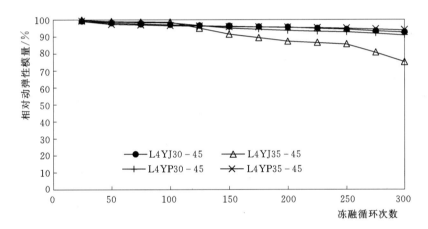

图 2.3-11 $C_{180}32$ 三级配相对动弹性模量随冻融循环次数的变化

拉西瓦大坝混凝土抗冻性能试验结果表明：

(1) 含气量对混凝土的抗冻性能有重要影响，含气量越大，混凝土动弹性模量与质量损失越少，抗冻性能越好，但是含气量过大则对混凝土强度是不利的，因此应通过试验确定最佳含量。因此，部分含气量小于 5.5％ 的混凝土经过 300 次冻融循环作用后的动弹性模量降低较大。因此拉西瓦大坝混凝土的含气量应控制在 5.5％ 左右。

(2) 在混凝土中掺引气剂是提高混凝土的抗冻性能的主要措施，即适当增大引气剂掺量可提高混凝土抗冻性能。由于永登水泥配合比中的引气剂掺量较大通水泥大，因此永登水泥的相对动弹性模量与明显高于大通水泥，质量损失相对较小。

(3) 混凝土水胶比越小，强度等级越高，其抗冻性能越好。如由表 2.3-17 和表 2.3-19 对比可知：C32 混凝土（水胶比 0.40）相对动弹性模量高于 C25 混凝土（水胶比 0.45）。对于高寒地区强度等级大于 C25 的混凝土必须限制最大水胶比不大于 0.45。

(4) 另外，粉煤灰的品质和掺量也是影响混凝土抗冻性能的主要因素。由于靖远灰的烧失量偏大，尽管靖远灰混凝土的引气剂掺量大于平凉灰，但四组采用35％靖远灰配合比的混凝土含气量均小于5.5％，经过300次冻融循环后相对动弹性模量都偏低，所以采用35％靖远灰的配合比施工时应适当提高混凝土的含气量。

（5）李家峡大坝混凝土试验表明，影响混凝土的抗冻性能的不仅是含气量的多少，而起决定性作用的是气泡相互间的距离及小于0.2mm气泡含量的多少，大于0.2mm的气泡对混凝土抗冻性及强度实际上是不利的。因此在李家峡大坝混凝土中掺入了0.02％的破乳剂（SP169），主要是消除由奈系减水剂产生的大气泡，提高混凝土强度。

（6）混凝土中的气泡，特别是微小气泡是不稳定的，在混凝土搅拌、运输和高频振捣浇筑过程中极易发生迁移、融合而成大气泡，当混凝土承受外力发生变形时，极易产生应力集中，导致混凝土破坏，各项性能相应降低。因此拉西瓦大坝混凝土在现场施工配合比设计时，又引入了稳气剂的概念，来保持混凝土中的含气量及其稳定性。稳气剂的作用机理是提高非离子表面活性，降低气泡表面张力；提高了表面膜强度，保持气体稳定；提高膜表面黏度，降低气体的通过性。试验结果表明：混凝土中掺入0.01％～0.02％的稳气剂后，提高了混凝土拌和物的含气量，混凝土抗冻性能有了明显提高。试验结果表明，在混凝土中掺入稳气剂后，硬化混凝土气泡个数明显增多、气泡间距系数变小、平均气泡直径变小，明显地改变了硬化混凝土气孔结构，对提高混凝土耐久性效果十分明显；而且对提高抗渗性能也十分有利，同时改善混凝土的和易性，对混凝土抗压强度、劈拉强度、极限拉伸值均无不利影响。

2.3.5.2 抗渗性

拉西瓦大坝混凝土的设计抗渗等级为W10，试验龄期为90d。抗渗试验按照《水工混凝土试验规程》（DL/T 5150—2001）规定的逐级加压法进行，试验达到预定水压力后稳压8h，卸下试件劈开，测量渗水高度，取6个试件渗水高度的平均值。

12个四级配混凝土配合比和4个三级配混凝土配合比的抗渗性能试验结果列于表2.3-21。

抗渗试验结果表明，混凝土在逐级加压到1.1MPa最大水压后的最大渗水高度为3.2cm，满足拉西瓦大坝混凝土W10的设计抗渗等级要求，能充分保障大坝混凝土的抗渗能力。

2.3.6 全级配混凝土试验

目前大体积混凝土的各种力学性能试验主要采用150mm×150mm×150mm的立方体湿筛小试件，即成型试件时需要剔除大于40mm的大骨料，以此进行混凝土的抗压强度、劈拉强度、抗压弹性模量试验，为设计提供大坝混凝土的材料参数和依据。但是由于试验的骨料效应和尺寸效应，使得小试件的混凝土特性参数不能反映大坝混凝土的真实特性。因此有必要进行全级配大试件混凝土力学性能试验，以便真实准确地反映大坝混凝土的真实特性。

在发包设计阶段，曾对拉西瓦大坝 $C_{180}30W10F300$、$C_{180}35W10F300$ 四级配混凝土进行了全级配混凝土抗压强度、劈拉强度、抗压弹性模量性能试验研究。

全级配强度试件尺寸为450mm×450mm×450mm的立方体，静压弹性模量尺寸采用450mm×450mm×900mm的棱柱体。为了便于分析，在成型大试件的同时，并成型了与之对应的湿筛小试件，以便与之进行比较。全级配混凝土性能试验结果见表2.3-22～表2.3-24。由试验结果可知：

表 2.3－21 混凝土的抗渗性能试验结果

级配	强度等级	编　号	坍落度/cm	含气量/%	最大水压力/MPa	渗水高度/cm	抗渗标号
四	C32	L4YJ－30－40	5.5	5.4	1.1	1.6	＞W10
		L4YJ－35－40	5.5	5.3	1.1	2.5	＞W10
		L4YP－30－40	6.5	5.3	1.1	0.9	＞W10
		L4YP－35－40	4.4	5.5	1.1	2.0	＞W10
		L4DJ－30－40	6.5	5.6	1.1	2.1	＞W10
		L4DJ－35－40	5.0	5.3	1.1	2.2	＞W10
		L4DP－30－40	6.8	5.4	1.1	1.4	＞W10
		L4DP－35－40	5.5	5.5	1.1	2.0	＞W10
	C25	L4YJ－30－45	5.8	5.3	1.1	2.4	＞W10
		L4YJ－35－45	5.1	5.4	1.1	2.2	＞W10
		L4YP－30－45	6.0	5.6	1.1	3.2	＞W10
		L4YP－35－45	6.8	5.5	1.1	1.8	＞W10
三	C32	L3YJ－30－40	6.4	5.5	1.1	2.0	＞W10
		L3YJ－35－40	5.5	5.5	1.1	1.7	＞W10
		L3YP－30－40	5.6	5.5	1.1	2.2	＞W10
		L3YP－35－40	6.0	5.4	1.1	2.0	＞W10

表 2.3－22 大坝混凝土全级配抗压强度试验成果

强度设计等级	中热水泥产地	级配	水胶比	粉煤灰产地	减水剂品种	抗压强度/MPa						抗压强度之比/% (大试件/小试件)		
						湿筛后（二级配）150mm×150mm×150mm			全级配（四级配）450mm×450mm×450mm					
						28d	90d	180d	28d	90d	180d	28d	90d	180d
C₁₈₀30W10F300	永登	四	0.43	西固	ZB－1A	27	40.4	45.2	26.9	37.4	39.9	99.63	92.57	88.27
	永登		0.4	宝鸡	JM－Ⅱ	29.2	43.7	48	32.3	40	42.6	110.62	91.53	88.75
	青海		0.43	西固	JM－Ⅱ	27.9	39.6	46.6	27.5	36.6	41.3	98.57	92.42	88.63
C₁₈₀30W10F300	永登	四	0.43	西固	ZB－1A	26.3	40.2	44.2	27	38.3	40.7	102.66	95.27	92.08
	永登		0.4	宝鸡	JM－Ⅱ	32.4	42.8	47.2	32	39.5	42.3	98.77	92.29	89.62
	青海		0.43	西固	JM－Ⅱ	28.5	37.1	46.8	28	37.5	41.9	98.25	101.10	89.53
C₁₈₀30W10F300	永登	四	0.43	西固	ZB－1A	26	39.2	45	25.8	37.1	41.4	99.23	94.64	92.00
	永登		0.4	宝鸡	JM－Ⅱ	32.4	42.1	47.9	31.5	40.3	42.9	97.22	95.72	89.56
	青海		0.43	西固	JM－Ⅱ	30.1	39.1	47.1	28.6	37.7	42.1	95.02	96.42	89.38
C₁₈₀35W10 F300	永登	四	0.41	西固	ZB－1A	30	41.5	47.6	27.5	38.6	42.8	91.67	93.01	89.92
	永登		0.38	宝鸡	JM－Ⅱ	33	44.4	48.9	32.8	43.7	44.4	99.39	98.42	91.00
	青海		0.41	西固	JM－Ⅱ	31.1	41	48.2	30.4	39.3	43.2	97.75	95.85	89.63

表 2.3－23　　　　　　　大坝混凝土全级配劈拉强度试验成果

强度设计等级	中热水泥产地	级配	水胶比	粉煤灰产地	减水剂品种	劈拉强度/MPa						劈拉强度之比/%（大试件/小试件）		
						湿筛后（二级配）150mm×150mm×150mm			全级配（四级配）450mm×450mm×450mm					
						28d	90d	180d	28d	90d	180d	28d	90d	180d
C_{180}30W10F300	永登	四	0.43	西固	ZB－1A	2.11	2.94	3.32	2.11	2.63	2.91	100.00	89.46	87.65
	永登		0.4	宝鸡	JM－Ⅱ	2.17	3.21	3.57	2.22	2.7	3.22	102.30	84.11	90.20
	青海		0.43	西固	JM－Ⅱ	1.93	2.8	3.57	2.11	2.74	3.09	109.33	97.86	86.56
C_{180}30W10F300	永登	四	0.43	西固	ZB－1A	2.15	2.81	3.29	2.15	2.64	2.94	100.00	93.95	89.36
	永登		0.4	宝鸡	JM－Ⅱ	2.13	3.16	3.66	2.1	2.6	3.28	98.59	82.28	89.62
	青海		0.43	西固	JM－Ⅱ	1.98	2.75	3.55	2.05	2.68	3.05	103.54	97.45	85.92
C_{180}30W10F300	永登	四	0.43	西固	ZB－1A	1.85	2.88	3.39	2.1	2.68	2.93	113.51	93.06	86.43
	永登		0.4	宝鸡	JM－Ⅱ	2.24	2.95	3.61	2.05	2.68	3.15	91.51	90.85	87.26
	青海		0.43	西固	JM－Ⅱ	2.18	2.88	3.59	2.19	2.8	3.23	100.46	97.22	89.97
C_{180}35W10 F300	永登	四	0.41	西固	ZB－1A	2.17	3.13	3.45	2.18	2.78	3.15	100.46	88.82	91.30
	永登		0.38	宝鸡	JM－Ⅱ	2.56	3.28	3.74	2.27	2.78	3.4	88.67	84.76	90.91
	青海		0.41	西固	JM－Ⅱ	2.47	3.07	3.77	2.22	2.96	3.37	89.88	96.42	89.39

表 2.3－24　　　　　　　大坝混凝土全级配静压弹性模量试验成果

强度设计等级	中热水泥产地	级配	水胶比	粉煤灰产地	减水剂品种	静压弹性模量/GPa						静压弹性模量之比/%（大试件/小试件）		
						湿筛后（二级配）150mm×150mm×150mm			全级配（四级配）450mm×450mm×900mm					
						28d	90d	180d	28d	90d	180d	28d	90d	180d
C_{180}30W10F300	永登	四	0.43	西固	ZB－1A	31.29	34.09	37.95	35.02	41.87	44.35	111.92	122.8	116.86
	永登		0.4	宝鸡	JM－Ⅱ	31.45	38.15	40.93	38.02	42.09	45.59	120.89	110.3	111.39
	青海		0.43	西固	JM－Ⅱ	30.6	37.52	40.92	37.21	41.65	43.18	121.60	111.0	105.52
C_{180}30W10F300	永登	四	0.43	西固	ZB－1A	31.17	32.62	36.82	36.28	41.27	44.02	116.39	126.5	119.55
	永登		0.4	宝鸡	JM－Ⅱ	32.77	36.45	40.77	39.25	43.00	45.47	119.77	118.0	111.53
	青海		0.43	西固	JM－Ⅱ	30.29	34.06	39.11	38.49	43.00	46.35	127.07	126.2	118.51
C_{180}30W10F300	永登	四	0.43	西固	ZB－1A	28.19	34.21	38.66	35.5	40.35	43.24	125.93	117.9	111.85
	永登		0.4	宝鸡	JM－Ⅱ	32.61	36.13	41.06	39.66	43.52	46.70	121.62	120.5	113.74
	青海		0.43	西固	JM－Ⅱ	30.44	35.45	39.69	39.13	43.05	45.43	128.55	121.4	114.46
C_{180}35W10 F300	永登	四	0.41	西固	ZB－1A	31.66	34.15	38.95	36.7	41.66	43.95	115.92	122.0	112.84
	永登		0.38	宝鸡	JM－Ⅱ	33.20	38.85	41.89	41.36	47.08	49.15	124.48	121.2	117.33
	青海		0.41	西固	JM－Ⅱ	33.21	36.04	40.88	40.21	44.13	47.97	121.08	122.4	117.34

表 2.3－25　国内部分高拱坝混凝土全级配大试件与湿筛小试件力学性能对比值

工程名称	抗压强度之比/%			劈拉强度之比/%			静压弹性模量之比/%		
	28d	90d	180d	28d	90d	180d	28d	90d	180d
拉西瓦	99.06	94.94	89.86	99.85	91.35	88.71	121.28	120	114.24
溪洛渡	0.88	0.84	0.86				120	108	
锦屏	0.93	0.79	0.80						
三峡	1.11	1.01		0.87	0.84				

（1）全级配大试件与湿筛小试件 28d、90d、180d 各龄期抗压强度之比的平均值分别为 99%、95%、90%。

（2）全级配大试件与湿筛小试件 28d、90d、180d 各龄期劈拉强度之比的平均值分别为 99%、91%、89%；

（3）全级配大试件与湿筛小试件 28d、90d、180d 各龄期静压弹性模量之比的平均值分别为 121%、120%、114%。

可见大试件与小试件相比，其早期抗压强度和劈拉强度基本接近，但随着养护龄期的延长，全级配混凝土大试件与湿筛混凝土小试件抗压强度、劈拉强度的比值呈逐渐减小的趋势；但是大试件混凝土的弹性模量较小试件大 14%～20%，但随着龄期的延长，其比值也呈减小的趋势。全级配大试件与湿筛小试件之间的强度比例关系，与各工程混凝土人工骨料的岩性和强度有关。表 2.3－25 为国内部分高拱坝混凝土全级配大试件与湿筛小试件力学性能对比值，可知拉西瓦大坝混凝土全级配试验成果符合一般规律，与其他工程相比，大试件强度和弹性模量相对偏高。

第 3 章　运行期库水温度及坝体准稳定温度场研究

3.1　研究目的与现状

3.1.1　研究目的

分析拱坝坝体准稳定温度场的目的，一方面是为了更好地研究封拱温度对坝体应力的影响，从而确定最佳的封拱灌浆温度；另一方面稳定温度场是大坝混凝土基础温差计算的重要依据，以此计算大坝基础混凝土最终温差应力，确定合理的大坝混凝土温控防裂措施。因此拱坝稳定温度场或准稳定温度场的分析，对拱坝设计和拱坝混凝土温度控制至关重要。

3.1.2　研究现状

对于拱坝运行期稳定温度场或准稳定温度场的计算，目前主要按照热量平衡原理、按照第一类边界条件（混凝土与水、坝体与地基之间）和第三类边界条件（混凝土与空气之间）进行边界假定，采用三维有限元的方法进行计算，计算相对简单。

准稳定温度场计算的正确与否，关键是边界条件的合理假定。尤其是上游水库水温分布较为复杂，与坝址区气候条件、河道来水量、来沙量的多少、水库的运行方式、水库的调节性能等有关。

按照水库水温分布类型可分为稳定分层型、混合型、过渡型。稳定分层型水库全年内库水温度都呈层状分布；混合型水库全年内库水温度都呈均匀分布；过渡型水库，介乎上述二者之间，入库流量小时，库水温度成层状分布，而入库流量大时，库水温度均匀分布。

混合型水库水温计算比较简单，库水温度全年近乎均匀分布；稳定分层型水库水温计算比较复杂。目前国内有两种计算方法：一种是朱伯芳院士提出的水库水温估算方法〔目前已列入《水工建筑物荷载设计规范》（SL 744—2016）附录 H〕；另一种是一维模型数值分析计算的方法。

3.2　计算理论及方法

3.2.1　水库水温分析理论

当坝体混凝土经过人工冷却或长期的自然冷却，初始温度和水泥水化热的影响完全消失以后，坝体温度完全决定于上游面库水温度及下游面的气温和尾水温度的影响。气温和水温随季节和时间变化而变化，但对于坝体温度的影响深度为 $7\sim15\mathrm{m}$。对于较高的实体重力坝，内部温度将不受水温和气温变化的影响，处于稳定状态；但对于较薄的拱坝，坝体温度受气温和水温周期变化呈简谐分布，不存在稳定温度场，呈准稳定温度场。

上游库水温度对拱坝坝体准稳定温度场有较大的影响，是计算坝体准稳定温度场的重要边界条件，因此研究水库水温分布十分有必要。

3.2.1.1　库水温度的分布类型

在天然河道，水流速度较大，属于紊流。由于水流的紊动，水温在河流断面中的分布近乎均匀。在大型水库中，水流速度很小，属于层流，不存在水流的紊动。另外，水的密度依赖于温度，以 4℃ 的密度最大，因此低温水存于库底；在水库的其余部分，因同温度的水具有相同的密度，位于相同的高程，形成水温的层状分布，即同一高程的库水具有相同的温度。即在多年调节的大型水库中，以库底温度为最低，向上水温逐渐增加，整个水库的水温等温面是一系列相互平行的水平平面。

库水温度层状分布的前提是水流速度小，属于层流。如果库容小，入库流量大，流速较大，流态不是层流，库水温度也不是层状分布。有的水库一年之中也可能变化，入库流量小，库水流速小时，水温成层状分布；而入库流量大，入库流速较大，库水温度近乎均匀分布。库水温度分布一般可分为三个类型：①稳定分层型，即全年内库水温度都呈层状分布；②混合型，即全年内库水温度都呈均匀分布；③过渡型，介乎上述两者之间，入库流量小、库水流速小时，水温层状分布，而入库流量大、库水流速大时，库水温度均匀分布。

决定库水温度分布类型的主要因素为库水的流速。《水电水利工程水文计算规范》（DL/T 5431—2009）关于水库水温分布类型判别公式如下：

$$\alpha = W_{年}/V_{总}$$

式中：α 为水温分布系数 $W_{年}$ 为年平均径流总量；$V_{总}$ 为总库容。

当 $\alpha \leqslant 10$ 时，水库水温分布为稳定分层型；当 $10 < \alpha \leqslant 20$ 时，水库水温分为过渡型；当 $\alpha > 20$，水库水温分为混合型。

日本等国还引入 β 值。即 $\beta = W_{洪}/V_{总}$（其中 $W_{洪}$ 为一次洪水总量）。当 $\beta < 1$ 时，为临时混合型，$\beta < 0.5$ 时，对水温分布无影响。

3.2.1.2　水库水温估算方法

对于多年调节水库和过渡型水库，即库底存在稳定低温水层的水库，水库水温可按朱伯芳院士编著的《大体积混凝土温度应力与混凝土结构》一书中关于库水温度的公式进行计算。

（1）水库坝前水温的年周期变化过程可计算公式为

$$T(y,\tau) = T_{m}(y) + A_{w}(y)\cos\omega[\tau - \tau_0 - \varepsilon(y)]$$

其中

$$T_{m}(y) = c + (T_S - c)e^{-\alpha y}$$

$$A_{w}(y) = A_0 e^{-\beta y}$$

$$\varepsilon(y) = d - f e^{-\gamma y}$$

$$\omega = 2\pi/P$$

式中：$T(y,\tau)$ 为水深 y 处在时间为 τ 时的温度，℃；$T_{m}(y)$ 为水深 y（m）处的多年平均水温℃；$A_{w}(y)$ 为水深 y（m）的多年平均水温年变幅，℃；$\varepsilon(y)$ 为水深 y（m）处的水温年周期变化过程与气温年周期变化过程的相位差（月）；y 为水深，m；τ 为时间，月；

τ_0 为气温年周期变化过程的初始相位，气温最高的时间，如气温通常以 7 月中旬最高，因此 $\tau_0 = 6.5$ 个月；ω 为温度变化的圆频率；P 为温度变化的周期，12 个月。

水库水温计算常数主要包括 b、c、d、f、α、a、β、γ。对于一个具体的水库来说，在设计阶段最好根据条件相近的水库实测水温来决定计算常数。竣工以后，则可根据水库的实测水温来决定这些常数。

（2）库表年平均水温 T_s。在一般地区（年平均气温 $T_{am} = 10 \sim 20℃$）和热地区（$T_{am} > 20℃$），冬季水库不结冰，水库表面年平均水温 $T_s = T_{am} + \Delta b$。

对于寒冷地区，虽然最低月平均气温低于 0℃，但是库表水温仍维持在 0℃ 左右，与气温不同步，因此其库表水温修正公式为

$$T'_s = T'_{am} + \Delta b;$$

$$T'_{am} = \frac{1}{12} \sum_{i=1}^{12} T_i$$

式中：T_s 为水库表面年平均水温；T_{am} 为当地年平均气温；Δb 为受日照影响的水温增量。根据实测资料，一般地区 Δb 为 $1 \sim 2℃$，寒冷地区为 $2 \sim 4℃$。

当 $T_{ai} \geqslant 0$ 时，$T_i = T_{ai}$；当 $T_{ai} < 0$ 时，$T_i = 0$。

（3）库底水温。

库底水温是水库水温计算中最难确定的一个常数。根据实测资料，在我国对于深度在 60m 以上的水库，如果坝前不存在浑水异重流，初步设计阶段，其库底年平均水温可参照表 3.2 - 1 选取（其中 T_{amin} 为最冷月月平均气温）。另外，库底水温与坝址区的纬度有关，也可参照条件相近的已建水库的实测资料，通过已建水库的库底实测水温与纬度的关系求得。图 3.2 - 1 是东北水电勘测设计院根据国内水库实测资料回归得出的，具有一定的参考价值。例如：拉西瓦坝址区的纬度为 36.5°，由图 3.2 - 1 查的库底温度为 7.0℃，与表 3.2 - 1 基本接近，可基本满足初步设计要求，实际设计中还要结合同一条河流已建水库水温实测资料进行类比。

表 3.2 - 1　　　　　　　　　　库底年平均水温 T_b 参考值

气温条件	严寒地区 （东北）	寒冷地区 （西北、华北）	一般地区 （华中、华东、西南）	炎热地区 （华南）
	$T_{amin} < -10$	$-10 \leqslant T_{amin} < -3$	$T_{amin} > -3$	$T_{amin} > 10$
$T_b/℃$	$4 \sim 6$	$6 \sim 7$	$7 \sim 10$	$10 \sim 12$

对于多泥沙河流上，如果水库有可能形成直达坝前的浑水异重流，夏季入库的高温水，沿库底流至坝前，经过相互掺混，库底年平均水库水温将显著提高，其库底水温须进行专门论证。

（4）任意深度的年平均水温。根据国内已建工程水库水温实测资料，任意深度的年平均库水温度计算公式为

$$T_m(y) = c + (T_S - c)e^{-0.04y}$$

$$c = (T_b - T_B g)/(1 - g)$$

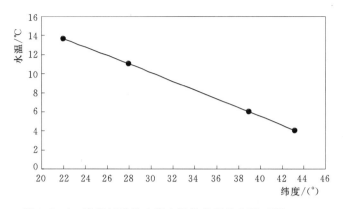

图 3.2-1 库底年平均水库水温沿纬度分布图（$H \geqslant 60\text{m}$）

$$g = \text{e}^{-0.04H}$$

式中：H 为水库深度。

（5）水库水温年变幅。

1）表面水温年变幅。根据国内实测工程资料，对于一般温和地区，水库表面温度年变幅计算公式为

$$A_0 = (T_7 - T_1)/2$$

式中：T_1 为 1 月月平均气温；T_7 为 7 月月平均气温。

对于寒冷地区，水库表面温度年变幅计算公式为

$$A_0 = (T_7 + \Delta T)/2 = \frac{1}{2} T_7 + \Delta a$$

式中：Δa 为太阳辐射热的影响，一般地区为 $1 \sim 2 ℃$。

2）水温变化的相位差。根据大量实测资料，其计算公式为 $\varepsilon(y) = d - f\text{e}^{-\gamma y}$。其中：$d = 2.15$，$f = 1.3$，$\gamma = 0.085$。

3.2.1.3 水库水温数学模型的建立

在建立水库水温分析的数学模型时，采用一维模型，采用隐式差分解法。对于所研究的一维水库水温模型的求解问题，就归结为求解一个三对角矩阵方程，当进行了 LU 分解后，计算就变得简单而快捷。本节提供的方法，可用来计算水库的水温变化，从而为设计和水温预报工作，提供了较好的分析手段。

按一维问题来描述水库水温的变化。图 3.2-2 为一维水库水温计算模型简图。取出一个微元，研究其热量运动。

（1）铅垂向：单位时间内由下面进入的流量为 Q_y，带进的热量为 $c\rho Q_y T$；单位时间内由上面流出的流量为 $Q_y + dQ_y$，带走的热量为 $c\rho Q_y T + \dfrac{\partial}{\partial y}(c\rho Q_y T)\text{d}y$，故单位时间内净带进热量为

$$Q_1 = -\frac{\partial}{\partial y}(c\rho Q_y T)\text{d}y$$

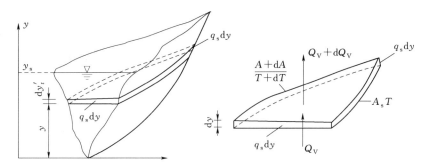

图 3.2-2　一维水库水温计算模型简图

（2）水平向：单位时间内入库带进热量为 $c\rho_i q_i T_i dy$；出库带走热量为 $c\rho q_0 T dy$；故单位时间内净剩热量为

$$Q_2 = (c\rho_i q_i T_i - c\rho q_0 T)dy$$

（3）由短波辐射热：自下边离去的辐射热为 $R(y)A(y)$，自上面进入的辐射热为 $R(y)A(y)+\dfrac{\partial}{\partial y}(RA)dy$，留下的净辐射热为

$$Q_3 = \frac{\partial}{\partial y}(RA)dy$$

（4）由扩散作用：下边进入 $-c\rho A(D_m + E)\dfrac{\partial T}{\partial y}$，上边流出 $-c\rho A(D_m + E)\dfrac{\partial T}{\partial y}$ $+\dfrac{\partial}{\partial y}\left[-c\rho A(D_m + E)\dfrac{\partial T}{\partial y}\right]dy$，净流入为

$$Q_4 = \frac{\partial}{\partial y}\left[c\rho A(D_m + E)\frac{\partial T}{\partial y}\right]dy$$

（5）水体升温吸热：

$$Q_5 = -c\rho\frac{\partial T}{\partial \tau}A dy$$

以上各式中：c 为水的比热，$kJ/(kg \cdot ℃)$；ρ 为水的密度，t/m^3；T 为水的温度，$℃$；q_i 为入库水流单位高度的流量，$m^3/(s \cdot m)$；T_i 为入库水流的温度，$℃$；q_0 为出库水流单位高度流量，$m^3/(s \cdot m)$；ρ_i 为入库水流的密度，t/m^3；$R(y)$ 为高度 y 处的短波辐射热，$kJ/(m^2 \cdot h)$；k 为辐射热的衰减系数；$A(y)$ 为 y 处的水库面积；D_m 为水分子扩散系数；E 为水的紊动扩散系数。由热量平衡可知：

$$Q_1 + Q_2 + Q_3 + Q_4 + Q_5 = 0 \tag{3.2-1}$$

则有

$$\frac{\partial T}{\partial \tau} + \frac{1}{c\rho A}\frac{\partial}{\partial y}(c\rho Q_y T) = \frac{1}{c\rho A}\frac{\partial}{\partial y}\left[c\rho A(D_m + E)\frac{\partial T}{\partial y}\right] + \frac{\rho_i q_i T_i}{\rho A} - \frac{q_0 T}{A} + \frac{1}{c\rho A}\frac{\partial}{\partial y}(RA)$$

$$\tag{3.2-2}$$

设：$c = \text{const}$，$Q_y = Q_y(y, \tau)$，$T = T(y, \tau)$，并有

$$\rho = \rho_0 + aT^2 + bT \tag{3.2-3}$$

其中：$\rho_0 = 999.87$，$a = -0.0067$，$b = 0.07$。

式（3.2 - 3）中：ρ_0 为 0℃时水的密度，并设式（3.2 - 3）适合 $T \geqslant 0$℃的情况。因为

$$\frac{\partial Q_y}{\partial y} = q_i - q_0 \qquad (3.2 - 4)$$

$$\nu(y) = Q_y / A \qquad (3.2 - 5)$$

并设入库水流按密度进入水库相同密度水层，以及在 $y_s - y$ 处的热辐射为

$$R = (1 - \beta) \phi_0 e^{-k(y_s - y)} \qquad (3.2 - 6)$$

式中：ϕ_0 为水面吸收的太阳能；β 为小于 1.0 的系数。

为简化暂设 $D_m = \text{const}$，$E = E(y, \tau)$。整理式（3.2 - 2）后得

$$\frac{\partial T}{\partial \tau} = \left\{ A \left[(D_m + E) \frac{\partial A}{\partial y} + A \frac{\partial E}{\partial y} \right] - \frac{\nu (3aT^2 + 2bT + \rho_0)}{\rho_0 + aT^2 + bT} \right\} \frac{\partial T}{\partial y}$$

$$+ \frac{(D_m + E)(2aT + b)}{\rho_0 + aT^2 + bT} \left(\frac{\partial T}{\partial y} \right)^2 + (D_m + E) \frac{\partial^2 T}{\partial y^2} + \frac{q_i}{A}(T_i - T)$$

$$+ \frac{(1 - \beta) \phi_0}{c(\rho_0 + aT^2 + bT)} e^{-k(y_s - y)} \left(\frac{1}{A} \frac{\partial A}{\partial y} + k \right) \qquad (3.2 - 7)$$

将式（3.2 - 7）加以简化，可得

$$\frac{\partial T}{\partial \tau} = \left\{ \frac{1}{A} \left[(D_m + E) \frac{\partial A}{\partial y} + A \frac{\partial E}{\partial y} \right] - \nu \right\} \frac{\partial T}{\partial y} + (D_m + E) \frac{\partial^2 T}{\partial y^2}$$

$$+ \frac{q_i}{A}(T_i - T) + \frac{0.001(1 - \beta) \phi_0}{c} e^{-k(y_s - y)} \left(\frac{1}{A} \frac{\partial A}{\partial y} + k \right) \qquad (3.2 - 8)$$

式（3.2 - 8）即为水库水温分析的一维问题的控制方程，给定初始条件和边界条件后，即可求解。

3.2.1.4 水库水温问题的解法

控制方程式（3.2 - 8）可用差分法解之。为了避免显格式差分方程稳定条件的限制，采用隐式差分解法。令

$$\left. \begin{array}{l} \dfrac{\partial T}{\partial \tau} = \dfrac{T(y, \tau) - T(y, \tau - \Delta \tau)}{\Delta \tau} \\[3mm] \dfrac{\partial T}{\partial y} = \dfrac{T(y + \Delta y, \tau) - T(y - \Delta y, \tau)}{2\Delta y} \\[3mm] \dfrac{\partial^2 T}{\partial y^2} = \dfrac{T(y + \Delta y, \tau) + T(y - \Delta y, \tau) - 2T(y, \tau)}{\Delta y^2} \\[3mm] \dfrac{\partial A}{\partial y} = \dfrac{A(y + \Delta y) - A(y)}{\Delta y} \\[3mm] \dfrac{\partial E}{\partial y} = \dfrac{E(y + \Delta y, \tau) - E(y, \tau)}{\Delta y} \end{array} \right\} \qquad (3.2 - 9)$$

代入式（3.2 - 8）并整理后得

$$\frac{\Delta\tau}{\Delta y^2}\left\{(D_\mathrm{m}+E)+\frac{1}{2}\left[(D_\mathrm{m}+E)\frac{\Delta A}{A(y)}+\Delta E-\Delta y\nu(y,\tau)\right]\right\}T(y+\Delta y,\tau)$$

$$+\left\{-\frac{2(D_\mathrm{m}+E)\Delta\tau}{\Delta y^2}-\frac{\Delta\tau q_\mathrm{i}(y,\tau)}{A(y)}-1\right\}T(y,\tau)$$

$$+\left\{\frac{\Delta\tau}{2\Delta y^2}\left[2(D_\mathrm{m}+E)-(D_\mathrm{m}+E)\frac{\Delta A}{A(y)}-\Delta E+\Delta y\nu(y,\tau)\right]\right\}T(y-\Delta y,\tau)$$

$$=-\frac{\Delta\tau q_\mathrm{i}(y,\tau)}{A(y)}T_\mathrm{i}(y,\tau)-\frac{0.001\Delta\tau(1-\beta)\phi_0}{c\Delta y}\mathrm{e}^{-k(y_s-y)}\left[\frac{\Delta A}{A(y)}+k\Delta y\right]-T(y,\tau-\Delta\tau)$$

$$(3.2-10)$$

其中：

$$\left.\begin{aligned}\Delta A&=A(y+\Delta y)-A(y)\\\Delta E&=E(y+\Delta y,\tau)-E(y,\tau)\end{aligned}\right\}\qquad(3.2-11)$$

以上为对任意的 y 点建立的方程。所以如果将水体分为 n 层，则有 1，2，$\cdots$，n，$n+1$ 共 $(n+1)$ 个点。若令 $\Delta y=y_\mathrm{s}/n$，则 $y_\mathrm{s}=n\Delta y$，于是对一般点 j 点，则有

$$\frac{\Delta\tau}{\Delta y^2}\left\{[D_\mathrm{m}+E(\overline{j-1}\Delta y,\tau)]+\left[D_\mathrm{m}+E(\overline{j-1}\Delta y,\tau)\right]\frac{A(j\Delta y)-A(\overline{j-1}\Delta y)}{A(j\Delta y)}\right.$$

$$\left.+[E(j\Delta y,\tau)-E(\overline{j-1}\Delta y,\tau)]-\Delta y\nu(\overline{j-1}\Delta y,\tau)]\right\}T(j\Delta y,\tau)$$

$$+\left\{-\frac{2\Delta\tau}{\Delta y^2}[D_\mathrm{m}+E(\overline{j-1}\Delta y,\tau)]-\frac{\Delta\tau q_\mathrm{i}(\overline{j-1}\Delta y,\tau)}{A(j\Delta y)}-1\right\}T(\overline{j-1}\Delta y,\tau)$$

$$+\left\{\frac{\Delta\tau}{2\Delta y^2}\left[2(D_\mathrm{m}+E(\overline{j-1}\Delta y,\tau)-[D_\mathrm{m}+E(\overline{j-1}\Delta y,\tau)]\frac{A(j\Delta y)-A(\overline{j-1}\Delta y)}{A(\overline{j-1}\Delta y)}\right.\right.$$

$$\left.\left.-[E(j\Delta y,\tau)-E(\overline{j-1}\Delta y,\tau)]+\Delta y\nu(\overline{j-1}\Delta y,\tau)]\right\}T(\overline{j-2}\Delta y,\tau)\right.$$

$$=-\frac{\Delta\tau q_\mathrm{i}(\overline{j-1}\Delta y,\tau)}{A(j\Delta y)}T_\mathrm{i}(\overline{j-1}\Delta y,\tau)-\frac{0.001\Delta\tau(1-\beta)\phi_0}{c\Delta y}\mathrm{e}^{-k(n-j+1)\Delta y}$$

$$\times\left[k\Delta y+\frac{A(j\Delta y)-A(\overline{j-1}\Delta y)}{A(\overline{j-1}\Delta y)}\right]-T(\overline{j-1}\Delta y,\tau-\Delta\tau)\qquad(3.2-12)$$

在式 $(3.2-12)$ 中，等号右端为已知值，等号左端 $\{\cdots\}$ 内为已知，只有温度 $T(j\Delta y,\tau)$、$T(\overline{j-1}\Delta y,\tau)$ 和 $T(\overline{j-2}\Delta y,\tau)$ 为未知。所以对每一点 $j(j=1,\cdots,n+1)$，可建立一个上述方程，共有 $n+1$ 个方程，恰可解出 $n+1$ 个温度 $T(j\Delta y,\tau)(j=1,\cdots,n+1)$。写成矩阵形式为

$$[K]\{T\}=\{F\}\qquad(3.2-13)$$

式 $(3.2-13)$ 中：

$$\{T\}=[T_1(0,\tau),T_2(\Delta y,\tau)\cdots T_j(\overline{j-1}\Delta y,\tau)\cdots T_{n+1}(n\Delta y,\tau)]^\mathrm{T}\qquad(3.2-14)$$

$$\{F\}=[f_1\quad f_2\cdots f_{n+1}]^\mathrm{T}\qquad(3.2-15)$$

$$[K]=\begin{bmatrix}K_{11}&K_{12}&&&&&0\\K_{21}&K_{22}&K_{23}&&&&\\&K_{32}&K_{33}&K_{34}&&&\\&&K_{j,j-1}&K_{jj}&K_{j,j+1}&&\\&&&K_{n,n-1}&K_{nn}&K_{n,n+1}&\\&&&&K_{n+1,n}&K_{n+1,n+1}\end{bmatrix}\qquad(3.2-16)$$

式 (3.2-15)、式 (3.2-16) 中各元素，由式 (3.2-12) 求得，为

$$f_j = -\frac{\Delta\tau q_i(\overline{(j-1)\Delta y},\tau)}{A(j\Delta y)}T_i(\overline{(j-1)\Delta y},\tau) - \frac{0.001\Delta\tau(1-\beta)\phi_0}{c\Delta y}e^{-k(n-j+1)\Delta y}$$

$$\times\left[k\Delta y + \frac{A(j\Delta y)-A(\overline{(j-1)\Delta y})}{A(\overline{(j-1)\Delta y})}\right] - T(\overline{(j-1)\Delta y},\tau-\Delta\tau) \quad (j=2,\cdots,n)$$

$$(3.2-17)$$

$$K_{jj} = -\frac{2\Delta\tau}{\Delta y^2}[D_m + E(\overline{(j-1)\Delta y},\tau)] + \frac{\Delta\tau q_i(\overline{(j-1)\Delta y},\tau)}{A(\overline{(j-1)\Delta y})} - 1 \quad (3.2-18)$$

$$K_{j,j-1} = \frac{\Delta\tau}{2\Delta y^2}\{2[D_m + E(\overline{(j-1)\Delta y},\tau)] - [D_m + E(\overline{(j-1)\Delta y},\tau)]$$

$$\times\frac{A(j\Delta y)-A(\overline{(j-1)\Delta y})}{A(\overline{(j-1)\Delta y})} - [E(j\Delta y,\tau)-E(\overline{(j-1)\Delta y},\tau)] + \Delta y\nu(\overline{(j-1)\Delta y},\tau)\}$$

$$(3.2-19)$$

$$K_{j,j+1} = \frac{\Delta\tau}{\Delta y^2}\{D_m + E(\overline{(j-1)\Delta y},\tau) + \frac{1}{2}[(D_m + E(\overline{(j-1)\Delta y},\tau)$$

$$\times\frac{A(j\Delta y)-A(\overline{(j-1)\Delta y})}{A(j\Delta y)} + (E(j\Delta y,\tau)-E(\overline{(j-1)\Delta y},\tau))$$

$$-\Delta y\nu(\overline{(j-1)\Delta y},\tau)]\}$$

$$(3.2-20)$$

式 (3.2-18)～式 (3.2-20) 中，$j=2$，$\cdots$，n。

关于 f_1，f_{n+1} 和 K_{11}，K_{12}，$K_{n+1,n}$，$K_{n+1,n+1}$ 等属于边界条件处理，此处从略。

对于库底的边界，严格说来它是变温边界，但考虑到库底一定深度水层，其温度一般比较稳定，为简化计算，近似可取为绝热条件处理，误差很小。于是可向下延伸一格，该点温度应等于 $y=\Delta y$ 处温度。故有

$$f_1 = \frac{-\Delta\tau q_i(0,\tau)}{A(0)}T_i(0,\tau) - \frac{0.001\Delta\tau(1-\beta)\phi_0}{c\Delta y}e^{-kys}$$

$$\times\left[\frac{A(\Delta y)-A(0)}{A(0)} + k\Delta y\right] - T(0,\tau-\Delta\tau) \quad (3.2-21)$$

$$K_{11} = -\frac{2\Delta\tau}{\Delta y^2}[D_m + E(0,\tau)] - \frac{\Delta\tau q_i(0,\tau)}{A(0)} - 1 \quad (3.2-22)$$

$$K_{12} = \frac{2\Delta\tau}{\Delta y^2}[D_m + E(0,\tau)] \quad (3.2-23)$$

对于水面的边界条件，可以写成：

$$\rho c[D_m + E(y,\tau)]\frac{\partial T_s}{\partial y} = -\beta\phi_0 - \phi_a + \phi_b + \phi_e + \phi_c \quad (3.2-24)$$

式中：$\beta\phi_0$ 为水表面吸收的太阳能；ϕ_a 为水面吸收的大气辐射能；ϕ_b 为水面返回大气的辐射能；ϕ_e 为水面蒸发吸收的潜热；ϕ_c 为水面对流损失热。

其算式如下：

$$\beta\phi_0 = 0.94\beta\phi_{sc}(1.0 - 0.65c_c^2) \quad (3.2-25)$$

式中：ϕ_{sc} 为晴天时的太阳辐射能，基本上与所在位置的纬度有关，若无实测资料时可在

《大体积混凝土温度应力与温度控制》中查找；c_c 为天空被云遮盖的百分数。

$$\phi_a = 0.97 \varepsilon \sigma (T_a + 273)^4 (1.0 + 0.17 c_c^2) \qquad (3.2-26)$$

式中：ε 为大气平均辐射能。

$$\varepsilon = \frac{1.0 - 0.26}{e7.77 \times 10^{-5}(T_a^2)} \qquad (3.2-27)$$

式中：σ 为 Stefen - Boltzmann 常数，$\sigma = 4.9 \times 10^{-3} \, \text{J}/(\text{m}^2 \cdot \text{d} \cdot \text{K}^4) = 0.001170 \times 10^{-3}$ kcal/$(\text{m}^2 \cdot \text{d} \cdot \text{K}^4)$；$T_a$ 为以℃表示的气温。

$$\phi_b = 0.97 \sigma (T_s + 273)^4 = 1.135 \times 10^{-6}(T_s + 273)^4 \qquad (3.2-28)$$

$$\phi_e = (2493 - 2.26 T_s) \times 10^3 E \qquad (3.2-29)$$

其中：$E = \Delta h \times 10^4 \div 4186.8 \times 12 \times 30.4$，$\Delta h$ 以 mm 计，为蒸发量。

$$\phi_c = 269.1 \rho (T_s - T_z)(0.000308 + 0.000185 W_z) \qquad (3.2-30)$$

式中：T_z、W_z 分别为水面上高 z 处的气温和风速，一般取水面上高 15cm（6 英寸）处的值。将以上诸式代入式（3.2-24）并整理之，得决定水面温度 $T_s = T(y_s, \tau)$ 的公式：

$$T_s^4 + 1092 T_s^3 + 447174 T_s^2 + (81385668 - 1991364878 E + 2.371134 \times 10^{11} \alpha_1) T_s$$
$$+ 5554571841 + 2.1966693 \times 10^{12} E - 2.371134 \times 10^{11} \alpha_1 T_z - \alpha_2 - \alpha_3 = 0 \qquad (3.2-31)$$

式中：

$$\left. \begin{array}{l} \alpha_1 = 0.000308 + 0.000185 W_z \\ \alpha_2 = 828266.8077 \beta \phi_{sc}(1 - 0.65 c_c^2) \\ \alpha_3 = \varepsilon (T_a + 273)^4 (1 + 0.17 c_c^2) \end{array} \right\} \qquad (3.2-32)$$

在推演式（3.2-31）时，曾近似假定 $T(y_s, \tau) = T(y_s - \Delta y, \tau)$。当 Δy 取值不大时，考虑水面有掺混作用，这种假设是允许的（在我们的计算中，$\Delta y \leqslant 0.5\text{m}$）。

式（3.2-31）为标准一元四次方程，其求解是容易的（一般可用公式法、二分法或弦截法），本节采用二分法求解。于是 $T(y_s, \tau)$ 为已知，从而可得

$$K_{nn} = -\frac{2\Delta\tau}{\Delta y^2}[D_m + E(y_s - \Delta y, \tau)] + \frac{\Delta\tau q_i(y_s - \Delta y, \tau)}{A(y_s - \Delta y)} - 1 \qquad (3.2-33)$$

$$K_{n,n-1} = \frac{\Delta\tau}{2\Delta y^2}\{2[D_m + E(y_s - \Delta y, \tau) - (D_m + E(y_s - \Delta y, \tau))]$$

$$\times \frac{A(y_s) - A(y_s - \Delta y)}{A(y_s - \Delta y)} - [E(y_s, \tau) - E(y_s - \Delta y, \tau)]$$

$$+ \Delta y \nu(y_s - \Delta y, \tau)\} \qquad (3.2-34)$$

$$f_n = -\frac{\Delta\tau q_i(y_s - \Delta y, \tau)}{A(y_s - \Delta y)} T_i(y_s - \Delta y, \tau)$$

$$- \frac{0.001 \Delta\tau(1 - \beta)\phi_0}{c\Delta y} e^{-k\Delta y}\left[k\Delta y + \frac{A(y_s) - A(y_s - \Delta y)}{A(y_s - \Delta y)}\right]$$

$$- T(y_s - \Delta y, \tau - \Delta\tau) - \frac{\Delta\tau}{\Delta y^2}\left\{[D_m + E(y_s - \Delta y, \tau)]\right.$$

$$+ \frac{1}{2}\left[(D_m + E(y_s - \Delta y, \tau))\frac{A(y_s) - A(y_s - \Delta y)}{A(y_s - \Delta y)}\right.$$

$$+ \left[E(y_s, \tau) - E(y_s - \Delta y, \tau)\right] - \Delta y \nu(y_s - \Delta y, \tau)\right] T(y_s, \tau) \qquad (3.2-35)$$

这样式（3.2-16）之矩阵减少一行一列：

$$[K]=\begin{bmatrix} K_{11} & K_{12} & & & & & 0 \\ K_{21} & K_{22} & K_{23} & & & & \\ & K_{32} & K_{33} & & K_{34} & & \\ & & K_{j,j-1} & K_{jj} & & K_{j,j+1} & \\ & & & K_{n-1,n-2} & K_{n-1,n-1} & K_{n-1,n} \\ 0 & & & & K_{n,n-1} & K_{nn} \end{bmatrix} \quad (3.2-36)$$

式（3.2-26）为三对角带状矩阵；计算时为节省存储容量，可只存储三对角线上的非零元素，即将 $[K]$ 矩阵用 $[V]$ 矩阵代替如下：

$$[V]=\begin{bmatrix} Q_1 & V_{12} & V_{13} \\ V_{21} & V_{22} & V_{23} \\ V_{31} & V_{32} & V_{33} \\ \vdots & \vdots & \vdots \\ V_{i1} & V_{i2} & V_{i3} \\ \vdots & \vdots & \vdots \\ V_{n,1} & V_{n,2} & Q_2 \end{bmatrix} \quad (3.2-37)$$

式中：Q_1、Q_2 为任意数。

$[K]$ 中元素 K_{ij} 与 $[V]$ 中元素 $V_{i'j'}$ 之关系为

$$\left. \begin{array}{l} i'=i \\ j'=j-i+(m+1)/2 \quad m \text{ 为带宽} \end{array} \right\} \quad (3.2-38)$$

现在 $m=3$，于是 $j'=j-i+2$。例如 K_{11} 在 $[V]$ 中为 V_{12}；K_{nn} 在 $[V]$ 中为 $V_{n,2}$。

关于三对角带状方程组的解法，可先对 $[K]$ 作 $[L][U]$ 分解：

$$[K]=[L][U] \quad (3.2-39)$$

其中：

$$[L]=\begin{bmatrix} \beta_1 & & & & 0 \\ K_{21} & \beta_2 & & & \\ & K_{32} & \beta_3 & & \\ 0 & & & K_{n,n-1} & \beta_n \end{bmatrix} \quad (3.2-40)$$

$$[U]=\begin{bmatrix} 1 & \delta_1 & & & 0 \\ & 1 & \delta_2 & & \\ & & 1 & \delta_3 & \\ & & & 1 & \delta_{n-1} \\ 0 & & & & 1 \end{bmatrix} \quad (3.2-41)$$

其中：

$$\left. \begin{array}{l} \beta_1=K_{11} \\ \delta_k=K_{k,k+1}/\beta_k, k=1,2,\cdots,n-1 \\ \beta_{k+1}=K_{k+1,k+1}-K_{k,k-1}\delta_k \end{array} \right\} \quad (3.2-42)$$

于是式（3.2-13）的等价方程为

$$\left.\begin{array}{l}[L]\{Z\}=\{F\}\\ [U]\{T\}=\{Z\}\end{array}\right\} \tag{3.2-43}$$

其算式如下：

$$\left.\begin{array}{l}z_1=f_1/K_{11}\\ z_k=(f_k-K_{k,k-1}z_{k-1})/\beta_k \quad (k=2,\cdots,n)\end{array}\right\} \tag{3.2-44}$$

$$\left.\begin{array}{l}T_n=z_n\\ T_k=z_k-\delta_k T_{k+1} \quad (k=n-1,\cdots,1)\end{array}\right\} \tag{3.2-45}$$

由于 $[K]$ 矩阵采取了 $[V]$ 矩阵存储，相应的计算公式如下：

$$\left.\begin{array}{l}\beta_1=K_{11}=V_{12}\\ \delta_k=K_{k,k+1}/\beta_k=V_{k,3}/\beta_k\\ \beta_{k+1}=K_{k+1,k+1}-K_{k,k-1}\delta_k=V_{k+1.2}-V_{k.1}\delta_k \quad (k=1,2,\cdots,n-1)\end{array}\right\} \tag{3.2-46}$$

$$\left.\begin{array}{l}z_1=f_1/K_{11}=f_1/V_{12}\\ z_k=(f_k-K_{k,k-1}z_{k-1})/\beta_k=(f_k-V_{k.1}z_{k-1})/\beta_k \quad (k=2,\cdots,n)\end{array}\right\} \tag{3.2-47}$$

$$\left.\begin{array}{l}T_n=z_n\\ T_k=z_k-\delta_k T_{k+1} \quad (k=n-1,\cdots,1)\end{array}\right\} \tag{3.2-48}$$

所以，在已知 $[V]\{F\}$ 后，由式 (3.2-46) 算出 $\{\beta\}$、$\{\delta\}$，由式 (3.2-47) 算出 $\{z\}$，即可由式 (3.2-48)，计算出 $\{T\}$。

3.2.1.5　计算中对几个问题的处理

（1）ν 的计算：

$$\nu(y,\tau)=\frac{Q_y(y,\tau)}{A(y)}=\frac{1}{A(y)}\int_0^y [q_i(\eta,\tau)-q_0(\eta,\tau)]\mathrm{d}\eta \tag{3.2-49}$$

（2）y_s 的计算：

设某一起始时刻 τ_0，水库水位为 y_0，库水容积为 V_0，到时刻 $\tau_1=\tau_0+\Delta\tau$ 时的水位为 y_s，库水容积为 $V_{\tau1}=V_0+\Delta V_{\tau1}$，在这个 $\Delta\tau$ 时间间隔内，入库流量为 $Q_i(\tau_1)$，出库流量为 $Q_0(\tau_1)$，则有

$$V_{\tau1}=V_0+[Q_i(\tau_i)-Q_0(\tau_1)]\Delta\tau \tag{3.2-50}$$

可由水位库容曲线，根据 $V_{\tau1}$ 值查得 y_s。

（3）初始温度：一般可定在春季，水库水温均匀为 T_0。

（4）入库水流。这是一个很复杂的问题，可近似假设入库水流的流速分布为正态分布：

$$u_i(y,\tau)=u_{im}(\tau)\mathrm{e}^{-(y-y_i)^2/2\sigma_i^2} \tag{3.2-51}$$

若入库总流量为 $Q_i(\tau)$，则有

$$Q_i(\tau)=u_m(\tau)\int_0^{ys} B(y)\mathrm{e}^{-(y-y_i)^2/2\sigma_i^2}\mathrm{d}y \tag{3.2-52}$$

式中：σ_i 为标准差；$u_{im}(\tau)$ 为 τ 时按正态分布的水库水流的最大流速；y_i 为此最大流速的位置。

$$B(y)=A(y)/L(y) \tag{3.2-53}$$

式中：$L(y)$ 为 y 处的水库平均长度。

将式（3.2-53）代入式（3.2-52），并将其写成累积求和的形式，可得

$$u_{im}(\tau) = \frac{Q_i(\tau)}{\sum_{j=1}^{n} \frac{\Delta y A(j\Delta y)}{L(j\Delta y)}} e^{-(j\Delta y - y_i)^2/2\sigma_i^2} \tag{3.2-54}$$

假设天然河道中水温均匀为 T_i（由于河水紊流作用），入库后水流的中心高程即为库水温度 T_i 的高程（暂不考虑入库水流在进库处的掺混作用）。若为混水水流，则首先检验小于某种颗粒的混水能否到达坝前，并按其密度进入水库的相同密度层。入库水流在库中的层厚为 δ_i，近似取为

$$\delta_i = 4.8\left(\frac{q_{ii}^2}{g\varepsilon}\right)^{1/4} \tag{3.2-55}$$

式中：g 为重力加速度。

$$q_{ii} = Q_i(\tau)/B_i \tag{3.2-56}$$

$$B_i = A(y_i)/L(y_i) \tag{3.2-57}$$

根据水槽试验和一般水库中观测，规定：

$$\sigma_i = \frac{0.5\delta_i}{1.96} \tag{3.2-58}$$

$$\varepsilon = \frac{1}{\rho}\frac{\partial\rho}{\partial y} \tag{3.2-59}$$

因而有

$$\varepsilon = \frac{1}{\rho}(2aT + b)\frac{\partial T}{\partial y} \tag{3.2-60}$$

写成差分形式有

$$\delta_i = 4.8\left\{\frac{q_{ii}^2[aT^2(y_i,\tau) + bT(y_i,\tau) + \rho_0]2\Delta y}{g[2aT(y_i,\tau) + b][T(y_i + \Delta y,\tau) - T(y_i - \Delta y,\tau)]}\right\}^{1/4} \tag{3.2-61}$$

这样由公式可求得 $u_i(y,\tau)$，从而 $q_i(y,\tau)$ 可知。对于出库水流，可仿此求得。

3.2.2 大坝稳定温度场计算理论

混凝土水化热及浇筑温度影响消失后，除了大坝底部核心部位外，拱坝基本上受准稳定温度场控制。在长期处于外界气温和水温的作用下，计算区域内任一点的温度，均以同一周期作简谐变化，但其变幅及相位则随坐标而异。

由热传导理论，准稳定温度场 $T(x,y,z,\tau)$ 在区域 R 内满足方程：

$$\frac{\partial T}{\partial\tau} = a\left(\frac{\partial^2 T}{\partial x^2} + \frac{\partial^2 T}{\partial y^2} + \frac{\partial^2 T}{\partial z^2}\right) \tag{3.2-62}$$

边界条件为

$$当 \tau = 0 时, T = T_0(x,y,z) \tag{3.2-63}$$

在边界 C1 上（混凝土与水的边界），满足第一类边界条件，即

$$T = T_b \tag{3.2-64}$$

在边界条件 C2 上（混凝土与空气），满足第三类边界条件，即

$$\lambda\frac{\partial T}{\partial x}l_x + \lambda\frac{\partial T}{\partial y}l_y + \lambda\frac{\partial T}{\partial z}l_z + \beta(T - T_a) = 0 \tag{3.2-65}$$

在边界条件 C3 上，满足绝热条件，即

$$\frac{\partial T}{\partial n}=0 \tag{3.2-66}$$

式（3.2-62）～式（3.2-66）中：a 为导温系数，$a=\lambda/c\rho$；β 为表面放热系数；T_b 为给定的边界气温和水温，为简谐函数；n 为边界外法线方向；l_x、l_y、l_z 为边界外法线的方向余弦；T_0 为给定的初始温度。

边界 $C=C_1+C_2+C_3$

适当选择 β 值后，边界条件式（3.2-64）、式（3.2-66）均可由式（3.2-65）代替。于是由变分原理，上述热传导问题等价于下列泛函的极值问题：

$$I(T)=\iiint\limits_{R}\left\{\frac{1}{2}\left[\left(\frac{\partial T}{\partial x}\right)^2+\left(\frac{\partial T}{\partial y}\right)^2+\left(\frac{\partial T}{\partial z}\right)^2\right]+\frac{1}{a}\frac{\partial T}{\partial \tau}T\right\}\mathrm{d}x\,\mathrm{d}y\,\mathrm{d}z$$
$$+\iint\limits_{c}\left(\frac{\bar\beta}{2}T^2-\bar\beta T_a T\right)\mathrm{d}s=\min \tag{3.2-67}$$

式中：$\bar\beta=\beta/\lambda$；其余符号意义同前。

泛函 $I(T)$ 的极值问题可用有限单元法解决。

将求解域 R 划分为若干个 20 结点空间曲面单元，单元内任一点的温度变化率用形函数 $N_i(\xi,\eta,\zeta)$ 的插值表示：

$$\frac{\partial T}{\partial \tau}=[N]\frac{\partial\{T\}^\sigma}{\partial \tau} \tag{3.2-68}$$

则式（3.2-67）的泛函极值条件可表示为

$$\Sigma\frac{\partial I^e}{\partial T_i}=\Sigma\iiint\limits_{R}\left\{\sum_{j=1}^{20}\left[\left(\frac{\partial N_j}{\partial x}\right)\left(\frac{\partial N_i}{\partial x}\right)+\left(\frac{\partial N_j}{\partial y}\right)\left(\frac{\partial N_i}{\partial y}\right)\right.\right.$$
$$\left.+\left(\frac{\partial N_j}{\partial z}\right)\left(\frac{\partial N_i}{\partial z}\right)\right]T_j+\sum_{j=1}^{20}\frac{1}{a}\left(N_j\frac{\partial T_i}{\partial \tau}\right)N_i\Bigg\}\mathrm{d}x\,\mathrm{d}y\,\mathrm{d}z$$
$$+\Sigma\iint\limits_{c}\sum_{j=1}^{20}\left[\bar\beta(N_j T_j-T_a)\right]N_i\mathrm{d}s=0 \tag{3.2-69}$$

由此得到

$$\left[H+\frac{2}{\Delta\tau}P\right]\{T\}_\tau+\left[H-\frac{2}{\Delta\tau}P\right]\{T\}_{\tau-\Delta\tau}+\{Q\}_{\tau-\Delta\tau}+\{Q\}_\tau=0 \tag{3.2-70}$$

其中：

$$H_{ij}=\sum_e H^e_{ij}=\sum_e\iiint\limits_{\Delta R}\left(a_x\frac{\partial N_i}{\partial x}\frac{\partial N_j}{\partial x}+a_y\frac{\partial N_i}{\partial y}\frac{\partial N_j}{\partial y}+a_z\frac{\partial N_i}{\partial z}\frac{\partial N_j}{\partial z}\right)\mathrm{d}x\,\mathrm{d}y\,\mathrm{d}z$$

$$\tag{3.2-71}$$

$$P_{ij}=\sum_e P^e_{ij}=\sum_e\iiint\limits_{\Delta R}N_i N_j\mathrm{d}x\,\mathrm{d}y\,\mathrm{d}z \tag{3.2-72}$$

$$Q_i=\sum_e q^e_i=\sum_e\left\{-\iint\limits_{\Delta c}\bar\beta T_a N_i\mathrm{d}s+\left(\iint\limits_{\Delta c}\bar\beta N_i[N]\right)\times\{T\}^e\mathrm{d}s\right\} \tag{3.2-73}$$

这样，已知 $\tau-\Delta\tau$ 时刻的温度场 $\{T\}_{\tau-\Delta\tau}$，解方程组（3.2-70），即可得到 τ 时刻的

温度场 $\{T\}_\tau$。为避免显式解法的稳定性条件的限制，采用隐式直接解法计算温度场，根据上述原理，编制计算程序。

3.3　大型水库蓄水后对下游河道水温的影响

拉西瓦水电站位于龙羊峡水电站下游，距龙羊峡电站河道直线距离仅 32.8km。龙羊峡水库为多年调节水库，由于龙羊峡水库的调蓄作用，其蓄水后下泄水温对下游河道的水体水温影响是十分显著的。因此在研究拉西瓦水库水温之前，本节将根据实测资料，研究高寒地区大型水库蓄水运行后下泄水温对下游河道水温的影响。

3.3.1　水库运行水位对库表水温、下泄水温的影响

分冬季低温时段和夏季高温时段对库表水温和下泄水温进行统计。图 3.3－1 和图 3.3－2 为 1990—1996 年龙羊峡水库运行水位与库表水温和下泄水温的关系图。观测资料表明：

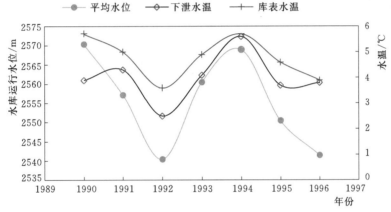

图 3.3－1　龙羊峡水库运行水位与库表水温、下泄水温关系图（12月至次年3月）

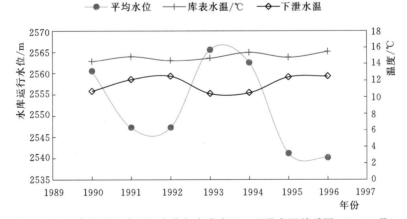

图 3.3－2　龙羊峡水库运行水位与库表水温、下泄水温关系图（5—10月）

（1）对于冬季低温时段 12 月至次年 3 月，水库下泄水温随着库水位的升高而升高，随着库水位的下降而降低，库表水温也表现出相同的规律，库表水温为 2.5～6℃，可知

龙羊峡水库表面基本不结冰。

（2）对夏季高温时段 5—10 月，则表现出相反的规律，即水库下泄水温随着库水位的升高而降低，随着库水位的下降而升高，库表水温则基本不受水位的影响，基本维持在 14～16℃。

（3）综合分析表明，由于龙羊峡水库的调蓄作用，对下游河道水温起到了"调峰填谷"的作用，也就是抬升冬季水温，降低夏季水温。水库运行水位对下泄水温的影响程度，主要决定于电站取水口以上的水深，即水库运行水位越高，取水口以上水深越大，取水口水温受外界气温影响越小；反之，水库运行水位越低，取水口以上水深越小，取水口水温受外界气温影响越大。

3.3.2 大型水库蓄水运行后对下游河道水温的影响

（1）以龙羊峡建库时间为节点，建库前后各测站沿程年平均水温见图 3.3-3。建库前，黄河自上而下从唐乃亥站—上诠站沿程为一致性的增温关系，且区间各段的增温幅度基本相当。建库后，唐乃亥站—贵德站有增温和降温并存，1987 年龙羊峡水库低水位运行，水库蓄热明显，贵德站高出唐乃亥站 2℃以上；2006 年高水位运行，下泄较低温水，贵德站低于唐乃亥站近 1℃。后两个区段依然为一致性的增温，但增温程度不同，体现了区间梯级水库影响河道水温复杂的变温关系；同时，区间还存在其他水库对河道的水温效应。

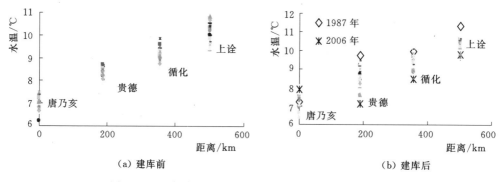

图 3.3-3 龙羊峡水库建库前后各测站沿程年平均水温

（2）选取 1988—2008 年贵德水文站河道月平均水温资料进行统计，5—10 月和以 12 月至次年 3 月两个时段来分析龙羊峡水库运行对下游河道水温的影响，见图 3.3-3。统计结果表明：12 月至次年 3 月，河道水温与水库水位具有同相位关系，水温变幅与河道水温呈现反相位关系；5—10 月下游河道水温与水库水位具有反相位关系，而水温变幅与河道水温变化呈现同相位关系。进一步反映了龙羊峡水库蓄水后对下游河道水温的调节作用。

3.3.3 水库联合调节对下游河道水温的影响

选取龙羊峡水库蓄水前 1986 年以前、1993 年（龙羊峡水库单库调节）、2001 年（龙羊峡水库＋李家峡水库联合调节）和 2004 年（龙羊峡水库＋李家峡水库＋公伯峡水库联调）三个时期龙阳峡水库对下游河道贵德水文站和循化水文站的水温的影响。其中贵德水

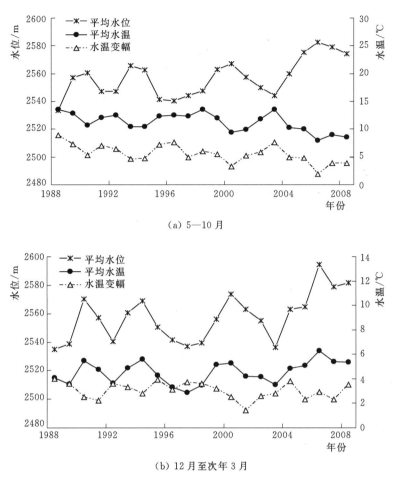

（a）5—10 月

（b）12 月至次年 3 月

图 3.3-4 龙羊峡运行水位及下游河道水温分布图

文站距龙羊峡水库 50km，循化水文站距龙羊峡水库 200km，两水文站典型年份实测水温过程线详见图 3.3-5 和图 3.3-6。

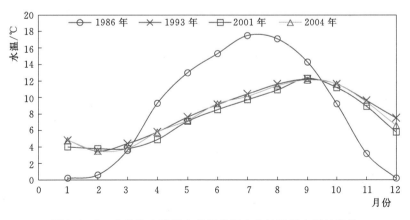

图 3.3-5 龙羊峡水库蓄水前后贵德水文站实测水温过程线

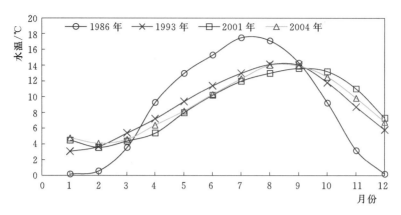

图 3.3 - 6　龙羊峡水库蓄水前后循化水文站典型年份实测水温过程线

（1）图 3.3 - 5 为龙羊峡水库蓄水前（1986 年）和蓄水后 1993 年、2001 年、2004 贵德水文站实测水温过程线。由图 3.3 - 5 可知，由于龙羊峡水库的调蓄作用显著，冬季水温明显升高（升高约 4℃），最低水温为 4℃；夏季水温明显降低，最高水温仅 12℃（降低约 6℃），而且均较气温滞后 2～3 个月。

（2）图 3.3 - 6 为龙羊峡水库蓄水前（1986 年）和蓄水后 1993 年、2001 年、2004 循化水文站典型年份水温过程线。尽管循化水文站距龙羊峡水库相距 200km，但是龙羊峡水库的调节作用仍然显著，因为无论 1993 年（龙羊峡水库单库调节）、还是 2001 年（龙羊峡水库+李家峡水库联合调节），或者 2004 年（龙羊峡水库+李家峡水库+公伯峡水库联调）三个时期循化水文站的观测资料基本相近，略有差别。

龙羊峡水库单独调节时，循化站最高水温发生在 8 月，仅滞后 1 个月，最高水温 14℃，较贵德水文站高 2℃，但是比 1986 年龙羊峡水库蓄水前水温低 4℃；最低水温较贵德站低 1.5～1.8℃，这主要是从龙羊峡水库下泄的水，沿程受外界气温的影响，冷量和热量损失所致。

而李家峡水库和公伯峡水库与龙羊峡水库联合调节后，由于李家峡水库距循化站较近，尽管李家峡水库和公伯峡水库均为日调节水库，但对下游河道水温仍有一定的微调节作用，即 2001 年（龙羊峡水库+李家峡水库联合调节）和 2004 年（龙羊峡水库+李家峡水库+公伯峡水库联合调节）联合调节后，其循化站冬季 12 月至次年 1 月水温均略有抬高（1.5℃ 和 0.3℃），夏季气最高水温变化不大，但相位有一定的滞后作用。

综上所述，由于龙羊峡水库是多年调节水库，因此龙羊峡水库对下游河道的调节作用是主要的，而李家峡水库和公伯峡水库虽为日调节水库，但对下游河道水温仍有一定的微调节作用。即大型水库对下游河道水温起到了"调峰填谷"的作用，也就是抬升冬季水温，降低夏季水温。

3.3.4　小结

通过对龙羊峡水库单库运行前后以及龙羊峡、李家峡、公伯峡水库联合运行调试后对下游河道水温的调查研究得出以下结论：

（1）由于龙羊峡水库为多年调节水库，坝高库大，其蓄水后对下游河道水温的影响十分显著。即具有"调峰填谷"的作用，也就是说抬升冬季水温，降低夏季水温。以贵德水文站为例，其每年冬季 12 月至次年 2 月水温由 0℃左右抬高到 4～5℃，夏季 5—10 月最高水温由 17.5℃降到 12.1℃，而且最高、最低月水温均较气温滞后 1～2 个月。

（2）龙羊峡水库运行水位对下泄水温有一定影响。对于冬季低温时段 12 月至次年 3 月，水库下泄水温随着库水位的升高而升高，运行水位在 2540m 以上，水位上升 20m，河道平均水温升高约 1℃；对夏季高温时段 5—10 月，则表现出相反的规律，即水库下泄水温随着库水位的升高而降低，而且水库运行水位在 2540m 以上，水位每上升 20m，河道平均水温下降约 2℃。

（3）根据龙羊峡水库蓄水前（1986 年）及龙羊峡水库（1993 年）、李家峡水库（2001年）、公伯峡水库（2004 年）分别投入联合运行后对贵德站和循化站水温调查结果可知：由于龙羊峡水库为多年调节水库，其对下游河道水温的影响是主要的，但是对于黄河上游坝高大于 100m 的日调节水库，对下游河道水温仍具有微调节作用。但是随着向下游河道沿程增加，这种作用有一定的削弱。以循化站为例，其冬季最低月水温较贵德站低 1.5℃，夏季最高月水温较贵德站高 2℃。

3.4 高寒地区高拱坝库水温度研究

高寒地区高程较高，具有年平均气温低，太阳辐射热强，一年中气温低于 0℃的时间大于 90d，即冰冻时间长，对库表水温和库底水温均有一定影响，其水库水温变化规律复杂，不仅与当地气候条件、河道来水、来沙有关，而且与水库运行方式等有关。本节主要以拉西瓦水电站工程为依托，用不同的方法对拉西瓦水库水温进行全面系统的理论研究，并与拉西瓦运行期实测水库水温进行对比分析，以便探讨水库水温计算方法和其常数的选取，为高寒地区高拱坝库水温分析预测提供技术支撑。

3.4.1 多年调节性水库水温分布调查研究

龙羊峡水库为多年调节水库，最大坝高 178m，正常蓄水位 2600m，死水位 2530m，发电引水口底板高程 2512m。坝前最大水深 165m，总库容 247 亿 m³。水库水位年调节变幅达 30～40m，尤其水库运行初期，水位年变幅较大，对下泄水温有一定的影响。

自 20 世纪 90 年代起开展了龙羊峡水库库区水温观测，选取数据较为完善，且水库运行差异较大的 1992 年和 2006 年（缺测 4 个月）坝前垂向水温观测数据，其分布见图 3.4 - 1。由图 3.4 - 1 可知，1992 年龙羊峡水库在较低水位运行，水文条件为平水年，汛期为典型的蓄水过程。非汛期 11 月至次年 3 月水温结构呈现混合分布，在垂向水温近乎均匀分布，5—10 月为表温层和温跃层两分层分布。2006 年在较高水位运行，水文条件为枯水年，水位变幅小（仅 15m），3—5 月库区垂向水温分布基本为混合向分层过渡，在 6—10 月为稳定的三分层，底部存在低温滞温层，其水温变幅很小。由发电引水口高程对应水温来看，年内下泄水体水温变幅在 3℃左右，彻底改变了天然河道水温季节性高低分明的正弦分布规律。

选取 1990—1996 年水库水温观测数据来界定水温结构的基本特征，见图 3.4 - 2。由图 3.4 - 2 可知，龙羊峡水库水温结构的基本特征：年内不同时段呈现基本稳定的垂向水

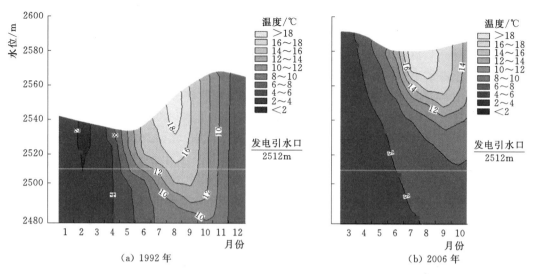

图 3.4-1　龙羊峡水库运行水位与坝前垂向水温分布

温结构，12 月至次年 3 月水库水温呈现弱分层或垂向呈等温分布，5—10 月水库水温呈稳定的分层分布，11 月和 4 月是水温结构变化的转折点。

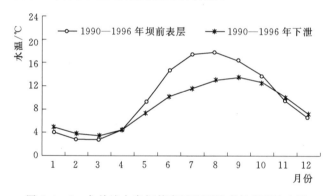

图 3.4-2　龙羊峡水库坝前表层和下泄多年月平均水温

3.4.2　拉西瓦水电站运行期水库水温估算分析

3.4.2.1　基本资料

拉西瓦水电站位于青海省贵德县与贵南县交界的黄河干流上，是黄河上游龙羊峡—青铜峡河段规划的第二个大型梯级电站，属Ⅰ等大（1）型工程，日调节水库。枢纽距上游龙羊峡水电站河道距离 32.8km，距下游李家峡水电站 73km，距青海省西宁市公路里程为 134km。

枢纽主要建筑物包括拦河坝、右岸地下厂房、引水及泄水建筑物等。拦河坝为对数螺旋线双曲薄拱坝，最大坝高 250m，拱冠最大底宽 49m，拱端最宽处约 55m。大坝建基面高程 2210m，坝顶高程 2460m。主坝共分 22 个坝段，其中 10～13 号坝段横缝间距为 23～25m，其余 18 个坝段横缝间距平均 21m。水库正常蓄水位为 2452m，相应库容 10.89 亿 m³，电站总装机容量 4200MW。主体工程混凝土浇筑量约 373.4 万 m³，其中大坝及泄水建筑物约 295.2 万 m³。

坝址区多年平均气温为 7.2℃，一年中 7 月月平均气温最高，为 18.3℃，1 月月平均气温最低，为 -6.4℃，气象资料详见表 1.1-1～表 1.1-9。

拉西瓦水电站工程于 2002 年 7 月 1 日正式开工，2004 年 1 月 9 日实现截流，大坝混凝土于 2006 年 4 月 15 日开盘浇筑第一仓混凝土，2009 年 3 月 1 日开始蓄水，水库初期蓄水发电水位为 2370m，2009 年 4 月实现首批（5 号机、6 号机）机组发电，2009 年 9 月 15 日 3 号机投产发电，2009 年 12 月 31 日 2 号机投产发电，2010 年 8 月 1 号机投产发电，2010 年 10 月坝体基本浇筑到顶高程 2460m。大坝采用分期蓄水，初期蓄水位为 2370m，2009 年 12 月水库水位为 2420m，2011 年 1 月水位蓄至 2430m，2012 年 12 月水位蓄至 2448m，从 2015 年 5 月至今拉西瓦水库水位一直维持在 2452m 正常水位运行，水库蓄水历时过程线详见图 3.4-3。

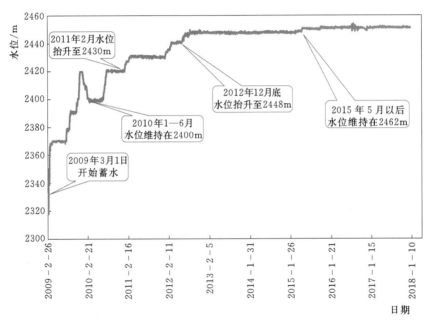

图 3.4-3 拉西瓦水库蓄水历时过程线

3.4.2.2 拉西瓦水库水温估算分析研究

（1）水库水温分布类型。拉西瓦水库为日调节水库，水库正常蓄水位 2452m，死水位为 2440m，泄洪深孔底板高程为 2371.8m，电站进水口高程为 2350m，坝前最大水深达 242m，总库容 10.79 亿 m³，多年平均年径流量为 207.8 亿 m³，由此计算水库水温分布系数 $\alpha = W/V = 207.8/10.79 = 19.26 < 20$，初步判定水库水温分布为过渡型。对于过渡型水库，仅在入库流量大时，水库水温为均匀分布；入库流量小时，水库水温成层状分布。

（2）库表水温。库表水温是水库水温计算的常数之一。拉西瓦水电站坝址处多年平均气温为 7.2℃，7 月月平均气温为 18.3℃，1 月月平均气温为 -7.3℃，每年 11 月中旬至次年 2 月气温低于 0℃，约 110d，但考虑太阳辐射热的影响，实际库水表面温度高于

0℃。根据朱伯芳院士编写的《大体积混凝土温度应力与温度控制》的估算公式，拉西瓦水库表面水温应按寒冷地区库表水温计算公式确定：

$$T_S = T'_{am} + \Delta b$$

式中：T'_{am} 为全年各月平均气温的平均值（低于 0℃ 的月气温按 0℃ 考虑），T'_{am} 为 8.37；Δb 为太阳辐射热影响的温度增量，寒冷地区一般为 2～4℃，Δb 按 3℃ 考虑，则拉西瓦水电站水库运行期多年平均库表水温为：$T_S = 8.37℃ + 3℃ = 11.37℃$。

（3）库底水温。库底水温是水库水温计算中最难确定的常数之二。考虑拉西瓦水电站坝高库大，电站汛期库前不存在浑水异重流现象，水库 50 年淤积高程 2286.2m，早期可不考虑淤积影响。拉西瓦水库虽为日调节水库，但水位调节变幅仅为 2.0～3.0m，且泄洪底板高程较高（2371.8m），一年中泄洪仅有 1～2 次，主要为表孔泄洪，而电站进水口最低高程为 2350.0m，取水口高程以下仍有 140m 水深。因此判定库底仍存在稳定低温水层。

根据朱伯芳院士《大体积混凝土温度应力与温度控制》一书中，西北寒冷地区一般库底水温为 6～7℃，同时类比龙羊峡水库库底水温实测资料（1993—1996 年），库底水温在 4～8℃ 周期变化，为安全起见，经综合分析确定拉西瓦水库库底水温取 5℃。

（4）库表水温年变幅。根据朱伯芳院士《大体积混凝土温度应力与温度控制》一书中 2.7.3 节所述，水库表面水温年变幅 A_0 与气温年变幅相近，即 $A_0 \approx A_a$。在寒冷地区，冬季月平均气温降至零度以下，由于库表面结冰，表面温度维持 0℃，故水库表面水温年变幅 A_0 计算公式为

$$A_0 = (T_7 + \Delta T)/2 = \frac{1}{2}T_7 + \Delta a$$

式中：Δa 一般为 1～2℃，取 $\Delta a = 1.5℃$；T_7 为 7 月平均气温。

由于上游龙羊峡水库为多年调节水库，距拉西瓦水电站河道直线距离仅 32.8km，因此拉西瓦水库河道来水受龙羊峡水库的调蓄作用影响较大。对拉西瓦水电站，一年中 9 月河道来水温度最高仅为 11.17℃，3 月河道来水温度最低为 4.43℃，而 7 月气温为 18.3℃，最高水温与最高气温相差 7.13℃。显然拉西瓦水库库表水温年变幅若采用气温变幅计算偏大，而且以气温变幅计算其 1—3 月水温计算值较实测值偏大，与实际不符，主要是未考虑龙羊峡水库的调蓄作用。因此应以水温资料代替气温资料进行修正，即采用寒冷地区计算公式，并考虑一定的太阳辐射热影响，由此确定的拉西瓦水库库表水温年变幅 A_0 为

$$A_0 = T_{mw}/2 + \Delta a = 11.17/2 + 1.5 = 7.08(℃)$$

（5）变温水层深度及任意深度水温变化规律。拉西瓦大坝上游正常蓄水位为 2452m，水库坝前水深为 242m。考虑拉西瓦电站取水口高程为 2350m，而且取水是经常性的，对水库水温有一定影响，参考已建工程实测资料，其变温水层底部高程确定为电站进水口底板最低高程 2350m。坝前填渣顶部高程 2250m，则 2250m 以下水温在 5～10.4℃ 直线变化。任意深度任意时刻水库水温变化规律按朱伯芳院士提出公式进行计算：

$$T_w(y,\tau) = T_{wm}(y) + A_w(y)\cos\omega[\tau - \tau_m - \varepsilon(y)]$$

任意深度水温年平均水温计算公式为

$$T_m(y) = c + (T_S - c)e^{-0.04y}$$

任意深度水温年变幅 $A_w(y) = A_0 e^{-0.018y}$

任意深度的水温相位差 $\varepsilon(y) = 2.15 - 1.30 e^{-0.085y}$

根据上述公式计算的拉西瓦水库水温常数详见表 3.4-1。

表 3.4-1 拉西瓦水库水温基本常数表

T_s	T_b	A_0	τ_0	ω	ε	c
11.37	5.0	7.09	7	0.5236	1.5	5.0

（6）拉西瓦水库水温估算成果。根据上述确定的水库水温常数和计算公式，计算的拉西瓦水库各月水温结果见表 3.4-2 和图 3.4-4。

表 3.4-2 拉西瓦水库水温估算成果

高程 /m	水温/℃												
	1月	2月	3月	4月	5月	6月	7月	8月	9月	10月	11月	12月	平均值
2452	5.0	4.3	5.5	8.3	11.9	15.4	17.8	18.4	17.2	14.4	10.8	7.4	11.4
2450	5.1	4.0	4.9	7.3	10.7	14.1	16.7	17.7	16.9	14.4	11.1	7.6	10.9
2440	5.3	3.6	3.3	4.4	6.9	9.9	12.6	14.3	14.6	13.3	10.9	8.0	8.9
2430	5.1	3.5	2.9	3.6	5.4	7.8	10.1	11.8	12.4	11.7	9.9	7.5	7.6
2420	4.9	3.4	2.8	3.3	4.7	6.6	8.6	10.1	10.8	10.3	8.9	6.9	6.8
2410	4.7	3.4	2.9	3.2	4.4	6.0	7.7	9.0	9.5	9.2	8.0	6.4	6.2
2400	4.6	3.5	3.0	3.3	4.2	5.6	7.0	8.1	8.6	8.3	7.3	6.0	5.8
2390	4.4	3.6	3.2	3.4	4.2	5.4	6.5	7.4	7.8	7.6	6.8	5.7	5.5
2380	4.4	3.8	3.4	3.6	4.3	5.2	6.2	7.0	7.3	7.1	6.5	5.5	5.4
2370	4.4	3.9	3.6	3.8	4.3	5.1	5.9	6.6	6.9	6.7	6.2	5.4	5.2
2360	4.6	4.0	3.8	3.9	4.4	5.1	5.7	6.3	6.5	6.4	5.9	5.3	5.2
2350	4.6	4.2	4.0	4.1	4.4	5.0	5.6	6.0	6.2	6.1	5.7	5.2	5.1
2340	4.7	4.3	4.1	4.2	4.4	5.0	5.5	5.8	6.0	5.9	5.6	5.1	5.1
2330	4.7	4.4	4.3	4.3	4.6	5.0	5.4	5.7	5.8	5.8	5.5	5.1	5.0
2320	4.7	4.4	4.4	4.4	4.7	5.0	5.3	5.6	5.7	5.6	5.4	5.1	5.0
2310	4.8	4.6	4.4	4.4	4.7	5.0	5.3	5.5	5.6	5.5	5.3	5.1	5.0
2300	4.8	4.6	4.6	4.6	4.8	5.0	5.2	5.4	5.5	5.4	5.3	5.0	5.0
2290	4.8	4.7	4.6	4.7	4.8	5.0	5.2	5.3	5.4	5.4	5.2	5.0	5.0
2280	4.9	4.7	4.7	4.7	4.8	5.0	5.1	5.3	5.3	5.3	5.2	5.0	5.0
2270	4.9	4.8	4.7	4.8	4.9	5.0	5.1	5.2	5.3	5.2	5.2	5.0	5.0
2260	4.9	4.8	4.8	4.8	4.9	5.0	5.1	5.2	5.2	5.2	5.1	5.0	5.0
2250	4.9	4.8	4.8	4.8	4.9	5.0	5.1	5.2	5.2	5.2	5.1	5.0	5.0
2240	6.4	6.4	6.3	6.4	6.4	6.5	6.6	6.6	6.7	6.6	6.6	6.5	6.5
2230	7.9	7.9	7.9	7.9	7.9	8.0	8.1	8.1	8.1	8.1	8.1	8.0	8.0
2220	9.5	9.4	9.4	9.4	9.4	9.5	9.6	9.6	9.6	9.6	9.6	9.5	9.5
2210	10.4	10.3	10.3	10.3	10.3	10.4	10.4	10.5	10.5	10.5	10.5	10.4	10.4

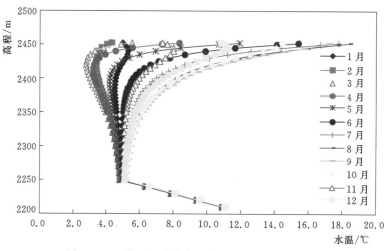

图 3.4-4 拉西瓦水库各月水温分布图（估算法）

由计算成果可知：

1）拉西瓦水库库底年平均水温在高程 2350m 以下存在稳定低温水层，受气温影响较小，高程 2350m 以下各月水温基本在 4～6℃变化。

2）高程 2350m 以上为变温水层，水温受气温影响较大。由图 3.4-4 各月水温分布图可知，水库水温变化幅度随水深增加而减小。库表水温受气温影响最大，拉西瓦水库一年之中 8 月库表水温最高为 18.4℃，2 月水温最低为 4.3℃，年平均库表水温为 11.37℃，库表水温随着气温的升高而升高，随气温变化滞后 1 个月。

3）受库底弃渣的影响，高程 2250m 以下库底水温为 5～10.4℃。

3.4.3 拉西瓦水库运行期水温数值分析

大量观测资料表明：大型水库内部，等温面基本是水平的；在冬末，库水温度在上下接近于均匀。从春天开始，气温逐渐升高，日照增强，表面温度升高，河水比库水更热、更轻，所以河水从水库表面进入水库，因此水库表面温度逐渐升高，一直到夏末，库水表面温度达到最高值。水库内部温度则成层状分布，越往下部，水温越低，但在同一高程，温度基本相同。到了秋末，表面水温开始下降，密度增大，向下沉降，引起剧烈掺混，从而在水库上部形成一个温度均匀的掺混层，其厚度随时间而增加，这时进库河水通常低于库水表面温度，河水不再沿水库表面入库，而是潜入水面下，在与它本身具有相同的温度和密度的高程进入水库内部。

正如上述分析，大型水库水温的变化规律比较复杂，不仅与当地气候条件有关，而且还与河流来水、来沙的多少、水库的运行方式等有关。采用估算的方法，公式中的常数不易精确地确定，特别是库底水温较难准确地确定，因此还需要采用一维数值计算方法分析拉西瓦水库的库水温度。

水库水温数值计算不仅要考虑水文气象条件的影响，同时电站运行方式、取水方式、泄洪方式等对水库水温分布也有一定的影响。考虑电站 6 个取水口，高程分别为 2350m、2380m、2400m，深孔进水口底板高程为 2371.8m，综合考虑，确定高程 2350m 以上为变温层，水温随季节变化而变化，高程 2350m 以下为稳定低温水层。采用北京水利科学研究院结构材料研究所开发的水库水温数值分析法计算程序，对拉西瓦水库水温进行了全面深入研究。计算结果见表 3.4－3 和图 3.4－1。

表 3.4－3　　　　　　　　　　　　拉西瓦水库水温数值分析成果

高程 /m	水 温/℃												
	1月	2月	3月	4月	5月	6月	7月	8月	9月	10月	11月	12月	年均值
2452	4.0	4.7	5.2	10.4	13.3	16.0	18.0	17.8	14.1	10.2	6.5	4.1	10.3
2450	4.2	4.9	5.2	9.0	11.8	12.2	16.3	17.0	14.1	10.2	6.5	4.1	9.7
2440	4.5	5.0	5.1	7.6	8.4	8.6	11.6	12.5	13.1	10.2	6.7	4.4	8.2
2430	5.0	5.0	5.0	7.3	7.7	8.0	8.8	11.0	11.0	10.9	6.7	4.9	7.6
2420	5.0	5.0	5.0	7.0	7.0	7.7	8.0	9.3	9.5	9.5	6.6	5.0	7.0
2410	5.0	5.0	5.0	6.4	6.4	7.7	7.7	8.1	8.4	8.4	6.5	5.0	6.6
2400	5.0	5.0	5.0	6.0	6.0	7.7	7.7	8.0	7.9	7.9	6.4	5.0	6.5
2390	5.0	5.0	5.0	5.8	6.0	7.7	7.7	8.0	7.8	7.8	6.2	5.0	6.4
2380	5.0	5.0	5.0	5.5	5.8	7.0	7.0	8.0	7.7	7.7	6.0	5.0	6.2
2370	5.0	5.0	5.0	5.2	5.2	5.2	5.2	6.9	5.2	5.1	5.0	5.0	5.3
2360	5.0	5.0	5.0	5.2	5.2	5.2	5.2	5.2	5.2	5.1	5.0	5.0	5.1
2350	5.0	5.0	5.0	5.2	5.2	5.2	5.2	5.2	5.2	5.1	5.0	5.0	5.1
2340	5.0	5.0	5.0	5.2	5.2	5.2	5.2	5.2	5.2	5.1	5.0	5.0	5.1
2330	5.0	5.0	5.0	5.2	5.2	5.2	5.2	5.2	5.2	5.1	5.0	5.0	5.1
2320	5.0	5.0	5.0	5.2	5.2	5.2	5.2	5.2	5.2	5.1	5.0	5.0	5.1
2310	5.0	5.0	5.0	5.2	5.2	5.2	5.2	5.2	5.2	5.1	5.0	5.0	5.1
2300	5.0	5.0	5.0	5.2	5.2	5.2	5.2	5.2	5.2	5.1	5.0	5.0	5.1
2260	5.0	5.0	5.0	5.2	5.2	5.2	5.2	5.2	5.2	5.1	5.0	5.0	5.1
2250	5.0	5.0	5.0	5.2	5.2	5.2	5.2	5.2	5.2	5.1	5.0	5.0	5.1
2240	5.7	5.7	5.7	5.7	5.7	5.7	5.7	5.7	5.7	5.7	5.7	5.7	5.7
2210	10.4	10.4	10.4	10.4	10.4	10.4	10.4	10.4	10.4	10.4	10.4	10.4	10.4

数值法水库水温计算结果表明：

（1）库表水温由于受水文气象条件及水库运行条件的影响，年内水温为 4.04～18℃。1月最低为 4.0℃，7月最高为 18℃。年平均库表水温为 10.34℃，高出年平均气温 3.02℃。

（2）高程 2350～2250m 为较稳定的低温水层，计算结果显示，该范围水温年内稳定在 5℃左右。

（3）高程 2250m 以下水库水温为 5～10.4℃。

3.4.4　拉西瓦水库初期蓄水实测水温分析

拉西瓦水库自 2009 年 2 月 28 日开始蓄水，初期蓄水位为 2370m，从 2009 年 8—12月开始分步抬升至 2380m、2390m、2400m、2420m，2010 年 1 月又逐步降低至 2400m 稳定运行 6 个月，至 2010 年 7 月 15 开始抬升至 2420m 稳定运行 6 个月，2011 年 1 月 14 日又开始抬升至 2430m，稳定运行 13 个月，至 2011 年 12 月底开始抬升至 2440m，2012 年 6 月又抬升至 2448m，至 2012 年 12 月底一直维持在 2448m，至 2015 年 5 月水库水位抬升至正常蓄水位 2452m 运行至今，截至 2018 年 12 月底拉西瓦水库蓄水历时 118 个月

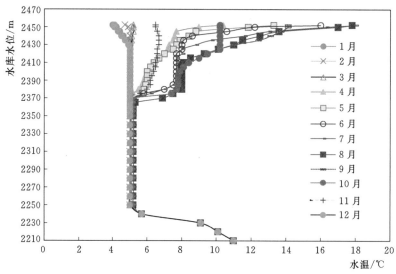

图 3.4-5　拉西瓦水库运行期各月水温分布图（数值分析法）

（9 年 10 个月）。虽然蓄水历时不足 10 年，但水库水温基本趋于稳定。拉西瓦水库蓄水历时过程线详见图 3.4-1。

结合 2017 年 12 月底拉西瓦水库连续大量的水温监测资料，对拉西瓦水库典型高程实测地温和水温变化规律分析进行了分析。

3.4.4.1　坝基实测地温分析

拉西瓦拱坝基础岩石温度采用岩石温度计组进行观测，共布置 6 组。其中在 11 号坝段建基面上游、中部各布置 1 组，编号分别为 $T^5 01-11$、$T^5 02-11$；在 6 号、17 号、2 号、21 号坝段建基面各布置 1 组，编号分别为 $T^5 01-6$、$T^5 01-17$、$T^5 01-2$、$T^5 01-21$。每组岩石温度计组共 5 支温度计，埋设位置距离基岩面分别为 0.15m、1.0m、3.0m、7.0m、15.0m。各坝段实测地温详见图 3.4-6～图 3.4-11。

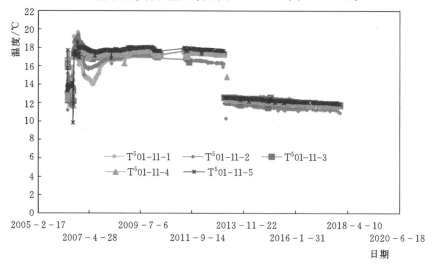

图 3.4-6　拉西瓦拱坝 11 号坝段地温历时过程线（上游侧）

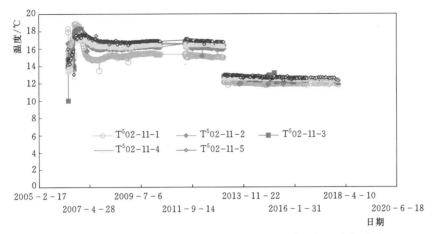

图 3.4-7 拉西瓦拱坝 11 号坝段地温历时过程线（坝基中部基础）

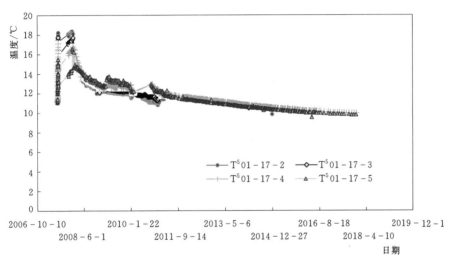

图 3.4-8 拉西瓦拱坝 17 号坝段地温历时过程线（高程 2278m 以下）

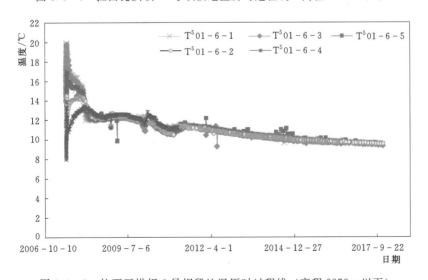

图 3.4-9 拉西瓦拱坝 6 号坝段地温历时过程线（高程 2272m 以下）

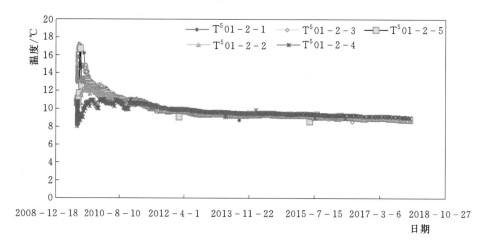

图 3.4-10　拉西瓦拱坝 2 号坝段地温历时过程线（高程 2404m 以下）

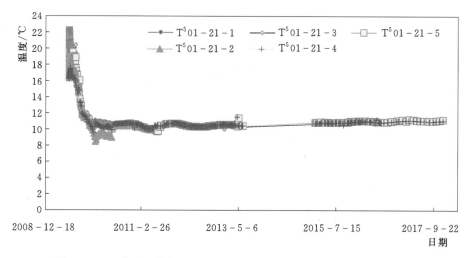

图 3.4-11　拉西瓦拱坝 21 号坝段地温历时过程线（高程 2405m 以下）

由观测结果可知，尽管拉西瓦水库已经运行超过 10 年，但 11 号拱冠坝段坝基地温截至 2018 年 3 月底仍较高，维持在 12.0℃左右；而 2 号、6 号、17 号、21 号边坡坝段地温观测值截至 2018 年 3 月底基本维持在 10℃左右，与多年统计平均地温值接近。分析原因主要是坝体浇筑后受混凝土水化热温升的影响，坝体温度向地基传导所致。而且由于河谷狭窄和河床坝段坝体布置比较集中，因此拱冠坝段地基温度散发较慢，因此目前河床坝段地基温度较高。而边坡坝段各个坝段建基高程不同，坝体浇筑后水化热对地基温度的影响仅仅是单个坝段，而且由于边坡坝段临空面较多，地基温度散发也较快，但随着水库蓄水历时的延长，地基温度会渐渐下降，类比龙羊峡、李家峡监测资料，地基温度将会稳定在 10～11℃。

3.4.4.2　水库高程 2210～2250m 范围实测水温分析

拉西瓦坝前库底堆渣高程为 2235～2245m。由于受地温和堆渣的影响，此部分水温在地温和库底水温之间变化，基本不受气温变化的影响，相对稳定，水温呈层状分布。

由图 3.4－12 观测结果可知：

（1）E1－11（高程 2219.5m）所测温度为拱冠坝前库底堆渣体底部的温度变化。受地温影响目前温度较高，随着水库蓄水历时的延长，该部位的温度缓慢降低，2009 年 3 月为 15.9℃，2017 年年底已降至 13℃ 左右，并仍有继续下降的趋势。类比已经建成并已长期运行的 200m 级深水库，库底淤积体的温度一般在 10 年以上基本可达到稳定。根据同一条河流上的李家峡水库、龙羊峡水库监测资料，预计稳定后该部位温度为 10～11℃。

（2）E2－11（高程 2229.5m）、T9－11（高程 2240.0m）所测温度为拱冠坝前库底堆渣体中上部的温度变化，目前温度稳定在 8℃ 左右。

（3）E3－11（高程 2249.0m）所测温度为拱冠坝前库底堆渣体之上水体的温度变化。水库蓄水 10 年后，该部位水体的温度已基本稳定在 5～6℃，与原设计假定的库底温度 5℃ 基本相当。

（4）从图 3.4－14 和图 3.4－16 2012 年、2015 年各月水温垂向分布图可以看出，此范围各月水温随高程变化曲线基本重合，说明此部分水体水温不受气温变化影响，即沿高程方向水库水温呈层状分布。即堆渣体底部温度最高，接近地温；堆渣体上部高程 2250m 水温最低，即为库底水温约 5℃。

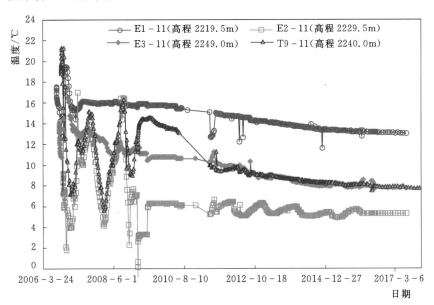

图 3.4－12　拉西瓦水库高程 2250m 以下典型点实测水温历时过程线

3.4.4.3　高程 2250～2350m 水库水温分布及变化

此范围水库为电站进水口以下部分，由高程 2250～2350m 实测水温过程线（图 3.4－13）观测结果可知，此部分水体水温相对稳定，但是受气温影响仍有较小的波动，年内水温在 5～9℃ 变化。拉西瓦水库于 2015 年后基本维持在正常蓄水位 2452.0m 运行，从 2015 年度水库水温垂向分布图（图 3.4－16）也可以看出，此部分水温基本不受电站取水口的影响，相对稳定，沿高程自下而上年内在 5～9℃ 变化，呈现弱分层现象。

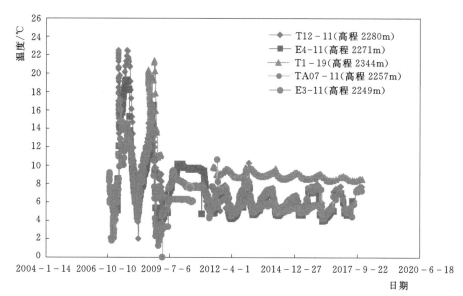

图 3.4 - 13　拉西瓦水库高程 2250～2350m 典型点实测水温历时过程线

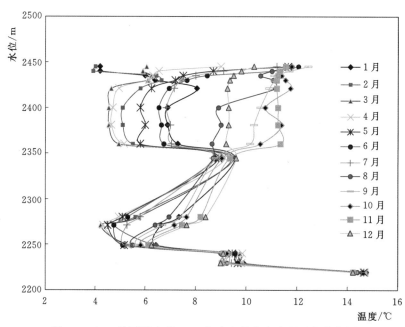

图 3.4 - 14　拉西瓦水库 2012 年度各月水库水温垂向分布图

3.4.4.4　坝前变温层高程 2350～2452m 范围水温分布及变化

拉西瓦水电站 6 台机组的进水口分别位于高程 2350m、2380m 和 2400m。水库正常运行后，受电站进水口取水的影响，高程 2350～2452m 范围为变温水层，水库水温受气温影响较大，年内水温呈周期性变化，年内水温在高程上不分层。图 3.4 - 15 为高程 2350～2452m 典型点实测水温过程线。具体分析如下：

（1）库表高程 2452.0m 水温受气温影响较大，年内水温在 5～15℃之间变化，一年中 2 月水温最低，8 月水温最高，较气温滞后 1 个月。

（2）库表水位以下高程 2350～2450m 水温年内水温在 5～10.5℃之间变化，一年中 3 月水温最低为 5℃，11 月水温最高为 10.5℃，较气温滞后 2～3 个月。

（3）从图 3.4-15 高程 2350～2452m 典型点实测水温过程线可知，除了表层 2452m 水温外，此部分水体温度沿高程方向基本重合，也就是说沿高程上水温不变或不分层。从图 3.4-16 拉西瓦水库 2015 年各月水温垂向分布图也可看出，此范围水温沿高程上呈垂线分布，各月水温仅随气温变化而变化。

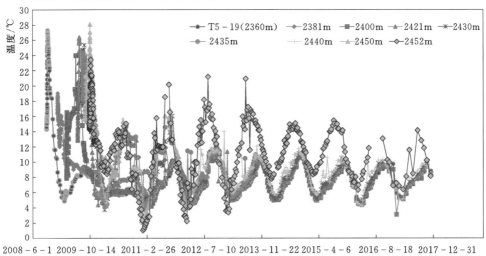

图 3.4-15　坝前高程 2350～2452m 典型点实测水温过程线

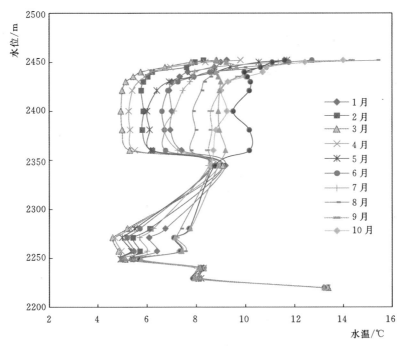

图 3.4-16　拉西瓦水库 2015 年各月水库水温垂向分布图

3.4.5　拉西瓦水库运行初期实测水温与预测水温对比分析

结合拉西瓦水库运行初期实测水温资料，并与设计阶段预测值进行分析对比可知，估算法和数值分析法预测的年平均水温分布反分析图基本一致，与实测水温相比，数值分析法线型与之大体一致，但仍稍有一定差异。表 3.4-4 为拉西瓦水库水温理论计算成果与运行期实测水温对比表。图 3.4-17 为拉西瓦水库运行初期各月平均水温分布反分析图。图 3.4-18 为拉西瓦水库年平均实测水温分布与理论计算对比图。

表 3.4-4　　　　　拉西瓦水库水温理论计算成果与运行期实测水温对比表

项　　目	估算法	数值分析法	运行期实测
地温	10.4℃	10.4℃	10～12℃（2017 年）
库底高程 2210～2250m（库底堆渣高程以下）	5～10.4℃，层状分布，不受气温影响	5～10.4℃，层状分布，不受气温影响	5～13.3℃，层状分布，不受气温影响
高程 2250～2350m（电站取水口以下）	4～6℃，弱分层，受气温影响小	5℃，弱分层，受气温影响小	5～9℃，弱分层，受气温影响小
高程 2350～2450m（电站取水口以上）	4～17.7℃	4～17℃	5～10℃，受气温影响大，水温不分层，不随水深变化，高程上呈垂线分布
库表 2452.0m 水温	4.3～18.4℃，受气温影响最大	4～18℃，受气温影响最大	8～15℃，受气温影响最大

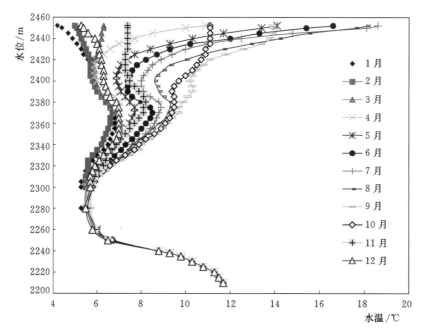

图 3.4-17　拉西瓦水库运行初期各月平均水温分布反分析图（2013 年数值预测）

（1）受库底水温和堆渣的影响，高程 2250m 以下库底实测水温在 5～13.3℃之间直线变化，而估算法与数值分析法预测的库底水温均在 5～10.4℃变化，分布规律基本相同，不受气温变化影响，呈层状分布，仅堆渣体底部实测温度目前仍较高为 13.3℃。分析原

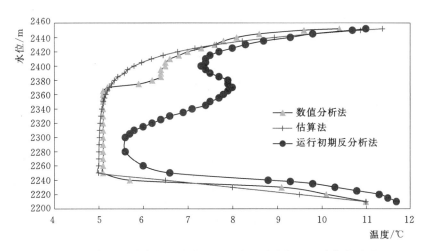

图 3.4-18　拉西瓦水库年平均实测垂向水温分布与理论计算成果对比图

因主要是蓄水历时较短，从图 3.4-12 高程 2249m 典型点温度过程线的发展趋势可知，温度仍在缓慢下降，预计最终温度为 10~11℃，与设计预测温度基本一致。

（2）两种方法预测的低温水层范围均在电站取水口以下高程 2250~2350m，与实测水温分布基本相同，此部分水体水温受气温影响较小，但水温随时间变化仍呈简谐变化，水库水温呈弱分层。但是设计预测库底水温为 4~6℃，而实测水温在 5~9℃。设计预测的库底低温水为 5℃，与实测水温基本一致。

（3）高程 2350m 以上水温受气温影响较大，距离库表越近，水温变幅越大。与实测水温成果相比，在高程 2350~2450m 范围，设计预测水温误差较大。分析原因是两种方法计算的水库水温均是按照高坝大库计算水库水温，即按照分层型水库计算公式来计算的，而拉西瓦水库虽然属于过渡型水库，但是水库水温分布系数为 19.26，基本接近于混合型水库的下限值，因此在拉西瓦水库电站取水口 2350m 以上，虽然水深达 102m，但这部分水库水温基本属于混合型水库水温分布，即水库水温沿高程上近乎均匀分布，即垂线分布，入库水温等于来水温度，因此设计预测误差较大。

综上所述，总体而言，从水库水温年平均值来看，采用估算法和数值分析法预测的水库水温分布基本合理，较实测值偏低。作为计算稳定温度场的边界条件时，偏于安全。

3.4.6　小结

（1）一般年调节或多年调节水库，由于坝高库大，如果坝前不存在浑水异重流，无论高寒地区，还是南方温和地区，不容置疑，其水库水温一定是稳定分层型。如黄河上游的龙羊峡水库，其水库水温分布系数为 0.7，水库水温分布为稳定分层型，库底存在稳定低温水层，库底水温近乎垂线分布。

（2）对于黄河上游的周调节或日调节水库，如李家峡水库、拉西瓦水库水温分布系数分别为 13.2 和 19.26，基本在 10~20 之间，为过渡型水库。由于洪水流量较小，一年之中仅泄洪 1~2 次，坝前不存在浑水异重流，对库底水温影响较小，入库流量小时，其电站进水口或泄洪底孔底板以下范围水库水温分布基本成弱分层分布，库底水温近乎斜线分布。

（3）水库水温计算方法。稳定分层型水库水温的变化规律比较复杂，不仅与当地气候条件有关，与河道来水水温、流量、来沙、库容、水库运行方式、泄洪引水建筑物进水口布置等都有关系，计算较为复杂，必须结合同一条河流水库实测水温资料进行类比分析，以便确定水库水温计算常数。目前国内有两种计算方法，一种是朱伯芳院士提出的水库水温估算法；另一种是一维数值分析法。

估算法比较简单，但它的难点就在于库底水温、库表水温、库表水温年变幅、相位差、恒温层顶部高程等常数较难确定。尤其是库底水温应结合同一条河流上的实测水温资料进行类比分析，库表水温年变幅与上游来水温度关系密切。对于初步设计阶段，可根据初步确定的水库水温常数采用估算的方法进行，对于可行性研究阶段，宜采用数值分析法进行库水温计算。

（4）结合龙羊峡、拉西瓦、李家峡水库运行期水温实测资料，对黄河上游高寒地区高坝水库水温计算常数及水温分布特性归纳总结如下：

1）地温：库底实测地温与该地区多年平均统计地温较接近。龙羊峡、李家峡坝址区气象统计地温均约 $10℃$、龙羊峡、李家峡实测库底地温基本稳定在 $10～11℃$，拉西瓦水库蓄水历时较短，目前为 $10～12℃$。

2）库表水温：库表年平均水温均为 $10～11℃$，库表水温年变幅为 $3～4℃$，较估算值偏小。分析其与上游河道来水温度有关，因为龙羊峡水库的调蓄作用，下泄水温较低的缘故；同时受气温的影响，库表水温变幅最大，随着水深的增加，水温变幅逐渐减小。实测资料表明，每年 3 月库水温度最低，10 月库水温度最高，较气温变化滞后 $2～3$ 个月。

3）库底水温：库底年平均水温与坝址区的纬度及多年平均气温有一定的相关性。龙羊峡、拉西瓦、李家峡地区多年平均气温分别为 $5.8℃$、$7.2℃$、$7.7℃$。该地区纬度为北纬 $36°～37°$，根据纬度估算库底水温应在 $6～7℃$，而龙羊峡库底实测水温为 $4～6℃$，拉西瓦实测库底水温为 $5～6℃$；李家峡水库受坝前堆渣影响较大（弃渣高度 60m），库底实测水温略高，为 $8～9℃$。综上所述，黄河上游上的高坝大库，根据其纬度和多年平均气温，若坝前无弃渣和异重流的影响，预测其库底水温基本为 $4～8℃$。

4）变温层的底部高程：根据李家峡、拉西瓦水库实测资料分析可知，当泄引水建筑物进口高程较低，在泄引水建筑物的干扰下，则变温层底部高程自进水口向下延伸 $0～20m$，如李家峡水电站泄洪中孔高程 2120m，水库变温层的底部在高程 2100m 附近，拉西瓦电站进口底板高程为 2350m、2380m、2400m，水库变温层底部高程 2350m。

5）库底堆渣及过渡层水温分布和范围：根据实测资料，受地温影响，库底堆渣部分的水温一般同地温，自堆渣高程向上 $10～15m$ 范围为过渡层，这部分水温在地温和水温之间呈直线变化。

（5）采用估算法和数值分析法对拉西瓦水库水温进行了预测分析，并结合水库初期实测水温对运行期水温进行了反分析。计算结果表明：两种理论计算预测的年平均水温分布图基本一致，差异不大。但是与实测水温相比，数值分析法线型与之大体一致，但是仍有一定差异。具体结论如下：

1）受库底堆渣高程的影响，高程 2250m 以下自下而上水温在 $5～11.8℃$ 直线变化，反分析结果较设计预测值高 0.5~1.0℃。

2）设计预测的低温水层范围在高程 2250~2350m，库底水温为 4~6℃，水温变幅为 1℃；但是受电站取水口取水的影响，反分析的库底水温为 5~9℃，水温变幅为 2℃。

3）由于电站进水口取水的影响，高程 2330~2350m 范围的水温受到一定扰动，年平均水温为 5.8~7.5℃，但年内变幅在 1℃左右；与实测水温反分析成果相比，同一高程设计预测年平均水温比实测值低 1~2.8℃。

4）高程 2350m 以上水温受气温影响较大，距离库表越近，水温变幅越大。与实测水温反分析成果相比，在高程 2350~2400m 范围，设计预测水温误差较大。拉西瓦水电站取水口高程分别为 2350m、2380m、2400m，由于电站取水口取水的影响，水温受到一定扰动而有所升高；高程 2400m 以上设计水温预测值与实测水温反分析值误差渐渐缩小。

总体来说，设计预测的水库水温分布相对合理，较实测水温值偏低，偏于安全。由于拉西瓦水库蓄水历时较短，还需要继续加强监测，进一步分析论证。

3.5 高寒地区高拱坝准稳定温度场及封拱温度研究

当电站建成蓄水后，大坝混凝土内部水化热基本散去后，坝体混凝土内部温度完全取决于边界温度。由于拱坝的断面较之重力坝要薄很多，因此在运行期，除了大坝底部核心部位温度受气温影响较小外，拱坝基本上受准稳定温度场控制。即坝体混凝土长期在上游库水温度、外界气温、下游尾水温度、地温等的影响下做周期性简谐变化。下面主要以拉西瓦拱坝为依托，研究高寒地区高拱坝准稳定温度场及封拱温度。

拉西瓦水电站拦河大坝为对数螺旋线型双曲薄拱坝，最大坝高 250m，拱冠最大底宽 49m，拱端最宽处约 55m，坝顶宽度为 10m。根据拱坝标准剖面体型，坝体上部 2350m 以上，坝体厚度小于 20m，坝内温度受水温、外界气温变化影响较大，坝体温度随外界气温变化呈周期性简谐变化，即为准稳定温度场。对大坝 2430m 以下及基础部位而言，由于受到比较稳定的上游库底水温、多年平均气温、下游水温、地温等的作用，呈现比较稳定的温度场。

3.5.1 边界温度的确定

（1）库水温度。采用数值分析法的水库水温计算结果，稳定温度场按照多年平均水温进行计算，准稳定温度场取多年各月平均水温。

（2）上游坝面水上部分及下游坝面温度。稳定温度场计算时上游坝面水上部分及下游坝面温度为多年平均气温＋太阳辐射热，准稳定温度场采用多年各月平均气温＋太阳辐射热。太阳辐射热的计算按照《水利工程施工技术》（武汉大学）一书中关于太阳辐射热的计算公式：

$$\Delta T = \frac{R}{\alpha}\left[1 - \sqrt{\frac{\lambda^2}{\alpha^2 at}}\right]$$

其中
$$R = \mu S \cos\theta$$

式中：ΔT 为太阳辐射热，℃；R 为坝面吸收系数；a 为表面辐射系数，$a = 34 \times 4.186 =$

142.3[kJ/(m² · h · ℃)];λ 为导热系数,λ＝8.186kJ/(m · h · ℃);α 为导温系数,α＝0.00357m²/h;t 为年平均日照时间,t＝2884÷365＝7.9(h);μ 为坝面吸收系数,μ＝0.2;S 为太阳辐射热常数,S＝1100×4.186＝4604.6[kJ/(m² · h)];θ 为坝址纬度。

该工程坝轴线走向近南北,坝址纬度为 37°,经分析计算拉西瓦地区太阳辐射热升温约 3.39℃。考虑拉西瓦大坝两岸山坡高陡,坝顶距山顶高差约 400～600m,而且坝轴线走向近乎南北,因此坝面实际照射时间小于气象站观测时间,实际照射时间按 4h 考虑,经计算拉西瓦下游坝面太阳辐射热为 2.68℃。

关于太阳辐射热的计算,也可根据朱伯芳院士的《大体积混凝土温度应力与温度控制》一书中的坝面太阳辐射热查图法进行。即按照坝面法线与指北线的夹角和下游坝坡与铅直线的夹角,按照《大体积混凝土温度应力与温度控制》中的图 2-9-1 查知。拉西瓦上游坝面法线与指北线的夹角为 93°,下游坝面法线与指北线的夹角为 87°,下游坝坡与铅直线的夹角平均为 8～10℃,经查图可知,拉西瓦下游坝面太阳辐射热为 3.8℃。考虑拉西瓦大坝两岸山坡高陡,坝顶距山顶高差一般为 400～600m,而且坝轴线走向近乎南北,考虑实际地形系数,实际太阳辐射热 $\Delta T＝3.8×108/180＝2.28$(℃)。

上述两种方法计算结果基本接近。下游坝面温度为多年（月）平均气温＋太阳辐射热。实际计算时 ΔT 取 3.0℃。

(3) 坝下游尾水温度。坝下游正常尾水位为下游消力塘二道坝顶高程 2243.5m,基础高程为 2210m。下游水深 33.5m,认为水温沿高程不变,以龙羊峡水库蓄水后的贵德县水文站实测年（或月）平均水温作为稳定及准稳定温度场计算的尾水温度。

(4) 地温。根据贵德县水文气象站地温实测资料以及龙羊峡、李家峡多年实测地温资料分析,取坝基多年平均地温为 10.4℃。

3.5.2 拱坝准稳定温度场计算

选取 12 号拱冠坝段作为计算坝段,采用三维有限元程序分别计算运行期坝体各月混凝土准稳定温度场,同时为了比较,又以 16 号陡坡坝段为模型,计算了陡坡坝段年平均气温下的准稳定温度场。

对于拱冠坝段,计算中考虑了两种计算工况:①考虑深孔上游检修闸门及下游工作闸门关闭,孔口内为空气;②考虑上游检修闸门开启,下游工作闸门关闭,孔口内为上游库水。

为了全面描述孔口坝段三维准稳定温度场的计算结果,选取顺河向的两个剖面绘出各月准稳定温度分布图。剖面 1—1 为非孔口剖面,剖面 2—2 为孔口中心剖面。计算成果见图 3.5-1～图 3.5-13。边坡坝段年平均气温下的准稳定温度场见图 3.5-14。计算结果表明:

(1) 从各月混凝土准稳定温度场分布图（图 3.5-2～图 3.5-13）可以看出,随着外界气温的变化,大坝 2380m 以下仅下游面 5～7m 范围混凝土温度受外界气温的影响变化较大,大坝内部混凝土温度受外界气温影响变化不大;高程 2380m 以上混凝土温度随外界气温变化而变化。

(2) 基础约束区混凝土平均稳定温度为 9℃,脱离约束区混凝土温度在 5～10℃ 范围内变化。

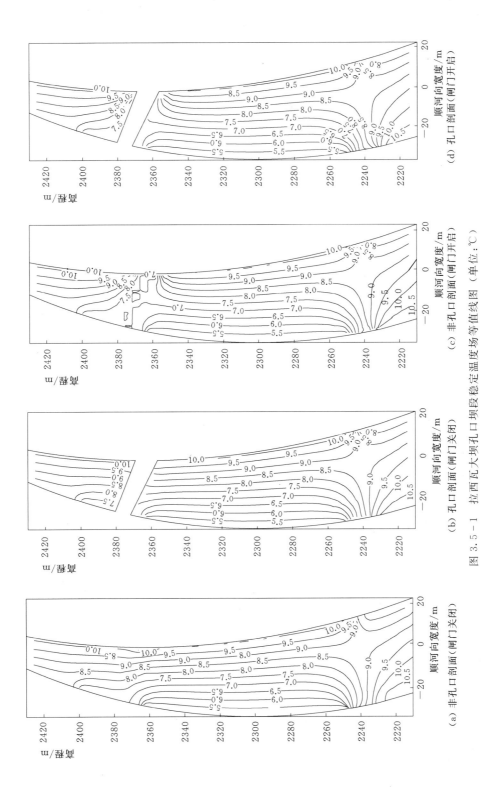

图 3.5-1　拉西瓦大坝孔口坝段稳定温度场等值线图（单位：℃）

(a) 非孔口剖面（闸门关闭）　(b) 孔口剖面（闸门关闭）　(c) 非孔口剖面（闸门开启）　(d) 孔口剖面（闸门开启）

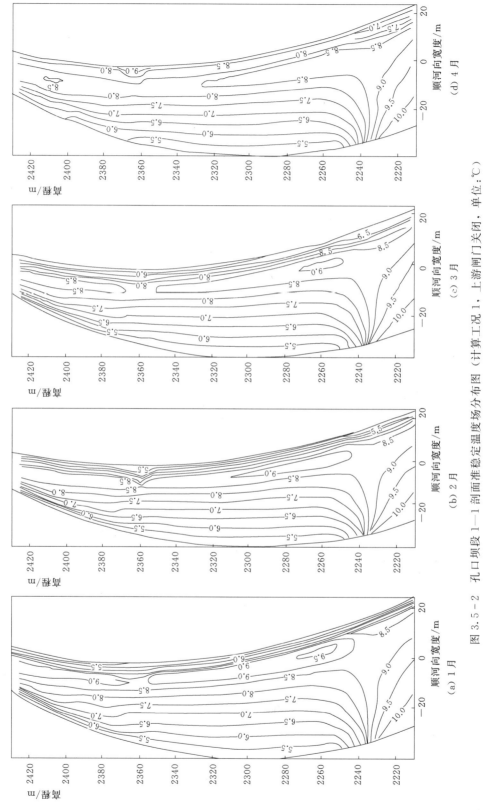

图 3.5 - 2 孔口坝段 1—1 剖面准稳定温度场分布图（计算工况 1，上游闸门关闭，单位：℃）

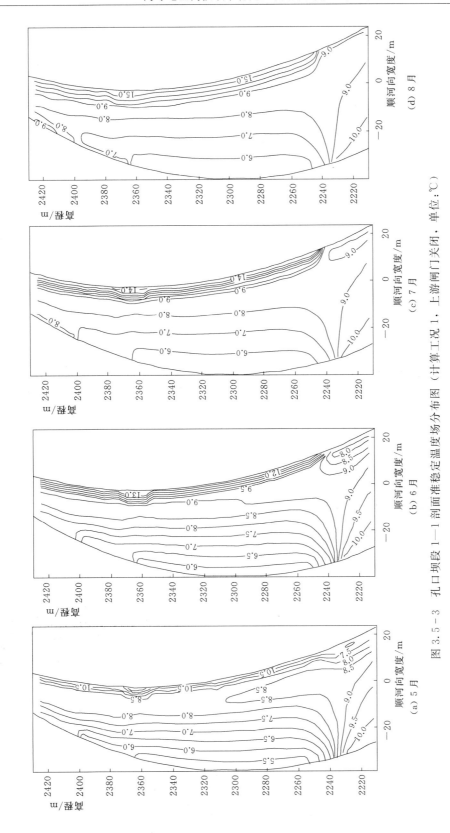

图 3.5-3 孔口坝段 1—1 剖面准稳定温度场分布图（计算工况 1，上游闸门关闭，单位：℃）

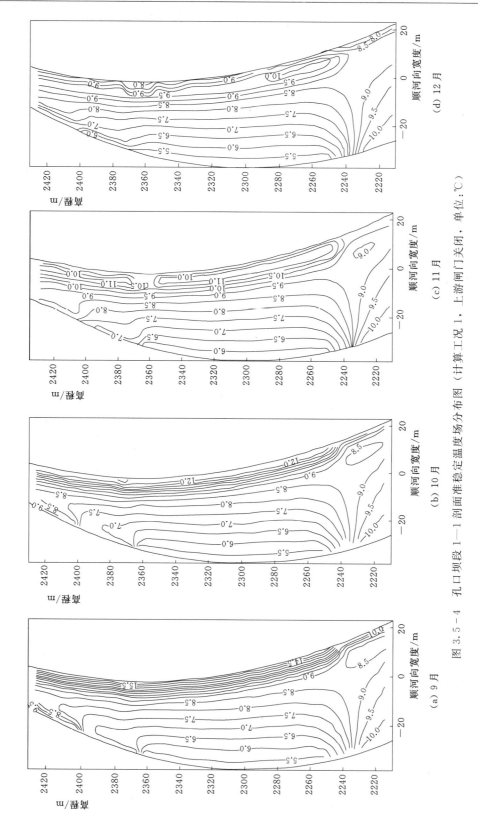

图 3.5－4　孔口坝段 1—1 剖面准稳定温度场分布图（计算工况 1，上游闸门关闭，单位：℃）

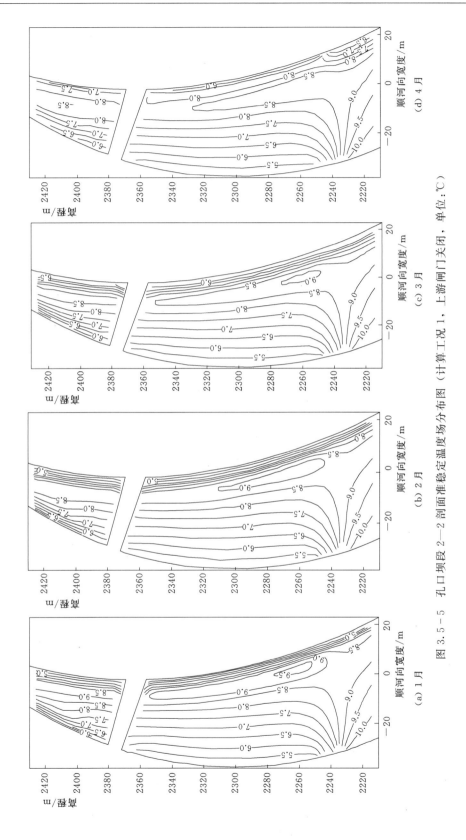

图 3.5-5 孔口坝段 2—2 剖面准稳定温度场分布图（计算工况 1，上游闸门关闭，单位：℃）

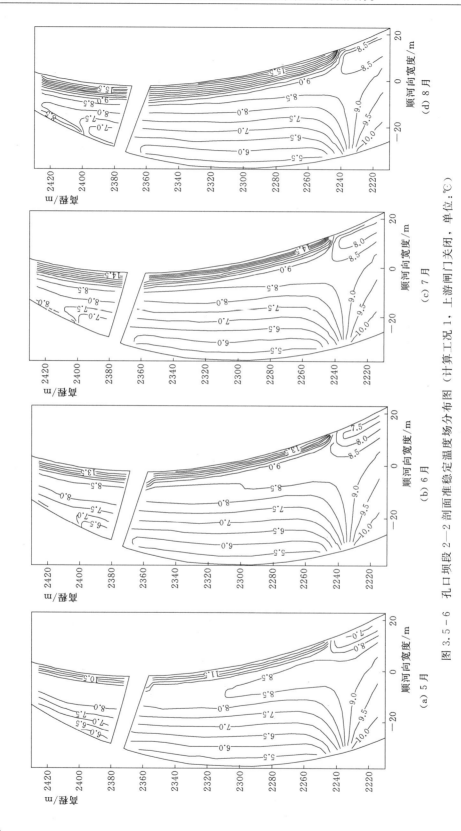

图 3.5-6　孔口坝段 2—2 剖面准稳定温度场分布图（计算工况 1，上游闸门关闭，单位：℃）

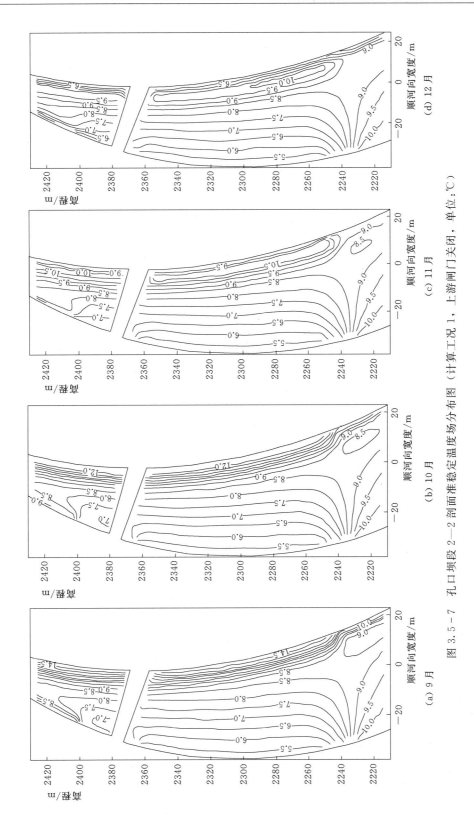

图 3.5-7 孔口坝段 2—2 剖面准稳定温度场分布图（计算工况 1，上游闸门关闭，单位：℃）

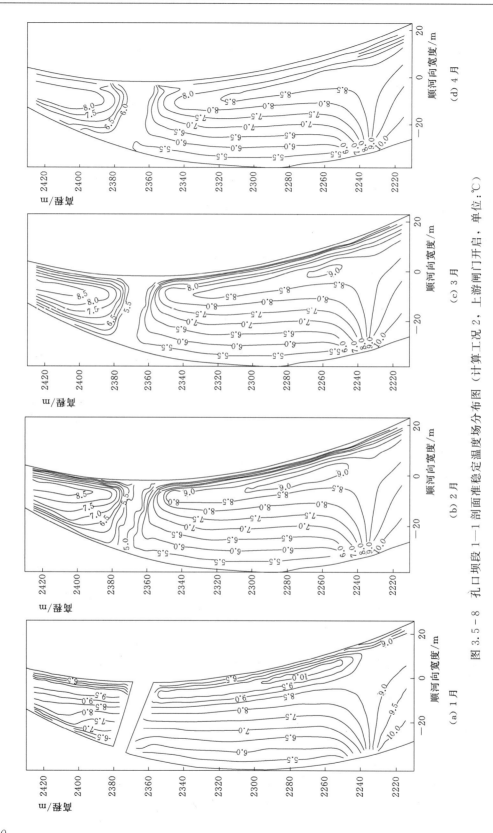

图 3.5-8　孔口坝段 1—1 剖面准稳定温度场分布图（计算工况 2，上游闸门开启，单位：℃）

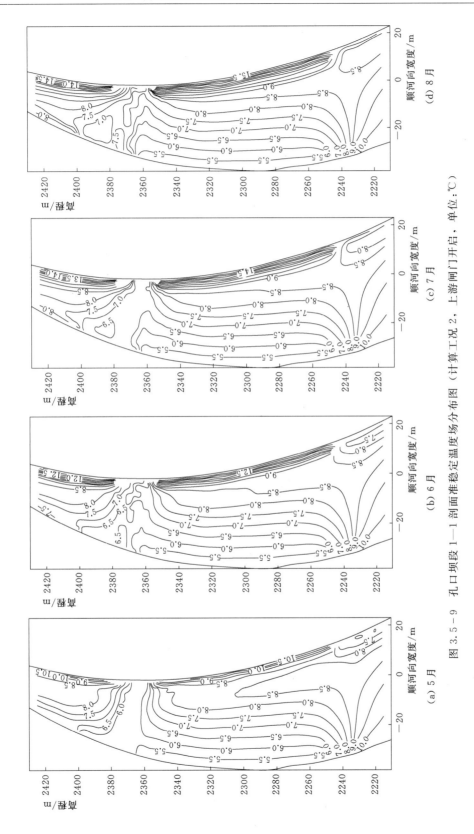

图 3.5-9 孔口坝段 1—1 剖面准稳定温度场分布图（计算工况 2，上游闸门开启，单位：℃）

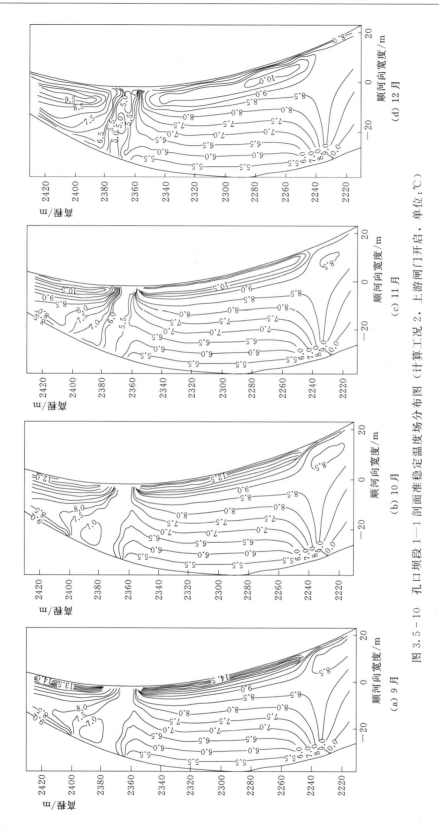

图 3.5-10　孔口坝段 1—1 剖面准稳定温度场分布图（计算工况 2，上游闸门开启，单位：℃）

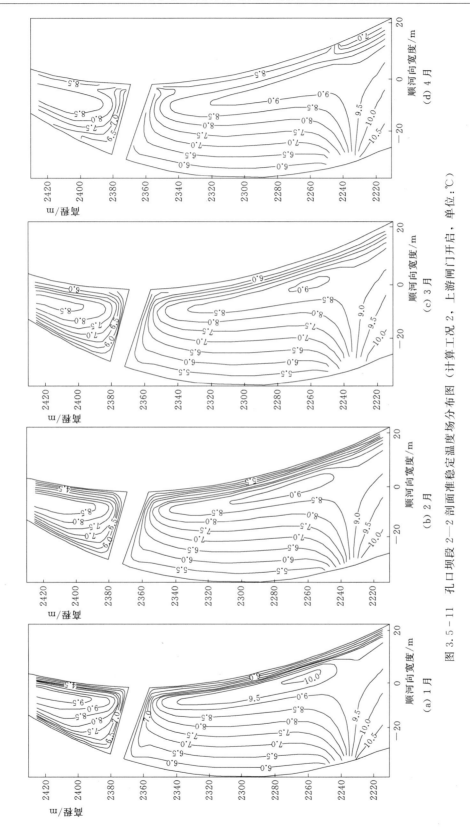

图 3.5-11 孔口坝段 2—2 剖面准稳定温度场分布图（计算工况 2，上游闸门开启，单位：℃）

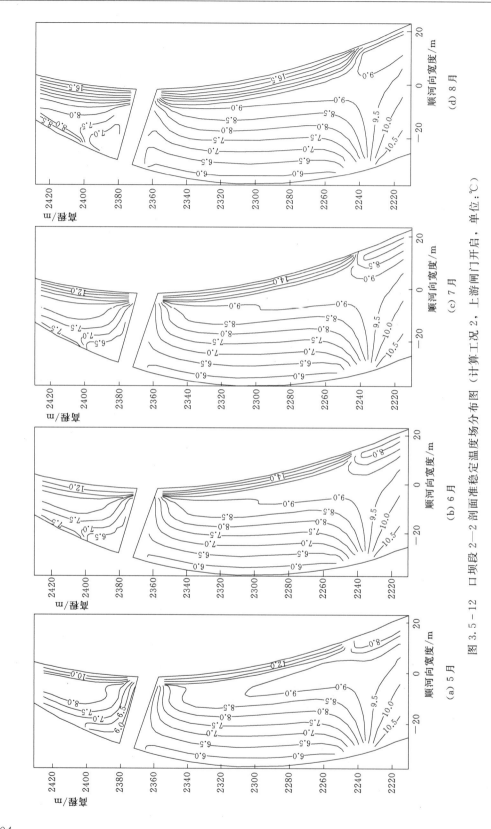

图 3.5-12　口坝段 2—2 剖面准稳定温度场分布图（计算工况 2，上游闸门开启，单位：℃）

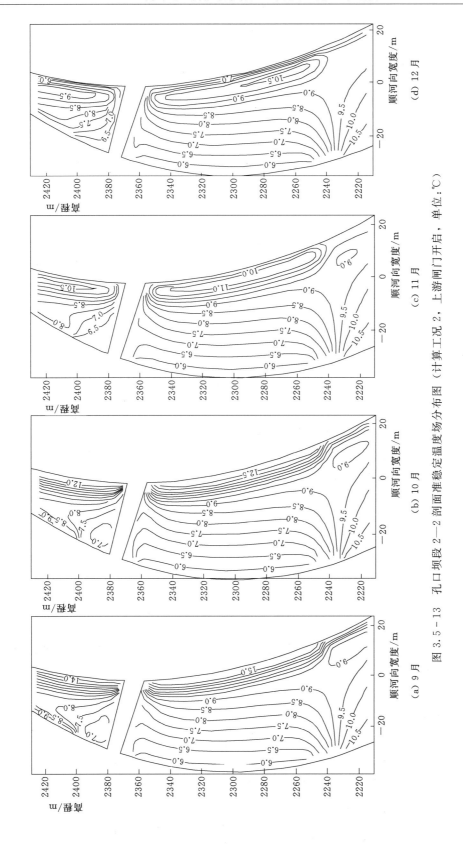

图 3.5 - 13 孔口坝段 2—2 剖面准稳定温度场分布图（计算工况 2，上游闸门开启，单位：℃）

图 3.5-14　16 号边坡坝段准稳定温度场分布图（年平均气温）

（3）由边坡坝段年平均气温下的稳定温度场可知，由于受地温的影响，其基础约束区 0～30m 范围平均稳定温度为 9℃，脱离约束区旗准稳定温度在 5～10℃ 范围内变化，与拱冠坝段基本相同。

3.5.3　封拱温度的确定

3.5.3.1　封拱温度确定的基本原则

温度荷载是拱坝设计的主要荷载，它是由拱坝运行期的准稳定温度场与封拱温度的差值所决定，不同的封拱温度方案，其温度荷载是有差异的，这种差异对坝体的应力将产生一定的影响。封拱温度将作为计算的基准，当坝体温度低于封拱温度，即产生温降荷载，坝体温度大于封拱温度，即产生温升荷载。一般情况下，温降对坝体拉应力不利，温升将使拱端推力加大，对坝肩稳定不利。合理地选择封拱温度，有利于改善坝体的应力及坝肩稳定。封拱温度的选择应遵循以下原则：

（1）根据拱坝结构要求选择封拱温度。拱坝封拱温度的拟定以坝体准稳定温度场为基础，通过计算最大温降荷载和温升荷载工况的坝体应力，为满足规范要求的应力标准条件下，进一步调整拱坝体型和封拱温度，达到改善坝体结构应力的目的。

（2）根据温度控制选择封拱温度。在坝体混凝土温度降至设计封拱温度过程中将产生较大的温度应力，必须加强混凝土最高温度控制，在满足坝体应力的前提下，可适当提高封拱温度，降低温控难度，对施工期温控防裂有利。

（3）根据施工水平选择封拱温度和封拱方法。封拱温度选择应和冷却系统制冷能力和施工控制水平相匹配，尽量减少施工难度。

综上所述，封拱温度低，有利于降低拱坝上游面拉应力。因此一般拱坝选择平均准稳定温度或者略低于准稳定温度封拱，这样既有利于改善坝体应力，又不会增加温控难度。由于南方温和地区，拱坝准稳定温度较高（为12~16℃），一般选择低于准稳定温度封拱，即低温封拱，可以改善坝体拉应力；而对于高寒地区的黄河上游工程拱坝，由于拱坝准稳定温度较低，一般为6~10℃，而人工制冷水温度最低约为2℃，进坝水温为4℃，温差较小，很难将坝体温度降到更低，因此黄河上游地区均采用平均准稳定温度封拱。

3.5.3.2 拉西瓦拱坝封拱温度的确定

根据上述封拱温度确定原则，结合拉西瓦拱坝准稳定温度场计算成果，考虑拉西瓦大坝运行期高程2380m以下内部温度随外界气温变化不大，因此封拱温度采用多年平均气温下的平均稳定温度，高程2380m以上范围，运行期混凝土温度随外界气温变化较大，其封拱灌浆温度采用1月最低气温下的准稳定温度场平均温度。拉西瓦拱坝不同高程封拱温度控制标准值详见表3.5-1。

表3.5-1 拉西瓦拱坝不同高程封拱温度控制标准值

高程/m	2460.0~2376.5	2241.5~2376.5	2233.5~2241.5	2233.0~2210.0
封拱温度/℃	7.2	7.5	8.5	9

考虑边坡坝段准稳定温度场在基础20~30m范围受地温影响，稳定温度较高（约9℃），因此相应抬高了边坡坝段基础约束区灌区的灌浆温度，以减小边坡坝段温度控制难度，确定的拉西瓦拱坝不同高程准稳定温度见表3.5-1，各坝段各灌区封拱温度示意图见图3.5-15。

3.5.4 拱坝准稳定温度场计算原则

大坝稳定温度场或准稳定温度场的计算，可采用二维或三维有限元法进行。对于实体坝段，完全可按平面问题采用二维有限元法进行计算，孔口坝段则须采用三维有限元法进行计算。大坝运行期准稳定温度场的准确计算，关键在于其边界条件的正确假定和边界温度的选取。

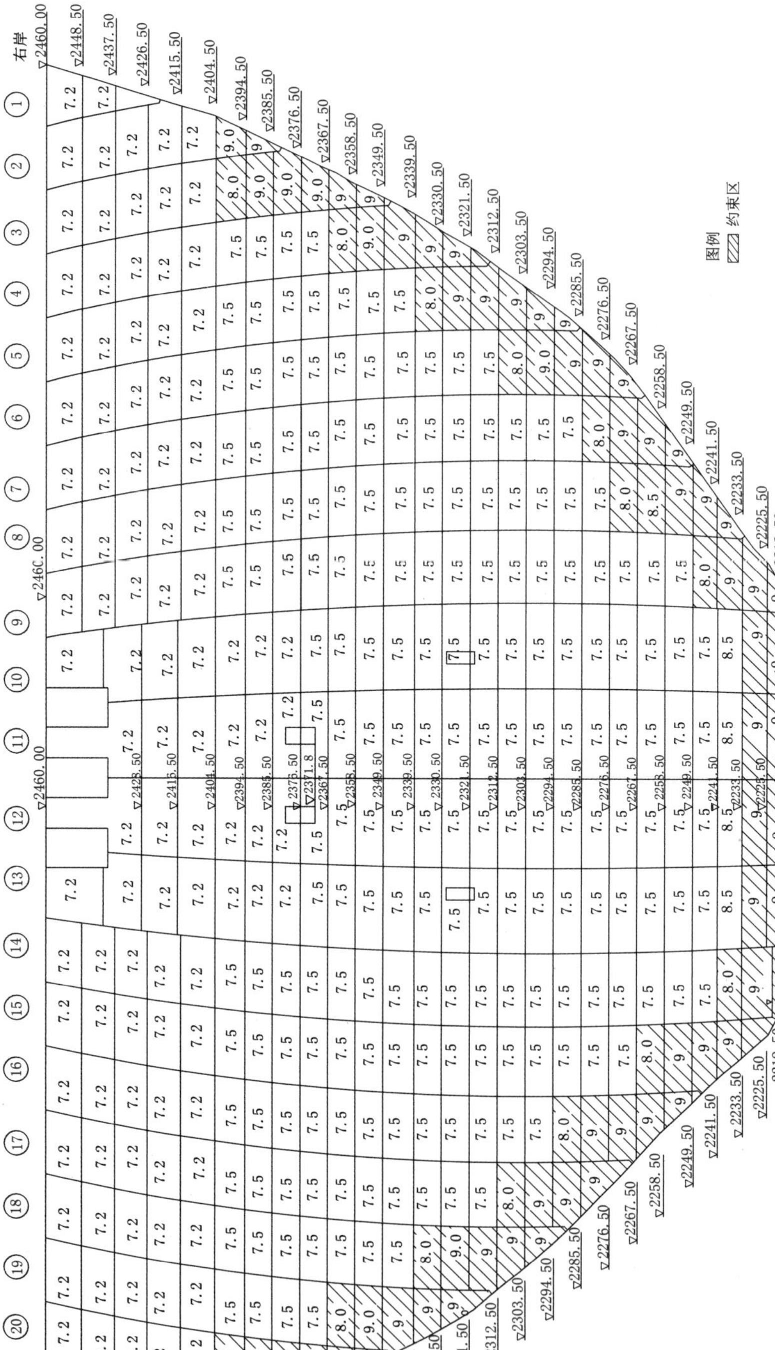

图 3.5-15　拉西瓦拱坝各坝段各灌区封拱温度示意图（单位：高程为 m，温度为℃）

3.5.4.1 边界条件的假定

计算时地基部分的边界按绝热边界条件处理；坝体与水接触的边界按第一类边界条件，正常运行期库水温度为时间和空间的函数；坝体上下游面与空气接触的边界为第三类边界条件；坝后有背管时，背管内水温可取进水口中心高程的水温。边界温度选取原则如下：

（1）上游库水温度：预可行性研究设计阶段可采用估算法，可行性研究设计阶段宜采用数值分析法计算更为准确。

（2）上游面水上部分及下游面：多年各月平均气温+太阳辐射热；各地区的太阳辐射热与该地区纬度、大坝日照时间有关，黄河上游高寒地区纬度为 $36° \sim 37°$，其太阳辐射热温升约为 $3.5 \sim 4.0℃$，考虑岸坡高陡、河谷狭窄、日照时间等的影响，一般宜取 $3℃$。

（3）下游水温：由于下游水深较小，一般按照由上至下采用月平均水温与地温之间直线变化。

（4）地温：采用当地多年平均地温。

（5）背管内温度：背管内水温可取进水口中心高程的库水温度。

3.5.4.2 高寒地区高拱坝准稳定温度场计算成果

根据朱伯芳院士的《大体积混凝土温度应力及温度控制》一书中所述"外界气温年变化和水温年变化对运行期大坝混凝土温度的最大影响深度 15.75m"。因此对于坝体厚度大于 30m 时，即可计算多年平均气温和水温下的稳定温度场，采用平均稳定温度进行封拱灌浆，当坝体厚度小于 30m 时，宜计算准稳定温度场，采用较低的准稳定温度进行封拱灌浆。

根据拉西瓦拱坝运行期稳定温度场计算成果可知：

（1）基础约束区混凝土稳定温度基本稳定在 9℃，脱离约束区混凝土准稳定温度为 $5 \sim 10℃$；从各月混凝土准稳定温度场分布图（图 3.5 - 3 ~ 图 3.5 - 5）可以看出，随着外界气温的变化，大坝 2380m 以下仅下游面 $5 \sim 7m$ 范围混凝土温度受外界气温的影响变化较大，大坝内部混凝土温度受外界气温影响变化不大；高程 2380m 以上混凝土温度随外界气温变化而变化。

（2）为了降低拱坝拉应力，一般工程采用选择年平均稳定温度或略低于稳定温度进行封拱。但黄河上游地区处于高原寒冷地区，混凝土稳定温度本身较低，一般为 $6 \sim 10℃$，而人工制冷水温最低约为 2℃，进坝水温为 4℃，温差较小，很难将坝体温度降到更低，因此黄河上游地区均采用平均稳定温度封拱。

（3）封拱温度的确定：考虑大坝 2380m 以下内部混凝土温度受外界气温影响变化不大，因此其封拱温度按年平均稳定温度封拱；高程 2380m 以上混凝土温度受外界气温影响变化较大，因此其封拱温度按 1 月最低气温下的准稳定温度封拱。

第4章　高寒地区高拱坝施工期温度应力及温控措施研究

本章主要以拉西瓦拱坝工程为依托，对高寒地区高拱坝典型河床坝段、陡坡坝段、孔口坝段混凝土施工期温度应力进行全过程仿真计算研究，并对影响混凝土温度应力的主要温控措施进行了敏感性分析，结合高寒地区气候特点，对高寒地区混凝土冬季施工方法选择、混凝土早期受冻损害机理及其允许受冻强度、混凝土表面温度应力计算、混凝土保温标准选择及其保温措施等进行了全面系统的理论计算和研究，提出了一整套符合高寒地区高拱坝工程实际的温控防裂措施，为高寒地区高拱坝混凝土温度控制设计提供了有力的技术支撑。

4.1　基　本　资　料

4.1.1　气象资料

（1）应根据坝址区气象站的实测资料，确定多年平均气温及年内变幅、多年月平均或旬平均气温、多年极端气温、多年日平均气温及日变幅、气温骤降的降幅和历时及频率、日照影响。坝址区无气象站或气象站的实测资料系列较短时，可收集坝址区周边的气象站实测资料，并考虑坝址区与气象站的纬度、经度、高程等差别进行修正。

（2）应根据坝址区水文站实测的天然河水水温资料，确定多年平均河水水温和多年月平均河水水温；坝址区无水文站时，宜在坝址区设简易观测点获取河水水温资料，或收集坝址所在河流上下游水文站及梯级水库的实测资料和区间支流资料修正后采用。并应收集类似工程水库水温等资料进行类比。

（3）应根据坝址区气象站实测资料，确定多年平均地温或多年月平均地温。坝址区无实测地温资料时，可收集周边气象站实测资料分析采用。

拉西瓦水电站工程地处青海高原寒冷地区，坝址区多年平均气温为 7.2℃，7 月平均气温最高，为 18.3℃，1 月平均气温最低，为 -6.4℃。坝址区气候具有年平均气温低、气温年变幅大（12.5℃）、日温差大（大于 15℃ 的天数为 190d）、气温骤降频繁（年均 10次）、年冻融循环次数高达 117 次、冬季施工期长、太阳辐射热强、气候干燥等特点，对混凝土表面保温防裂极为不利，混凝土表面保护标准要求高，保温难度较大。拉西瓦水电站气象资料采用坝址下游 6km 的贵德县气象站 1961—2001 年 40 年实测统计资料。

4.1.2　拱坝温控计算基本参数的选取

4.1.2.1　基岩参数

（1）温度控制设计所需的基岩参数应包括弹性模量、容重、比热、导热、泊松比。

（2）基岩弹性模量、容重等参数宜采用试验值，并考虑地基固结灌浆的影响。

（3）比热、导热、泊松比等参数无试验资料时，应参考类似工程资料分析确定。

4.1.2.2 混凝土性能参数

（1）温度控制设计所需的混凝土性能参数应包括力学、变形和热学参数。力学参数应主要包括抗压强度、抗拉强度、弹性模量、泊松比、容重；变形参数应主要包括极限拉伸值、自生体积变形、干缩、徐变；热学参数应主要包括绝热温升、比热、导热、导温系数、线膨胀系数。

（2）混凝土性能参数宜通过试验确定。

（3）宜将混凝土弹性模量、绝热温升、极限拉伸值、自生体积变形的试验值拟合为与龄期的关系式。

（4）宜将混凝土徐变试验值拟合为与加荷龄期及荷载持续时间的关系式。

（5）无试验值时，混凝土绝热温升、导热、比热、导温系数、线膨胀系数、泊松比、容重等混凝土性能参数估算可参考有关规定确定。

4.1.3 拉西瓦拱坝混凝土温控计算基本参数

拉西瓦大坝混凝土温控计算基本参数详见表 4.1-1。有关拉西瓦大坝混凝土原材料选择及配合比试验成果分析详见本书第 2 章有关章节。拉西瓦拱坝基本体型图和拱坝混凝土强度等级分区图详见图 4.1-1～图 4.1-2。

表 4.1-1　　　　　　　　　　拉西瓦大坝混凝土温控计算基本参数

混凝土强度等级	$C_{180}32W10F300$				$C_{180}25W10F300$				$C_{180}20W10F300$			
	7d	28d	90d	180d	7d	28d	90d	180d	7d	28d	90d	180d
抗压强度/MPa	23.2	39.4	55.1	58	19.8	33.9	45.7	51.1	17.3	30.8	33.8	39.0
轴拉强度/MPa	2.1	2.9	3.6	3.8	2.0	2.6	3.3	3.5	1.8	2.4	3.0	3.2
弹性模量/万 MPa	2.8	3.4	3.9	4.0	2.7	3.3	3.8	3.9	2.6	3.2	3.5	3.7
极限拉伸值（×10^{-4}）	0.86	1.00	1.07	1.10	0.80	0.96	1.04	1.06	0.77	0.92	1.02	1.04
绝热温升/℃	$\theta(\tau)=27.5\tau/(2.35+\tau)$				$\theta(\tau)=24\tau/(2.35+\tau)$							
导热系数/[kJ/(m·h·℃)]	8.186				8.186				8.186			
导温系数/(m²/h)	0.00357				0.00357				0.00357			
容重/(kg/m³)	2450											
比热/[kJ/(kg·℃)]	0.933				0.933				0.933			
线膨胀系数/(℃$^{-1}$)	$9.5×10^{-6}$				$9.5×10^{-6}$				$9.5×10^{-6}$			
热交换系数/[kJ/(m²·h·℃)]	83.72											
泊松比	0.19											
基岩弹性模量/MPa	$3.0×10^{4}$											

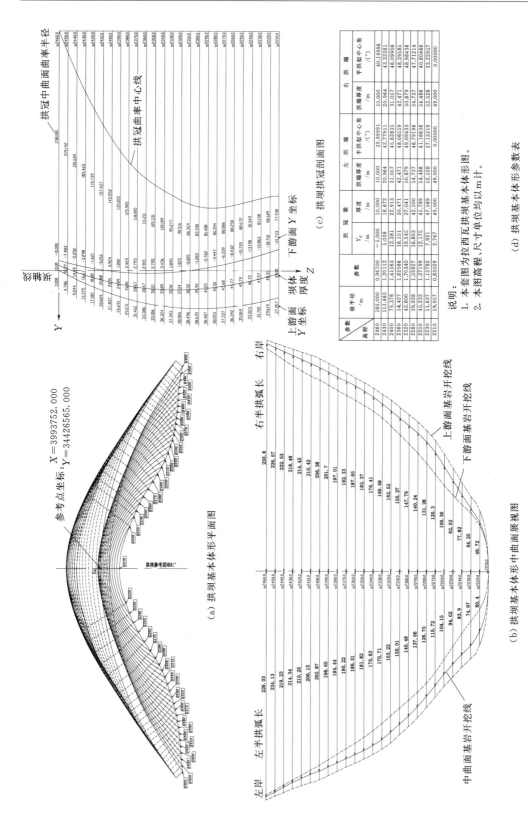

（a）拱坝基本体形平面图

（b）拱坝基本体形中曲面展视图

（c）拱冠拱冠剖面图

（d）拱坝基本体形参数表

说明：
1. 本套图为拉西瓦拱坝基本体形图。
2. 本图高程、尺寸单位均以 m 计。

图 4.1-1　拉西瓦拱坝基本体型图

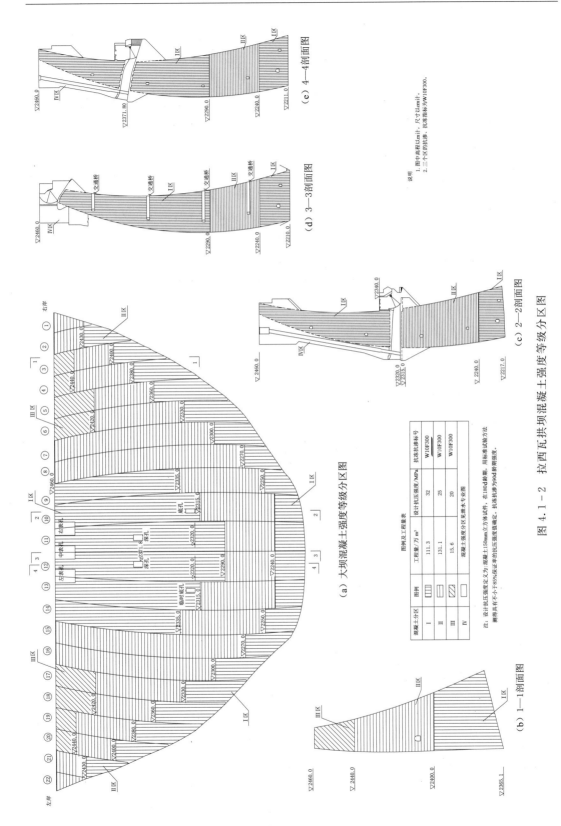

图 4.1-2 拉西瓦拱坝混凝土强度等级分区图

4.2　大坝混凝土温度控制标准

考虑高寒地区气候条件恶劣，坝高库大，对混凝土防裂要求更高，高拱坝混凝土温度控制标准一般应采用"双控"标准控制，即既要满足温差标准又要满足应力标准。

4.2.1　混凝土基础温差控制标准

《混凝土坝温度控制设计规范》（NB/T 35092—2017）规定，当常态混凝土 28d 龄期的极限拉伸值不低于 0.85×10^{-4}、混凝土所用骨料的线膨胀系数与 $1.0 \times 10^{-5}/℃$ 相差不大、施工质量良好、基岩弹性模量与混凝土弹性模量相近、浇筑块短间歇均匀上升时，常态混凝土基础容许温差可按表 4.2-1 的规定取值。

表 4.2-1　　　　　　　　　常态混凝土基础容许温差　　　　　　　　单位：℃

基础面以上高度 h	浇筑块长边长度				
	17m 以下	17～21m	21～30m	30～40m	＞40m
强约束区 0～0.2l	26～24	24～22	22～19	19～16	16～14
弱约束区 0.2l～0.4l	28～26	26～25	25～22	22～19	19～17

注　1. 表中 h 以坝段内最高建基面为起点计，l 为建基面的水平面投影最大边长。
　　2. 坝段内基础强约束区还应包括最高与最低建基面之间的混凝土。

考虑拉西瓦水电站地处高原寒冷地区，坝高库大，对混凝土防裂要求较高，必须严格进行混凝土温度控制。基础允许温差宜按照《混凝土坝温度控制设计规范》（NB/T 35092—2017）规定的下限控制，结合拉西瓦拱坝基础浇筑块尺寸，确定拉西瓦拱坝基础混凝土强约束区允许温差为 14℃，弱约束区混凝土允许温差为 17℃。

4.2.2　上下层温差

当下层混凝土龄期超过 28d 时，其上层混凝土浇筑时应控制上下层温差。《混凝土拱坝设计规范》（DL/T 5346—2006）规定：上下层温差系指在老混凝土面（龄期超过 28d）上下各 $l/4$ 范围内，上层混凝土最高平均温度与新混凝土开始浇筑时下层实际平均温度之差。上下层混凝土温差一般按 15～20℃ 控制。当浇筑块侧面长期暴露时，或下层混凝土高度 $h < 0.5l$ 或非连续上升时宜按下限 15℃ 从严控制。

4.2.3　坝体最高温度控制标准

根据实际工程经验，无论是冬春季新浇混凝土还是老混凝土，若不进行表面保温，其表面温度应力均较大，为防止混凝土表面裂缝，施工中必须控制混凝土内外温差，内外温差控制标准同上下层温差，一般控制在 15～17℃。但无论是基础温差或内外温差，由于在施工中均不便于控制，因此一般以混凝土最高温度作为控制标准，结合拉西瓦气候特点和基础允许温差控制标准、温控计算结果，其各坝段混凝土最高温度控制标准见表 4.2-2。

表 4.2 - 2　　　　　　　　大坝混凝土设计允许最高温度控制标准　　　　　　单位:℃

坝　段	区域	月　份			
		11月至次年3月	4月、10月	5月、9月	6—8月
10~13 号坝段	$0\sim0.2l$	23	23	23	23
	$0.2l\sim0.4l$	26	26	26	26
	$>0.4l$	26	28	30	32
14~19 号坝段 9~4 号坝段	$0\sim0.2l$	23	23	23	23
	$0.2l\sim0.4l$	25	25	25	25
	$>0.4l$	26	28	30	32
3 号、20 号坝段	$0\sim0.2l$	25	25	25	25
	$0.2l\sim0.4l$	26	27	27	27
	$>0.4l$	26	28	30	32
1~2 号坝段、 21~22 号坝	$0\sim0.2l$	26	26	26	26
	$0.2l\sim0.4l$	26	28	29	29
	$>0.4l$	26	28	30	32

4.2.4 混凝土允许抗裂应力控制标准

4.2.4.1　基础混凝土允许抗裂应力

《混凝土坝温度控制设计规范》（NB/T 35092—2017）规定，采用综合安全系数法时，施工期混凝土温度应力应满足下式要求：

$$\sigma\leqslant\varepsilon E/K_f$$

式中：σ 为不同区域的混凝土浇筑块最大温度应力或表层混凝土最大温度应力，MPa；ε 为混凝土极限拉伸值，由试验确定；E 为混凝土弹性模量，MPa，由试验确定；K_f 为综合安全系数，中、高坝宜采用 1.5~1.8，坝高大于 200m 的高坝宜采用 2.0。

拉西瓦拱坝最大坝高 250m，大于 200m，工程又地处高原寒冷地区，坝高库大，对混凝土表面防裂要求更高，必须高标准严要求，类比国内同规模工程，确定拉西瓦大坝混凝土允许抗裂安全系数 K_f 为 2.0，基础混凝土允许抗裂应力详见表 4.2 - 3。

表 4.2 - 3　　　　　　　　　　　基础混凝土允许抗裂应力

龄　期	7d	28d	90d	180d
混凝土弹性模量标准 E/GPa	28.1	34.1	38.7	40.0
极限拉伸值 ε_p（$\times10^{-4}$）	0.86	1.00	1.07	1.10
K_f	2.0	2.0	2.0	2.0
混凝土允许抗裂应力/MPa	1.2	1.7	2.1	2.2

4.2.4.2　表层混凝土允许抗裂应力控制标准

实践证明，大体积混凝土所产生的裂缝，绝大多数是表面裂缝，主要是由于混凝土表面应力大于混凝土自身抗裂强度而引起的。引起混凝土表面温度应力变化的主要因素有气温年变化、气温骤降、日温差等。《混凝土坝温度控制设计规范》（NB/T 35092—2017）

要求表层混凝土抗裂应力安全系数为 1.3～1.5。

考虑高寒地区气温年变幅大，日温差大，气温骤降频繁，气候条件恶劣，对混凝土表面抗裂要求高，其抗裂安全系数应相应提高。由于气温骤降和日温差作用时间较短，属于短龄期荷载，对于短龄期 7d 和 28d 混凝土，其表面抗裂安全系数宜取 1.65；而气温年变化作用时间较长，危害更大，因此对于长龄期的 90d 和 180d 的混凝土，其表面抗裂安全系数按 1.8 考虑。拉西瓦表层混凝土允许抗裂应力按轴拉强度法计算。施工期混凝土允许表面抗裂应力控制标准见表 4.2-4。

表 4.2-4　　　　　　　施工期混凝土允许表面抗裂应力控制标准

强度等级	龄期	7d	28d	90d	180d
C32	轴拉强度 R/MPa	2.1	2.9	3.6	3.8
	抗裂安全系数 K_f	1.65	1.65	1.8	1.8
	混凝土允许抗裂应力/MPa	1.27	1.76	2.00	2.11
C25	轴拉强度/MPa	2.00	2.60	3.30	3.50
	抗裂安全系数 K_f	1.65	1.65	1.80	1.80
	混凝土允许抗裂应力	1.21	1.58	1.83	1.94
C20	轴拉强度/MPa	1.80	2.40	3.00	3.20
	抗裂安全系数 K_f	1.65	1.65	1.80	1.80
	混凝土允许抗裂应力	1.09	1.45	1.67	1.78

4.3　混凝土出机口温度及浇筑温度计算分析

主要以拉西瓦大坝混凝土配合比和坝址区气象资料为基本资料，主要研究混凝土出机口温度、浇筑温度的计算。

4.3.1　基本计算公式

1. 混凝土出机口温度

根据热平衡原理，拌和机口混凝土的温度由下式计算：

$$T_0 = \frac{(0.2+q_s)W_s T_s + (0.2+q_g) + (0.2+q_g)W_g T_g + 0.2W_c T_c + (1-p)(W_w - q_s W_s - q_g W_g)T_w - 80p(W_w - q_s W_s - q_g W_g)}{0.2(W_s + W_g + W_c) + W_w}$$

式中：T_0 为混凝土出机口温度；q_s、q_g 为砂、石的含水率，%；W_s、W_g、W_c、W_w 为每方混凝土中的砂、石、胶材、水的质量，kg；T_s、T_g、T_c、T_w 为砂、石、胶材、水的温度；p 为实际加水量的加冰率。

拉西瓦大坝四级配混凝土配合比参数详见表 4.3-1。

2. 入仓温度

混凝土入仓温度计算根据《施工组织设计手册》所规定的公式进行。

混凝土自拌和楼机口到仓面的温度回升按下式计算：

表 4.3 - 1　　　　　　　　　　拉西瓦大坝四级配混凝土配合比参数

砂含水率/%	石子含水率/%	砂子用量/kg	石子用量/kg	胶材用量/kg	用水量/kg
0.05	0.01	515	1669	190	78

$$T_j = T_0 + (T_a - T_0)(\theta_1 + \theta_2 + \theta_3 + \cdots + \theta_n)$$

式中：T_j 为入仓温度；T_0 为出机口温度；T_a 为外界气温；θ_n 为温度回升系数；θ_1 为混凝土装卸过程的温度回升系数。

混凝土自拌和楼机口到仓面共装卸 3 次，每次的回升系数为 0.032，$\theta_1 = 0.032 \times 3 = 0.096$；

θ_2 为运输时的回升系数。

$\theta_2 = At$，$9\mathrm{m}^3$ 侧卸汽车回升系数 $A_1 = 0.0014 \sim 0.0018$；$9\mathrm{m}^3$ 圆柱形立罐的回升系数 $A_2 = 0.004$，$\theta_2 = 0.0016 \times 10 + 0.0004 \times 5 = 0.018$，则混凝土自拌和机口到仓号的总回升系数 $\theta = 0.096 + 0.018 = 0.114$。

3. 混凝土浇筑温度

混凝土浇筑温度的计算根据朱伯芳院士编著的《大体积混凝土温度应力及温度控制》中关于浇筑温度的计算公式：

$$T_p = T_j + (T_a + R/\beta - T_j)(\phi_1 + \phi_2)$$

$$R = a_s 12\pi S_0 (1 - kn)/P_s$$

式中：T_p 为浇筑温度；T_j 为入仓温度；T_a 为气温；R/β 为太阳辐射热引起的气温回升；a_s 为吸收系数，混凝土表面取 0.65；S_0 为晴天太阳辐射热，考虑一定云量的影响，阴天的太阳辐射热为 $S = S_0(1 - kn)$；k 与纬度有关，拉西瓦坝址纬度为 $37°$，k 取 0.67；n 为平均云量；P_s 为日照时间；β 为混凝土表面放热系数；ϕ_1 为平仓以前的温度系数 $\phi_1 = k\tau = 0.003\tau$（平仓振捣时间按 20min 计）；$\phi_2$ 为平仓以后的温度系数（可根据铺料厚度、λ/β 等按图表查出）。

拉西瓦水电站工程大坝混凝土浇筑采用 $9\mathrm{m}^3$ 侧卸自卸汽车运输，自拌和楼到缆机平台平均运距约 1km，垂直运输设备为三台 30t 辐射式中速缆机，配置 $9\mathrm{m}^3$ 混凝土立罐直接入仓，最大垂直运输距离为 250m。

自卸汽车运输速度按 15km/h 考虑，则混凝土水平运输时间为 4min，考虑等待时间水平运输总时间为 10min；缆机满载下降速度为 186m/min，平移速度为 450m/min，则垂直吊运时间约 2min，考虑转向定位等，则混凝土自吊罐起升吊运至仓面的垂直运输时间按 5min 考虑；河床坝段基础块混凝土通仓浇筑最大仓号面积按 1130m² 考虑，考虑 2～3 台缆机同时浇筑一个仓号，混凝土最大小时强度按 $200\mathrm{m}^3/\mathrm{h}$ 考虑，铺料层厚度为 0.5m，则平铺一层混凝土约需 150min。

分白天高温时段和夜间低温时段及平仓后有保温材料、仓面喷雾等四种工况。各工况混凝土覆盖时间分别为 2.5h、3h、4h 时混凝土浇筑温度。

4.3.2　混凝土出机口温度计算成果分析

混凝土出机口温度计算成果详见表 4.3 - 2～表 4.3 - 3。

表 4.3-2　　　　　　　　常温拌和混凝土时的混凝土出机口温度　　　　　　　　单位：℃

月份	1	2	3	4	5	6	7	8	9	10	11	12
气温	−6.7	−2.9	4.0	9.9	13.5	16.2	18.3	18.2	13.7	7.3	0.1	−5.1
砂温度	−6.7	−2.9	4.0	9.9	13.5	16.2	18.3	18.2	13.7	7.3	0.1	−5.1
石子温度	−6.7	−2.9	4.0	9.9	13.5	16.2	18.3	18.2	13.7	7.3	0.1	−5.1
水泥温度	45	45	45	65	65	65	65	65	65	65	45	45
水温	5.17	4.47	4.43	6.13	7.27	8.07	9.23	10.1	11.17	10.7	8.87	5.40
出机温度	−1.7	1.5	7.5	14.1	17.3	19.7	21.6	21.5	17.7	12.1	4.4	−0.3

表 4.3-3　　　　　　　　预冷及预热混凝土时的混凝土出机口温度

月份	1	2	3	4	5	6	7	8	9	10	11	12
气温/℃	−6.7	−2.9	4	9.9	13.5	16.2	18.3	18.2	13.7	7.3	0.1	−5.1
砂温度/℃	5	5	4	9.9	13.5	16.2	18.3	18.2	13.7	7.3	3	5
石子温度/℃	15	10	4	9.9	3	3	3	3	7.3	7.3	8	15
胶材温度/℃	45	45	45	45	65	65	65	65	65	65	45	45
水温/℃	60	50	4.43	6.13	4	4	4	4	4	10.67	40	60
加冰率	0	0	0	0	0.7	0.7	0.7	0.7	0.7	0	0	0
出机温度/℃	17.6	13.8	6.8	12.1	6.0	6.6	7.1	7.1	6.0	11.5	11.4	17.6

（1）常温拌和即不采取任何温控措施，高温季节混凝土出机口温度均大于月平均气温 3～4℃，而冬季 11 月至次年 2 月混凝土出机口温度均小于 5℃。因此，要求冬季 11 月至次年 2 月采用热水拌和混凝土，同时必须加热骨料，高温季节必须采取加冰、加冷水拌和等预冷混凝土措施。计算成果具体详见表 4.3-2。

（2）夏季 5—9 月采用加 4℃冷水、70%的片冰拌和混凝土，同时增加骨料预冷措施，预冷骨料温度为 2℃，混凝土出机口温度均小于 7℃；冬季 11 月至次年 2 月采用加 40～60℃热水，预热混凝土骨料为 8～15℃，可控制混凝土出机口温度为 8～17℃，方可满足冬季浇筑混凝土浇筑温度为 5～8℃。具体详见表 4.3-3。

4.3.3　混凝土浇筑温度计算成果分析

拉西瓦大坝混凝土浇筑采用 9m³ 侧卸自卸汽车运输，自拌和楼到缆机平台平均运距约 1km，垂直运输设备为三台 30t 辐射式中速缆机，配置 9m³ 混凝土立罐直接入仓，最大垂直运输距离为 250m。

自卸汽车运输速度按 15km/h 考虑，则混凝土水平运输时间为 4min，考虑等待时间水平运输总时间为 10min；缆机满载下降速度为 186m/min，平移速度为 450m/min，则垂直吊运时间约 2min，考虑转向定位等，则混凝土自吊罐起升吊运至仓面的垂直运输时间按 5min 考虑；河床坝段基础块混凝土通仓浇筑最大仓号面积按 1130m² 考虑，考虑 2～3 台缆机同时浇筑一个仓号，混凝土最大小时强度按 200m³/h 考虑，铺料层厚度为 0.5m，则平铺一层混凝土约需 150min。

4.3.3.1　高温季节太阳辐射热对浇筑温度的影响分析

考虑高寒地区日照时间长，太阳辐射热强等特点，对高温季节 5—9 月混凝土浇筑温度受太阳辐射热的影响进行了研究。分为不考虑太阳辐射热和考虑太阳辐射热两大工况。而考虑太阳辐射热工况又分为夜间低温时段和白天高温时段无保温、有保温、仓面保温＋喷雾等四种工况。

（1）高温季节夜间低温时段浇筑混凝土时的浇筑温度。高温季节夜间各月混凝土平均浇筑温度计算结果（无保温材料）详见表4.3-4。由于无太阳辐射热的影响，混凝土温度回升较小。由表4.3-4可知，混凝土浇筑温度从出机口到仓面浇筑后仅回升了0.9～2.2℃。7月、8月混凝土浇筑温度仅为9.2℃。

表4.3-4　　　　高温季节夜间各月混凝土平均浇筑温度（无保温材料）　　　　单位：℃

月　　份	5	6	7	8	9
月平均气温	13.5	16.2	18.3	18.2	13.7
出机口温度	7.0	7.0	7.0	7.0	7.0
入仓温度	7.7	8.0	8.3	8.3	7.8
浇筑温度（4h）	7.9	8.7	9.3	9.3	8.0
浇筑温度（3h）	7.9	8.6	9.2	9.2	7.9
浇筑温度（2.5h）	7.9	8.6	9.2	9.2	7.9

（2）高温季节白天高温时段仓面无保温材料时，太阳辐射热对浇筑温度的影响。

高温季节白天高温时段不进行仓面保温。由太阳辐射热的影响，混凝土温度回升较大。由表4.3-5可知，混凝土浇筑温度从出机口到仓面浇筑后回升了4.8～7.8℃。相同条件下，相比表4.3-4夜间浇筑的混凝土各月浇筑温度相应升高了3.9～5.5℃，且6—9月白天混凝土浇筑温度均大于12℃。

表4.3-5　　　高温季节各月混凝土白天高温时段平均浇筑温度（无保温材料）

月　　份	5	6	7	8	9
月平均气温/℃	13.5	16.2	18.3	18.2	13.7
太阳总辐射热/(cal/cm²)	16862	16874	17033	16096	12634
各月日照总时间/h	265.0	255.4	258.6	267.9	216.5
日照百分率/%	60	60	60	64	60
日平均太阳照射时间 P_s	14.2	14.2	13.9	13.5	12.0
平均云量/成	7.2	7.0	6.5	5.9	6.4
S_0/[kJ/(m²·h)]	1598.1	1659.4	1654.3	1609.6	1465.7
$\dfrac{R}{\beta}$/℃	17.0	18.2	19.7	21.1	20.4
出机口温度/℃	7.0	7.0	7.0	7.0	7.0
入仓温度/℃	7.7	8.0	8.3	8.3	7.8
浇筑温度（4h）/℃	12.5	13.6	14.4	14.8	13.3
浇筑温度（3h）/℃	12.1	13.1	13.9	14.2	12.8
浇筑温度（2.5h）/℃	11.8	12.8	13.6	13.9	12.5

（3）高温季节白天高温时段仓面有保温材料时，太阳辐射热对浇筑温度的影响。当平仓后采用 2cm 的聚氯乙烯保温被覆盖保温，计算结果详见表 4.3-6。相同时间条件下，与表 4.3-5 不保温条件下的混凝土浇筑温度相比降低 0.9～1.3℃，可见仓面保温有一定降温效果。但当上层混凝土覆盖时间大于 2.5h，7 月、8 月混凝土浇筑温度仍略高于 12℃。

表 4.3-6　　　高温季节各月混凝土白天高温时段平均浇筑温度（有保温材料）

月　　份	5	6	7	8	9
月平均气温/℃	13.5	16.2	18.3	18.2	13.7
太阳总辐射热/(cal/cm²)	16862	16874	17033	16096	12634
各月日照总时间/h	265	255.4	258.6	267.9	216.5
日照百分率/%	60	60	60	64	60
日平均太阳照射时间 P_s	14.2	14.2	13.9	13.5	12.0
S_0/[kJ/(m²·h)]	1598.1	1659.4	1654.3	1609.6	1465.7
平均云量/成	7.2	7	6.5	5.9	6.4
$\dfrac{R}{\beta}$/℃	16.99	18.18	19.66	21.10	20.37
出机口温度/℃	7.0	7.0	7.0	7.0	7.0
入仓温度/℃	7.7	8.0	8.3	8.3	7.8
浇筑温度（4h）/℃	11.6	12.5	13.3	13.6	12.2
浇筑温度（3h）/℃	11.2	12.0	12.7	12.9	11.7
浇筑温度（2.5h）/℃	10.9	11.7	12.4	12.6	11.4

（4）白天高温时段采取仓面喷雾＋保温材料保温时，太阳辐射热对浇筑温度的影响。当仓面保温后，再增加仓面喷雾措施，计算结果详见表 4.3-7。由于仓面喷雾降低了环境温度 4～6℃，相同条件下，混凝土浇筑温度可降低 0.8～1.3℃；当上层混凝土覆盖时间为 2.5～4h，5—9 月混凝土浇筑温度均小于 12℃。

表 4.3-7　　　高温季节各月混凝土白天平均浇筑温度（仓面喷雾＋保温材料）

月　　份	5	6	7	8	9
月平均气温/℃	13.5	16.2	18.3	18.2	13.7
太阳总辐射热/(cal/cm²)	16862	16874	17033	16096	12634
各月日照总时间/h	265	255.4	258.6	267.9	216.5
日照百分率/%	60	60	60	64	60
日平均太阳照射时间/h	14.2	14.2	13.9	13.5	12.0
平均云量/成	1598.1	1659.4	1654.3	1609.6	1465.7
S_0/[kJ/(m²·h)]	7.2	7	6.5	5.9	6.4
$\dfrac{R}{\beta}$/℃	16.99	18.18	19.66	21.10	20.37
出机口温度/℃	7.0	7.0	7.0	7.0	7.0

续表

月　份	5	6	7	8	9
入仓温度/℃	7.7	8.0	8.3	8.3	7.8
浇筑温度（4h）/℃	10.4	11.3	12.1	12.3	11.0
浇筑温度（3h）/℃	10.3	11.1	11.8	12.0	10.8
浇筑温度（2.5h）/℃	10.1	10.9	11.6	11.8	10.6

4.3.3.2 冬季施工混凝土浇筑温度计算成果分析

冬季11月至次年3月浇筑混凝土，必须加热水拌和混凝土，预热骨料等措施控制混凝土出机口温度，确保混凝土浇筑温度为5～8℃。计算分暖棚法和蓄热法施工两种工况。计算结果见表4.3-8～表4.3-9。

表4.3-8　　　　蓄热法施工冬季混凝土浇筑温度计算成果　　　单位：℃

月　份	11	12	1	2	3
月平均气温	0.1	−5.1	−6.7	−2.9	4.0
砂温度	3	5	5	3	4
石子温度	5	12	12	8	4
水泥温度	45	45	45	45	45
水温	50	60	60	50	4.43
出机口温度	10.2	15.7	15.7	12.1	6.8
入仓温度	9.0	13.4	13.2	10.4	6.5
浇筑温度（4h）	5.7	6.5	5.7	5.4	5.6
浇筑温度（3h）	6.5	8.2	7.6	6.7	5.8
浇筑温度（2.5h）	6.71	8.55	8.00	6.92	5.87

表4.3-9　　　　暖棚法施工混凝土浇筑温度计算成果　　　单位：℃

月　份	12	1	2
月平均气温	3	3	3
砂温度	5	5	3
石子温度	8	8	5
水泥温度	45	45	45
水温	40	40	40
出机口温度	11.9	11.9	9.5
入仓温度	10.9	10.9	8.8
浇筑温度（4h）	7.9	7.9	7.5
浇筑温度（3h）	8.7	8.7	7.2
浇筑温度（2.5h）	9.15	9.15	7.52

（1）蓄热法施工：由表4.3-8可知，冬季11月至次年3月采用蓄热法施工，须加50～60℃热水、预热骨料温度为8～12℃，控制混凝土出机口温度为10～16℃，混凝土浇

筑时间为 2.5～4h，混凝土浇筑温度基本满足 5～8℃要求。

（2）由表 4.3-9 可知，冬季 12 月至次年 2 月采用暖棚法施工，控制暖棚内温度为 3～5℃，仅须加 40℃热水、预热骨料温度为 5～8℃左右，控制混凝土出机口温度为 10～12℃，混凝土浇筑时间为 2.5～4h，混凝土浇筑温度为 7～9℃。

因此混凝土冬季施工时的出机口温度控制，应根据所采用的施工方法及外界气温而定，最终以控制混凝土浇筑温度为 5～8℃为目的。

4.3.4　小结

高寒地区大坝混凝土出机口温度及浇筑温度计算成果总结如下：

（1）高温季节 5—9 月须采取加冰、加冷水、预冷骨料等措施，可控制混凝土浇筑温度不大于 7℃，为防止太阳辐射热和外界气温倒灌，应尽量利用夜间低温时段浇筑混凝土，白天高温时段必须采用仓面喷雾＋保温的措施，并控制上层混凝土覆盖前的浇筑时间为 2.5～3.0h，可控制混凝土浇筑温度不大于 12℃。

（2）冬季 11 月至次年 2 月浇筑混凝土时，须采用加热水、预热骨料等措施控制混凝土出机口温度，具体应根据所采用的施工方法及外界气温确定相应的出机口温度，确保混凝土浇度筑温度为 5～8℃。若采用蓄热法施工，须加 50～60℃热水，预热骨料 8～15℃，控制混凝土出机口温度 8～18℃；若采用暖棚法，须加 40℃热水，预热骨料 5～8℃，控制混凝土出机口温度为 10～12℃，方可满足混凝土浇筑温度为 5～8℃的要求。

（3）4 月、10 月可采用常温拌和混凝土。但是考虑太阳射热时，4 月应尽量避开白天高温（12：00—16：00）浇筑混凝土。

4.4　河床坝段混凝土施工期温度应力及其温控措施研究

本节主要以河床坝段基本体型为研究对象，仿真计算共分两个阶段。

第一阶段：主要根据发包设计阶段试验确定的拉西瓦大坝混凝土参数，对影响拉西瓦拱坝施工期混凝土温度应力的主要温控措施进行了大量的敏感性计算研究，包括浇筑层厚、层间间歇时间、浇筑温度、一期冷却措施（通水时间、水管间排距、水管材质及直径等）、中期通水时间及降温标准、冬季保温措施及保温标准等进行了敏感性分析研究，初步确定拉西瓦大坝混凝土主要温控措施。

第二阶段：根据施工详图阶段大坝混凝土配合比优化试验成果确定的混凝土参数，并结合拉西瓦大坝混凝土温控措施敏感性研究成果和现场实际施工进度计划，对拉西瓦河床坝段混凝土施工期温度场及温度应力进行了全过程仿真计算，进一步对拉西瓦大坝混凝土温控措施进行深化研究。

4.4.1　计算模型及主要温控参数

取 12 号典型拱冠坝段作为研究对象。计算高程范围取 2210～2274m。共剖分节点 20 个，等参单元 4488 个，22345 个计算节点。拱冠坝段三维有限元计算局部网格示意图见图 4.4-1。主要温控计算参数详见表 4.1-1。

表4.4-1 拉西瓦大坝混凝土温控措施敏感性仿真分析计算成果

方案序号	浇筑层数×层厚	间歇期/d	一期通水天数×水温	冷却水管间排距/m	浇筑温度/℃	开始浇筑时间	冬季混凝土号层面保温	中期冷却降温标准/℃	最高温度/℃ 强约束区	弱约束区	非约束区	最大基础温差应力 应力/MPa	距基岩高度/m	表面最大应力 应力/MPa	距基岩高度/m	备注
gg1-1	13×1.5m+n×3m	7	—	—	14	7月	—	—	35.0	34.0	40.0	3.00	3	>3.50	3	上下游面10月底开始保温
gg1-2	13×1.5m+n×3m	7	15d×6℃	1.5×1.5	14	7月	间歇后即保无一冷	—	25.0	24.4	30.0	2.30	3	3.10	3	上下游面10月底开始保温
gg1-3	13×1.5m+n×3m	7	20d×6℃	1.5×1.5	14	7月	浇后即保有一冷	20~22	25.0	24.4	26.0	2.10	18	2.20	8	上下游面10月初开始保温
gg1-4	13×1.5m+n×3m	7	25d×6℃	1.5×1.5	14	7月	浇后即保有一冷	20~22	25.0	24.4	26.0	2.00	18	2.00	8	上下游面10月初开始保温
gg1-5	13×1.5m+n×3m	7	20d×6℃	1.5×1.5	14	7月	浇后即保有一冷	16~18	25.2	24.7	26.0	2.12	18	2.20	8	上下游面10月初开始保温，考虑太阳辐射热
gg1-6	13×1.5m+n×3m	7	15d×6℃	1.5×1.5	13	7月	间歇后即保无一冷	—	24.2	23.5	30.0	2.10	5	3.10	4	上下游面10月底开始保温
gg1-7	13×1.5m+n×3m	7	15d×6℃	1.5×1.5	13	7月	浇后即保无一冷	—	24.2	23.5	33.0	2.10	3	3.10	3	上下游面10月底开始保温
gg1-8	13×1.5m+n×3m	7	15d×6℃	1.5×1.5	13	7月	浇后即保有一冷	—	24.2	23.5	26.0	2.10	3	3.10	3	上下游面10月底开始保温
gg1-9	13×1.5m+n×3m	7	20d×6℃	1.5×1.5	13	7月	浇后即保无一冷	16~18	24.1	23.5	26.0	2.00	18	2.00	8	上下游面10月初开始保温
gg1-10	10×1m+1.5×7m+n×3m	7	20d×6℃	1.0×1.5	13	7月	间歇后即保无一冷	16~18	22.5	21.0	25.7	>2.00	3	2.00	5	上下游面10月初开始保温，自生体积0收缩，间歇30d，建基面以上6m
gg1-11	10×1m+1.5×7m+n×3m	7	20d×6℃	1.0×1.5	13	4月	浇后即保有一冷	16~18	22.7	21.5	27	1.50	2	1.80	3	上下游面10月初开始保温，取消长间歇30d
gg1-12	13×1.5m+n×3m	7	20d×6℃	1.5×1.5	13	7月	浇后即保有一冷	16~18	24.2	23.5	26.0	1.70	2	2.00	3	上下游面10月初开始保温
gg1-13	13×1.5m+n×3m	7	10d×6℃	1.5×1.5	12	7月	浇后即保有一冷	—	27.5	26.5	26.0	2.25	3	3.10	4	上下游面10月底开始保温
gg1-14	13×1.5m+n×3m	7	15d×6℃	1.5×1.5	12	7月	间歇后即保有一冷	—	23.5	22.4	33.0	1.92	3	3.10	4	上下游面10月底开始保温
gg1-15	13×1.5m+n×3m	7	15d×6℃	1.5×1.5	12	7月	间歇后即保有一冷	16~18	23.9	22.9	33.0	1.94	3	3.20	4	上下游面10月底开始保温，采用PVC冷却水管代替软管
gg1-16	13×1.5m+n×3m	7	20d×6℃	1.5×1.5	12	7月	浇后即保有一冷	16~18	23.5	22.4	26.0	1.90	18	2.00	8	上下游面10月初开始保温
gg1-18	13×1.5m+n×3m	7	10d×6℃	1.5×1.5	12	4月	浇后即保有一冷	16~18	25.0	29.7	34.0	1.60	3	1.71	19	上下游面10月初开始保温
gg1-19	13×1.5m+n×3m	7	20d×6℃	1.5×1.5	12	9月	浇后即保有一冷	—	19.0	18.0	27.0	1.48	4	1.50	8	上下游面10月初开始保温
gg1-20	10×2.0m+n×3m	7	20d×河水	2.0×1.5	常温	10月	浇后即保有一冷	—	21.0	21.0	27.0	1.50	2	1.80	2	上下游面10月初开始保温
gg1-21	n×3.0m	7	20d×河水	1.5×1.5	8	11月	浇后即保有一冷	—	21.0	21.5	28.0	1.50	2	1.10	5	上下游面10月初开始保温
gg1-22	n×3.0m	7	20d×河水	1.5×1.5	8	12月	浇后即保有一冷	—	18.0	21.0	27.0	1.30	2	1.20	19	上下游面10月初开始保温
gg1-23	10×2.0m+n×3m	5	20d×河水	2.0×1.5	8	12月	浇后即保有一冷	—	20.0	20.0	29.0	1.40	2	1.20	2	上下游面10月初开始保温

注 备注中标明自生体积变形0收缩，即未考虑自生体积变形的影响（150d龄期；其他均考虑了自生体积变形的影响（150d龄期，自生体积变形-23×10^{-6}）。

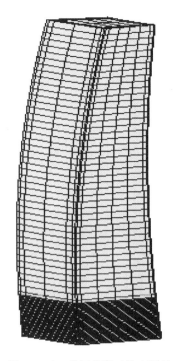

图 4.4－1 拱冠坝段三维有限元
计算局部网格示意图
（略去地基部分）

4.4.2 计算工况及方案拟订

第一阶段，主要以制约拉西瓦大坝混凝土温控措施的 7 月开始浇筑工况为主，同时为了进行敏感性分析，又分别计算了 4 月、9 月、10 月、11 月、12 月等工况，共拟定了 23 个方案，计算成果详见表 4.4－1。

第二阶段根据拉西瓦水电站工程施工总进度安排，大坝混凝土计划于 2006 年 4 月 15 日开始浇筑，因此将春季 4 月工况作为主要的计算工况，以夏季 7 月工况作为主要的控制工况，同时增加冬季 12 月浇筑方案，共拟定了 42 个温控方案。计算中考虑的主要温控措施如下：

（1）基础约束区不同层厚（1.0m、1.5m、2m、3m）。

（2）不同间歇时间（7d、5d）。

（3）不同的浇筑温度（12℃、13℃、14℃）。

（4）同冷却水管间距（2m×1.5m、1.5m×1.5m、1m×1.5m）。

（5）不同一期冷却通水天数（10d、15d、20d、25d、连续冷却等）。

（6）不同一期冷却通水水温（6℃人工制冷水和天然河水）。

（7）5—9 月采用表面流水冷却措施。

（8）中期冷却措施：每年 9 月开始对 4—8 月浇筑的混凝土、10 月开始对 9 月浇筑的混凝土进行中期冷却。

（9）表面保温措施：大坝混凝土上下游面等永久暴露面采用全年保温方式，每年 9 月底开始对浇筑层面等临时暴露面进行保温，至次年 4 月底方可揭开。

（10）考虑徐变和混凝土自生体积变形的影响。

（11）考虑固结灌浆的影响，每个计算方案基础约束区混凝土浇筑 4.4～6m 后考虑长间歇 45d。

并根据上述温控措施进行方案组合，计算成果见表 4.4－2 和表 4.4－3。

4.4.3 拉西瓦大坝混凝土温控措施敏感性仿真计算成果

分析表 4.4－1 拉西瓦大坝混凝土温控措施敏感性仿真分析计算成果，可得出如下基本结论：

（1）浇筑层厚：减小浇筑层厚可有效降低混凝土最高温度及最大应力。基础混凝土浇筑层厚每增加 0.5m，混凝土最高温度平均升高 0.8℃，最大应力增大 0.1MPa（图 4.4－2）。

（2）浇筑温度：降低浇筑温度可有效降低混凝土温度及应力，其基础混凝土最高温度及最大应力越小。混凝土浇筑温每降低 1℃，其混凝土最高温度降低 0.5℃，最大应力减小 0.05MPa（图 4.4－3）。

表4.4-2 拉西瓦双曲拱坝河床坝段7月开始浇筑工况基础混凝土温度及温度应力三维仿真计算成果

方案序号	浇筑层数×层厚	间歇期/d	一期通水天数×水温/(d×℃)	冷却水管间排距/(m×m)	冷却水管首径/cm	通水流量/(m³/h)	表面流水	浇筑温度/℃	开始浇筑时间	冬季上下游面保温标准/[kJ/(m²·h·℃)]	中期(冷却)	最高温度/℃			最大基础温差应力/MPa	出现时间/d	表面最大应力/MPa	出现时间/d	备注
												强约束区	弱约束区	非约束区					
gg2-1	13×1.5m+n×3m	7	20×6	1.0×1.5	2.54	1.08	—	12	7月	4.186	是	24.4	22.3	22	2.43	258	>4.0	210	上下游表面浇筑后即贴4cm的保温板
gg2-2	10×2.0m+n×3m	7	20×6	2.0×1.5	2.54	1.08	—	12	7月	4.186	是	27.0	25.2	23	2.7	258	>4.0	210	上下游表面浇筑后即贴4cm的保温板
gg2-3	10×2.0m+n×3m	7	20×6	1.0×1.5	2.54	1.08	—	12	7月	4.186	是	25.0	24.0	22.5	2.5	258	>4.0	210	上下游表面浇筑后即贴4cm的保温板
gg2-4	n×3	7	20×6	1.0×1.5	2.54	1.08	—	12	7月	4.186	是	25.6	25.0	23.8	2.6	258	>4.0	210	上下游表面浇筑后即贴4cm的保温板
gg2-5	13×1.5m+n×3m	7	20×6	1.0×1.5	2.54	1.08	—	12	7月	3.05	是	25.0	22.5	21.5	2.5	258	3.2	210	上下游表面浇筑后即贴4cm的保温板
gg2-6	13×1.5m+n×3m	7	20×6	1.0×1.5	2.54	1.2	是	12	7月	4.186	是	25.0	22.5	21.5	2.5	258	2.5	258	基础6m上下游表面贴15cm的保温板
gg2-7	13×1.5m+n×3m	7	20×6	1.0×1.5	2.54	1.2	是	12	7月	4.186	是	23.1	21.2	21.5	2.3	258	3.5	210	上下游表面浇筑后即贴4cm的保温板
gg2-8	13×1.5m+n×3m	7	20×6	1.0×1.5	3.20	1.2	是	12	7月	3.05	是	23.2	20.6	21.2	2.2	258	3.2	210	上下游表面浇筑后即贴5cm的保温板
gg2-9	13×1.5m+n×3m	7	20×6	1.0×1.5	3.20	1.2	是	12	7月	3.05	是	23.2	20.6	21.2	2.2	258	2.5	210	上下游表面基础6m堆渣保护
gg2-10	13×1.5m+n×3m	7	20×6	1.0×1.5	3.20	1.2	是	12	7月	3.05	是	23.2	20.6	21.2	2.0	258	2.5	210	基础6m上下游表面贴10cm保温板
gg2-11	13×1.5m+n×3m	7	20×6	1.0×1.5	3.20	1.2	是	12	7月	1.22	是	24.0	21.2	22	2.3	258	2.6	210	上下游表面浇筑后即贴10cm保温板
gg2-12	13×1.5m+n×3m	7	20×6	1.0×1.5	3.20	1.2	是	12	7月	3.05	是	23.2	20.6	21.2	1.9	258	2.0	210	基础6m上下游表面贴15cm的保温板

续表

方案序号	浇筑层数×层厚	同歇期/d	一期通水天数×水温/(d×℃)	冷却水管间排距/(m×m)	冷却水管通直径/cm	通水流量/(m³/h)	表面流水	浇筑温度/℃	开始浇筑时间	冬季上下游面保温标准/[kJ/(m²·h·℃)]	中期冷却	最高温度/℃ 强约束区	弱约束区	非约束区	最大基础温差/MPa	出现时间/d	表面最大应力/MPa	出现时间/d	备注
gg2-13	13×1.5m+n×3m	7	20×6	1.5×1.5	3.80	1.5	是	12	7月	3.05	是	23.3	21	21.2	2.2	258	3.1	210	上下游表面浇筑后即贴5cm的保温板
gg2-14	13×1.5m+n×3m	5	20×6	1.0×1.5	3.20	1.2	是	12	7月	3.05	是	24.0	21.5	21.8	2.4	258	3.3	210	上下游表面浇筑后即贴5cm的保温板
gg2-15	13×1.5m+n×3m	7	20×6	1.0×1.5	3.20	1.2	是	13	7月	3.05	—	23.7	21.0	21.5	2.25	258	3.24	210	上下游表面浇筑后即贴5cm的保温板
gg2-16	13×1.5m+n×3m	7	20×6	1.5×1.5	3.20	1.2	是	13	7月	3.05	是	25.0	22	21.6	2.4	258	3.5	210	上下游表面浇筑后即贴5cm的保温板
gg2-17	13×1.5m+n×3m	7	25×6	1.0×1.5	3.20	1.2	是	14	7月	3.05	是	24.3	21.5	21.3	2.3	258	3.3	210	上下游表面浇筑后即贴5cm的保温板
gg2-18	13×1.5m+n×3m	7	20×6	1.0×1.5	3.20	1.2	是	12	7月	3.05	是	23.0	20.6	21.2	2.0	25	3.2	210	上下游表面浇筑后即贴5cm的保温板
gg2-19	n×3	7	20×6	1.0×1.5	3.20	1.2	是	12	7月	3.05	是	25.0	24.3	21.2	2.5	258	3.5	210	上下游表面浇筑后即贴5cm的保温板
gg2-20	n×3	5	20×6	1.0×1.5	3.20	1.2	是	12	7月	3.05	是	26.0	25.6	23.1	2.7	258	3.8	210	上下游表面浇筑后即贴5cm的保温板
gg2-21	n×3	7	长期冷却	1.0×1.5	3.20	1.2	是	12	7月	3.05	是	25.0	24.3	21.2	2.0	25	3.9	210	上下游表面浇筑后即贴5cm的保温板
gg2-22	n×3	7	长期冷却	1.0×1.5	3.20	1.2	是	12	7月	3.05	是	25.0	24.3	21.2	2.0	25	3	210	上下游面基础6m堆渣保护

注　1. 表中冷却水管直径2.54cm为钢管，对应水管流量为1.08m³/h；与之等效的是3.2cm的高密聚乙烯管，相应的冷却水管流量为1.2m³/h。同时又比较丁一组大管径3.8cm的钢管。

冬季保温标准：$\beta=4.186$kJ/(m²·h·℃)，相当于3cm的聚氨酯保温板；$\beta=3.05$kJ/(m²·h·℃)，相当于5cm的聚氨酯保温板；$\beta=1.22$kJ/(m²·h·℃)，相当于10cm的聚氨酯保温板；$\beta=0.84$kJ/(m²·h·℃)，相当于15cm的聚氨酯保温板。

2. 表中浇筑温度一栏仅取基础约束区5～9月混凝土的浇筑温度。脱离约束束区混凝土5～9月浇筑温度为15℃，11月至次年2月取6℃，其他月份采用常温浇筑。

3. 中期冷却措施：每年9月开始对4～8月浇筑的混凝土，10月开始对9月浇筑的混凝土进行中期冷却。通水时间以混凝土内部温度降到16～18℃为准。

4. 表面保温：大坝混凝土上下游面等永久暴露层面采用全年保温方式，每年9月底开始对暴露层面进行保温，至次年4月底方可揭开。

表4.4-3 拉西瓦双曲拱坝河床坝段4月开始浇筑工况基础混凝土温度及温度应力三维仿真计算成果

方案序号	浇筑层数×层厚	间歇期/d	一期通水天数×水温/(d×℃)	冷却水管间排距/(m×m) 约束区	非约束区	冷却水管直径/cm	通水流量/(m³/h)	表面流水	浇筑温度/℃	开始浇筑时间/月	冬季上下游面保温标准/[kJ/(m²·h·℃)]	中期冷却	最高温度/℃ 强约束区	弱约束区	非约束区	基础最大应力/MPa	出现时间/d	表面最大应力/MPa	备注
gg2-23	n×3m	7	20d×河水	1.0×1.5	1.5×1.5	2.54	1.08		12	4月	4.186	是	26.0	26.0	28.0	2.4	258	>4.0	上下游表面浇筑后即贴4cm的保温板
gg2-24	10×2.0m+ n×3m	7	20d×河水	1.0×1.5	1.5×1.5	2.54	1.08		12	4月	4.186	是	24.3	24.4	28.0	2.2	258	3.5	上下游表面浇筑后即贴4cm的保温板
gg2-25	13×1.5m+ n×3m	7	20d×河水	1.0×1.5	1.5×1.5	2.54	1.08		12	4月	3.05	是	23.5	25.0	26.0	1.85	258	3.2	上下游表面浇筑后即贴5cm的保温板
gg2-26	13×1.5m+ n×3m	7	20d×河水	1.0×1.5	1.5×1.5	2.54	1.08		12	4月	0.84	是	24.0	25.5	26.0	1.8	258	2.0	基础6m上下游面冬季15cm保温板
gg2-27	13×1.5m+ n×3m	7	20d×河水	1.5×1.5	1.5×1.5	2.54	1.08		12	4月	0.84	是	24.7	25.5	27.0	1.8	258	2.2	基础6m上下游面冬季15cm保温板
gg2-28	13×1.5m+ n×3m	7	20d×河水	1.0×1.5	1.5×1.5	2.54	1.08		10	4月	3.05	是	22.5	25.0	26.0	1.75	258	3.0	上下游表面浇筑后即贴5cm的保温板
gg2-29	13×1.5m+ n×3m	7	20d×河水	1.0×1.5	1.5×1.5	2.54	1.08		10	4月	0.84	是	22.5	25.0	26.0	1.8	258	2.0	基础6m上下游面冬季15cm保温板
gg2-30	13×1.5m+ n×3m	7	20d×河水	1.0×1.5	1.5×1.5	3.20	1.2	是	12	4月	3.05	是	23.5	22.8	24.8	1.8	258	3.0	上下游表面浇筑后即贴5cm的保温板
gg2-31	13×1.5m+ n×3m	7	20d×河水	1.0×1.5	1.5×1.5	3.20	1.2	是	12	4月	0.84	是	23.5	22.8	24.8	1.8	258	1.9	基础6m上下游面冬季15cm保温板
gg2-32	13×1.5m+ n×3m	7	20d×河水	1.0×1.5	1.5×1.5	3.20	1.2	是	10	4月	3.05	是	23.5	21.7	24.4	1.7	258	2.5	上下游表面浇筑后即贴5cm的保温板
gg2-33	13×1.5m+ n×3m	7	20d×河水	1.0×1.5	1.5×1.5	3.20	1.2	是	10	4月	1.22	是	22.4	21.7	24.4	1.7	258	1.6	基础6m上下游面冬季10cm保温板

续表

方案序号	浇筑层数×层厚	间歇期×天数/d	一期通水天数×水温/(d×℃)	冷却水管间排距/(m×m) 约束区	冷却水管间排距/(m×m) 非约束区	冷却水管直径/cm	通水流量/(m³/h)	表面流水	浇筑温度/℃	开始浇筑时间	冬季上下游面保温标准/[kJ/(m²·h·℃)]	中期冷却	最高温度/℃ 强约束区	最高温度/℃ 弱约束区	最高温度/℃ 非约束区	基础最大应力/MPa	出现时间/d	表面最大应力/MPa	备 注
gg2-34	7×1.5m+n×3m	7	20d×河水	1.0×1.5	1.5×1.5	3.20	1.2	是	10	4月	3.05	是	22.4	23.2	25.0	1.7	258	2.5	上下游表面浇筑后即贴5cm的保温板
gg2-35	7×1.5m+n×3m	7	20d×河水	1.0×1.5	1.5×1.5	3.20	1.2	是	10	4月	1.22	是	22.4	23.2	25.0	1.7	258	1.65	基础6m上下游面冬季10cm保温板
gg2-36	13×1.5m+n×3m	7	20d×河水	1.0×1.5	1.5×1.5	3.20	1.2	是	8	4月	3.05	是	21.3	21.4	24.3	1.5	258	2.5	上下游表面浇筑后即贴5cm的保温板
gg2-37	13×1.5m+n×3m	7	20d×河水	1.0×1.5	1.5×1.5	3.20	1.2	是	8	4月	1.22	是	21.3	21.4	24.3	1.5	258	1.7	基础6m上下游面冬季10cm保温板
gg2-38	n×3m	7	20d×河水	1.0×1.5	1.5×1.5	3.20	1.2	是	10	4月	3.05	是	23.2	22.7	26.0	1.9	258	3.2	上下游表面浇筑后即贴5cm的钢管
gg2-39	n×3m	7	20d×河水	1.0×1.5	1.5×1.5	3.20	1.2	是	10	4月	0.84	是	23.2	22.7	26.0	1.9	258	2.0	基础6m上下游面冬季15cm保温板
gg2-40	n×3m	7	20d×河水	1.0×1.5	1.5×1.5	3.20	1.2	是	8	4月	3.05	是	22.7	22.6	26.0	1.8	258	3.2	上下游表面浇筑后即贴5cm的保温板
gg2-41	n×3m	7	20d×河水	1.0×1.5	1.5×1.5	3.20	1.2	是	8	4月	0.84	是	22.7	22.6	26.0	1.7	258	1.9	基础6m上下游面冬季15cm保温板
gg2-42	n×3m	7	20d×河水	1.0×1.5	1.5×1.5	3.20	1.2	是	6	12月	3.05	—	20.1	20.2	26.0	1.5	258	1.4	上下游表面浇筑后即贴5cm的保温板

注
1. 表中冷却水管首径2.54cm为钢管，对应水管通水流量为1.08m³/h；与之等效的是3.2cm的高密聚乙烯管，相应的冷却水管流量为1.2m³/h。同时比较了一组大管径3.8cm的钢管。
2. 冬季保温标准：$\beta=4.186$kJ/(m²·h·℃)，相当于3cm的聚氨酯保温板；$\beta=3.05$kJ/(m²·h·℃)，相当于5cm的聚氨酯保温板，相当于10cm的聚氨酯保温板；$\beta=1.22$kJ/(m²·h·℃)，相当于15cm的聚氨酯保温板；$\beta=0.84$kJ/(m²·h·℃)，相当于15cm的聚氨酯保温板。
3. 表中浇筑温度一栏仅指基础约束区4月混凝土的浇筑温度，5—9月混凝土浇筑温度为12℃；脱离约束区混凝土5—9月混凝土浇筑温度为15℃，11月至翌年2月取6℃，其他月份可常温浇筑。
4. 4月浇筑的混凝土可采用天然河水冷却，5—9月浇筑的混凝土仍须采用6℃的人工制冷水，其他季节均可采用天然河。
5. 中期冷却措施：每年9月开始对4—8月浇筑的混凝土，10月开始对9月浇筑的混凝土进行中期冷却，通水时间以混凝土内部温度降到16～18℃为准。
6. 表面保温：大坝混凝土上下游面等永久暴露面采用全年保温方式，每年9月底开始对暴露层面等临时暴露面进行保温，至翌年4月底方可揭开。

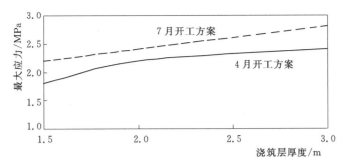

图 4.4－2　不同浇筑层厚对基础混凝土最大应力的影响

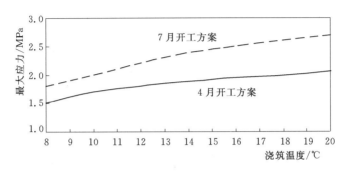

图 4.4－3　不同浇筑温度对基础混凝土最大应力的影响

（3）间歇时间：适当延长混凝土间歇时间，可有效降低混凝土最高温度和最大基础温差应力。间歇时间由 5d 延长至 7d，浇筑层厚分别为 1.5m 和 3.0m 时，基础混凝土最高温度分别减小 0.8℃ 和 1.3℃，最大应力分别减小了 0.1MPa 和 0.15MPa。

（4）长间歇浇筑混凝土对基础温差应力影响较大。当间歇时间大于 28d，基础混凝土早期温差应力超标，对混凝土防裂不利。因此施工过程中应避免长间歇，特别是应尽量缩短因固结灌浆引起的长间歇。

（5）一期冷却措施效果分析：一期通水冷却措施对降低混凝土温度应力效果明显。一期通 6℃ 冷水 15d，水管间排距 1.5m×1.5m，最高温度可降低约 10℃，最大应力减小 0.8MPa。

适当延长一期冷却时间，在一定程度上增加了混凝土早期拉应力，但对减小混凝土后期最大拉应力有利。对于拉西瓦大坝混凝土一期冷却时间不宜大于 20d，否则将会导致混凝土早期应力超标。

采用外径 32mm（壁厚 2mm）的高密聚乙烯管材，代替外径 25mm 的钢管，须加大管内通水流量至 1.2m³/h，可获得与金属水管基本相同的冷却效果。

（6）外界气温的影响：相同温控措施条件小，4 月工况的基础温差小于 7 月工况应力，说明外界气温越低，越有利于混凝土散热，基础温差应力越小，因此应尽量利用低温季节浇筑基础混凝土。

（7）表面保温是降低混凝土表面温度应力的最有效措施。中期冷却措施对降低混凝土表面应力效果明显。

1）由于高寒地区，气候条件恶劣，每年 9 月、10 月是气温变幅较大季节，混凝土表面若不进行保温，混凝土表面应力严重超标。当采取表面保温措施后，表面温度应力大幅度减小，但仍不满足设计要求。

2）当每年过冬前 9 月初对高温季节浇筑的混凝土进行中期降温冷却后，使混凝土内部温度降到 16～18℃，表面应力满足设计要求。

（8）自生体积变形收缩对混凝土温度应力有较大影响，每 10 个收缩微应变，可产生约 0.1MPa 的拉应力。如果大坝自生体积变形为延迟性微膨胀，相反可有效补偿基础混凝土拉应力。

4.4.4　河床坝段混凝土施工期温度应力计算成果分析

4.4.4.1　7 月工况混凝土温度及温度应力仿真计算成果分析

根据表 4.4-2 计算成果及各方案温度及应力分布图可知，7 月工况 22 个方案中仅方案 gg2-12 基础约束区混凝土最高温度（23.2℃）及最大基础温差应力（1.9MPa）、横河向上游面应力（2.1MPa）均满足设计要求。其温控措施敏感性分析结论如下。

1. 表面流水冷却措施对混凝土温度及应力的影响

方案 gg2-8 和方案 gg2-5 相比，均为 1.5m 层厚，水管间距为 1.5m×1.0m，其他条件相同，仅增加表面流水冷却措施，其强约束区混凝土最高温度可降低约 1.9℃，基础混凝土最大应力可减小 0.3MPa。

方案 gg2-19 和方案 gg2-4 相比，均为 3.0m 浇筑层厚，水管间距为 1.0m×1.5m，其他条件相同，仅增加表面流水冷却措施，其强约束区混凝土最高温度仅降低 0.6℃，基础混凝土最大应力可减小 0.1MPa。

可见表面流水冷却措施对降低混凝土最高温度和减小混凝土基础温差应力效果明显。浇筑层厚越薄，表面流水效果越好。建议高温季节采用 1.5m 层厚时，可采取表面流水养护措施降低最高温度。

2. 浇筑层厚对混凝土温度及应力的影响

方案 gg2-8 和方案 gg2-19 相比，混凝土浇筑层厚由 3.0m 减小为 1.5m，其他条件均相同，其混凝土最高温度可降低 1.8℃，混凝土最大基础温差应力可减小 0.3MPa。

说明减小基础混凝土浇筑层厚，可有效降低混凝土最高温度和减小混凝土基础温差应力。

3. 混凝土层间间歇时间对混凝土温度及应力的影响

方案 gg2-14 和方案 gg2-8 相比，均为浇筑层厚 1.5m，其他条件相同，仅将混凝土层间间歇时间由 5d 改为 7d，其混凝土强约束区最高温度降低了 0.8℃，最大基础温差应力减小了 0.2MPa。

方案 gg2-20 和方案 gg2-19 相比，均为浇筑层厚 3.0m，其他条件相同，仅将混凝土层间间歇时间由 5d 改为 7d，其基础约束区混凝土最高温度降低了 1.0～1.3℃，最大基础温差应力减小了 0.2MPa。

可见适当地延长间歇时间，可有效降低混凝土最高温度和最大基础温差应力，浇筑层厚越厚，适当延长间歇时间效果明显。对于 1.5m 层厚，建议间歇时间以 5～7d 为宜；对于 3.0m 层厚，其间歇时间应控制在 7～10d，以不超过 10d 为宜。

4. 冷却通水时间对混凝土温度及应力的影响

方案 gg2-18 和方案 gg2-8 相比，基础约束区均为 1.5m 层厚，其他条件相同，仅将一期通水时间由 20d 延长为 25d，两方案混凝土最高温度基本相同，虽然方案 gg2-18 最大应力减小了 0.2MPa，但方案 gg2-18 最大应力却出现在一冷结束时，最大应力为 2.0MPa，大于此时混凝土允许抗裂应力 1.71MPa。这是因为混凝土最高温度一般出现在 5~7d，当通水时间大于 15d 后，混凝土最高温度基本不变，但由于一期通水时间过长，混凝土早期内部降温幅度较大，造成早期应力超标。

方案 gg2-21 和方案 gg2-19 相比，基础约束区浇筑层厚均为 3.0m，其他条件均相同，仅将一期通水时间由 20d 改为连续通水冷却，待混凝土内部温度降至稳定温度后停止（约 60d）。与前述规律相同，混凝土最高温度虽然不变，但由于早期降温幅度大，内部温度严重超冷，造成早期应力超标，但由于采取连续冷却，混凝土内部温度降至稳定温度时未达到设计龄期，混凝土早期弹性模量相对较小，徐变度大，因而最终应力比正常冷却方案 gg2-19 减小了 0.5MPa。

上述分析进一步说明，拉西瓦大坝混凝土一期冷却时间不宜大于 20d。否则早期降温幅度过大，造成混凝土早期应力超标。

5. 冷却水管间距对混凝土温度及应力的影响

方案 gg2-15 和方案 gg2-16 相比，基础约束区混凝土层厚均为 1.5m，浇筑温度为 13℃，其他条件基本相同，仅将冷却水管间排距 1.5m×1.5m 加密为 1.0m×1.5m，其混凝土最高温度降低了 1.3~1.0℃，混凝土最大基础温差应力减小了 0.15MPa。

方案 gg2-3 和方案 gg2-2 相比，基础约束区浇筑层厚为 2.0m，其他条件相同，仅将冷却水管间距由 2.0m×1.5m 加密为 1.0m×1.5m，其混凝土最高温度降低了 2.0℃，最大应力减小了 0.2MPa。

可见加密冷却水管间距可有效降低混凝土最高温度和最大基础温差应力。

6. 冷却水管管径对冷却效果的影响

方案 gg2-7 和方案 gg2-13 相比，基础约束区混凝土层厚均为 1.5m，浇筑温度均为 12℃，其他条件相同。不同的是方案 gg2-7 采用 1 英寸（$D = 2.54cm$）钢管，水管间排距为 1.0m×1.5m，通水流量为 1.08m³/h；方案 gg2-13 采用 1.5 英寸（$D = 3.8cm$）钢管，水管间排距为 1.5m×1.5m，通水流量为 1.5m³/h。两方案混凝土最高温度和最大应力基本相同。

说明水管间排距为 1.5m×1.5m 时，采用 1.5 英寸大管径的钢管（同时须加大管内流量）可获得与水管间排距为 1.0m×1.5m 的小管径的钢管相同的冷却效果。

水管水平间距由 1.5m 加密为 1.0m，须增加钢材用量 50% 倍，而加大管径为 1.5 英寸，同样须增加 50% 倍钢材用量，同时还须增大管内通水流量 1.5 倍，相比之下，加大管径是不经济的。

7. 表面保温标准对混凝土表面应力的影响

方案 gg2-7~方案 gg2-12 等 6 个方案为在其他条件不变的条件下，变化上下游面冬季表面保温标准 β 值，采用仿真模拟的方法分别计算混凝土内部温度应力及上下游面表面温度应力的变化。β 值分别为 4.186kJ/(m²·h·℃)、3.05kJ/(m²·h·℃)、

$1.225kJ/(m^2 \cdot h \cdot ℃)$、$0.84kJ/(m^2 \cdot h \cdot ℃)$，即相当于表面保温材料分别为 4cm、5cm、10cm、15cm 厚的聚苯乙烯泡沫塑料板。同时模拟混凝土一浇筑完毕即采用对基础墙约束区上下游面加厚保温和在入冬前采取加大力度的保温方式。不同保温材料 β 值对基础混凝土最大应力的影响详见图 4.4－4。计算结果表明：

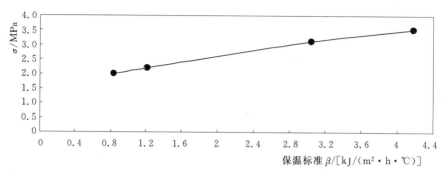

图 4.4－4　不同保温材料 β 值对基础混凝土最大应力的影响

（1）混凝土表面最大应力位于基础墙约束区 0～5m 范围内，出现在当年冬季 12 月气温较低时段，这主要是由于夏季 7 月浇筑 3 层 1.5m 混凝土后，混凝土处于基础强约束区，受固结灌浆影响又长间歇 45d，至 9 月初继续浇筑混凝土，又遇上外界气温降幅较大季节，这时混凝土不但受基岩约束的影响，同时又受外界气温变幅的影响，即基础温差应力与内外温差应力叠加，至 12 月气温较低时段，表面应力达到最大，因此须加大基础强约束区部位混凝土表面保护力度。

（2）保温材料越厚，对减小基础约束区混凝土表面应力越有利。计算结果表明，当混凝土一浇筑完毕即采用 5cm 的保温材料进行表面保温，在当年 9 月底将上下游面基础 10m 范围保温材料加厚至 15cm，其基础约束区上游面横河向拉应力小于 2.1MPa，方可满足允许应力要求。

（3）另外，在混凝土浇筑初期，其基础上下游面保温材料不宜过厚，不利于表面散热，仅需在过冬前加强基础部位保温。

8. 河床坝段高温季节 5—9 月混凝土温控措施

通过对拉西瓦河床坝段混凝土 7 月工况 22 个三维温控仿真方案计算成果分析，仅方案 gg2-12 混凝土最高温度及最大基础温差应力、表面应力均满足设计要求，从混凝土应力等值线分布图看，最大基础温差应力均位于基础强约束区，出现时间为后期冷却结束，龄期为 258d；上下游表面应力一般出现在冬季低温时段（12 月至次年 2 月），龄期大于 180d。据此要求河床坝段高温季节 5—9 月浇筑基础约束区混凝土应采取下列主要温控措施：

（1）基础约束区混凝土浇筑层厚应控制在 1.5m。

（2）控制混凝土浇筑温度 $T_p \leqslant 12℃$。

（3）控制一期冷却时间为 20d，水温 4～6℃，水管间排距 $1.0m \times 1.5m$。

（4）间歇期内必须采用表面连续流水冷却措施。

（5）上下游面采取全年保温，要求混凝土已浇筑完毕即采用 5cm 的保温板，过冬时加强大坝基础强约束区 10m 范围上下游面混凝土表面保温，其等效放热系数 $\beta \leqslant$ 0.84kJ/（m^2·h·℃），相当于 15cm 厚的保温板。

4.4.4.2 4月工况混凝土温度及温度应力仿真计算成果分析

由表 4.4-4 可知，4月开始浇筑工况混凝土最高温度及应力随浇筑层厚、浇筑温度、表面流水等措施的变化，显示出与 7 月工况相同的规律。但由于 4 月外界气温相对较低，散热条件较好，相同条件下其基础温差应力较 7 月工况小，对混凝土温控有利。4 月混凝土可采用常温浇筑，其他措施与 7 月工况相同。

1. 浇筑季节的影响

方案 gg2-26 和方案 gg2-6 分别为 4 月开始浇筑方案和 7 月开始浇筑方案。其他条件相同，仅浇筑季节不同，其浇筑层厚均为 1.5m 层厚，浇筑温度为 12℃，均不采用表面流水措施，相比之下 4 月方案强约束区混凝土最高温度降低了 1℃，混凝土最大基础温差应力减小了 0.7MPa。

方案 gg2-31 和方案 gg2-12 分别为 4 月工况和 7 月工况，均采用了表面流水措施，基础混凝土浇筑层厚 1.5m，浇筑温度为 12℃，两方案相比其他条件基本相同，其混凝土最大基础温差应力仅相差 0.1MPa。

上述计算结果表明：

（1）当不采用表面流水措施时，由于外界气温的影响，对混凝土温度应力影响较大。即外界气温越低，越有利于混凝土散热，对温控有利，因此其基础温差应力较小。

（2）当采取表面流水措施后，浇筑季节对混凝土基础温差应力的影响较小，这是因为拉西瓦天然河水水温较低，采用流水养护后相当于人为地营造了低温气候，对混凝土温度应力影响不大，对大坝混凝土温控有利。

2. 浇筑层厚对混凝土最高温度及温度应力的影响

方案 gg2-35 和方案 gg2-33 相比，仅将弱约束区混凝土浇筑层厚由 1.5m 改为 3.0m，其他条件基本不变，其强约束区混凝土最高温度不变，仅弱约束区混凝土最高温度升高了 1.5℃，但基础混凝土最大应力不变。

分析其原因主要是混凝土基础温差应力与基岩约束有关，越靠近基岩，约束应力越大，因此基础混凝土最大温度应力一般均分布在强约束区，弱约束区应力相对较小，因此弱约束区混凝土浇筑层厚可放宽到 3.0m。

3. 河床坝段 4 月工况混凝土温控措施

综合分析河床坝段 4 月工况 19 个三维温控仿真计算温控成果，可得出如下几个结论：

（1）若 4 月采用常温浇筑（T_p=12℃），不采用表面流水冷却措施，则基础约束区混凝土浇筑层厚采用 1.5m，冷却水管间排距必须加密为 1.0m×1.5m，一期采用天然河水通水冷却 20d，同时冬季加强基础约束区混凝土保温，保温标准 β=0.84kJ/（m^2·h·℃），其混凝土最高温度、基础温差应力、表面应力均满足要求，即方案 gg2-26 是可行的。

（2）若 4 月基础约束区混凝土采用加冰措施控制混凝土浇筑温度为 10℃，采用表面流水措施，则强约束区混凝土浇筑层厚 1.5m，弱约束区混凝土可采用 3.0m，其他与方案 gg2-26 相同，其混凝土最高温度、基础温差应力、表面应力亦可满足设计要求，即方案 gg2-35 是可行的。

（3）12 月工况：冬季混凝土层厚可采用 3.0m，须加热水、预热骨料控制混凝土浇筑温度为 5～8℃，同时采用天然河水进行一期冷却，水管间排距 1.5m×1.5m，基础约束区混凝土最高温度为 20.1℃，混凝土最大应力为 1.5MPa，表面最大应力为 1.4MPa，满足设计要求。

4.4.5　小结

通过分析拉西瓦河床坝段混凝土 42 个不同方案三维温控仿真计算成果，并对影响河床坝段混凝土温度应力的温控措施进行了进一步的敏感性分析，可知大坝混凝土最高温度一般出现在浇筑后的 5～7d，最大应力一般出现在后期冷却结束时刻，位于基础强约束区 0.1L 处。在有保温措施的情况下，混凝土表面最大应力一般出现在冬季气温较低时段（12 月至次年 1 月）；在无保温措施的条件下，在冬季气温变幅较大季节（即 9 月底 10 月初），表面温度应力增幅较大，这时如果表面保温不及时，大坝混凝土即出现一批裂缝。计算结果表明：

（1）大坝混凝土最大基础温压应力主要分布在基础强约束区内。图 4.4-5 为拱冠坝段 7 月工况推荐方案（gg2-12）顺河向应力分布图，其最大基础温压应力为 1.9MPa。因此基础强约束区混凝土宜采用 1.5m 层厚，脱离强约束区混凝土浇筑层厚可放宽到 3.0m 层厚。

（2）适当延长间歇时间，可有效降低混凝土最高温度。因此浇筑层厚为 1.5m 时，控制层间间歇时间以 5～7d 为宜；浇筑层厚为 3.0m 时，控制层间间歇时间为 7～10d，一般不宜超过 10d。

（3）长间歇对大坝混凝土基础温差应力影响较大。施工过程中应尽量避免长间歇浇筑混凝土，特别是应尽量减小因固结灌浆引起的长间歇，避免引起基础贯穿性裂缝，一般不宜超过 14d。

（4）降低混凝土浇筑温度，可有效降低混凝土最高温度和减小混凝土基础温差应力。高温季节 5—9 月控制基础约束区混凝土浇筑温度 $T_p \leqslant 12℃$，脱离约束区混凝土浇筑温度 $T_p \leqslant 15℃$；冬季 11 月至次年 3 月混凝土浇筑温度控制在 5～8℃，其他季节可常温浇筑。

（5）一期冷却是降低混凝土最高温度和减小最大基础温差应力的最有效措施。适当延长一期冷却时间可有效减小最大基础温差应力，但是连续通水时间不宜大于 20d，否则将会造成混凝土早期温度应力超标；加密冷却水管间距对降低混凝土最高温度和减小温度应力效果明显。

对于拉西瓦大坝混凝土，一期通水时间不宜大于 20d，约束区冷却水管间排距采用 1.0m×1.5m，非约束区为 1.5m×1.5m，5—9 月采用 6℃人工制冷水，其他季节可通天然河水，通水流量为 1.08m³/h，每 24h 交换一次通水方向，采用 1 英寸钢管，若采用高密聚乙烯管材，应采用等效置换，水管直径 $D = 3.2cm$，加大通水流量为 1.2 m³/h。控制一期冷却降温幅度为 6～8℃，平均降温速率小于 0.5℃/d。一期冷却结束后，还应采取间断通水、减小通水流量等措施控制温度回升。

（6）表面流水冷却措施对降低混凝土最高温度和减小混凝土基础温差应力效果明显。浇筑层厚越薄，表面流水效果越好。对于夏季 5—9 月浇筑的基础混凝土，宜采用 1.5m 层厚，并增加表面流水养护措施。

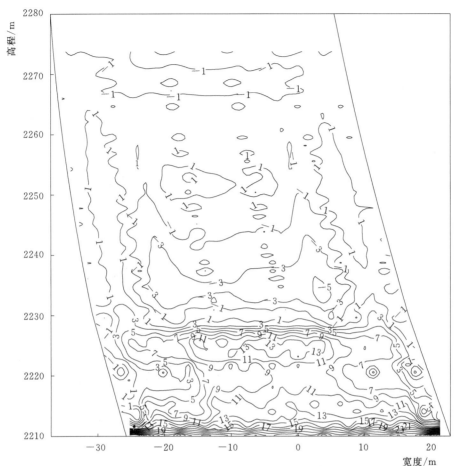

图 4.4-5　拱冠坝段 7 月工况推荐方案（gg2-12）顺河向应力分布图（单位：0.1MPa）

（7）冬季新浇筑混凝土，为了避免混凝土受冻，一方面须采用加热水、预热骨料提高混凝土出机口温度，保证浇筑温度为 5～8℃；另一方面为了防止混凝土表面裂缝，控制混凝土内外温差，外部加强混凝土表面保温，提高混凝土表面温度，内部仍须采用天然河水进行一期冷却，降低混凝土内部最高温度，双管齐下控制混凝土内外温差。

（8）中期冷却效果对降低混凝土表面温度应力效果明显。每年 9 月初开始对当年 5—9 月浇筑的老混凝土进行中期通水冷却，削减混凝土内外温差。采用天然河水，通水时间以混凝土块体温度达到 16～18℃为准，通水流量不低于 1.2m³/h。

（9）表面保温是减小混凝土表面温度应力最有效措施。保温材料越厚，保温效果越好。对于高寒地区高拱坝：①上下游面永久暴露面应采用全年保温的方式，要求混凝土一浇筑完毕，即采用保温材料进行保温，保温材料的等效放热系数 $\beta \leqslant 3.05$kJ/(m²·h·℃)；②对于冬季 10 月至次年 4 月浇筑的混凝土施工层面和侧面等临时暴露面，要求混凝土一浇筑完毕即开始保温，同时为了减小内外温差，要求采用天然河水进行一期冷却，降低混凝土最高温度；③对于高温季节 5—9 月浇筑的基础强约束区混凝土过冬，要求当年 9 月底前采取加大保温力度的保温方式，要求其保温材料的等效放热系数 $\beta \leqslant 0.84$kJ/(m²·h·℃)，相当土 15cm 的聚氯乙烯保温板。

4.5　陡坡坝段施工期混凝土温度应力及其温控措施仿真计算

4.5.1　计算模型及计算参数

由于拉西瓦大坝两岸边坡陡峻（最大坡度 63°），采用单个坝块进行模拟，由于自重的影响，大坝有向下位移的可能，因此靠近基础边坡局部范围混凝土因自重引起法向拉应力增大，而实际施工时，一般先进行河床坝段施工，待河床坝段上升到一定高度，方可进行边坡坝段施工，即先浇坝段阻止了边坡坝段向下位移。因此在进行边坡坝段三维有限元网格模型模拟时，以 16 号坝段作为计算坝段，同时以 14 号、15 号坝段作为边坡坝段计算的支撑边界，并在 14 号坝段右侧加法向约束（图 4.5-1）。拉西瓦大坝边坡坝段三维仿真计算模型示意如图 4.5-1～图 4.5-2 所示。混凝土温控计算参数同河床坝段。

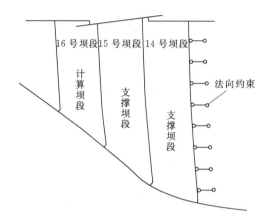
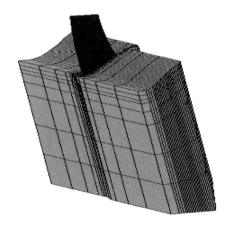

图 4.5-1　拉西瓦大坝陡坡坝段　　　　　图 4.5-2　拉西瓦大坝边坡坝段三维仿真
温控计算模型简图　　　　　　　　　　　计算模型示意图

4.5.2　计算工况及计算方案的拟订

主要以夏季 7 月开始浇筑混凝土为控制工况，同时分别计算了春季 4 月、秋季 10 月、冬季 12 月工况。计算模拟的主要温控措施基本同河床坝段。计算模拟的主要温控措施如下：

（1）基础约束区不同层厚（1.5m、3m）。

（2）不同间歇时间（7d、5d）。

（3）不同的浇筑温度（6℃、8℃、10℃、12℃、13℃、14℃）。

（4）不同冷却水管间距（1.5m×1.5m、1m×1.5m）。

（5）不同一期冷却通水天数（20d、连续冷却等）。

（6）不同一期冷却通水水温（6℃人工制冷水和天然河水）。

（7）5—9 月采用表面流水冷却措施。

（8）考虑混凝土自生体积变形和徐变的影响。

（9）要求上下游面混凝土一浇筑完毕，即采用全年保温，混凝土侧面及水平层面要求冬季 10 月至次年 4 月开始保温，保温材料等效放热系数 $\beta \leqslant 3.05 \text{kJ}/(\text{m}^2 \cdot \text{h} \cdot ℃)$。

（10）由于边坡坝段混凝土固结灌浆采用预埋灌浆管路，引出坝外灌浆，因此陡坡坝段混凝土温控计算时，未考虑固结灌浆影响引起的混凝土长间歇。

边坡坝段共组合了23个计算方案，其中7月工况8个，4月工况7个、10月工况5个、冬季工况3个。拉西瓦水电站陡坡坝段混凝土温控方案仿真计算成果见表4.5－1。

4.5.3 陡坡坝段坝段混凝土温度应力及其温控措施仿真计算成果分析

对陡坡坝段混凝土温度应力计算模拟时，考虑到相邻坝块的施工，假设高程2250～2256m范围内的6m混凝土为老混凝土，浇筑层厚为2.0m。由于边坡坝段的应力比较复杂，我们用6个剖面的应力分布情况来描述其整体应力状况。

1—1剖面：陡坡坝段上下游方向中心剖面。

2—2剖面：陡坡坝段上游面平行坝轴线方向。

3—3剖面：高程2258m水平剖面。

4—4剖面：高程2262m水平剖面（基础强约束区）。

5—5剖面：高程2267m水平剖面。

6—6剖面：高程2271m水平剖面（脱离边坡）。

根据表4.5－1陡坡坝段三维温控方案计算成果，可知边坡坝段混凝土最高温度及应力随浇筑层厚、间歇时间、一期通水时间、浇筑温度、浇筑季节等变化规律与拱冠坝段基本相同，在此不再一一分析。下面分别按照春夏秋冬季不同工况不同方案的混凝土温度场及温度应力进行分析。

（1）夏季工况：①将表面喷雾改为表面流水措施，其混凝土最高温度降低1.9℃，最大应力减小了0.2～0.3MPa，可见表面流水效果明显好于喷雾措施。②基础混凝土浇筑温度 $T_p \leqslant 12℃$，约束区混凝土浇筑层厚为1.5m，水管间排距为1.5m×1.0m，通水时间为20d，高温季节均采用表面流水养护措施，过冬时将基础强约束区20m范围混凝土保温材料加厚至10cm $[\beta = 1.225kJ/(m^2 \cdot h \cdot ℃)]$，其约束区混凝土各个剖面的温度及应力均满足设计要求。再一次证明过冬时加大基础混凝土保护力度，不仅可以有效减小混凝土表面温度应力，而且还可以减小混凝土基础温差应力。

（2）春季工况：4月采用常温浇筑，浇筑温度不大于12℃，一期通水20d，水管间排距为1.5m×1.0m，高温季节采用表面流水措施，在冬季加强基础混凝土保温力度 $[\beta = 1.225kJ/(m^2 \cdot h \cdot ℃)]$，水平剖面最大第一主应力为2.0MPa，表面最大温度应力为2.1MPa，基本满足设计要求。

（3）秋季工况：对于陡坡坝段10月工况，若采用常温浇筑，控制混凝土浇筑温度不大于10℃，则基础强约束区混凝土浇筑层厚采用1.5m，脱离强约束区浇筑层厚可放宽到3.0m层厚，水管间排距为1.5m×1.0m，采用河水冷却20d，要求混凝土一浇筑完毕，其上下游面及施工层面均立即进行保温 $[\beta = 3.05kJ/(m^2 \cdot h \cdot ℃)]$，其混凝土基础温差应力和表面应力均小于2.1MPa，满足设计要求。

（4）冬季工况：对于冬季工况，无论基础约束区浇筑层厚采用1.5m，还是采用3.0m层厚，一期冷却通天然河水15～20d，水管间排距为1.5m×1.5m，表面保温标准 $\beta = 3.05kJ/(m^2 \cdot h \cdot ℃)$，其混凝土最高温度及基础温差应力、表面应力均满足设计要求。

表 4.5－1　拉西瓦水电站陡坡坝段混凝土温控方案仿真计算成果表

方案编号	浇筑层数×层厚	间歇期/d	一期通水天数×水温	水管间距排距/m	浇筑温度/℃	开始浇筑时间	高温季节表面流水	中期冷却措施	冬季保温标准β/[kJ/m²·h·℃]	最高温度/℃ 基础约束区	最高温度/℃ 非约束区	基础约束区最大拉应力/MPa 上下游方向中剖面应力	水平剖面第一主拉应力 高程2258m	水平剖面第一主拉应力 高程2262m	水平剖面第一主拉应力 高程2267m	水平剖面第一主拉应力 高程2271m	上游面横向表面应力	备注
ggb-1	3×2.0m+20×1.5m+n×3m	7	20d×6℃	1.5×1.0	12	7月	是	是	3.05	22.6	23.9	1.6	2.1	2.2	2.3	1.6	2.4	冬季加强基础混凝土表面保护后，拟可行
ggb-2	3×2.0m+20×1.5m+n×3m	7	20d×6℃	1.5×1.0	12	7月	仓面喷雾	是	3.05	24.4	23.9	1.8	2.4	2.4	2.4	1.8	2.6	夏季喷雾
ggb-3	3×2.0m+20×1.5m+n×3m	7	20d×6℃	1.5×1.0	10	7月	是	是	1.225	21.5	23.9	2.0	1.8	1.8	2.0	1.4	2.0	冬季加强基础混凝土20m范围表面保护厚度为10cm
ggb-4	3×2.0m+20×1.5m+n×3m	7	20d×6℃	1.5×1.0	12	7月	是	是	1.225	22.6	24.4	2.1	2.0	2.0	2.1	1.5	2.1	冬季加强基础混凝土20m范围表面保护厚度为10cm
ggb-5	3×2.0m+20×1.5m+n×3m	5	20d×6℃	1.5×1.0	12	7月	是	是	3.05	24.0	27.3	1.8	2.2	2.4	2.4	1.7	2.6	
ggb-6	3×2.0m+20×1.5m+n×3.0m	7	20d×6℃	1.5×1.0	12	7月	是	是	3.05	26.1	27.1	2.4	2.4	2.6	2.6	1.8	2.8	
ggb-7	3×2.0m+20×1.5m+n×3m	7	20d×6℃	1.5×1.0	13	7月	是	是	3.05	23.0	23.9	2.0	2.2	2.25	2.4	1.7	2.5	
ggb-8	3×2.0m+20×1.5m+n×3m	7	20d×6℃	1.5×1.0	14	7月	是	是	3.05	24.0	23.9	2.2	2.3	2.3	2.5	1.8	2.6	
ggb-9	3×2.0m+20×1.5m+n×3m	7	20d×河水	1.5×1.0	10	4月	是	是	3.05	22.6	28.1	1.2	1.6	1.6	1.8	2.0	2.1	
ggb-10	3×2.0m+20×1.5m+n×3m	5	20d×河水	1.5×1.5	10	4月	是	是	3.05	23.7	28.0	1.3	1.7	1.8	2.0	2.2	2.4	冬季加强基础混凝土表面保护后，方案基本可行
ggb-11	3×2.0m+20×1.5m+n×3m	7	20d×河水	1.5×1.5	12	4月	是	是	3.05	25.5	28.4	1.6	2.4	2.4	1.8	2.1	2.6	
ggb-12	3×2.0m+20×1.5m+n×3m	7	20d×河水	1.5×1.0	12	4月	是	是	3.05	23.8	28.4	1.6	2.0	2.2	1.8	2.0	2.4	冬季加强基础混凝土表面保护后，方案基本可行

续表

方案编号	浇筑层数×层厚	同歇期/d	一期通水天数×水温	水管间排距/m	浇筑温度/℃	开始浇筑时间	高温季节表面流水	中期冷却措施	冬季保温标准β/[kJ/(m²·h·℃)]	最高温度/℃ 基础约束区	最高温度/℃ 非约束区	上下游方向中剖面应力	水平剖面第一主应力 高程2258m	水平剖面第一主应力 高程2262m	水平剖面第一主应力 高程2267m	水平剖面第一主应力 高程2271m	上游表面横向表面应力	备注
ggb-13	3×2.0m+20×1.5m+n×3m	7	20d×河水	1.5×1.0	12	4月	是	是	1.225	23.8	28.4	1.2	1.6	1.7	1.8	1.9	1.8	冬季加强基础混凝土20m范围表面保护厚度为10cm
ggb-14	3×2.0m+10×1.5m+n×3m	7	20d×河水	1.5×1.0	12	4月	是	是	3.05	24.2	28.4	1.6	2.0	2.2	1.9	2.2	2.4	
ggb-15	n×3.0m	7	20d×河水	1.5×1.0	10	4月	是	是	3.05	23.8	27.8	1.6	2.0	2.0	2.1	1.8	2.4	冬季加强基础混凝土表面保护力度后，方案基本可行
ggb-16	3×2.0m+20×1.5m+n×3m	7	20d×河水	1.5×1.0	8	10月			3.05	19.5	23.7	1.2	2.0	1.8	1.6	1.3	1.9	
ggb-17	n×3.0m	7	20d×河水	1.5×1.0	8	10月			3.05	22.1	23.0	1.4	2.1	1.9	2.0	1.5	2.1	
ggb-18	3×2.0m+20×1.5m+n×3m	7	20d×河水	1.5×1.0	10	10月			3.05	24.0	23.7	1.8	2.4	2.2	1.8	1.3	2.0	
ggb-19	3×2.0m+10×1.5m+n×3m	7	20d×河水	1.5×1.0	10	10月			3.05	20.8	23.7	1.6	2.05	2.0	1.7	1.3	1.9	
ggb-20	3×2.0m+20×1.5m+n×3m	7	20d×河水	1.5×1.0	10	10月			3.05	21.2	23.7	1.7	2.05	2.0	1.8	1.5	1.9	
ggb-21	3×2.0m+20×1.5m+n×3m	7	15d×河水	1.5×1.5	6	12月			3.05	19.8	27.9	0.8	1.4	1.2	1.6	1.6	1.8	
ggb-22	3×2.0m+10×1.5m+n×3m	7	15d×河水	1.5×1.5	6	12月			3.05	20.0	27.9	1.0	1.4	1.2	1.7	1.8	2.0	
ggb-23	n×3.0m	7	20d×河水	1.5×1.5	6	12月			3.05	23.0	23.7	1.4	1.2	1.2	1.8	1.2	2.0	

注 1. 各方案混凝土自生体积变形量均为-33.4×10⁻⁶。

2. 表中水管间排距仅为基础约束区水管间排距，脱离约束区水管间排距为1.5m×1.5m。

3. 表中浇筑温度仅指约束区混凝土的浇筑温度。对于夏季7月脱离约束区混凝土5—9月浇筑温度为15℃。冬季11月至次年3月为6~8℃，4月，10月可常温浇筑。

4. 表面流水措施是指5—9月高温季节在浇筑层间敏感期内采用表面流水养护措施。

（5）对比陡坡坝段不同季节 3.0m 浇筑层厚混凝土基础强约束区混凝土最高温度和最大应力可知（表 4.5-2），可知外界气温越高，混凝土温度越高，最大基础温差应力越大，对于陡坡坝段，宜尽量利用 10 月至次年 4 月低温季节浇筑混凝土，浇筑层厚可放宽到 3.0m 层厚。

表 4.5-2　　　　拉西瓦陡坡坝段基础约束区 3.0m 层厚方案温控计算成果

方案编号	浇筑层厚度/m	浇筑温度/℃	开始浇筑时间	表面保护标准 β /[kJ/(m²·h·℃)]	基础约束区最高温度/℃	强约束区最大基础温差应力/MPa		水管间排距
						内部	表面	
ggb-6	3.0	12	7 月	3.05	26.1	2.6	2.8	1.0m×1.5m
ggb-15	3.0	10	4 月	3.05	23.8	2.1	2.4	1.0m×1.5m
ggb-17	3.0	8	10 月	3.05	22.1	2.0	2.1	1.0m×1.5m
ggb-23	3.0	6	12 月	3.05	23.0	1.8	2.0	1.5m×1.5m

4.5.4　小结

由于边坡坝段基础面为斜坡，因而基础约束区范围大，而且自重作用所引起的建基面法向压应力变小，因此计算的混凝土基础温差应力较拱冠坝段也有所增大，且其应力分布与拱冠坝段亦不完全相同。拱冠坝段混凝土最大应力为 1.9MPa，一般位于基础强约束区，距基础面高度 0～10m 范围；而边坡坝段高应力区分布较广，基础三角区 0～30m 范围，均为高应力区，而且最大应力为 2.1MPa，位于边坡一侧脱离基岩边坡点高程附近，且靠近边坡一侧上游坝踵和下游坝趾处有部分应力集中现象。并且从水平剖面第一主应力分布图（图 4.5-3）可以看出，越靠近边坡一侧，应力越大，因此应严格进行陡坡坝段混凝土温度控制。据此也可以判定边坡坝段基础强约束区即为基础三角区以下范围为强约束区，基础三角区以上 0.2l 高度即为基础弱约束区。

（1）浇筑层厚：由于边坡坝段基础三角区下部仓号较小，且细长比较大，若采用薄层浇筑，则增加了层间约束，不利于大坝防裂。根据仿真计算成果，建议陡坡坝段距基础高度 6～9m 范围，尽量采用厚层浇筑，建议采用 2.0～3.0m 层厚。应尽量利用低温季节 10 月至次年 4 月基础约束区混凝土，浇筑层厚可放宽到 3.0m 层厚，5—9 月须采用 1.5m 层厚，脱离强约束区均可采用 3.0m 层厚。

（2）浇筑温度：高温季节宜采取有效措施控制混凝土浇筑温度。基础约束区 5—9 月混凝土浇筑温度 T_p≤12℃，脱离约束区 5—9 月混凝土浇筑温度 T_p≤15℃；冬季 11 月至次年 3 月混凝土浇筑温度控制在 5～8℃，4 月、10 月可常温浇筑。

（3）层间间歇时间：宜采用薄层短间歇浇筑混凝土，以利层面散热。浇筑层厚为 1.5m，层间间歇时间宜控制在 5～7d，浇筑层厚 3.0m，层间间歇时间宜控制在 7～10d，一般不宜超过 10d。

由于间歇时间过长，对混凝土基础温差应力影响较大。对于陡坡坝段，宜采用预埋灌浆管路进行固结灌浆，尽量缩短固结灌浆影响的长间歇时间，一般不宜超过 14d。

（4）一期冷却措施：一期冷却连续通水时间为 20d，基础约束区混凝土冷却水管间排距为 1.0m×1.5m，脱离约束区混凝土冷却水管间排距为 1.5m×1.5m，5—9 月采用 4～

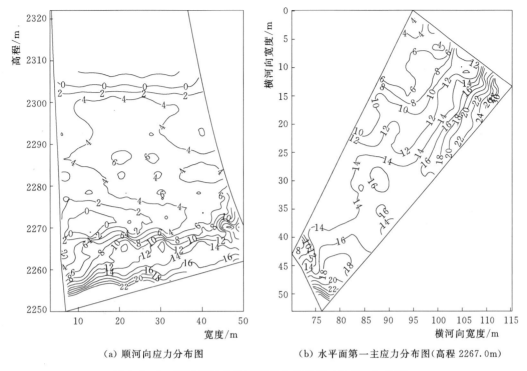

（a）顺河向应力分布图　　　（b）水平面第一主应力分布图（高程 2267.0m）

图 4.5-3　陡坡坝段 7 月工况应力分布图（单位：0.1MPa）

6℃人工制冷水，其他季节可通天然河水，通水流量为 $1.08 \text{m}^3/\text{h}$，每 24h 交换一次同水方向，采用 1 英寸钢管（若采用高密聚乙烯管材，应采用等效置换，水管直径 $D = 3.2 \text{cm}$，通水流量为 $1.2 \text{m}^3/\text{h}$）。

（5）表面流水冷却措施：对于夏季 5—9 月浇筑的混凝土，宜采用表面流水冷却养护措施。

（6）表面保护标准：①对于上下游面永久暴露面采用全年保温的方式，要求混凝土一浇筑完毕，即采用保温材料进行保温，保温材料的等效放热系数 $\beta \leqslant 3.05 \text{kJ}/(\text{m}^2 \cdot \text{h} \cdot ℃)$；②对于当年 4—9 月浇筑的基础强约束区 20m 范围混凝土，要求当年 9 月底过冬时采取加大保温力度的保温方式，要求其保温材料的等效放热系数 $\beta \leqslant 1.225 \text{kJ}/(\text{m}^2 \cdot \text{h} \cdot ℃)$。

4.6　典型孔口坝段混凝土不稳定温度场及温度应力仿真计算

4.6.1　计算模型

选取 12 号坝段作为典型孔口坝段。共剖分节点 20 个等参单元 10848 个，节点 51316 个。空间坐标系中，顺坝轴线方向为 X 向，顺河流方向为 Y 向，沿高程方向为 Z 向。拉西瓦大坝孔口坝段三维网格计算模型如图 4.6-1 所示。计算高度为 210m。表孔溢流堰顶部高程 2430m。

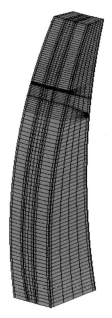

图 4.6－1　拉西瓦大坝孔口坝段三维网格计算模型

4.6.2　计算工况及其温控措施的拟定

（1）基本工况：以冬季 11 月开始浇筑混凝土为基本工况。

（2）浇筑层厚：混凝土浇筑层厚采用 3.0m。

（3）浇筑温度：冬季 11 月至次年 3 月混凝土浇筑温度采用 8℃，非约束区高温季节 5—9 月混凝土浇筑温度采用为 15℃，4—10 月采用常温浇筑。

（4）一期通水冷却：5—9 月高温季节采用 6℃冷水冷却，10 月至次年 4 月采用天然河水冷却，通水时间为 20d，水管间排距为 1.5m×1.5m。

（5）中期冷却：每年 9 月开始对当年 4—7 月、10 月对 8—9 月浇筑的混凝土进行中期冷却，通水时间以混凝土温度降至 16～18℃为准。

（6）表面保护：当年冬季 10 月至次年 4 月底对大坝混凝土采取全面保温，混凝土表面等效放热系数 $\beta=3.05kJ/(m^2 \cdot h \cdot ℃)$。

（7）大坝建成后，模拟经过 1 个汛期，将水库水蓄至高程 2452m。

4.6.3　孔口坝段混凝土不稳定温度场及温度应力仿真计算成果分析

拉西瓦大坝孔口坝段混凝土温度及应力仿真计算结果分别见表 4.6－1 和表 4.6－2。

表 4.6－1　　　　　　拉西瓦大坝孔口坝段各部位混凝土的最高温度

部　位	高程/m	浇筑季节	浇筑温度/℃	最高温度/℃
基础强约束区	2210～2220	冬季 11 月	8.0	21.0
基础弱约束区	2220～2230	冬季 11—12 月	8.0	21.5
非约束区	2230～2360	12 月至次年 10 月	8.0～15.0	28.0
孔口区域	2360～2390	10 月至次年 2 月	8.0～10	20.5
孔口以上	2390～2430	2 月至 5 月下旬	8.0～15	24.0

表 4.6－2　　　　　　拉西瓦大坝孔口坝段各部位混凝土的最大拉应力

典型剖面	最大应力产生部位及高程/m	最大应力/MPa	最大应力产生时间	允许应力/MPa
1—1 剖面：顺河流方向非孔口剖面	强约束区（2212）	1.5	二冷结束后（180d）	2.0～2.22
	弱约束区（2220）	0.8	二冷结束后（180d）	2.0～2.22
	非约束区（2320）	1.2	第二年 9 月，中期冷却区域边界	2.0～2.22
2—2 剖面：顺河流方向孔口中心剖面	基础强约束区（2212）	1.4	二冷结束后（180d）	2.0～2.22
	基础弱约束区（2220）	0.8	二冷结束后（180d）	2.0～2.22
	非约束区（2320）	1.5	第二年 9 月	2.0～2.22

典型剖面	最大应力产生部位及高程/m	最大应力/MPa	最大应力产生时间	允许应力/MPa
3—3剖面：上游面	基础约束区表面（2215）	1.1	第二年12月底	2.0～2.22
	非约束区表面（2315）	1.8	第二年12月底	2.0～2.22
4—4剖面：平行坝轴线方向中间剖面	基础约束区	0.8		2.0～2.22
	非约束区（2318）	0.9	第二年9月，中期冷却	2.0～2.22
5—5剖面（下游面）	基础约束区表面	1.0	第二年12月底	2.0～2.22
	非约束区表面（2320）	1.6	第二年12月底	2.0～2.22
6—6剖面（孔口底部）	孔口底部	2.0	第二年12月底至第三年1月底	2.0～2.22
7—7剖面（沿孔轴线）	孔口两侧	2.0	第二年12月底至第三年3月底	2.0～2.22
8—8剖面：孔口顶部	孔口顶部	2.2	第三年1月底	2.0～2.22

孔口坝段上游面表面应力见图4.6-2，孔口底部和顶部第一主应力分布见图4.6-3和图4.6-4。

分析表4.6-1孔口坝段混凝土温度仿真计算成果，可知冬季11月开始浇筑混凝土，其基础约束区混凝土最高温度为21.5℃，非约束区混凝土最高温度为28℃，均满足设计要求。

由表4.6-2混凝土温度应力计算成果可知：①约束区混凝土基础温差最大应力为1.5MPa；②非约区束最大应力1.2MPa；③但上下游面表面应力较大，为1.8MPa，均出现在冬季气温较低时段（12月）；④孔口周边混凝土表面温度应力最大，其中孔口底板最大应力2.0MPa，顶部应力最大为2.2MPa，均出现在当年冬季气温较低时段12月。

4.6.4 小结

通过孔口坝段约210m高度的坝体混凝土连续浇筑仿真模拟，计算历时长达750多d，同时考虑了蓄水的影响，根据仿真模拟计算成果，可得出如下结论：

（1）其基础约束区混凝土温度及基础温差应力与拱冠坝段混凝土相似，在此不再分析。

（2）坝体混凝土上下游面的表面温度应力随季节的变化而呈周期变化，一般高温季节混凝土表面应力均为压应力，7月最大，冬季12月混凝土表面拉应力最大为1.8MPa，满足允许应力要求。因此冬季低温季节应加强混凝土表面保温。

（3）对于孔口周边混凝土，与坝体上下游面相似，其混凝土表面温度应力亦随着外界气温的变化而变化，即冬季气温较低时段12月表面应力最大，但其最大应力较上下游表面应力大，且顶部应力大于底部应力，底部最大应力为2.0MPa，顶部最大应力为2.2MPa，大于混凝土允许应力2.1MPa。

综上所述，对孔口部位混凝土应加强表面保温，保温材料应加厚一倍，其保温材料的等效放热系数 $\beta \leqslant 2.1 \text{kJ}/(\text{m}^2 \cdot \text{h} \cdot ℃)$。且每年9月底应采用保温材料将孔口封堵，避免形成通风道；冬季10月至次年4月浇筑孔部位混凝土，应加强混凝土早期保温，要求混凝土一浇筑完毕，即开始保温。

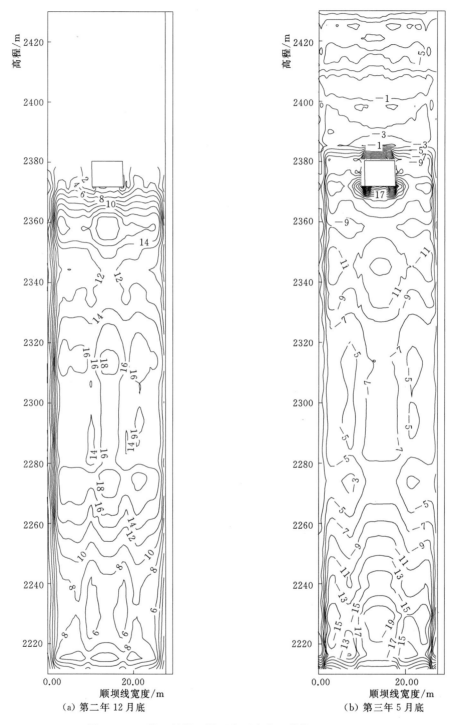

（a）第二年 12 月底　　　　（b）第三年 5 月底

图 4.6-2　孔口坝段上游面表面应力（单位：0.1MPa）

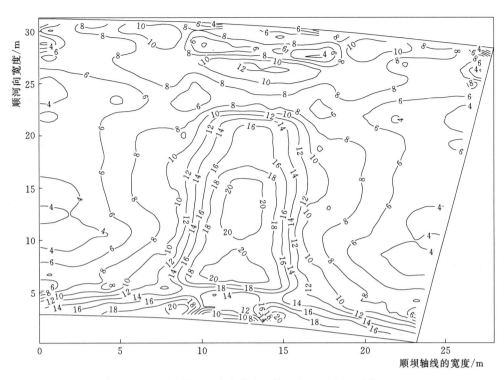

图 4.6-3 孔口底部第一主应力分布（第三年1月底，单位：0.1MPa）

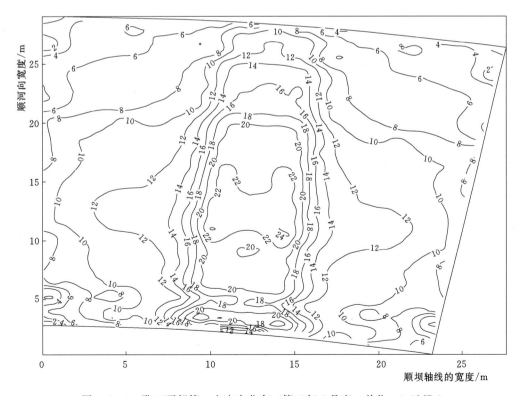

图 4.6-4 孔口顶部第一主应力分布（第三年1月底，单位：0.1MPa）

4.7 高寒地区高拱坝全年接缝灌浆的温控措施研究

根据《混凝土拱坝设计规范》（DL/T 5346—2016）常规的要求及近年来国内类似工程实践经验，大坝接缝灌浆施工时，要求灌浆区两侧混凝土的龄期不小于 4 个月。采取了有效措施后，混凝土龄期不宜小于 3 个月，且灌浆区两侧灌区混凝土温度及上部盖重区混凝土需冷却至设计封拱温度。为了防止内外温差过大，一般情况下要求外界气温在年平均气温条件下（即春秋季气候温和条件下）进行施工，以防止冬季气温较低情况下，横缝二次被拉开。据已建工程经验并结合高寒地区气候特点，通常夏季 6—9 月原则上不进行接缝灌浆施工。但由于拉西瓦坝高库大，初期发电工期或后期分期蓄水的进度要求，很难避开高温时段不施工，因此研究拱坝全年封拱灌浆就显得非常必要的。研究夏季封拱灌浆时坝体应力真实状态，分析在较高的内外温差条件下，坝体产生局部较大应力及应力梯度的分布情况，夏季灌浆对坝体中后期冷却措施的特殊要求，对防止大坝裂缝具有十分重要的工程意义。

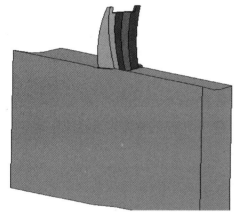

（a）计算模型与网格

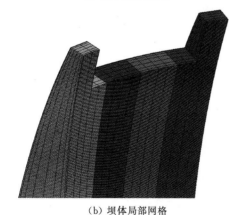

（b）坝体局部网格

图 4.7-1　计算模型与网格
及坝体局部网格图

4.7.1 计算模型

选取拉西瓦拱坝 10～13 号坝段为研究对象，垂直方向取两倍坝高作为基础，上下游方向各取 1.5 倍坝高作为基础。网格沿高度方向为 0.5m 一层，厚度方向为 8 层，坝表面密，中间疏，横河向网格尺寸为 5m 左右，计算模型及网格及坝体局部网格如图 4.7-1 所示。

4.7.2 计算工况

拉西瓦水电站接缝灌浆标准化河床坝段计算工况如表 4.7-1 所示，混凝土浇筑过程、灌浆过程、水库蓄水过程如图 4.7-2 所示。浇筑进度控制参照拉西瓦大坝形象图执行，区间内浇筑进度均匀上升。计算中均匀灌浆是指接缝灌浆控制点参照设计提供的控制点执行，区间内接缝灌浆均匀分布。不均匀灌浆是指在满足灌浆进度要求前提下，尽量避开夏季灌浆，且夏天浇筑的混凝土尽量在本年冬季灌浆。灌浆后自由与灌浆后约束，是考虑封拱灌浆后，拱的作用已经形成，则考虑坝体侧面施加法向约束，但是这种约束是与周围坝段的柔性约束，多坝段计算中很难准确模拟。计算中在坝体封拱灌浆后针对坝体侧面施加完全法向约束，通过与不施加约束工况的对比，来探讨真实的应力状态。

表 4.7-1　　　　　　　拉西瓦水电站接缝灌浆标准优化河床坝段计算工况表

序号	表层混凝土有无冷却	盖重水冷措施	灌浆水冷措施	封拱温度	灌浆后横缝强度	坝体侧面法向约束	是否考虑辐射热
工况 1	有	30d×6℃	30d×6℃	设计值	不拉开	灌浆后自由	辐射热 3
工况 2	有	30d×6℃	30d×6℃	设计值	不拉开	灌浆后约束	辐射热 3
工况 3	有	30d×6℃	30d×6℃	设计值	不拉开	灌浆后自由	辐射热 2
工况 4	有	30d×6℃	30d×6℃	设计值	不拉开	灌浆后自由	辐射热 1
工况 5	有	30d×6℃	30d×6℃	设计值	不拉开	灌浆后约束	辐射热 1

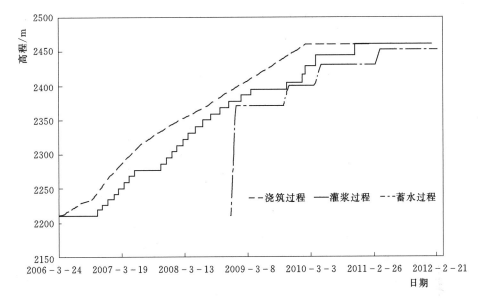

图 4.7-2　混凝土浇筑过程、灌浆过程、水库蓄水过程曲线图

辐射热 1 表示冬季、夏季辐射热相同，均是气温＋3.5℃；辐射热 2 表示冬季和夏季辐射热不同，夏季辐射热高，冬季辐射热低，以地表温度代替气温作为考虑辐射热后的顶面参考温度；辐射热 3 是指上下游表面不考虑辐射热，施工层面考虑辐射热＋2℃，由于上下游表面辐射热对坝体应力影响大，为区别起见，后文中辐射热 3 称为无辐射热。

表 4.7-1 计算工况中采用以下温控措施：

（1）基础约束区 1.5m 一层（13×1.5m），脱离基础约束区后 3m 一层，考虑固结灌浆时间及影响，基础层浇至 3～4m 后进行固结灌浆。固结灌浆间歇 45d。

（2）基础约束区水管间距为 1.0m×1.5m，非约束区水管间距均为 1.5m×1.5m。

（3）上下游面即采用全年保温，等效放热系数为 $\beta \leqslant 3.05 \text{kJ}/(\text{m}^2 \cdot \text{h} \cdot \text{℃})$。

（4）10 月至次年 4 月，水平施工层面间歇期内采取层面保温措施，保温材料的等效放热系数为 $\beta \leqslant 3.05 \text{kJ}/(\text{m}^2 \cdot \text{h} \cdot \text{℃})$；其他月水平施工层面间歇期内，表面流水养护。

（5）基础约束区（$0.4l$）混凝土的控制浇筑温度，4 月控制在 10℃，5—9 月控制在 12℃；脱离约束区的混凝土，浇筑温度按最高 15℃控制，当气温 $6℃ \leqslant T_a \leqslant 15℃$ 时，按常温浇筑；气温 $T_a <6℃$ 时，浇筑温度按 6℃ 控制。

（6）初期冷却：夏季 5—9 月浇筑的混凝土，冷却水温按 6℃ 考虑；其他季节均按河水考虑。初期冷却时间一般为 20d。

（7）中期冷却：每年 9 月对当年 4—7 月浇筑的混凝土和 10 月对当年 8—9 月浇筑的混凝土进行中期冷却。中期冷却采用天然河水，冷却时间按混凝土温度降到 16~18℃ 为止。

（8）灌浆冷却目标温度按照新的稳定温度进行，盖重冷却按照通水时间控制。

（9）冷却通水流量为 $1.08m^3/h$。

4.7.3　计算分析

4.7.3.1　设计温控条件下坝体施工期应力分析

以计算工况 3 作为典型工况分析，在设计温控措施条件下计算河床坝段全年灌浆坝体温度场变化及温度应力的情况。工况 3 坝体温度应力分布图如图 4.7-3 所示。

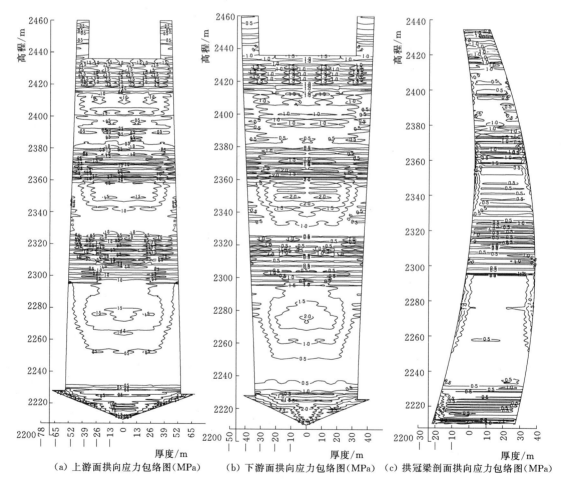

（a）上游面拱向应力包络图（MPa）　（b）下游面拱向应力包络图（MPa）　（c）拱冠梁剖面拱向应力包络图（MPa）

图 4.7-3　工况 3 典型温度应力分布图

计算结果表明，各高程的混凝土最高温度与浇筑温度直接相关。混凝土内部最高温度为 20~28℃。从中曲面应力计算结果可知，基础约束区最大拉应力为 2.0MPa，其他拉应力均在 1.5MPa 以下，这说明设计温控方案是合理的。

而从上下游面拱向最大应力包络图可以看出，在保温材料等效放热系数 $\beta \leqslant$ 3.05kJ/($m^2 \cdot h \cdot ℃$) 条件下，表面绝大部分区域的最大拱向应力小于 1.5MPa，只有高程 2280m（于 2007 年 11 月 1 日封拱灌浆）和高程 2340~2370m（2008 年 7 月至 10 月初封拱灌浆）附近超过 1.5MPa，其中高程 2340~2370m 附近区域超过 2MPa，表面高应力与夏季封拱灌浆密切相关。

4.7.3.2 夏季灌浆区表面高应力及其产生原因分析

以计算工况 1 作为典型工况，对比分析夏季封拱灌浆区表面高应力的产生原因。

理论上，运行期的最大温度荷载是封拱后最低温度与封拱温度之差。这一温差越大，由此产生的温度应力越大，沿坝厚方向分布的温度梯度越大，由此产生的表面温度应力越大。仿真计算的结果也证实了这一点。

图 4.7-4 给出了夏季封拱、春季封拱、冬季封拱坝块沿坝厚方向的灌浆时温度分布、灌浆后的坝体混凝土最大温降及由此产生的混凝土温度应力。

从图 4.7-4（a）可以看出，保温板厚度为 5cm 时，等效放热系数为 3.05kJ/($m^2 \cdot h \cdot ℃$)，不同季节灌浆的坝块内部温度基本在设计封拱温度附近，但是由于外界气温的影响，冬季封拱灌浆的坝块表面温度最低 1.2℃，夏季灌浆的坝块表面温度较高为 11℃，春季封拱坝块表面温度为 6℃。因此，在冬季气温较低时段，夏季封拱灌浆部位坝体表面温度降温幅度最大，表面应力最大值为 2.11MPa。而冬季灌浆的混凝土表面降温幅度最小，表面应力也最小。

拉应力沿坝厚方向衰减较快，夏季封拱灌浆混凝土过冬时的表面最大拉应力为 2.1MPa，距坝面 1m 处为 1.5MPa，距离坝面 2m 处拉应力为 1MPa，距离坝面 5m 处拉应力基本为 0。其他季节灌浆的坝块，过冬时，应力分布沿坝厚分布较为均匀，最大拉应力均小于 0.5MPa。

综上所述，当表面保温板厚度为 5cm 时，夏季灌浆的坝块冬季表面最大拉应力为 2.1MPa，拉应力沿坝厚方向衰减较快，坝体内部为压应力。产生高应力的原因是过大的

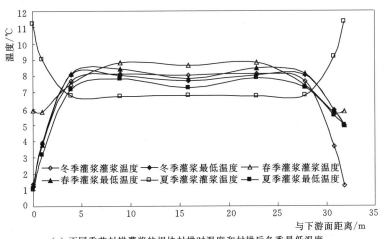

（a）不同季节封拱灌浆的坝块封拱时温度和封拱后冬季最低温度

图 4.7-4（一） 不同季节灌浆的坝块温度与应力沿坝厚分布

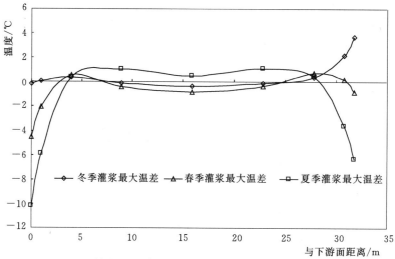

（b）不同季节封拱灌浆的坝块冬季最低温度与封拱灌浆温度之差

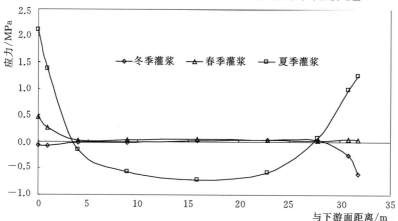

（c）不同季节灌浆的坝块由于冬季最低温度与封拱灌浆温度之差产生的应力
（不考虑封拱灌浆前的残余应力）

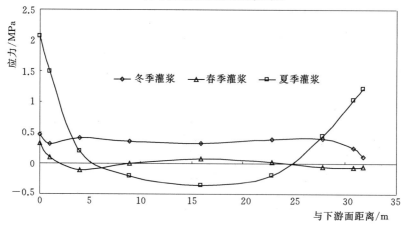

（d）不同季节灌浆的坝块冬季最低温度时的应力（叠加封拱灌浆前的残余应力）

图 4.7-4（二）　不同季节灌浆的坝块温度与应力沿坝厚分布

封拱灌浆时的坝体表面温度与过冬时低气温的坝体表面温度之差及这一温差沿坝厚分布过大的梯度，也就是坝体封拱灌浆后的表面混凝土温降及温降梯度过大所致。

进一步说明了一般工程常规的封拱灌浆均放在春秋季外界气温低，坝体封拱灌浆后，坝体表面温降不大，表面应力较小。但是考虑进度要求，必须在高温季节封拱灌浆时，应采取有效措施降低过冬时混凝土表面温降，减小表面应力。

4.7.4　夏季接缝灌浆措施研究

从以上分析可以得知，夏季灌浆区混凝土在冬季低温时段混凝土表面温降达到最大，表面应力达到最高，如果应力超标则可能引起坝体表面开裂，这是困扰夏季灌浆的主要因素。采取表面保温措施，防止坝体混凝土表面温度过低，降低表面混凝土降温幅度，是解决夏季封拱灌浆区表面高应力的主要途径。

进一步加强坝面保温，加大保温力度和保温材料厚度，可有效减小坝面混凝土的温度变幅，提高冬季坝面混凝土的表面温度，减小内外温差，降低温度应力。

此外表层混凝土的冷却效果直接关系到坝表面温度应力，其中表面保温板厚度分别为8cm、3cm时，表面最大主应力均增加0.5MPa左右。因此，夏季封拱灌浆时应加强表层混凝土通水冷却力度，保证灌浆冷却过程中表层混凝土的冷却效果，使表层混凝土温度与内部温度基本一致。加强表层混凝土通水冷却也有利于降低表层混凝土的降温幅度，进而降低表面最大拉应力。保温板厚度分别为8cm、3cm时，表面最大拉应力降幅为0.4～0.5MPa。

根据上述思路比较了不同具体措施的效果。

如图4.7-5所示为下游坝面灌浆温度与冬季最低温度之差与冬季最大应力的关系。由于时间关系，本节的具体工程措施不进行温度应力计算，只进行温度场计算，利用图4.7-5所示关系比较不同工程措施的效果。

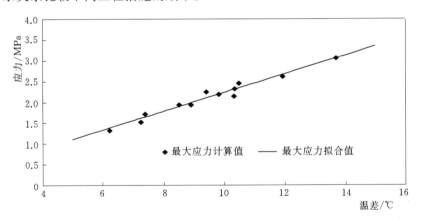

图4.7-5　下游坝面表面灌浆温度与冬季最低温度之差与冬季最大应力的关系

根据前面的研究成果，降低夏季封拱灌浆区表面应力超标的主要思路有两个：一是加强表面保温，二是加强表层混凝土冷却。表4.7-2为建议夏季封拱灌浆采用的不同工程措施比选表；表4.7-3为夏季封拱灌浆时不同工程措施条件下的下游坝面温度与冬季低温时段混凝土表面最大温差及下游表面最大应力计算成果。由计算结果可知，保温材料的等效放热系数越小，即保温材料厚度越厚，保温效果越好，表层混凝土冷却力度越大，夏季灌浆时的表层混凝土温度与越冬时的表层混凝土最低温度之差越小，即表层混凝土温度降幅较小，因而其表面应力越小。

表 4.7-2　　　　　　　夏季封拱灌浆采用的硐工程措施比选表

序号	具 体 工 程 措 施	备注
A	表面等效放热 2.44kJ/(m²·h·℃)，坝表面与坝内部同等冷却，冷却水管间排距 1.5m×1.5m	
B	表面等效放热 2kJ/(m²·h·℃)，坝表面与坝内部同等冷却，冷却水管间排距 1.5m×1.5m	
C	表面等效放热 3.05kJ/(m²·h·℃)，水管采取通常的水平蛇行布置，坝体表层 4m 范围内水管间排距 1.5m×1.0m	
D	表面等效放热 3.05kJ/(m²·h·℃)，坝表面 1～4m 范围内采用水平蛇行布置，水管间排距 1.5m×1.0m；坝表面 1m 范围内采用竖直布置，水管排距 1.0m×1.0m	
E	表面等效放热 3.05kJ/(m²·h·℃)，坝表面 1～4m 范围内采用水平蛇行布置，水管间排距 1.5m×1.0m；坝表面 1m 范围内采用竖直布置，水管排距 0.75m×0.75m	
F	表面等效放热 2.44kJ/(m²·h·℃)，水管采取通常的水平蛇行布置，坝体表层 4m 范围内水管间排距 1.5m×1.0m	A+C
G	表面等效放热 2.44kJ/(m²·h·℃)，坝表面 1～4m 范围内采用水平蛇行布置，水管间排距 1.5m×1.0m；坝表面 1m 范围内采用竖直布置，水管排距 1.0m×1.0m	A+D
H	表面等效放热 2.44kJ/(m²·h·℃)，坝表面 1～4m 范围内采用水平蛇行布置，水管间排距 1.5m×1.0m；坝表面 1m 范围内采用竖直布置，水管排距 0.75m×0.75m	A+E
I	表面等效放热 2kJ/(m²·h·℃)，水管采取通常的水平蛇行布置，坝体表层 4m 范围内水管间排距 1.5m×1.0m	B+C
J	表面等效放热 2kJ/(m²·h·℃)，坝表面 1～4m 范围内采用水平蛇行布置，水管间排距 1.5m×1.0m；坝表面 1m 范围内采用竖直布置，水管间排距 1.0m×1.0m	B+D
K	表面等效放热 2kJ/(m²·h·℃)，坝表面 1～4m 范围内采用水平蛇行布置，水管间排距 1.5m×1.0m；坝表面 1m 范围内采用竖直布置，水管间排距 0.75m×0.75m	B+E

注　1. 无特别说明，水管间排距为 1.5m×1.5m。
　　2. 表中工况的辐射热按照辐射热 2 来考虑。

表 4.7-3　　　　夏季封拱灌浆时不同工程措施条件下的温差及表面最大应力

序号	灌浆温度与冬季最低温度之差/℃	表面最大应力/MPa	序号	灌浆温度与冬季最低温度之差/℃	表面最大应力/MPa
A	8.94	1.99	G	7.54	1.67
B	7.77	1.72	H	6.89	1.52
C	9.45	2.10	I	6.96	1.54
D	8.87	1.97	J	6.49	1.43
E	8.12	1.80	K	5.87	1.29
F	8.08	1.79			

　　除方案 C 外，其他均满足要求；如果考虑蓄水后下游面拱向压应力增加，灌浆后横缝强度弱化，以及水管离表面太近可能产生不利影响，推荐工程措施为表面等效放热 2.44kJ/(m²·h·℃)（保温材料厚度为 10cm），坝表面 1～4m 范围内采用水平蛇行布置，水管间排距 1.5m×1.0m；坝表面 1m 范围内冷却水管采用竖直布置，水管间排距

1.0m×1.0m，即方案 G。

4.7.5　小结

（1）在运行期环境最低温度与封拱温度的温差越大，由此产生的坝体一定深度范围温度应力变化越大，温差沿坝厚方向分布的梯度越大，产生的表面温度应力越大。计算结果表明，不同季节灌浆的坝块内部温度都能基本达到设计封拱温度，但是由于外界气温的影响，夏季封拱灌浆时的坝体表面温度高，灌浆后的冬季坝块表面温度降幅大，表面温度梯度大，因此过冬时表面产生较大的拉应力，对坝体局部结构安全不利。

（2）加强坝体表面保温对减缓坝体表面最大拉应力效果显著。加大坝面保温力度，能有效降低表层混凝土夏季封拱时的表面温度，提高过冬时表层混凝土的最低温度，从而减小表层混凝土的冬季温差荷载，降低表面最大拉应力。推荐夏季封拱的保温板厚度 8～10cm。

（3）对表层附近区域混凝土加强冷却能改善夏季封拱灌浆区表面高应力，加强表层混凝土冷却措施对降低坝体表面最大拉应力效果显著。

综上所述，采取加强表面保温辅以加密表层混凝土冷却水管布置的综合工程措施，可有效减小夏季封拱灌浆混凝土冬季表面最大拉应力。对于拉西瓦拱坝夏季封拱灌浆的坝体，加大保温力度，采用 8～10cm 的保温板保温，局部加密冷却水管布置，加强冷却措施等，减小坝体表面最大拉应力，提高坝体结构抗裂安全度。

4.8　高寒地区混凝土冬季施工与表面保温措施研究

黄河上游水电站位于青藏高原寒冷地区，年平均气温低，冬季施工期长，混凝土表面极易受冻，另外气温年变幅、日变幅均较大，寒潮频繁，且往往伴随着大风，如果混凝土表面保温不及时，混凝土表面极易开裂。因此加强混凝土表面保温，防止混凝土表面开裂和早期受冻，尤为重要。

混凝土冬季施工需要解决好以下几方面问题：冬季混凝土施工方法选择、混凝土表面温度应力计算及其表面保温标准选择、混凝土出机口温度和浇筑温度控制以及混凝土原材料预热、冬季混凝土施工综合防冻措施等。

4.8.1　混凝土冬季施工的气温标准

《水工混凝土施工规范》（DL/T 5144—2015）中对水电水利工程混凝土冬季施工的气温标准规定如下：日平均气温连续 5d 稳定在 5℃以下或最低气温连续 5d 稳定在 −3℃以下时，应按低温季节进行混凝土施工。

进入低温季节前，必须编制专项施工组织设计规范和技术要求，以保证浇筑的混凝土满足设计要求，必须做好混凝土预热、表面保温防冻工作，以避免混凝土受冻和开裂。

4.8.2　混凝土早期受冻损害机理及其允许受冻临界强度
4.8.2.1　混凝土早期受冻损害机理

新浇混凝土受冻主要是内部水的结冰所致。一旦混凝土温度低于常温时，水泥水化反应减慢，混凝土强度增长速度变缓。当水的温度低于 4℃时，水的体积就会增加，如果水泥水化所需的水冻结了，化学反应就不能进行下去，而且对新形成的很薄弱的水泥晶粒结构会产生永久性的损害。

美国波特兰水泥协会对混凝土冻结现象进行了长期的研究，他提出了关于混凝土受冻破坏的水压理论。主要内容如下：

（1）冰首先形成在混凝土的冷表面上，把混凝土结构内部封闭起来。

（2）由于冰冻膨胀所造成的压力，将水压入饱和度较小的内部区域。

（3）混凝土抗渗性较大时，将会产生水压梯度，并对气孔壁产生压力。

（4）随着冷却速度加快、水饱和度的提高、气孔距离的增大，以及透水性与气孔尺寸的减小，水压将会增高。

（5）当水压超过混凝土的抗拉强度时，孔壁就会破裂，混凝土因而受到破坏。

新浇筑的混凝土受冻引起的损害，是混凝土内部的水结冰所致。新浇混凝土过早受冻，强度将大大降低，分析其原因主要有以下三个方面：

1）水结冰后体积增加 9%，混凝土内部的可冻水越多，冰胀值就越大，即水胶比越大，其体积膨胀越大，越不利于防冻。由于冻结使混凝土体积膨胀，混凝土内部孔隙率显著提高，当孔隙率增加到 15%～16%，强度就要降低 10%。

2）在骨料周围，有一层水膜和水泥膜，在混凝土受冻后，其黏聚力受到严重损害，解冻后也不能恢复，如果黏聚力完全丧失，其强度降低 13%。

3）在混凝土冻结和解冻的过程中，会发生水分转移的现象，水分的体积也会发生变化。由于组成混凝土原材料的线膨胀系数各不相同，使得混凝土的体积及组成材料的相对位置有所改变，由于早期强度较低，混凝土结构会产生为微细裂纹。

混凝土内部的含冰量，一方面取决于所达到的负温；另一方面也取决于冰冻前的硬化养护时间。有研究结果表明（图 4.8-1）：混凝土成型后立即受冻，在 -5℃ 时含冰量为 91%；成型后标准养护 24h 后（相当于设计的 15%）受冻，-5℃ 时含冰量为 58%；当混凝土强度分别达到 28d 设计强度的 50%、70%、100% 后受冻，-5℃ 时含冰量分别为 27%、22%、18%。可见受冻前的正温养护时间越长，其含冰量越小；受冻时的温度越低，其含冰量越大。试验表明，水在 0～-2℃ 时，能长时间处于不冻结状态，在 -1℃ 时

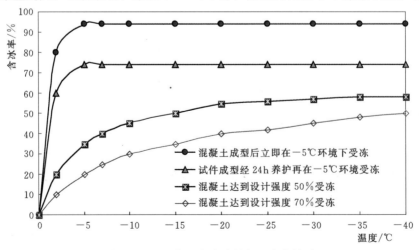

图 4.8-1　混凝土的含冰量与温度的关系

水变成冰的数量不超过 20%，说明在不太低的负温下养护，混凝土仍可获得一定的强度；而混凝土中大部分的冰是在温度降到 −10℃ 时形成的。

4.8.2.2　早期受冻对混凝土性能的影响

1. 混凝土早期受冻对抗压强度的影响

不少国家都做了这方面的试验研究，分别对受冻前的养护时间、冻结温度、冻结持续时间、养护时间等进行试验研究。

我国桓仁施工技术研究组对混凝土受冻做了大量的试验研究。为了使试验更符合冬季浇筑实际情况，混凝土浇筑后采用在低正温下养护（5～10℃），在自然空气中冻融。试验结果详见表 4.8-1。

表 4.8-1　　　　　　　混凝土预养护龄期、受冻条件与强度损失关系

水泥种类	5～10℃ 养护龄期/d	强度损失（5～10℃ 低正温养护 60d）/%		
		冷冻室冻融 2 次	自然空气冻融 6 次	自然空气冻融 16 次
400 号 矿渣水泥	3	6	34	—
	7	7	10	<15
500 号普通 硅酸盐水泥	3	>6	8	20
	7	—	>8	0

注　摘自《混凝土冬季施工》桓仁施工技术研究组试验成果。

根据我国桓仁混凝土坝施工技术研究组成果：混凝土浇筑后立即受冻，其抗压强度最大损失为 45%；混凝土浇筑后正温养护 3d 后受冻，抗压强度损失最大为 34%；正温养护 7d 后受冻，抗压强度损失一般在 10% 以内。正温养护时间越长，强度损失越小。可见混凝土浇筑后前 7d 的保温尤其重要，必须在正温（5～10℃）条件下养护 7d 以上。

美国华盛顿大学研究了新浇混凝土受冻对其性能的影响。该研究认为，冻结使混凝土强度受到损失，不仅取决于混凝土受冻前的正温养护时间，而且混凝土浇筑温度也对强度损失影响较大。如果混凝土浇筑温度为 4℃，浇筑后立即受冻，冻结温度只有 −4℃，强度损失仍然很大；如果受冻前只有 1h 的凝结时间，混凝土强度损失可达 50%；如果浇筑温度为 24℃，冻结前经过 6h 的硬化，强度损失则很小。

可见混凝土受冻前的预养护龄期和浇筑温度对混凝土强度影响较大。我国水工混凝土施工规范规定，在严寒和寒冷地区，采用蓄热法浇筑混凝土，要求其浇筑温度不低于 5℃。因此混凝土浇筑后前 7d 的保温尤其重要，必须在正温（5～10℃）条件下养护 7d 以上。

2. 混凝土早期受冻对抗拉强度的影响

混凝土早期受冻抗拉强度的损失最大可达 40%，在冻结前预养护 72h 以上，混凝土抗拉强度损失仅 4%。但是混凝土浇筑层面早期受冻后的抗拉强度损失为 72%～79%。因此有抗裂要求的混凝土必须重视混凝土早期受冻。且冬季浇筑混凝土，必须对已浇筑的混凝土层面（老混凝土层面）或基岩面进行预热处理，并且达到正温 3～5℃ 以上，以提高混凝土层面强度。混凝土早期受冻对抗拉强度的影响见表 4.8-2。

表 4.8－2　　　　　　　　　　　混凝土早期受冻对抗拉强度的影响

混凝土受冻前的预养护龄期/h	28d 龄期的抗拉强度/MPa	占标准养护试件抗拉强度的比例/%
0	1.70	60
6	2.16	76
12	2.45	86
24	2.45	86
72	2.75	96
标准养护试件	2.84	100

3. 混凝土早期受冻对抗渗性能的影响

对混凝土试件不同预养护时间受冻后其抗渗性的室内影响进行研究。混凝土分别在标准条件下养护 0h、8h、1d、2d、3d、7d 后冻结 3d，再标准养护 28d 后进行试验。从试验结果看出，凡经 24h 预养护后受冻的试件，其抗渗性能基本不受影响，大部分试件均在大于 1.2MPa 的压力下渗水。而浇筑后立即受冻或预养护 8h 后受冻，则在 0.1～0.2MPa 压力下渗水。预养护延长至 2d 或 7d，抗渗能力虽也增长，但不显著。因此认为标准养护 24h 为混凝土抗渗性能影响变化的临界点。也就是说，混凝土浇筑初期的 24h 保温养护特别重要，否则将对混凝土的抗渗性能有影响。混凝土早期受冻对抗渗性能的影响见表 4.8－3。

表 4.8－3　　　　　　　　　　　混凝土早期受冻对抗渗性能的影响

冻前标准养护时间	−18℃自然气温受冻时间/d	冻后标准养护时间/d	抗渗试验/MPa		抗渗标号
			试验压力	透水情况	
0	3	28	0.1	全部透水	W0
8h	3	27.5	0.2	全部透水	W1
1d	3	27	1.4	2 块全部透水	W13
2d	3	26	1.4	2 块全部透水	W13
7d	3	21	1.4	全部不透水	W13
28d	0	—	1.4	全部不透水	W14

4. 混凝土早期受冻对抗冻性能的影响

混凝土早期受冻对后期冻融能力的影响，我国试验资料不多，仅有 100 次冻融的试验资料。详见表 4.8－4。

表 4.8－4　　　　　　　　　　　混凝土早期受冻对后期抗冻融能力的影响

混凝土标号	抗压强度（标准养护 28d）/MPa	冻结前的预养护时间/h	冻结 24h 的温度/℃	受冻后养护 28d（冻融 100 次）	
				抗压强度/MPa	强度损失/%
R300	33.1	0	−20	21.6	35
		24	−20	29.4	11
		60	−20	29.2	12
		72	−20	30.2	8

续表

混凝土标号	抗压强度（标准养护28d）/MPa	冻结前的预养护时间/h	冻结24h的温度/℃	受冻后养护28d（冻融100次）	
				抗压强度/MPa	强度损失/%
R300	31.6	0	−20	19.6	37
		24	−20	27.1	14
		60	−20	29.1	8
		72	−20	29.6	7
R200	23.6	0	−20	12.1	49
		24	−20	17.2	27
		60	−20	19.8	16
		72	−20	20.1	15

混凝土受冻前的预养护时间大于72h，对后期受冻的混凝土强度损失小于15%。混凝土强度等级越低，早期受冻影响越大。但是混凝土浇筑后立即受冻，无论强度高低，均不满足抗冻融100次的规范要求，强度损失为35%～50%。

综上所述，为避免影响混凝土各项性能，防止混凝土早期受冻，要求混凝土浇筑后的正温养护时间大于7d，即要加强混凝土前7d的表面保护。

4.8.2.3 混凝土允许受冻临界强度

混凝土允许受冻临界强度是指新浇混凝土在受冻前达到某一初始强度值，然后遭到冻结后，当恢复正温养护后，混凝土强度仍会继续增长，经28d的标准养护后，其强度可达到设计强度的95%以上，我们把这一受冻前的初始强度值叫做混凝土允许受冻临界强度。

经过多方研究以后认为，为达到早期抗冻能力所需的预硬化时间与水泥标号、水胶比及养护强度有关。作为规范规定，混凝土允许受冻临界强度大都用抗压强度来表示，这样较为明确，能够适应各种不同情况，因为在混凝土各项物理、力学指标中，都与抗压强度有相关性，遭受早期抗冻的混凝土，这种相关性也存在。

根据国内外工程实践经验和试验研究成果结合水电水利工程施工实际情况，我国在《水工混凝土施工规范》（DL/T 5144—2015）中对水利水电工程冬季施工的混凝土允许受冻临界强度规定如下：

（1）大体积混凝土强度不应低于7.0MPa或成熟度不低于1800℃·h。

（2）非大体积混凝土和钢筋混凝土，其允许受冻临界强度应不低于设计强度的85%。

这个临界强度已为多个国家的规范所采用（图4.8-5），不少国家规定的允许受冻临界强度也都在5.0MPa左右，其中以瑞士最高，美国、丹麦最低，苏联与我们国家基本相同。

表 4.8-5　　　　各国规定的混凝土允许受冻临界强度

国家名称	混凝土允许受冻临界强度	成熟度/(℃·h)
瑞典	3.0～5.0MPa	1100
美国	3.5MPa	
丹麦	3.5MPa	

国家名称	混凝土允许受冻临界强度	成熟度/(℃·h)
日本	6.0MPa	
芬兰	6.0～8.5MPa	1350
挪威	4.0～8.5MPa	1100
加拿大	7.0～10.0MPa	2240
苏联	当设计强度 C15 时，为 50%R_{28}； 当设计强度 C20~C30 时，为 40%R_{28}； 当设计强度 C30~C35 时，为 30%R_{28}	1800
瑞士	15.0MPa	2520

4.8.2.4 混凝土早期强度估算

高寒地区混凝土冬季施工，判别混凝土是否达到允许受冻的临界强度，仅用混凝土试件检查，不仅工程量大，而且也不现实，尤其大体积混凝土在现场施工期间处于变温状态，室内试验强度难以代表浇筑块体的实际强度。如何用非试验的方法估算混凝土在变温条件下的早期强度研究，具有现实意义。

国外早在 20 世纪 50 年代就进行了很多这方面的研究。英国有关学者通过试验发现，混凝土的抗压强度是养护温度和硬化时间的乘积的一阶函数。即混凝土的强度是养护龄期和温度乘积的函数，不同的龄期与温度的乘积相等时其强度亦大致相同。用这一乘积计算混凝土强度的方法称为成熟度法。

目前广泛采用成熟度法推算冬季施工的混凝土强度。我国《水工混凝土施工规范》（DL/T 5144—2015）附录 B 推荐使用成熟度法和等效龄期法计算混凝土强度。

等效龄期法是成熟度法的具体应用。低温季施工期混凝土养护温度是变化的，在相同的混凝土材料、外加剂、配合比条件下，通过试验分析找出施工养护温度与标准养护温度（20℃）之间的关系，即为等效系数。将实际养护温度、时间乘以等效系数之积，就是等效龄期，利用试验室提供的标准养护试件的各龄期强度资料，可以求出混凝土强度。

混凝土的成熟度，只要将等效龄期与标准温度乘积累计起来，即可求出混凝土的成熟度。成熟度法计算混凝土强度的适用条件和范围：

（1）适合于蓄热法和综合蓄热法施工。

（2）成熟度法适用于预测混凝土强度标准值 60% 以内的强度。

（3）需用实际工程使用的混凝土原材料和配合比，并制作不少于 5 组的立方体标准试件在标准养护条件养护，得出的 3d、5d、7d、14d、21d 的强度值。

（4）需要取得现场混凝土养护时间和实测温度。

混凝土成熟度用公式表示如下：

$$N = \sum (T + A) \Delta t$$

式中：N 为混凝土的成熟度；T 为在 Δt 时间的混凝土的平均温度；A 为混凝土成熟度的基准温度。

当混凝土养护温度低于 $-A$ 时，水泥基本停止水化反应，混凝土强度不再增长。可见 A 的取值大小，直接影响混凝土成熟度的大小。它主要与水泥的品种、养护条件（干燥或潮湿条件）、温度条件等有关。各国研究者提出的数值稍有差别，绍尔提出的 $A=$ 10.5℃，英国的普尔曼提出的 $A=11.5℃$，而欧美国家计算成熟度时，取 $A=10℃$；而我国水电系统在桓仁工程试验资料表明，对于普通硅酸盐水泥取 $A=5℃$ 合适，对于矿渣水泥 $A=8℃$ 较为合适；而我国建工系统经过 3 年的试验研究，得出的 $A=15℃$，主要适用于寒冷或严寒地区，采用蓄热法或综合蓄热法时，即在负温条件下养护的混凝土成熟度。

我国《水工混凝土施工规范》（DL/T 5144—2015）附录 B 用成熟度计算混凝土的强度公式如下：

$$f_{cu}=a\,e^{-\frac{b}{N}}$$
$$N=\sum(T+A)\Delta t$$

式中：f_{cu} 为混凝土抗压强度，MPa，采用综合蓄热法时，f_{cu} 乘以 0.8 系数；N 为混凝土的成熟度，℃·h；T 为在 t 时间的混凝土的平均温度，℃；A 为混凝土成熟度的基准温度，$A=15℃$；t 为温度为 T 时的持续时间；a、b 为系数，利用标准养护试验结果，经回归分析得到。

下面以拉西瓦大坝 C25W10F300 混凝土为例，复核计算混凝土早期成熟度和强度，标准养护下的 C25 混凝土 7d、28d 强度分别为 20.4MPa、33.5MPa，以此回归的强度系数 $a=39.52$、$b=3888.72$。采用蓄热法施工，混凝土表面保护标准为 $\beta=3.05\text{kJ}/(\text{m}^2\cdot\text{h}\cdot℃)$，相当于 5cm 厚的聚苯乙烯保温板，外界气温为 $-5\sim-7℃$。利用坝内埋设的混凝土温度计，计算混凝土浇筑初期的成熟度和混凝土强度。主要根据 2007 年 1 月浇筑的 11 号坝段 2258.0m 层混凝土上游面温度计 TA09-11 和 2007 年 2 月浇筑的 11 号坝段 2263.0m 层内部点温度计 T14-11 观测的温度资料计算的混凝土成熟度和强度。11 号坝段 2258.0m 上游面混凝土成熟度和强度详见表 4.8-6 和图 4.8-2，11 号坝段 2263.0m 混凝土内部点成熟度和强度详见表 4.8-7 和图 4.8-3。

表 4.8-6　　　拉西瓦大坝高程 2258m 上游面混凝土成熟度和相对强度表

观测日期	龄期 /d	温度 /℃	成熟度 /(℃·h)	抗压强度 /MPa	相对强度 /%
2007-1-5	1	8.8	571.2	0.0	0.13
2007-1-6	2	7.2	1104.0	1.2	3.48
2007-1-7	3	6.1	1610.4	3.5	10.55
2007-1-8	4	6.0	2114.4	6.3	18.75
2007-1-9	5	6.1	2620.8	9.0	26.75
2007-1-10	6	5.7	3117.6	11.4	33.89
2007-1-11	7	5.3	3604.8	13.4	40.11
2007-1-12	8	4.0	4060.8	15.2	45.28
2007-1-13	9	4.3	4524.0	16.7	49.94
2007-1-14	10	4.5	4992.0	18.1	54.13
2007-1-15	11	4.2	5452.8	19.4	57.82
2007-1-16	12	4.1	5911.2	20.5	61.10

续表

观测日期	龄期/d	温度/℃	成熟度/(℃·h)	抗压强度/MPa	相对强度/%
2007 - 1 - 17	13	3.8	6362.4	21.4	64.02
2007 - 1 - 18	14	3.4	6804.0	22.3	66.61
2007 - 1 - 19	15	2.9	7233.6	23.1	68.91
2007 - 1 - 20	16	2.9	7663.2	23.8	71.02
2007 - 1 - 21	17	3.0	8095.2	24.4	72.97
2007 - 1 - 22	18	3.0	8527.2	25.0	74.77
2007 - 1 - 23	19	3.0	8959.2	25.6	76.43
2007 - 1 - 24	20	3.4	9400.8	26.1	78.01

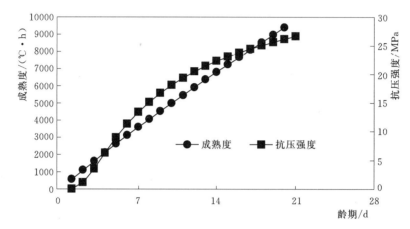

图 4.8 - 2　拉西瓦大坝混凝土冬季施工成熟度与相对强度关系图
（11 号坝段高程 2258m 上游面典型点）

表 4.8 - 7　　　　拉西瓦大坝高程 2263m 内部点成熟度和相对强度表

观测日期	龄期/d	内部温度/℃	成熟度/(℃·h)	抗压强度/MPa	相对强度/%
2007 - 2 - 5	1	10.0	600	0.1	0.2
2007 - 2 - 6	2	10.6	1214	1.6	4.8
2007 - 2 - 7	3	14.9	1932	5.3	15.8
2007 - 2 - 8	4	18.7	2741	9.6	28.5
2007 - 2 - 9	5	21.4	3614	13.5	40.2
2007 - 2 - 10	6	22.5	4514	16.7	49.9
2007 - 2 - 11	7	22.8	5422	19.3	57.6
2007 - 2 - 12	8	20.4	6271	21.3	63.5
2007 - 2 - 13	9	18.2	7068	22.8	68.1
2007 - 2 - 14	10	18.0	7860	24.1	71.9

续表

观测日期	龄期 /d	内部温度 /℃	成熟度 /(℃·h)	抗压强度 /MPa	相对强度 /%
2007-2-15	11	18.6	8666	25.2	75.3
2007-2-16	12	19.6	9497	26.2	78.3
2007-2-17	13	21.0	10361	27.2	81.1
2007-2-18	14	21.6	11239	28.0	83.5
2007-2-19	15	22.0	12127	28.7	85.6
2007-2-20	16	22.1	13018	29.3	87.5
2007-2-21	17	22.4	13915	29.9	89.2
2007-2-22	18	21.9	14801	30.4	90.7
2007-2-23	19	21.2	15670	30.8	92.0
2007-2-24	20	21.1	16536	31.2	93.2

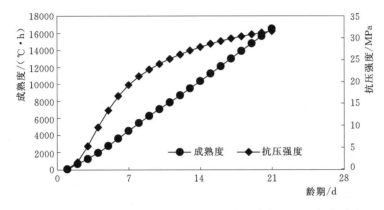

图 4.8-3 拉西瓦大坝混凝土冬季施工成熟度与相对强度关系图
（11号坝段高程 2263m 内部典型点）

由表 4.8-6、表 4.8-7 和图 4.8-2、图 4.8-3 可知，当采取表面保温后，混凝土表面温度在 5℃以上，混凝土第 5d 成熟度和混凝土强度基本满足规范要求的大体积混凝土允许受冻临界强度大于 7.0MPa 和成熟度大于 1800℃·h。其中表面点受外界气温影响大，温度较低，因此表面点较内部点的成熟度小，冬季新浇筑第 7d 的表面混凝土强度仅为试验室标准养护 28d 强度的 40.1%，内部点第 7d 强度为标准养护 28d 强度的 57.6%，内部点 7d 强度与试验室基本接近。这也印证了与前面所述冬季应加强混凝土浇筑后的前 7d 表面正温养护，说明内部混凝土受外界气温影响小。同时也可以看出，冬季新浇外部表层混凝土第 5d 成熟度大于 1800℃·h，但其混凝土抗压强度仍小于 7.0MPa，说明单纯采用成熟度作为控制混凝土抗冻指标，存在一定风险，因此要求冬季拆模时间大于 7d。

4.8.3 冬季混凝土施工方法选择

我国《水工混凝土施工规范》（DL/T 5144—2015）规定：严寒和寒冷地区预计日平均气温高于 -10℃时，宜采用蓄热法施工；预计日平均气温在 -10～-15℃时，可采用综合蓄热法或暖棚法施工；对风沙大、不宜搭设暖棚的仓面，可采用保温被下面布设暖气排管的方法；对特别严寒地区（最热月与最冷月平均气温差大于 42℃），在进入低温季节施工时要制订周密的施工方案；除工程特殊需要外，日平均气温低于 -20℃ 以下，原则上不宜施工。

4.8.3.1　蓄热法施工

蓄热法施工主要是利用混凝土硬化期间，特别是在混凝土浇筑初期，由加热原材料拌制混凝土的热量和水泥水化生成的热量，用适当的保温材料覆盖结构暴露面，以减缓混凝土的散热冷却速度，使混凝土温度缓慢降低，保证混凝土能在正温环境下硬化，在混凝土受冻以前达到预期强度。蓄热法施工相对简单，费用比较低廉，仅须采用加热水、预热骨料等措施控制混凝土出机口温度，是西北寒冷地区水电工程常用的混凝土冬季施工方法。一般日平均气温为 -10~5℃，宜采用蓄热法施工。如黄河李家峡水电站冬季日平均气温为 -7.3~2.9℃，大坝混凝土主要采用蓄热法施工，即采用加热水、预热骨料控制混凝土出机口温度在 8~18℃，确保浇筑温度在 5~8℃，混凝土一浇筑完毕，即采用 5cm 玻璃保温被覆盖。

4.8.3.2　暖棚法施工

一般外界日平均气温为 -15~-10℃ 时，混凝土浇筑前的冲毛、清洗、基础加热、新混凝土浇筑、养护均不能正常进行，不能满足混凝土早期允许受冻临界强度及成熟度要求，必须采用暖棚法施工。采用供暖设备在暖棚内形成 3~5℃ 的正温。我国东北的桓仁、白山水电站以及西北的龙羊峡水电站均采用暖棚法施工，要求在混凝土浇筑顶部搭设暖棚，利用采暖设备制造人工气候，维持室内温度在 3~5℃，给混凝土浇筑、养护提供了有利条件。但是暖棚搭设、拆卸费时、费工、费料，对工程进度不利。

4.8.3.3　综合蓄热法

对于风沙大、不宜搭设暖棚的工程宜采用综合蓄热法。综合蓄热法是在蓄热法的基础上利用高效能的保温围护结构，使混凝土加热拌制所获得的初始热量缓慢散失，并充分利用水泥水化热和掺外加剂等综合措施，使混凝土温度在降到冰点前达到允许受冻临界强度。

综合蓄热法分高、低蓄热法两种养护形式。高蓄热法主要以短时加热为主，使混凝土在养护期间达到受冻强度；低蓄热法主要以使用早强剂和掺用防冻剂，使混凝土在一定负温下不被冻坏，仍可继续硬化，即冷混凝土技术。由于防冻剂主要以钠盐、钾盐、钙盐为主（如氯化钠、硫酸钠、碳酸钾、硝酸钾、氯化钙等），具有降低水的冰点使混凝土在负温下进行水化的作用，有利于混凝土强度发展，但是钠盐加重钢筋锈蚀作用，降低混凝土的耐久性、同时有可能引起混凝土碱骨料反应，因此欧美国家对冷混凝土技术持否定态度，我国大型水电工程一般也很少使用抗冻剂，而多采用高蓄热法。

4.8.3.4　蓄热法和综合蓄热法在拉西瓦工程的应用

下面以拉西瓦工程为例，谈谈高寒地区混凝土蓄热法和综合蓄热法的应用。

根据拉西瓦水电站多年气象资料统计可知，拉西瓦工程坝址区每年 10 月下旬至次年 3 月中旬，日平均气温低于 5℃，大坝混凝土即进入冬季施工。多年日平均气温低于 -10℃ 的天数每年不足 4d，但瞬时气温低于 -10℃ 出现的天数每年却有 64d 之多，主要集中在 12 月至次年 2 月 3 个月的夜间。结合拉西瓦工程气象特点，宜以蓄热法施工为主，尽量避开夜间低气温时段开盘浇筑混凝土；当日平均气温低于－10℃，必须开盘浇筑混凝土时，须采用综合蓄热法施工。

（1）蓄热法：当日平均气温－10℃$\leqslant T_a \leqslant$5℃时，采用蓄热法施工。具体措施如下：①在基岩面上或老混凝土面上（龄期大于 28d），采用蒸汽将岩石表面或老混凝土面升温至 2℃以上，加热深度不小于 10cm；②混凝土模板采用外嵌 5cm 聚氯乙烯泡沫板的保温模板，混凝土一浇筑完毕即在顶面采用保温被或聚氯乙烯卷材覆盖保温；③边角部位的保温层厚度为其他部位厚度的 2～3 倍，混凝土结构有孔洞的部位用棚布封堵进行挡风保温，防止冷空气对流。蓄热法在拉西瓦大坝混凝土工程中的应用如图 4.8－4 所示。

图 4.8－4　蓄热法在拉西瓦大坝混凝土工程中的应用

（2）综合蓄热法：考虑搭设暖棚施工程序复杂，为加快工程进度，当外界日平均气温在－15～－10℃时，可采用综合蓄热法进行大坝混凝土施工。图 4.8－5 综合蓄热法在拉西瓦大坝混凝土工程中的应用。与蓄热法不同的是综合蓄热法增加了包括对模板周边部位

图 4.8－5　综合蓄热法在拉西瓦大坝混凝土工程中的应用

采用搭设简易保温篷升温及仓号中间部位采用电热毯升温等措施。其工艺流程为：立模（保温模板）→布置暖风机→暖风机管路架设→仓面升温→浇筑混凝土→覆盖保温材料保护→供热养护→拆除暖风机。图 4.8－6 为拉西瓦工程所采用的 220V 工业电热毯对抢面混凝土升温。

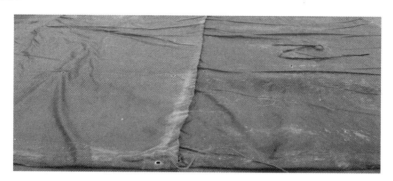

图 4.8－6　220V 工业电热毯对仓面混凝土升温

4.8.4　冬季混凝土的浇筑温度及出机口温度控制

为了防止混凝土受冻，寒冷地区冬季混凝土施工，要求混凝土浇筑温度不宜低于 5℃，而从防裂角度考虑一般要求混凝土浇筑温度不宜大于 10℃。根据拉西瓦工程气候特点，并参考李家峡、龙羊峡工程经验，控制冬季混凝土的浇筑温度为 5～8℃。

根据 4.3.3 混凝土浇筑温度计算成果可知，冬季 11 月至次年 2 月浇筑混凝土时，须采用加热水、预热骨料等措施控制混凝土出机口温度，具体应根据所采用的施工方法及外界气温确定相应的出机口温度，确保混凝土浇度筑温度为 5～8℃。若采用蓄热法施工，须加 50～60℃热水，预热骨料 8～12℃，控制混凝土出机口温度 10～16℃；若采用暖棚法，须加 40℃热水，预热骨料 5～8℃，控制混凝土出机口温度 10～12℃，方可满足混凝土浇筑温度 5～8℃的要求。

4.8.5　高寒地区混凝土表面温度应力计算

高寒地区气候特点一般具有年平均气温低、气温年变幅大、日温差大、气温骤降频繁、年冻融循环次数高、冬季施工期长、太阳辐射热强、气候干燥等特点，混凝土表面温度应力较大，对混凝土表面保温防裂极为不利，表面保护标准要求高，保温难度大。因此必须高度重视高寒地区混凝土表面温度应力计算和表面保温防裂措施研究。

引起混凝土表面裂缝的原因主要由干缩变形和混凝土表面温度应力过大。干缩裂缝可通过加强表面养护来防止；而混凝土表面温度应力主要由内外温差变化引起的，而混凝土内外温差主要受外界气温变化的影响。本章主要研究由气温变化引起的混凝土表面温度应力。外界气温的变化归纳起来，可划分为下列三种：

（1）气温的年变化：即以月平均气温的年过程线为准，可近似为简谐变化，气温年变幅为 T_N。

（2）气温骤降：即以日平均气温对年气温过程线的一定幅度下降，气温骤降变幅为 T_Z。

（3）日气温变幅：即对日平均气温在 1d 内所产生的日变幅 T_R。

关于混凝土表面温度应力的计算方法以及各种气温变化引起的混凝土表面应力如何叠加，《混凝土拱坝设计规范》（DL/T 5346—2006）并没有明确的规定。其附录 C 关于坝体混凝土温度及温度应力的计算仅为资料性附录。混凝土表面温度应力可采用有限元法或者影响线法，而大坝混凝土施工期温度应力三维有限元仿真计算中外界气温采用月平均气温或旬平均气温，可以说其计算的混凝土表面温度应力基本考虑了年变化的影响，但是由于气温骤降、日温差历时短，随机性大，仿真计算本身历时较长，计算工作量大，如果再考虑气温骤降和日温差的影响，时间步长短，计算工作量就更大。对于混凝土表面温度应力，应关注的是混凝土表面部位最大的温度应力，一般工程主要按照影响线法或经验公式法仅对气温年变化和气温骤降等单工况下混凝土表面最大温度应力进行计算。

下面主要以拉西瓦工程资料为例，按照经验公式法分析计算气温的年变化、气温骤降、日气温变幅等三种气温变化在混凝土表面所产生的最大温度应力，并根据拉西瓦工程气象条件实际，进行最不利工况组合，最终确定各种不利工况组合下的混凝土表面最大温度应力和表面保护标准。

4.8.5.1 气温年变化产生的混凝土表面应力计算

1. 计算公式

外界温度的年变化可用正弦函数表示如下：

$$T = -A_N \sin(\omega\tau - \pi/2) \tag{4.8-1}$$

在混凝土深度 Y 处的温度为 $T(y, \tau)$ 的温度为

$$T(y,\tau) = -A_N e^{-qy} \sin(\omega\tau - qy) \tag{4.8-2}$$

混凝土表面最大应力可按式（4.8-3）计算：

$$\delta = \frac{E_h \alpha T_0 K_P}{1-\mu} C \tag{4.8-3}$$

$$\omega = 2\pi/\theta$$

$$q = \sqrt{\frac{\omega}{\theta a}}$$

式（4.8-1）～式（4.8-3）中：A_N 为外界温度年变幅，$A_N = [18.3 - (-6.7)]/2 = 12.5(℃)$；$\theta$ 为温度变化周期，$\theta = 365d$；C 为年变化温度应力系数（$C = 0.66$）；a 为导温系数；K_p 为应力松弛系数，$K_p = 0.65$；α 为线膨胀系数，μ 为泊松比。

2. 计算成果分析

气温年变化所产生的混凝土表面应力计算成果如表 4.8-8 和图 4.8-7～图 4.8-8 所示。计算结果表明：

（1）气温年变化所产生的表面应力随年气温的变化而变化，表面应力随气温的变化呈正弦变化。若不采取表面保护，每年 12 月气温最低时，其年气温变化所产生的表面应力达到最大，为 2.42MPa，夏季 6 月气温最高时，年气温变化所产生的表面应力最小，为压应力 -2.43 MPa（C32）。

（2）当混凝土表面采取表面保温，其保温材料的等效放热系数 $\beta \leqslant 3.05 kJ/(m^2 \cdot h \cdot ℃)$ 时，气温年变化所产生的表面应力 2 月最大，为 0.95MPa，减小了 1.47MPa，8 月气温

年变幅应力最小，为 1.06MPa，可见表面保温不仅大大降低混凝土表面应力，而且使混凝土表面受外界气温的影响滞后了 2 个月。

表 4.8-8　　　　　　　　　　气温年变化产生的混凝土表面温度应力

月份		1	2	3	4	5	6	7	8	9	10	11	12	备　注
气温		−6.7	−2.9	4.0	9.9	13.5	16.2	18.3	18.2	13.7	7.3	0.1	−5.1	
表面应力 /MPa	C32	2.16	1.31	0.13	−1.09	−2.03	−2.43	−2.20	−1.40	−0.23	1.00	1.97	2.42	无表面保护 $\beta=83.72kJ$ /(m²·h·℃)
	C25	2.10	1.28	0.13	−1.06	−1.97	−2.36	−2.14	−1.37	−0.23	0.96	1.91	2.37	
	C20	2.05	1.25	0.12	−1.04	−1.92	−2.31	−2.09	−1.33	−0.22	0.95	1.86	2.31	
	C32	1.01	1.06	0.82	0.37	−0.17	−0.67	−1.00	−1.06	−0.85	−0.42	0.13	0.71	有表面保护 $\beta=3.05kJ$ /(m²·h·℃)
	C25	0.99	1.03	0.80	0.36	−0.17	−0.66	−0.97	−1.04	−0.83	−0.41	0.12	0.69	
	C20	0.96	1.00	0.78	0.36	−0.16	−0.64	−0.95	−1.01	−0.81	−0.40	0.12	0.67	

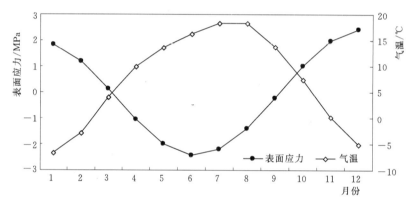

图 4.8-7　拉西瓦大坝混凝土气温年变化产生的表面应力（不保温工况）

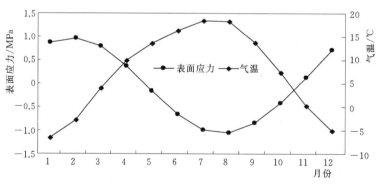

图 4.8-8　拉西瓦大坝混凝土气温年变化产生的表面应力
[保温工况，$\beta=3.05kJ/(m²·h·℃)$]

4.8.5.2　气温骤降产生的混凝土表面温度应力计算

1. 计算公式

气温骤降期间日平均气温的变化可用正弦函数表示如下：

$$T_a=-T_Z\sin\omega(\tau-\tau_1) \tag{4.8-4}$$

$$\omega=\pi/2Q$$

式中：T_a为气温；T_z为气温降幅；Q为降温历时。

寒潮对大体积混凝土的影响仅限于表面部分，可按半无限体来计算温度场，混凝土表面的温度可按式（4.8-5）计算：

$$T = -F T_z \sin\left[\frac{\pi(\pi - \tau_1 - \Delta)}{2P}\right] \quad (4.8-5)$$

$$f = \frac{1}{\sqrt{1 + 1.85u + 1.12u^2}}$$

$$\Delta = 0.4gQ \quad P = Q + \Delta \quad u = \frac{\lambda}{2\beta}\sqrt{\frac{\pi}{Qa}} \quad g = \frac{2}{\pi}\cot\left(\frac{u}{1+u}\right)$$

式中：λ为导热系数；β为混凝土表面放热系数；a为导温系数。

混凝土表面最大温度徐变应力可按式（4.8-6）计算：

$$\delta = \frac{f_1 \rho_1 E(\tau m) T_z \alpha}{1 - \mu} \quad (4.8-6)$$

式中：μ为混凝土泊松比；α为线膨胀系数；T_z为气温骤降幅度；ρ_1为徐变影响系数，可按公式计算，也可查图。

$$\rho_1 = \frac{0.830 + 0.051\tau_m}{1 + 0.051\tau_m} e^{[-0.095(P-1)^{0.60}]}$$

2. 气温骤降引起的混凝土表面应力计算成果分析

根据拉西瓦水电站统计资料，选用下列气温骤降类型及温降幅度进行气温骤降应力计算。气温骤降引起的混凝土表面应力计算成果见表4.8-9：①1日型降温，$T_z = 8.5℃$；②2日型降温，$T_z = 10.5℃$；③3日型降温，$T_z = 14.5℃$。

表4.8-9　　　　　气温骤降引起的混凝土表面应力计算成果　　　　单位：MPa

项　目	寒潮类型	3日型降温 14.5℃				2日型降温 10.5℃				1日型降温 8.5℃			
	龄期/d	7	28	90	180	7	28	90	180	7	28	90	180
允许抗裂应力	C32	1.27	1.76	2.00	2.11	1.27	1.76	2.00	2.11	1.27	1.76	2.00	2.11
	C25	1.21	1.58	1.83	1.94	1.21	1.58	1.83	1.94	1.21	1.58	1.83	1.94
	C20	1.09	1.45	1.67	1.78	1.09	1.45	1.67	1.78	1.09	1.45	1.67	1.78
无表面保护 [$\beta=83.72$kJ /(m²·h·℃)]	C32	3.11	3.98	4.76	4.97	2.30	2.91	3.44	3.59	1.89	2.35	2.75	2.86
	C25	3.00	3.86	4.64	4.85	2.22	2.83	3.35	3.50	1.82	2.28	2.68	2.78
	C20	2.89	3.74	4.52	4.72	2.13	2.74	3.27	3.41	1.76	2.21	2.61	2.71
抗裂安全系数K_f [无表面保护， $\beta=83.72$kJ /(m²·h·℃)]	C32	0.66	0.73	0.74	0.75	0.89	0.99	1.03	1.04	1.09	1.23	1.29	1.31
	C25	0.64	0.71	0.72	0.74	0.87	0.97	1.00	1.02	1.06	1.21	1.25	1.29
	C20	0.59	0.70	0.72	0.72	0.80	0.95	1.00	1.00	0.97	1.18	1.25	1.26
有表面保护 [$\beta=3.05$kJ /(m²·h·℃)]	C32	0.62	0.79	0.94	0.99	0.40	0.50	0.59	0.62	0.26	0.32	0.37	0.39
	C25	0.59	0.77	0.92	0.96	0.38	0.49	0.58	0.60	0.25	0.31	0.36	0.38
	C20	0.57	0.74	0.90	0.94	0.37	0.47	0.56	0.59	0.24	0.30	0.35	0.37
抗裂安全系数K_f [有表面保护， $\beta=3.05$kJ /(m²·h·℃)]	C32	3.33	3.67	3.76	3.79	5.19	5.77	5.99	6.06	8.03	9.10	9.52	9.68
	C25	3.24	3.59	3.65	3.65	5.05	5.65	5.83	5.83	7.81	8.92	9.26	9.32
	C20	2.99	3.52	3.58	3.59	4.66	5.54	5.71	5.74	7.20	8.74	9.07	9.17

计算成果分析如下：

（1）1 日型骤降表面应力较小，最大表面应力为 2.86MPa；3 日型骤降危害最大，表面应力最大达 4.97MPa。若不采取表面保护措施，仅由气温骤降引起的表面应力，均不满足设计允许应力要求。

（2）相同温降条件下，随着龄期的延长，其混凝土表面应力也随着增大，若不采取表面保护措施，混凝土龄期从 7d 到 180d 其表面拉应力：1 日型增加 0.97MPa（C32），3 日型增加 1.86MPa（C32）。

（3）相同温降及相同龄期混凝土，随着混凝土强度等级的提高，其表面应力也随着增高，若不采取表面保护措施，混凝土强度等级由 C20 提高至 C32，其表面应力：1 日型增加 0.13～0.15MPa，3 日型增加 0.22～0.25MPa。但随着混凝土强度等级的提高，其抗裂安全系数也相应提高。

（4）当混凝土采取表面保护后，且保温材料等效放热系数 $\beta \leqslant 3.05 \text{kJ}/(\text{m}^2 \cdot \text{h} \cdot ℃)$ 时，混凝土表面拉应力大幅度地减小，以 C_{32} 混凝土为例，1 日型为 1.63～2.47MPa（C32），3 日型为 2.49～3.98MPa，相当于表面应力减小了 5～7 倍。可见表面保温是减小混凝土表面应力及减少混凝土裂缝的最有效措施。

4.8.5.3　日气温变幅产生的表面温度应力计算

1. 计算理论

根据朱伯芳院士编著的《大体积混凝土温度应力与温度控制》一书关于气温日变化产生的混凝土表面温度应力计算公式，气温的日变化可用正弦函数表示：

$$T_a = T_R \sin(2\pi\tau/P) \tag{4.8-7}$$

由于气温日变化的影响深度小于 1.0m，而且是周期性变化，而坝体相对较厚，所以可按半无限体计算坝体准稳定温度场。坝体混凝土表面温度可按式（4.8-8）计算：

$$T = fA_R \mathrm{e}^{-\rho x} \sin \frac{2\pi(\tau-m)}{P} \tag{4.8-8}$$

其中

$$f = \frac{1}{\sqrt{1+2u+2u^2}}$$

$$u = \frac{\lambda}{\beta}\sqrt{\frac{\pi}{Pa}}$$

$$m = \frac{P}{2\pi}\cot\left(\frac{u}{1+u}\right)$$

混凝土表面最大徐变温度应力计算公式：

$$\sigma = \frac{f\rho A_R E(\tau)\alpha}{1-\mu} \tag{4.8-9}$$

式中：A_R 为气温日变幅，如日温差 $\Delta T = 18$ 时，日变幅为 $A_R = 9℃$；P 为气温变化周期（$P=1$d）；T_a 为外界气温；ρ 为考虑徐变影响的应力松弛系数，对于日变化，$\rho=0.9$；α 为线膨胀系数。

2. 计算结果分析

根据拉西瓦地区统计资料，日温差不小于 10℃、15℃、18℃、25℃发生的天数占全年天数的百分比分别为81.6％、52.0％、32.0％、1.3％，下面分别计算上述四种类型日温差在混凝土表面产生的表面温度应力。计算成果如表4.8-10。

表 4.8-10 　　　　　　　　　　日温差引起的混凝土表面温度应力 　　　　　　　　　　单位：MPa

日温差	类型	无表面保护 $[\beta=83.72kJ/(m^2 \cdot h \cdot ℃)]$				有表面保护 $[\beta=3.05kJ/(m^2 \cdot h \cdot ℃)]$			
	龄期	7d	28d	90d	180d	7d	28d	90d	180d
日温差25℃	C32	2.17	2.64	3.03	3.11	0.16	0.19	0.22	0.22
	C25	2.09	2.56	2.95	3.03	0.15	0.18	0.21	0.22
	C20	2.02	2.48	2.87	2.95	0.14	0.18	0.21	0.21
日温差18℃	C32	1.57	1.90	2.18	2.24	0.11	0.14	0.16	0.16
	C25	1.51	1.84	2.12	2.18	0.11	0.13	0.15	0.16
	C20	1.45	1.79	2.07	2.12	0.10	0.13	0.15	0.15
日温差15℃	C32	1.30	1.58	1.82	1.86	0.09	0.11	0.13	0.13
	C25	1.26	1.54	1.77	1.82	0.09	0.11	0.13	0.13
	C20	1.21	1.49	1.72	1.77	0.09	0.11	0.13	0.13
日温差10℃	C32	0.87	1.06	1.20	1.24	0.06	0.08	0.09	0.09
	C25	0.87	1.06	1.20	1.21	0.06	0.07	0.08	0.09
	C20	0.87	1.02	1.17	1.18	0.06	0.07	0.08	0.08
混凝土允许抗裂应力	C32	1.27	1.76	2.00	2.11	1.27	1.76	2.00	2.11
	C25	1.21	1.58	1.83	1.94	1.21	1.58	1.83	1.94
	C20	1.09	1.45	1.67	1.78	1.09	1.45	1.67	1.78

由计算结果可得出如下结论：

（1）若不采取表面保护措施，混凝土表面应力随着日温差的增大而增大，随着强度等级的增大而增大，随着龄期的增长而增大。如混凝土强度等级为C32，日温差由10℃增大为25℃，混凝土表面应力增幅为1.30～1.87MPa。

（2）若不采取表面保温措施，当日温差大于15℃时，仅日温差产生的混凝土表面应力均大于同龄期混凝土的允许抗裂应力，因此必须加强表面保温，减小昼夜温差产生的表面应力。

（3）当采取了表面保护措施，且$\beta \leq 3.05kJ/(m^2 \cdot h \cdot ℃)$时，其混凝土表面温度应力均大幅度地减小。以日温差$\Delta T=25℃$时，混凝土强度等级相同时（C32），保温后混凝土表面应力仅为0.16～0.22 MPa，相应减小了2.01～2.89MPa，相当于混凝土表面应力减小了13.6～14.1倍，可见表面保温效果非常明显。由此可见，在保温的情况下，日温差所产生的表面应力相对较小。

4.8.5.4 各种工况组合下的混凝土表面温度应力

拉西瓦地区2000—2008年实测气象统计资料详见表4.8-11和表4.8-12。分析总结拉西瓦地区实测气象统计资料，其气温骤降和日温差特点如下：

（1）每年10—11月秋末、3—5月初春寒潮发生频繁，而降温幅度较大的寒潮主要发生在4—5月，为3日型寒潮，最大降温幅度为14.5℃，其次为10—11月，最大降温幅度为10.5℃。

（2）每年日温差大于 10℃的天数有 293d，大于 15℃的天数全年为 199.6d，其中 11 月至次年 2 月大部分年份日温差大于 15℃的天数月平均在 20d 以上，日温差大于 20℃的天数全年为 68.6d，主要发生在 11 月至次年 5 月，而大于 25℃的天数，年平均仅 3.8d，主要发生在每年气温交替季节，即每年 3—5 月。

（3）在每年 12 月至次年 2 月气温较低时段，寒潮降温幅度一般不是很大（为 6～10℃），但是在寒潮达到最大幅度时，日温差一般很大，多在 18～22℃；而在每年 3—5 月寒潮降温幅度一般较大（10～14℃）时，但是当寒潮降到最大幅度时，日温差一般较小（6～10℃）。

表 4.8-11　　　　拉西瓦地区 2000—2008 年实测寒潮和日温差统计资料

项　目		1月	2月	3月	4月	5月	6月	7月	8月	9月	10月	11月	12月	合计
2000年	寒潮次数	1	1		1	1	1	1			2	1		9
	降温历时/d	4	4		4	2	2	2			3/1	4		
	降温幅度/℃	9.2	8.1		8.3	8.4	7.8	11.5			6.3～6.7	8.1		
	日温差/℃	19.9	18.9		8.1	13.4	7.6	8.8			6.3～11.5	13.4		
2001年	寒潮次数	2	1		2	1	1	1	2	2	2	1	1	16
	降温历时/d	2～4	3		3～4	2	3	4	4～3	2～3	3～4	4	4	
	降温幅度/℃	8.4～7.9	6.5		9.6～7.5	7.1	7.5	9.7	8.3～6.7	7.1～6	6.4～7.8	6	6.7	
	日温差/℃	21.8～22.5	23.6		13.2～7.2	6.7	8.5	9	9.2～5.8	5.4～17.6	16.6～23.4	15	19.3	
2002年	寒潮次数	1		2	2	1		1	1	1	1	1	1	12
	降温历时/d	4		3	2～3	3		2	3	1	4	3	4	
	降温幅度/℃	6.7		6.4～6	9.6～6.1	6.2		8.1	6.2	6.2	7	7.7	7.1	
	日温差/℃	17.1		12.9～6.4	12.9～10.9	5.5		5.9	7	11.3	7.1	21.1	17.3	
2003年	寒潮次数			1	2	1	1	1	1	1	2	1	1	11
	降温历时/d			3	2～2	1	2	2	3		3～2	4	2	
	降温幅度/℃			8	6.8～8.8	8	6.4	7.4	9.3		7.2～7.2	8.3	6	
	日温差/℃			7.1	17.2～19.4	8.9	9.2	3.3	6.8		2.9～21.9	20.8	15.2	
2004年	寒潮次数		1		2	1	1		1			1	1	8
	降温历时/d		3		2～4	3	1		1			3	1	
	降温幅度/℃		8.2		8.1～6.9	13.6	6.4		6.2			10	8	
	日温差/℃		9		8.2～10.4	8.7	10.3		9.2			19.9	13.9	

续表

项 目		1月	2月	3月	4月	5月	6月	7月	8月	9月	10月	11月	12月	合计
2005年	寒潮次数	1	1	2	1			1	1			1	2	10
	降温历时/d	4	4	3～2	2			3	2			4	1～2	
	降温幅度/℃	6	7.4	10.4～6.7	10.5			10.3	7.8			6.1	8.8～6.4	
	日温差/℃	19.2	6.6	7.9～8.6	6.1			4.4	4.7			20.8	16.1～21.1	
2006年	寒潮次数	1	3	1	1	2	2	1	2					13
	降温历时/d	2～3	3～4	2	2	3～2	1～2	3	3～4					
	降温幅度/℃	8.7～6.4	9～10.3	11.3	13	6.4～7.4	6.7～6.6	9.7	6.7～8.1					
	日温差/℃	13.9～18	20.5～10.9	14.2	5.9	14.1～11.7	8.9～10.1	4.7	10.3～7.2					
2007年	寒潮次数	1		2	1	2	1	1		1	1			10
	降温历时/d	3		4～3	3	3～2	4	3		4	2			
	降温幅度/℃	6.5		8.2～7.1	12.9	6.4～8.5	6.4	6.9		6.3	8.9			
	日温差/℃	23.8		10.1～9.2	10.1	13.6～5.6	7	6		3.5	4.9			
2008年	寒潮次数			1	2	1		1		1			1	7
	降温历时/d			3	2～3	1		3		4			3	
	降温幅度/℃			7	8.2～11.4	6.4		6.1		7.3			6.3	
	日温差/℃			16.2	5.9～12.4	14.6		20.4		4.3			18.4	

注 表中寒潮统计资料为2～4d平均气温大于6℃的次数,日温差为寒潮期间气温降到最大幅度时的日温差。

表 4.8－12　　拉西瓦地区 2000—2008 年各月实测日温差统计资料

项 目		1月	2月	3月	4月	5月	6月	7月	8月	9月	10月	11月	12月	合计
2000年	日温差≥10℃的天数	27	23	30	28	27	22	29	25	19	22	25	25	302
	日温差≥15℃的天数	22	20	14	18	20	13	24	16	11	19	14	19	210
	日温差≥20℃的天数	7	8		8	12	5	7	4	3	7	5	4	74
	日温差≥25℃的天数			3	2	1								6
2001年	日温差≥10℃的天数	25	19	29	22	25	27	24	28	18	28	28	24	297
	日温差≥15℃的天数	19	17	18	18	16	18	17	15	8	21	23	18	208
	日温差≥20℃的天数	8	6	9	7	7	9	8	4		7	6	2	74
	日温差≥25℃的天数			2		2	1							5

续表

项　目		1月	2月	3月	4月	5月	6月	7月	8月	9月	10月	11月	12月	合计
2002年	日温差≥10℃的天数	27	26	28	26	24	26	24	25	20	28	29	25	308
	日温差≥15℃的天数	20	19	20	14	14	16	17	23	7	22	25	19	216
	日温差≥20℃的天数	12	8	7	10	4	3	2	4	1	15	15	6	87
	日温差≥25℃的天数			1	4						1			6
2003年	日温差≥10℃的天数	30	27	21	26	26	27	26	20	19	19	25	28	294
	日温差≥15℃的天数	25	19	14	14	13	17	13	10	13	16	19	20	193
	日温差≥20℃的天数	14	4	6	8	4	1	4	5	4	7	7	4	68
	日温差≥25℃的天数			1	2									3
2004年	日温差≥10℃的天数	29	26	26	27	22	26	23	22	17	25	30	29	302
	日温差≥15℃的天数	24	22	16	19	13	15	12	11	8	14	25	22	201
	日温差≥20℃的天数	7	8	7	12	4	3	5		4	5	14	7	76
	日温差≥25℃的天数			3	1									4
2005年	日温差≥10℃的天数	28	21	22	25	28	24	16	19	17	20	25	29	274
	日温差≥15℃的天数	18	16	15	18	20	13	12		8	12	17	27	183
	日温差≥20℃的天数	6	7	6	7	2	3	4		2	4	5	8	54
	日温差≥25℃的天数													0
2006年	日温差≥10℃的天数	25	19	29	26	26	22	22	25	16	27	27	27	291
	日温差≥15℃的天数	15	13	20	17	18	16	10	13	8	18	20	22	190
	日温差≥20℃的天数	5	3	7	12	8	3	3	2	3	8	9	5	68
	日温差≥25℃的天数			2	1									3
2007年	日温差≥10℃的天数	26	25	24	28	26	20	24	20	22	16	30	29	290
	日温差≥15℃的天数	21	20	13	14	19	15	12	11	12	10	27	22	196
	日温差≥20℃的天数	9	13	8	6	9		1		5	2	10	3	66
	日温差≥25℃的天数			2	1	1								4
2008年	日温差≥10℃的天数	21	21	30	27	29	27	20	23		26	25	30	279
	日温差≥15℃的天数	11	18	24	15	18	16	17	14	10	16	17	23	199
	日温差≥20℃的天数	2	5	8	6	7	4	5	1	1	1	1	9	50
	日温差≥25℃的天数			1	1	1								3
平均	日温差≥10℃的天数	26.4	23.0	26.6	26.1	25.9	24.6	23.1	23.0	16.4	23.4	27.1	27.3	293.0
	日温差≥15℃的天数	19.4	18.2	17.1	16.3	16.8	15.4	14.9	13.3	9.4	16.4	20.8	21.3	199.6
	日温差≥20℃的天数	7.8	6.9	6.9	8.6	6.3	3.4	4.3	2.2	2.6	6.2	8.0	5.3	68.6
	日温差≥25℃的天数	0.0	0.0	1.4	1.4	0.7	0.1	0.0	0.0	0.0	0.1	0.0	0.0	3.8

　　分析总结拉西瓦坝址区施工期近 10 年的实测日平均气温统计资料（包括日温差、气温骤降、年变幅资料），可知在年气温变化、气温骤降、日变幅三种气温统计资料中，每年气温较低时段（12 月至次年 2 月）气温年变幅应力最大，但是气温骤降幅度和日变幅

均不是最大、但是在 4—5 月，气温骤降幅度和日变幅最大时，年变幅应力却最小，因此在最不利工况叠加时，不应当都采用最大的应力进行叠加，而应结合各月日温差、气温骤降出现情况进行选取。一般高温季节浇筑的老混凝土过冬时遇气温骤降和冬季新浇筑的混凝土遇气温骤降是大坝混凝土施工期遇到的两种最不利的工况。因为高温季节浇筑的老混凝土过冬时其气温年变幅应力均较大，如果再遇气温骤降，两者叠加其表面应力将达到最大；而冬季新浇混凝土自身的水化热温升应力较大，但是由于龄期较短，其自身强度较小，此时再叠加遇寒潮应力，如果不进行表面保温，混凝土表面应力将大于自身的抗裂强度而开裂。考虑气温年变幅的影响，因此在进行表面应力叠加时可按长龄期的老混凝土和短龄期的新浇混凝土两大类分别进行计算。

1. 高温季节浇筑的老混凝土过冬时的表面温度应力分析

计算时按 180d 长龄期和 90d 龄期两种工况的混凝土遇气温骤降，分别计算年气温变化、气温骤降、日变幅三种应力进行组合。

（1）工况一（180d 长龄期）：一般高温 5—8 月浇筑的老混凝土，在冬季气温最低时段（12 月至次年 1 月），因年气温变化和日温差产生的应力均较大，如果此时再遇寒潮，其表面拉应力将达到最大，如果混凝土表面未进行表面保护，其裂缝一般较为严重，而且深度较深，这是施工期混凝土遇到的最不利工况之一；即 σ_1 ＝年变幅最大应力 σ_n ＋日变幅应力 σ_r ＋2 日型寒潮应力 σ_z（$\Delta T = 8.5℃$）。

由于气温年变化最大应力一般发生在每年 12 月至次年 1 月，而 12 月至次年 1 月寒潮最大降温幅度一般为 6～8℃，计算时叠加了 1 月年变化应力，取 2 日型气温骤降 $\Delta T = 8.5℃$，12 月至次年 1 月日温差一般为 18～22，取 $\Delta T = 20℃$。计算成果见表 4.8-13。

表 4.8-13　工况一高温季节浇筑的混凝土在气温最低时段的表面应力（180d 龄期）　单位：MPa

保温材料 β /[kJ/(m²·h·℃)]	强度等级	(1) 年气温变化应力	(2) 气温骤降应力（2 日型寒潮）$\Delta T = 8.5℃$	(3) 日温差应力（$\Delta T = 20℃$）	(1)+(2)+(3) 组合最大应力 σ_1	允许应力	抗裂安全系数 K_1
无表面保护（$\beta = 83.72$）	C32	2.14	2.91	2.49	7.53	2.11	0.50
	C25	2.08	2.84	2.42	7.34	1.94	0.48
	C20	2.03	2.76	2.36	7.15	1.78	0.45
有表面保护（$\beta = 3.05$）	C32	1.02	0.50	0.22	1.74	2.11	2.18
	C25	0.99	0.49	0.22	1.70	1.94	2.06
	C20	0.97	0.47	0.21	1.65	1.78	1.94

计算结果表明：由于气温年变幅应力在 12 月至次年 1 月气温较低时段达到最大，此时再叠加寒潮应力，混凝土表面应力将达到最大，如果不进行表面保温，组合最大应力为 7.53MPa，其表面抗裂安全系数均小于 1.0。当混凝土表面采取 5cm 厚的保温材料后，其表面应力大大减小，组合工况下最大应力仅 1.74MPa，抗裂安全系数大于 1.8，满足设计要求。

（2）工况二（90d 龄期）：高温季节 5—8 月浇筑的混凝土，在秋末冬初 10—11 月气温变幅较大季节，再遇寒潮，其表面应力相对较大，这时如果保温不及时，往往会出现一批裂缝。混凝土龄期按 90d 考虑，按照统计资料 10 月日温差取 $\Delta T = 20℃$，寒潮降温幅度取 $\Delta T = 10.5℃$，并叠加了 10 月的气温年变幅应力，计算结果见表 4.8 - 14。

表 4.8 - 14　工况二高温季节浇筑的混凝土在气温最低时段的表面应力（90d 龄期）　单位：MPa

保温材料 β /[kJ/(m² · h · ℃)]	强度等级	(1) 年气温变化应力	(2) 气温骤降应力（2 日型寒潮）$\Delta T = 10.5℃$	(3) 日温差应力（$\Delta T = 20℃$）	(1)＋(2)＋(3) 组合最大应力 σ_2	允许应力	抗裂安全系数 K_1
无表面保护 （$\beta = 83.72$）	C32	1.00	3.44	2.49	6.93	2.00	0.52
	C25	0.96	3.35	2.42	6.73	1.83	0.49
	C20	0.95	3.27	2.36	6.58	1.67	0.46
有表面保护 （$\beta = 3.05$）	C32	−0.42	0.59	0.22	0.39	2.00	9.06
	C25	−0.41	0.58	0.22	0.39	1.83	8.51
	C20	−0.40	0.56	0.21	0.37	1.67	7.98

$$\sigma_2 = 年变幅应力 \sigma_n + 日变幅应力 \sigma_r + 2 日型寒潮应力 \sigma_z（\Delta T = 10℃）$$

与工况一相比，年气温变幅应力没有达到最大，若不进行表面保温，组合工况下最大应力为 6.92MPa，其表面抗裂安全系数仍小于 1.0；当混凝土表面采取 5cm 厚的保温材料后，其表面应力大大减小，表面抗裂安全系数达大于 1.8，满足设计要求。

2. 新浇筑混凝土遇气温骤降时的表面温度应力

（1）工况三：冬季低温时段（12 月至次年 1 月）新浇筑的混凝土，自身的水化热温升应力较大，而此阶段日温差较大，如果再遇到气温骤降，其表面应力也将很大，而此时混凝土自身强度不高，如果混凝土表面不进行保温，很容易产生裂缝，这是施工期最不利的工况之三。

计算时日温差采用 $\Delta T = 20℃$，采用 2 日型寒潮，最大降温幅度为 8.5℃，并叠加混凝土自身的水化热温升应力，计算龄期为 7d 和 28d。由于龄期较短，因此不考虑气温年变幅应力。计算结果见表 4.8 - 15。

表 4.8 - 15　工况三冬季 12 月至次年 1 月最低气温时段新浇混凝土遇寒潮时的混凝土表面应力　单位：MPa

保温材料 β /[kJ/(m² · h · ℃)]	强度等级	气温骤降应力（2 日型寒潮）		日温差应力（$\Delta T = 20℃$）		水化热温升应力		最大应力 σ		允许应力		抗裂安全系数	
		7d	28d	7d	28d	7d	28d	7d	28d	7d	28d	7d	28d
无表面保护 （$\beta = 83.72$）	C32	2.30	2.91	1.74	2.11	1.02	1.35	5.06	6.37	1.27	1.76	0.41	0.46
	C25	2.22	2.83	1.68	2.05	0.98	1.30	4.88	6.18	1.21	1.58	0.41	0.42
	C20	2.13	2.74	1.61	1.99	0.94	1.24	4.68	5.97	1.09	1.45	0.38	0.40
有表面保护 （$\beta = 3.05$）	C32	0.40	0.50	0.06	0.08	0.66	0.97	1.12	1.55	1.27	1.76	1.87	1.87
	C25	0.38	0.49	0.06	0.07	0.63	0.93	1.07	1.49	1.21	1.58	1.87	1.75
	C20	0.37	0.47	0.06	0.07	0.61	0.89	1.03	1.43	1.09	1.45	1.73	1.67

$$\sigma_3 = 水化热温升应力 \sigma_n + 日变幅最大应力 \sigma_r + 2 日型寒潮应力 \sigma_z$$

计算结果表明，冬季新浇筑的混凝土再遇寒潮，如果不采取表面保温措施，组合工况下混凝土表面应力最大为 6.37MPa，抗裂安全系数均小于 1.0；但是当混凝土表面覆盖了 5cm 厚的聚苯乙烯保温材料，寒潮应力和日温差应力降幅较大，组合工况下 C32 混凝土 7d 表面应力为 1.12MPa，28d 的表面应力 1.55MPa，裂安全系数均为 1.88，但是当强度等级小于 C32，其混凝土抗裂安全系数部分小于 1.8，大于 1.65，基本满足短龄期混凝土允许抗裂要求。

（2）工况四：春季 3—5 月新浇混凝土，由于寒潮降温幅度较大，如果混凝土表面不采取保温措施，混凝土也很容易产生裂缝。但是由于春季寒潮降温幅度较大时，日温差一般不是很大，为 6～10℃，因此计算时日温差取 $\Delta T = 10℃$，采用 3 日型寒潮，降温幅度取 $\Delta T = 14.5℃$，并叠加混凝土自身的水化热温升应力，计算龄期为 7d 和 28d。由于春季处于升温阶段，因此年变幅应力相对较小，因此不考虑长龄期混凝土表面应力情况。计算结果见表 4.8 - 16。

表 4.8 - 16　　　**工况四春季 3—5 月寒潮降温幅度最大季节新浇混凝土**
遇寒潮时的混凝土表面应力　　　　　单位：MPa

保温材料 β /[kJ/(m²·h·℃)]	强度等级	气温骤降应力 (3 日型寒潮)		日温差应力 ($\Delta T = 10℃$)		水化热温升应力		最大应力 σ		允许应力		抗裂安全系数	
		7d	28d	7d	28d	7d	28d	7d	28d	7d	28d	7d	28d
无表面保护 ($\beta = 83.72$)	C32	3.11	3.98	0.87	1.06	0.28	1.16	4.26	6.20	1.27	1.76	0.49	0.47
	C25	3.00	3.86	0.84	1.02	0.27	1.11	4.11	5.99	1.21	1.58	0.49	0.44
	C20	2.89	3.74	0.81	0.99	0.26	1.07	3.96	5.80	1.09	1.45	0.45	0.41
有表面保护 ($\beta = 3.05$)	C32	0.62	0.79	0.06	0.08	0.26	0.43	0.94	1.29	1.27	1.76	2.23	2.23
	C25	0.59	0.77	0.06	0.07	0.25	0.42	0.90	1.26	1.21	1.58	2.22	2.07
	C20	0.57	0.74	0.06	0.07	0.24	0.40	0.87	1.22	1.09	1.45	2.07	1.98

$$\sigma_4 = 混凝土水化热温升应力 \sigma_n + 日变幅应力 \sigma_r + 3 日型寒潮应力 \sigma_z$$

与工况三相比，由于春季外界气温相对冬季较高，因此其自身的水化温升应力较小，同时发生寒潮时，日温差较小，因此其表面应力比工况三小，但是混凝土表面若不采取表面保温措施，其表面应力仍远远大于允许抗裂应力，表面抗裂安全系数小于 1.0。但当采取 5cm 的保温材料后，表面应力均小于同龄期混凝土的允许抗裂应力，抗裂安全系数均大于 2.0，满足设计要求。

（3）工况五：对于拉西瓦地区，春季 3—5 月不仅寒潮降温幅度大，而且每年最大的日温差也发生在这个时期，根据统计资料，日温差大于 25℃ 的天数每年一般为 3～5d，但是基本没有寒潮发生，因此计算仅考虑春季新浇混凝土，在日温差为 25℃ 时的日变幅应力和自身的水化热温升应力。即 $\sigma_4 = 混凝土水化热温升应力 \sigma_n + 日变幅应力 \sigma_r$（$\Delta T = 25℃$）。计算结果见表 4.8 - 17。

表 4.8 – 17　　　　　　　工况五春季 3～5 月新浇混凝土的表面应力　　　　　单位：MPa

保温材料 β /[kJ/(m²·h·℃)]	强度等级	日温差应力 ($\Delta T=25℃$)		水化热温升应力		最大应力 σ		允许应力		抗裂安全系数	
		7d	28d	7d	28d	7d	28d	7d	28d	7d	28d
无表面保护 ($\beta=83.72$)	C32	2.17	2.64	0.28	1.16	2.45	3.80	1.27	1.76	0.86	0.76
	C30	2.09	2.56	0.27	1.11	2.36	3.67	1.21	1.58	0.85	0.71
	C25	2.02	2.48	0.26	1.07	2.28	3.55	1.09	1.45	0.79	0.67
有表面保护 ($\beta=3.05$)	C32	0.16	0.19	0.26	0.43	0.42	0.62	1.27	1.76	4.99	4.68
	C30	0.15	0.18	0.25	0.42	0.40	0.60	1.21	1.58	4.99	4.35
	C25	0.14	0.18	0.24	0.40	0.38	0.58	1.09	1.45	4.73	4.13

与工况四相比，由于工况五未考虑气温骤降应力，因此组合工况下表面最大应力相对要小，但是混凝土表面不保温时，其表面应力仍远远大于设计允许抗裂应力。采取表面保温措施后，其表面抗裂安全系数均大于 4.0，满足设计要求。

4.8.6　大坝混凝土表面保温标准选择及其冬季保温措施

4.8.6.1　保温标准选择

结合表 4.8 – 13～表 4.8 – 17 等五种最不利工况组合下的混凝土表面应力计算成果可知：

（1）对于高温季节浇筑的长龄期混凝土在最低气温时段 12 月至次年 1 月遇寒潮和低温季节新浇筑的短龄期混凝土遇寒潮为施工期两种最不利工况，若不进行混凝土表面保护，其表面应力远远大于设计要求的允许抗裂应力，表面抗裂安全系数均小于 1.0。

（2）当混凝土表面采取 5cm 厚的保温材料［等效放热系数 $\beta<3.05$ kJ/(m²·h·℃)］后，其混凝土表面应力均小于设计要求的允许抗裂应力。高温季节浇筑的长龄期混凝土过冬时遇寒潮，其表面抗裂安全系数均大于 1.8；低温季节浇筑的短龄期混凝土遇寒潮，其表面抗裂安全系数均大于 1.65，满足设计要求。

（3）根据 4.4～4.7 节大坝施工期温度应力三维有限元仿真计算成果可知，无论河床坝段，还是陡坡坝段，对于高温季节浇筑的基础强约束区混凝土，在当年 9 月底前过冬时，应采取加大力度的保温方式，要求基础强约束区保温材料等效放热系数 $\beta\leqslant$ 0.84kJ/(m²·h·℃)（相当于 15cm 厚的聚氯乙烯）；由于孔口部位冬季表面应力较大，应适当加厚保温材料厚度，要求保温材料等效放热系数 $\beta\leqslant2.1$ kJ/(m²·h·℃)（相当于 8cm 厚的聚氯乙烯）；对于高温季节封拱灌浆的非约束区混凝土，要求过冬时采取加大力度的保温方式，要求保温材料等效放热系数 $\beta\leqslant2.4$ kJ/(m²·h·℃)（相当于 8cm 厚的聚氯乙烯）；同时要求大坝上下游面等永久暴露面采取全年保温方式，对于每年 10 月至次年 4 月浇筑的大坝顶面和侧面可采取临时保温方式，并要求混凝土一浇筑完毕，即采取表面保温材料进行覆盖。

4.8.6.2　冬季保温措施

考虑高寒地区气候条件恶劣，具有气温年变幅大、气温骤降频繁、日变幅较大等特点，混凝土表面应力较大，对于高拱坝混凝土无论施工期，还是运行期，均要求采取表面保温措施。对于拉西瓦大坝混凝土保温措施如下：

（1）对于大坝上下游面等永久暴露面，采用全年保温的方式。建议施工期保温与运行期永久保温相结合，要求保温后的混凝土表面放热系数 $\beta \leqslant 3.05 \mathrm{kJ/(m^2 \cdot h \cdot ℃)}$。采用 5cm 厚的挤塑型聚苯乙烯泡沫塑料板贴在模板内侧。

（2）各坝块侧面及上表面采取临时保温方式。对当年冬季 10 月至次年 4 月浇筑的混凝土侧面及上表面，要求一浇筑完毕立即覆盖保温被；对高温季节 5—9 月浇筑的混凝土，要求在每年 9 月底以前完成所有部位混凝土表面保温工作，至次年 4 月底方可拆除保温材料；对坝体重要部位已形成的孔洞、廊道等也必须在 9 月底前挂保温材料封口，防止冷空气对流而产生混凝土裂缝。要求保温材料的等效放热系数 $\beta \leqslant 3.05 \mathrm{kJ/(m^2 \cdot h \cdot ℃)}$。

（3）对于高温季节 5—8 月浇筑的基础强约束区混凝土，要求当年 9 月底前采取加大力度的保温方式，要求保温材料的等效放热系数 $\beta \leqslant 0.84 \mathrm{kJ/(m^2 \cdot h \cdot ℃)}$（相当于 15cm 的聚苯乙烯泡沫塑料板）。

（4）考虑坝内孔口部位混凝土过冬时表面应力较大，应适当加厚保温材料。因此对于当年浇筑的孔口部位的混凝土，要求保温材料的等效放热系数 $\beta \leqslant 2.1 \mathrm{kJ/(m^2 \cdot h \cdot ℃)}$（相当于 8cm 的玻璃棉被）。

（5）结合全年接缝灌浆措施研究成果，对高温季节灌浆的坝体，要求过冬时采取加大力度的保温方式，要求保温材料的等效放热系数 $\beta \leqslant 2.1 \mathrm{kJ/(m^2 \cdot h \cdot ℃)}$（相当于 8cm 的玻璃棉被）。

（6）冬季浇筑的混凝土应适当推迟拆模时间。拆模时间为 5～7d，并选在中午气温较高时段拆模，气温骤降期间禁止拆模，模板拆除后应立即覆盖保温材料，防止混凝土表面产生裂缝。

（7）对易受冻的边角部位 3m 范围内保温材料应适当加厚。

4.8.7 混凝土保温材料试验研究及其保温材料选择

考虑拉西瓦工程地处高原寒冷地区，气候条件恶劣，大坝为双曲薄拱坝，受外界气温影响较大，无论施工期，还是运行期，必须加强大坝表面保温，防止混凝土表面裂缝。为了确保工程质量，为拉西瓦大坝混凝土上下游面选择保温隔热效果好、工艺简单、施工方便的保温材料。

4.8.7.1 保温材料分类及其性能

目前保温材料多采用泡沫塑料，其品种主要有聚苯乙烯泡沫塑料、聚乙烯泡沫塑料、聚氨酯泡沫塑料，都是闭孔结构，不吸水，均可用于大体积混凝土中。

（1）聚苯乙烯泡沫塑料：白色硬质板，有一定强度，不吸水，保温性能好，质轻，耐久性强，导热系数为 $0.13～0.16 \mathrm{kJ/(m^2 \cdot h \cdot ℃)}$，弯曲抗拉强度不小于 0.18MPa，抗压强度不小于 0.15MPa，，吸水率不大于 $0.08 \mathrm{kg/m^3}$，容重 $20～30 \mathrm{kg/m^3}$。在龙羊峡、李家峡等拱坝上下游面已成功使用，多采用模板内贴法，保温效果较好，施工方便。缺点是遇明火易燃烧，须加入阻燃剂。

（2）聚乙烯泡沫塑料：导热系数为 $0.13～0.15 \mathrm{kJ/(m^2 \cdot h \cdot ℃)}$，隔热效果好，重量轻，抗拉强度 0.2～0.4MPa，其最大的优点就是柔性好，富有弹性，可在各种形状的混凝土表面使用。气泡也是闭孔型，能防水，吸水率小于 $5kg/m^3$，但相比聚苯乙烯泡沫塑料吸水率要大。曾在三峡二期工程使用，从实际使用情况看，保温效果较好，但是由于抗拉强度低，风速大时易被撕破，且吸水率稍大，因此须在表面贴彩条布，提高抗拉强度和防水性能。

（3）聚氨酯泡沫塑料：是采用一种极强的黏合剂再加入发泡剂制成泡沫后具有保温能力，而且可与混凝土黏结形成保温层。聚氨酯泡沫塑料是闭孔结构，不吸水，导热系数小 $0.11kJ/(m^2 \cdot h \cdot ℃)$，保温隔热效果较好，黏着强度 0.1MPa，本体抗压强度 $0.1\sim0.2MPa$，渗透系数小于 $1\times10^{-8}cm/s$，抗冻标号大于 F200，密度 $32\sim40kg/m^3$。聚氨酯泡沫塑料通常采用喷涂法施工，把材料分成 A 组和 B 组。A 组包括聚氨酯和扩链剂，B 组包括发泡剂、催化剂、稳定剂、阻燃剂等。两组材料分别有专用计量泵按比例输送至喷枪内，用干燥压缩空气作为搅混能源，将两组材料吹散混合，并在压缩空气作用下，将混合物射至混凝土表面。该种保温材料在新疆石门子碾压混凝土拱坝、丰满电站重建工程碾压混凝土坝上下游面成功使用，当地气候严寒，使用效果好。

（4）聚脲材料是指由异氰酸酯（简称 A 组分）与氨基化合物组分（简称 B 组分）反应生成，分子结构中含有重复的脲基链段的一种弹性体物质，其中的 A 组分可以是单体、聚合体、异氰酸酯的衍生物、预聚物和半预聚物，但 B 组分必须是有端氨基树脂和端氨基扩链剂组成。聚脲材料以其优异的理化性能、整体防护性及施工高效性在水利水电工程防渗以及防护项目中得到推广应用，目前已在混凝土坝表面防渗、泄洪建筑物抗冲磨防护、渡槽、水闸等建筑物的表面（降糙、防渗）防护等领域得到广泛应用。丰满水电站重建工程碾压混凝土坝在上游坝面、进水口流道、溢洪道、厂房屋顶聚氨酯保温防冰拔等部位使用聚脲达到辅助防渗及保护的目的。

聚脲材料分类：按结构分为芳香族聚脲、脂肪族聚脲和聚天门氨酸酯聚脲；按反应类型分为双组分喷涂聚脲、单组分涂刷聚脲和双组分涂刷聚脲。

芳香族聚脲：A 组分是芳香族异氰酸酯预聚体，B 组分端胺基聚醚和芳香族扩链剂、助剂混合物端羟基聚醚和胺基扩链剂为半聚脲。其优点是优异的物理性能，价格低廉；缺点是在光照下黄变，易老化，在紫外线下自氧化生成醌亚胺。

脂肪族聚脲：A 组分是脂肪族异氰酸酯预聚体，B 组分端氨基聚醚加脂肪族扩链剂。优点是突出的耐候性能，优异的耐低温性能；缺点是物理性能稍差，耐高温和耐腐蚀差，价格贵。

天门冬氨酸酯聚脲：A 组分是脂肪族异氰酸酯预聚体，B 组分是天门冬氨酸树脂（仲胺）。优点是固化速度可调至 15min 以上，高拉伸强度、高光泽度、优异的耐磨性能，优异的附着力；优异的防腐性能及耐紫外光性能；可以刷涂也可以常规高压无气喷涂机施工。缺点是价格昂贵，弹性稍差，原料品种少。

双组分喷涂聚脲：A 组分是由端羟基化合物与异氰酸酯反应制得的半预聚物，B 组分是由端氨基聚醚和端氨基扩链剂（芳香族、脂肪族）组成的混合物。特点：固化速度快易黄变、易老化，耐高速水流冲击能力差、需专用喷涂设备，大面积施工效率高，成本低。

单组分涂刷聚脲：由异氰酸酯的预聚体和封闭胺化合物、助剂等构成的液态混合物。特点：施工便利，脂肪族，耐候性好，耐高速水流冲刷能力强，但成本高。

双组分涂刷聚脲：A组分是脂肪族异氰酸酯B组分是聚天门冬氨酸树脂（仲胺）。优点：双组分慢反应，固化时间可调与基层浸润性好，与基材附着力高，低温施工性能好。耐高速水流冲刷能力强，耐紫外线老化性能优异；可以刷涂也可以常规高压无气喷涂机施工。

根据聚脲材料分类特性和经济比选，在丰满水电站重建工程大坝挡水坝段上游面、发电厂房屋顶、主变油池部位等无高速水流冲刷部位，仅需要进行防渗防护处理的部位，在聚氨酯保温层上采用2mm厚双组分喷涂聚脲进行表面防护；在发电厂房坝段上游面、进水口、闸门槽、通风竖井等长期水流冲刷的部位，需要聚脲涂层既要具有优异的物理力学性能和附着力，又要能够抵抗水流的长期冲刷和优异的耐老化性能，因此该部位选择采用聚天门冬氨酸树脂涂刷聚脲材料进行了防护；在溢洪道门槽上游面高速水流冲刷区采用单组分涂刷聚脲进行混凝土表面保护。

4.8.7.2 保温材料试验研究

聚氨酯泡沫塑料是近年来发展的一种新型保温材料，具有保温性能好、无污染、节约能源、快速固化、施工期短等优点。为了了解它在高寒地区的保温效果及其施工工艺，为拉西瓦工程大坝保温材料选择提供可靠的依据，2006年拉西瓦建设公司组织在地理位置、气候条件等与拉西瓦相近的李家峡水电站大坝下游面老混凝土面上进行保温材料现场试验。目的是模拟与拉西瓦气候相近的自然低温环境下，研究聚氨酯保温材料的保温保湿效果及其施工工艺，为拉西瓦大坝保温材料选择提供第一手现场资料，以满足现场施工和大坝防裂要求。

1. 试验场地条件

李家峡水电站位于青海省黄河上游干流上的尖扎县境内，距拉西瓦下游河道距离32.8km，气象条件与拉西瓦基本相当。两工程气象资料对照表见表4.8-18。

表4.8-18 **李家峡地区和拉西瓦地区工程所在地气候条件对比表**

工程项目	拉西瓦工程	李家峡工程
年平均气温/℃	7.3	7.77
月平均最高气温/℃	18.3（7月）	19.15（7月）
月平均最低气温/℃	−6.7（1月）	−6.15（1月）
气温骤降次数	10	13
最大降温幅度/℃	14.5	16.5
日温差大于15℃的天数	195	146
冻融循环次数	118	77
年降雨量/mm	175	331
年蒸发量/mm	1950	1881

2. 试验布置

试验场地选择在李家峡9号坝段高程2059～2087m范围，主要研究在自然环境下喷涂不同厚度的聚氨酯材料，了解外界气温变化对大坝表面及内部混凝土温度和湿度的影响。试验区分为4部分，各部分喷涂材料情况如图4.8-9所示。喷涂时段为1月2—7

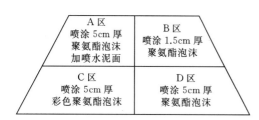

图 4.8-9　聚氨酯泡沫塑料喷涂试验
分区示意图

日，其中 A 区为气温较低时段施工的。

在各试验区内分别布置了 3 组温度计和湿度计，每组仪器由 3 支温度计和 1 支湿度计组成。在 D 区和 B 区分别加装 3 支温度计，在 A 区加装 2 支湿度计。温度计和湿度计埋设在混凝土表面下 1.5～5cmm 范围内。

3. 喷涂工艺

试验前对当地气候条件、聚氨酯泡沫特性、喷涂材料工艺进行详细分析，预估了喷涂过程可能遇到的问题，并按照自上而下的原则控制喷涂顺序、分层喷涂原则控制喷涂厚度、均匀分散原则、恒温原则、安全原则等来控制喷涂质量和美观。

4. 测试结果分析

通过埋设在聚氨酯保温层下的温度计、湿度计长时间的原型观测，取得了大量的温度和湿度数据，据此进行了实测温度和湿度分析。

A 区实测温度分析：测温时段从 2006 年 1 月 3 日至 3 月 16 日，历时 73d 时间。经历日温度变化、气温上升阶段、气温下降阶段，实测气温变化过程线如图 4.8-10 所示。

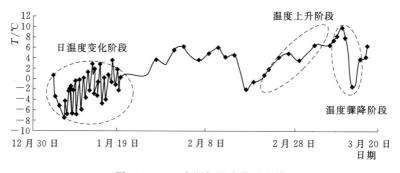

图 4.8-10　实测气温变化过程线

（1）日温度变幅：在测温初期阶段（2006 年 1 月 8—16 日），每天测温 4 次，即每天 9：00、14：00、17：00、20：00。为了分析方便，须引入混凝土表面保温系数 K 的概念，即 $K = \dfrac{A_f}{A_0}$，其中 A_f 为混凝土表面温度日变幅，A_0 为外界气温日变幅，即 K 值越小，表示保温效果越好。

由测试结果可知，A 区 K 值平均为 0.22，B 区 K 值平均为 0.28，C 区 K 值平均为 0.28，D 区 K 值平均为 0.24。可见保温系数平均为 0.255，也就是说采取聚氨酯保温材料，混凝土表面温度变幅较外界气温变幅缩小了约 1/4，保温效果良好。

（2）升温阶段：从 2006 年 2 月 16 日至 3 月 10 日历时 23d，气温从 −2.15℃ 上升到 9.95℃，气温变幅为 12.10℃（图 4.8-11）。从不同深度处温度上升情况可知，混凝土表面下 1.5cm 深度范围温度梯度变化大，而 1.5～5.0cm 范围温度梯度变化缓慢。

由图 4.8-11 可知，D 区和 A 区温度上升最小，C 区次之，B 区最大，保温层厚度越大，效果越好。外界气温上升 12.1℃，而 B 区混凝土表面温度上升了 4.5℃，表面保温系数为 0.37，即混凝土表面温度变幅较外界气温缩小约 1/3，隔热效果良好，但是日气温变化保温系数大，这主要由于升温历时较长（23d），而日变幅作用时间短的缘故。

（3）降温时段：从 3 月 10—12 日，经历了一次寒潮，2d 内气温从 9.95℃降到 −1.90℃，降温达 11.85℃，混凝土表面温度测试结果如图 4.8−12 所示。

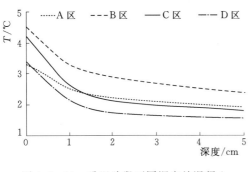

图 4.8−11　升温阶段不同深度处混凝土温度变化

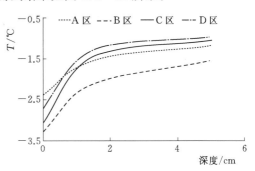

图 4.8−12　寒潮降温过程不同深度处混凝土温度变化

与升温过程相似，混凝土表面 0～2cm 范围温度梯度较大，2～5cm 温度梯度较缓。由于寒潮历时短，与日气温变化相似，D 区保温系数为 0.23，B 区保温系数为 0.28，保温材料厚度越大，保温效果越好。

（4）实测湿度分析：图 4.8−13 是 B 区方案中混凝土湿度变化过程线，坝址区域湿度为 30%～60%，平均值为 43.2%。如果没有保湿措施，混凝土表面将出现较大的干缩应力。图 10.7.5 表明，在喷涂聚氨酯泡沫后，混凝土的湿度逐渐上升并且很快稳定，保持在 74%～78%，基本不受外界湿度变化的影响，说明聚氨酯泡沫的保湿效果非常显著。其他方案与 B 区方案类似。

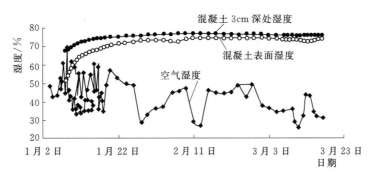

图 4.8−13　不同深度处混凝土湿度变化过程线

综合分析在李家峡大坝下游面进行的聚氨酯泡沫塑料的现场保温保湿试验研究结果，可得出如下结论：

（1）采用喷涂施工工艺时，聚氨酯泡沫和大坝表面黏结能力良好，在高寒、干燥条件下聚氨酯泡沫具有良好的保温保湿效果，保温层厚度越大，保温效果越好。

（2）喷涂厚度相同时，彩色聚氨酯泡沫保温层的保温保湿效果稍逊色于本色聚氨酯泡沫；聚氨酯泡沫表面加喷水泥面对提高混凝土的保温保湿效果有一定作用，但效果不显著。

（3）在大坝上下游面喷涂聚氨酯，须在混凝土拆模后在进行喷涂，增加了高空作业工序，同时由于高寒地区冬季气候寒冷，日温差较大，寒潮频繁，混凝土浇筑后须立即保温，采用聚氨酯泡沫塑料则无法满足新浇混凝土的保温要求。

（4）另外，聚氨酯喷涂工艺对施工温度比较敏感，温度低时发泡不足，温度过高时发泡膨胀，影响黏结强度，适宜温度为 $18 \sim 24℃$。拉西瓦地区冬季 11 月至次年 2 月月平均气温为 $0 \sim -6.7℃$，气温较低，须采用严格的施工工艺，增加催化剂，加热喷雾空气为 $40 \sim 60℃$，工艺掌握不好，保温层喷涂后不久即脱落。

考虑拉西瓦水电站工程坝高库大，大坝为混凝土双曲薄拱坝，坝体混凝土温度受外界气温影响较大，对大坝保温防裂要求严格。因此选择施工技术比较成熟、使用方便，保温效果与聚氨酯相当的聚苯乙烯泡沫保温板作为大坝上下游面的主要保温材料，采用挤塑型聚苯乙烯泡沫保温板贴在模板内测，对于水平施工仓面及侧面采用 5cm 的聚氯乙烯卷材或玻璃棉保温被等。保温材料选择及材料厚度建议值见表 4.8-19。图 4.8-14～图 4.8-17 为拉西瓦大坝混凝土保温材料现场应用情况。

表 4.8-19　　　　　　　　　混凝土保温标准及材料厚度选择表

部位	保温标准 β /$[kJ/(m^2 \cdot h \cdot ℃)]$	保温材料	厚度 /cm	导热系数 /$[kJ/(m \cdot h \cdot ℃)]$	验算 β 值 /$[kJ/(m^2 \cdot h \cdot ℃)]$	备注
大坝上下游面	$\beta \leqslant 1.225$	聚苯乙烯泡沫塑料板	15	0.130	0.86	模板内贴
			10	0.110	1.09	直接喷涂
大坝上下游面	$\beta \leqslant 3.05$	聚苯乙烯泡沫塑料板	5	0.130	2.52	模板内贴
			5	0.110	3.22	直接喷涂
横缝面及水平面	$\beta \leqslant 3.05$	EPE	5	0.084	1.64	悬挂
		玻璃棉被	8	0.167	2.04	覆盖
导流底孔等孔洞混凝土	$\beta \leqslant 2.1$	玻璃棉被	10	0.167	1.64	悬挂
		聚苯乙烯泡沫塑料板	8	0.126	1.54	模板内贴

图 4.8-14　拉西瓦大坝挤塑保温板内贴保温施工工艺效果图

图 4.8-15　拉西瓦大坝永久外露面挤塑保温板施工效果图

图 4.8-16　拉西瓦大坝横缝面临时保温方式（聚氯乙烯卷材＋彩条布）

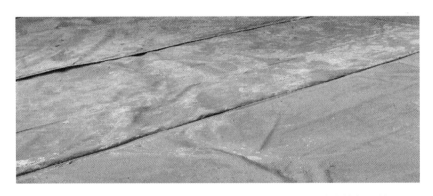

图 4.8-17　拉西瓦大坝冬季施工仓面临时保温方式（玻璃棉保温被）

4.8.7.3　大坝上下游面永久保温材料实测效果分析

图 4.8-18～图 4.8-22 为拉西瓦大坝混凝土上下游面不同保温材料厚度现场实测温度过程线。需要说明的是表面监测仪器埋设位置距混凝土表面 8cm，内部温度计埋设在坝体中心部位。根据内部温度与表面温度实测过程线对比分析可知：拉西瓦大坝上下游面保

温材料保温效果良好，内表温差很小，满足设计要求。

（1）在混凝土浇筑初期，表面保温材料越厚，其内表温差越小，保温效果越好。当保温材料厚度为5cm厚的聚苯乙烯时，浇筑初期内表温差为5～15℃；当保温材料厚度为15cm，浇筑初期混凝土内表温差为0～5℃。

（2）随着龄期的延长，表面混凝土温度随外界气温的变化而成周期性变化，内部温度在二冷结束后变化很小，内表温差均小于10℃。

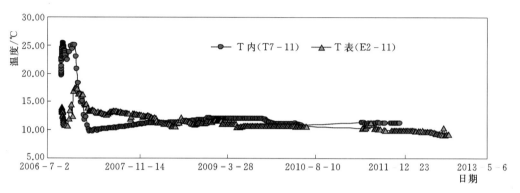

图 4.8-18　拉西瓦 11 号坝段高程 2229m 坝体内部与表面实测温度过程线
（保温材料厚度 $\delta=5$cm）

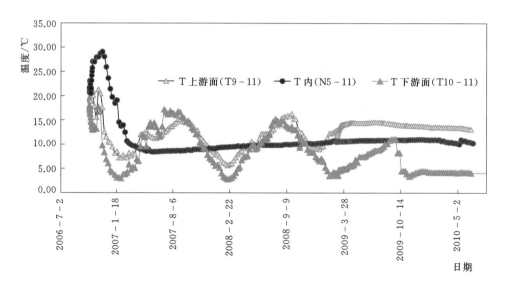

图 4.8-19　拉西瓦 11 号坝段高程 2240m 坝体内部与表面实测温度过程线（保温材料厚度 $\delta=5$cm）

4.8.8　小结

西北高原寒冷地区，具有年平均气温低，气温年变幅、日变幅均较大，寒潮频繁，且往往伴随着大风，冬季施工期长，混凝土表面极易受冻，如果混凝土表面保温不及时，混凝土表面极易开裂。因此加强混凝土表面保温，防止混凝土表面裂缝和早期受冻是高寒地区混凝土冬季施工的重点。

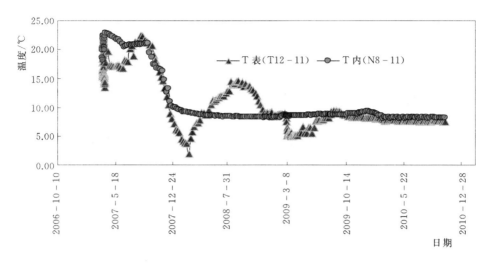

图 4.8-20　拉西瓦 11 号坝段高程 2260m 坝体内部与表面实测温度过程线（保温材料厚度 $\delta = 5$cm）

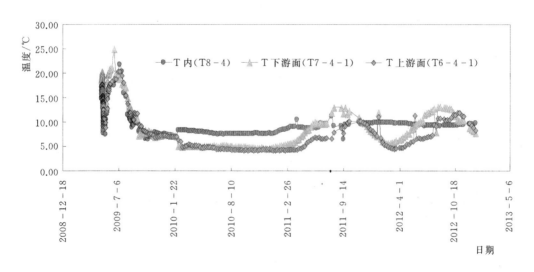

图 4.8-21　拉西瓦 11 号坝段高程 2260m 坝体内部与表面实测温度过程线（保温材料厚度 $\delta = 15$cm）

4.8.8.1　混凝土早期受冻机理及其允许受冻临界强度

1. 混凝土早期受冻机理

新浇混凝土的受冻主要是由于混凝土内部的水结冰所致。在新浇混凝土中，水泥与液相状态的水起化学反应，生成复合物，它牢固地与砂石及钢筋相结合。一旦混凝土温度低于常温时，水泥水化反应减慢，混凝土强度增长速度变缓。当温度为 4℃ 的水继续冷却时，水的体积就会增加，如果水泥水化所需的水冻结了，化学反应就不能进行下去，而且对新形成的很薄弱的水泥晶粒结构会产生永久性的损害。

2. 混凝土早期受冻对其性能的影响

（1）混凝土受冻前的预养护时间和浇筑温度对混凝土抗压强度影响较大。试验结果表

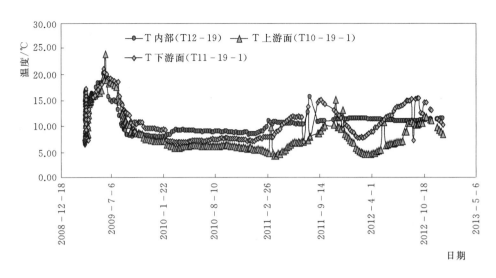

图 4.8 - 22 拉西瓦 11 号坝段高程 2260m 坝体内部与表面实测温度过程线（保温材料厚度 $\delta=15\text{cm}$）

明：混凝土浇筑后立即受冻，其抗压强度最大损失为 45％；预养护 3d 后受冻，抗压强度损失最大为 34％；预养护 7d 后受冻，抗压强度损失一般在 10％以内。预养护时间越长，强度损失越小。我国水工混凝土施工相关规范规定，在严寒和寒冷地区地区，采用蓄热法浇筑混凝土，要求其浇筑温度不低于 5℃。因此混凝土浇筑后前 7d 的保温尤其重要，必须在正温（5～10℃）条件下养护 7d 以上。

（2）混凝土早期受冻对抗拉强度的损失最大可达 40％，在冻结前预养护 72h 以上，混凝土抗拉强度损失仅 4％。冬季浇筑混凝土，必须对已浇筑的混凝土层面（老混凝土层面）或基岩面进行预热处理，并且达到正温 3℃以上，以提高混凝土层面强度。

（3）混凝土受冻前的预养护时间不宜小于 24h，否则其抗渗性能将会受到影响。试验结果表明：凡经 24h 正温预养护后受冻的试件，其抗渗性能基本不受影响，大部分试件均在大于 1.2MPa 的压力下渗水。

（4）混凝土受冻前的预养护时间大于 72h，其后期冻融能力基本不受影响。混凝土强度等级越低，早期受冻影响越大。但是混凝土浇筑后立即受冻，无论强度高低，均不满足抗冻 100 次的规范要求（强度损失大于 20％）。

3. 大体积混凝土允许受冻临界强度

混凝土允许受冻临界强度是指新浇混凝土在受冻前达到某一初始强度值，然后遭到冻结后，当恢复正温养护后，混凝土强度仍会继续增长，经 28d 的标准养护后，其强度可达到设计强度的 95％以上，我们把这一受冻前的初始强度值叫做混凝土允许受冻临界强度。

根据国内外工程实践经验和试验研究成果并结合水利水电工程施工实际情况，《水工混凝土施工规范》（DL/T 5144—2001）中对水利水电工程冬季施工的混凝土允许受冻临界强度规定如下：

（1）大体积混凝土强度不应低于 7.0MPa（或成熟度不低于 1800℃·h）。

（2）非大体积混凝土和钢筋混凝土，其允许受冻临界强度应大于设计强度的 85％。

4.8.8.2 混凝土施工方法选择

根据拉西瓦水电站多年气象统计资料，坝址区每年10月下旬至次年3月中旬，日平均气温低于5℃，大坝混凝土即进入冬季施工。多年日平均气温低−10℃的天数每年不足4d，但瞬时气温低于−10℃出现的天数每年却有64d之多，主要集中在12月至次年2月份三个月的夜间。结合拉西瓦工程气象特点，宜以蓄热法施工为主，尽量避开夜间低气温时段开盘浇筑混凝土；当日平均气温低于−10℃时，必须开盘浇筑混凝土时，宜采用综合蓄热法或暖棚法。

4.8.8.3 高寒地区大坝混凝土施工期表面应力计算成果

通过对拉西瓦大坝混凝土施工期单工况及组合工况下表面应力全面分析计算研究后，对高寒地区混凝土表面应力计算成果总结如下：

（1）高寒地区气候变化特点：每年10月至次年2月气温较低时段，气温年变幅较大，而寒潮降温幅度却不是最大（6~10℃），但是在寒潮达到最大幅度时段，日温差却很大，多在18~22℃；而在每年3—5月寒潮降温幅度较大（10~14℃），但是当寒潮降到最大幅度时段，日温差一般却较小（6~10℃）。

（2）表面保温是减小混凝土表面温度应力、防止混凝土表面裂缝的最有效措施。单工况计算结果表明：采用5cm的聚苯乙烯保温板，可使气温年变幅应力缩小为1/2，寒潮应力缩小为1/5，日温差应力缩小为1/12，可见保温效果非常明显。

（3）结合计算结果，并类比工程经验，在气温年变幅、气温骤降、日变幅三种应力计算中，气温年变幅应力虽不是最大，但其作用时间最长，其裂缝深度最深，危害最大，一般均大于1.0m；气温骤降应力是最大的，即使较小的寒潮，混凝土表面若不保温，一次寒潮过后，就有可能产生裂缝。但由于其作用时间较短，其裂缝深度一般小于1.0m；日变幅应力作用时间最短，裂缝较浅，危害较小。

（4）混凝土表面应力计算工况组合原则及计算结果。结合高寒地区气候特点，在年气温变化、气温骤降、日变幅三种应力组合计算时，不应都采用最大的应力进行叠加，而应结合各月日温差、气温骤降出现情况进行选取。考虑气温年变幅的影响，在进行表面应力叠加时可按长龄期的老混凝土和短龄期的新浇混凝土两大类分别进行计算。

计算结果表明：高温季节5—8月浇筑的长龄期混凝土在冬季12月气温较低时段遇寒潮和冬季浇筑的新混凝土遇寒潮为施工期遇到的两种最不利工况。如果混凝土表面不采取表面保温措施，其混凝土表面应力远远大于设计允许的抗裂应力；但是当混凝土表面覆盖5cm的聚苯乙烯泡沫塑料［等效放热系数为$\beta \leqslant 3.05kJ/(m^2 \cdot h \cdot ℃)$］后，长龄期混凝土表面抗裂系数大于1.8，短龄期混凝土表面抗裂安全系数大于1.65，混凝土表面应力均满足设计要求。

（5）大坝施工期温度应力三维有限元仿真计算成果。无论河床坝段，还是陡坡坝段，对于高温季节浇筑的基础强约束区混凝土，在当年9月底前过冬时，由于受到基岩约束应力的影响，强约束区表面应力较大，应采取加大力度的保温方式，要求基础强约束区保温材料等效放热系数$\beta \leqslant 0.84kJ/(m^2 \cdot h \cdot ℃)$（相当于15cm厚的聚氯乙烯）。同时要求大坝上下游面等永久暴露面采取全年保温方式，对于每年10月至次年4月浇筑的大坝顶面和侧面可采取临时保温方式，并要求混凝土一浇筑完毕，即采取表面保温材料进行覆盖。

4.8.8.4　大坝混凝土表面保护标准选择及其冬季保温措施

综合上述计算结果,对于拉西瓦混凝土拱坝保温措施及标准如下:

(1) 大坝上下游面等永久暴露面:采用施工期保温与运行期永久保温相结合,要求保温后的混凝土表面放热系数 $\beta \leqslant 3.05 \text{kJ}/(\text{m}^2 \cdot \text{h} \cdot \text{℃})$,采用 5cm 厚的挤塑型聚苯乙烯塑料泡沫保温板,贴在模板内侧。

(2) 各坝块侧面及上表面等临时暴露面:采取临时保温方式。对当年冬季 10 月至次年 4 月浇筑的混凝土,混凝土一浇筑完毕,要求其侧面及上表面立即覆盖保温被;对高温季节 5—9 月浇筑的混凝土,要求在每年 9 月底以前完成所有部位混凝土表面保温工作,至次年 4 月底方可拆除保温材料;要求保温材料的等效放热系数 $\beta \leqslant 3.05 \text{kJ}/(\text{m}^2 \cdot \text{h} \cdot \text{℃})$,采用玻璃棉被或聚氯乙烯卷材。

(3) 对于高温季节 5—8 月浇筑的基础强约束区混凝土,要求当年 9 月底前采取加大力度的保温方式,要求保温材料的等效放热系数 $\beta \leqslant 1.225 \text{kJ}/(\text{m}^2 \cdot \text{h} \cdot \text{℃})$(相当于 10cm 厚的聚苯乙烯泡沫塑料板)。对坝体重要部位已形成的孔洞、廊道等也必须在 9 月底前挂保温材料封口,防止冷空气对流而产生混凝土裂缝。对于孔口部位的混凝土,要求保温材料的等效 $\beta \leqslant 2.1 \text{kJ}/(\text{m}^2 \cdot \text{h} \cdot \text{℃})$(相当于 8cm 的玻璃棉被)。

(4) 冬季浇筑的混凝土应适当推迟拆模时间,拆模时间为 5~7d,并选在中午气温较高时段拆模,气温骤降期间禁止拆模,模板拆除后应立即覆盖保温材料,防止混凝土表面产生裂缝。

(5) 对易受冻的边角部位 3m 范围内保温材料厚度应加厚一倍。

4.8.8.5　混凝土冬季施工综合防冻防裂措施

(1) 成品料堆内埋设蒸气排管,对原材料进行预热,防止骨料冻冰结块,并维持骨料温度在正温以上;骨料在运输过程中(料堆至拌和楼之间)要架设保温隔热棚。

(2) 为满足混凝土防冻防裂要求,冬季 11 月至次年 2 月必须加热水、预热骨料拌和混凝土,控制混凝土出机口温度,确保混凝土的浇筑温度为 5~8℃。

(3) 在基岩面上或老混凝土面上(龄期大于 28d)浇筑新混凝土前,必须用蒸汽或其他升温措施将其表层混凝土升温至 2~3℃以上,加热深度不小于 10cm。

(4) 禁止寒潮期间开盘浇筑混凝土,日平均气温低于 −10℃以下时段开盘浇筑混凝土时宜采用暖棚法施工或用综合蓄热法施工。一般情况下开盘时间最好放在白班,在夜间气温达到最低之前收盘。

(5) 为避免混凝土表面受冷击应力作用,凿毛清理工作应放在白天 10 点钟以后、下午 18 点钟以前日照较好时段揭被进行,其他时段尽量避免揭被。

(6) 开仓浇混凝土之前,仓号内集水、冰块应清除干净,以便确保混凝土质量。

4.9　高寒地区高拱坝温度控制及其防裂措施

根据拉西瓦水电站工程混凝土双曲拱坝典型拱冠坝段、陡坡坝段、孔口坝段等近 90 多个方案施工期温度应力全过程三维仿真分析计算结果,以及单工况和最不利工况组合下的混凝土表面温度应力计算结果、混凝土表面保护标准选择及其保温材料研究结果，现提出黄河上游西北高原寒冷地区高拱坝混凝土施工期温度控制技术及其防裂措施。

4.9.1 加强混凝土原材料及其配合比性能试验研究，优化混凝土配合比

（1）要求大坝混凝土应优先选择中热硅酸盐水泥，水泥的强度等级应与混凝土设计强度等级相适应，且不宜低于42.5号；对影响混凝土抗裂性能等提出专门的要求。如① 水泥内 MgO 含量在 3.5%～5.0%；②水泥水化热应能满足《中热硅酸盐水泥 低热硅酸盐水泥 低热矿渣硅酸盐水泥》（GB 200—2003）的要求，且 7d 水化热不大于 280kJ/kg；③水泥熟料中 C_4AF 的含量宜不小于 16%。

（2）混凝土设计必须适应高寒地区，对混凝土耐久性要求高，特别是混凝土早期抗裂指标提出专门要求，要求混凝土 28d 极限抗拉值 $\varepsilon \geq 0.85 \times 10^{-4}$，90d 极限抗拉值 $\varepsilon \geq 1.0 \times 10^{-4}$。

（3）充分利用了混凝土后期强度，大坝混凝土设计龄期宜采用 180d。同时考虑高寒地区混凝土冬季施工对早期抗冻防裂要求高，因此在配合比设计时应采取有效措施提高混凝土早期强度及耐久性。

（4）在满足混凝土强度、抗渗、抗冻、极限拉伸、均匀性等各项性能指标的前提下，优化混凝土配比，改善混凝土性能，采用"双掺"技术，在混凝土中最大限度的掺入优质粉煤灰，同时掺加高效减水剂，达到减少水泥用量、降低水化热温升的目的。基础约束区混凝土粉煤灰掺量宜控制为 30%，脱离约束区混凝土粉煤灰掺量可采用 35%。

4.9.2 高温季节混凝土温度控制措施

结合高寒地区气候特点，夏季 5—9 月是大坝混凝土温控的重点。必须采取加冰、加冷水、风冷粗骨料等措施，控制混凝土出机口温度，并采取一期冷却、表面流水措施，确保混凝土最高温度满足设计要求。

4.9.2.1 提高施工工艺，采取有效措施降低混凝土浇筑温度

高温季节 5—9 月采取加冰、加 4℃ 冷水、风冷粗骨料等措施控制混凝土出机口温度和浇筑温度。对于基础约束区混凝土，宜控制混凝土出机口温度不大于 7℃，浇筑温度不大于 12℃；脱离约束区，宜控制混凝土出机口温度不大于 12℃，浇筑温度不大于 15℃。为减少混凝土温度回升，确保混凝土浇筑温度满足设计要求，要求采取以下措施：

（1）应严格控制混凝土自出机口至仓面上层混凝土覆盖前的暴露时间，对于 6—8 月混凝土自出机口至仓面上层混凝土覆盖前的暴露时间应小于 150min，5 月、9 月宜小于 180min，10 月至次年 4 月宜小于 210min。

（2）混凝土运输设备应加设遮阳防晒措施，仓面采用喷雾措施，以降低混凝土环境温度，混凝土平仓后，立即采用 2cm 的聚氯乙烯片材保温材料覆盖。

（3）加大骨料堆料高度。要求骨料堆料高度大于 6m。

（4）5—9 月高温季节，应尽量避开白天高温时段（13：30—16：30）浇筑混凝土，尽量利用夜间开盘浇筑混凝土。

4.9.2.2　采取有效措施控制混凝土最高温度

（1）实践证明一期通水冷却措施是降低混凝土最高温度的最有效措施。混凝土浇筑后 12h 应立即通水，通水时间为 20d，对于夏季 5—9 月浇筑的混凝土，水温 4～6℃，10 月至次年 4 月可采用天然河水冷却，通水流量为 18～20L/min；要求每 24h 更换一次水流方向，基础约束区混凝土水管间排距为 1.0m×1.5m，非约束区混凝土水管间排距为 1.5m×1.5m，每套水管总长度控制在 250m 之内。控制一期冷却降温幅度为 6～8℃，平均降温速率小于 0.5℃/d。一期冷却结束后，还应采取间断通水、减小通水流量等措施控制温度回升。

（2）采用薄层短间歇浇筑，以利层面散热。基础强约束区浇筑层厚为 1.5m，非约束区控制为 3.0m；间歇期控制在 5～7d，以不超过 10d 为宜。避免长间歇浇筑混凝土，特别是由于固结灌浆影响而造成的长间歇混凝土。对于边坡坝段宜采用预埋管路进行固结灌浆，尽量缩短固结灌浆影响的长间歇时间，一般不宜超过 14d。

（3）表面流水措施不仅可以提高混凝土抗裂强度，而且可以有效降低混凝土最高温度，减小混凝土基础温差应力。计算结果表明，浇筑层厚越薄，表面流水冷却效果越好。因此建议基础约束区夏季 5—9 月浇筑混凝土，应采用 1.5m 层厚，采用表面流水养护。要求间歇期内连续养护，流水厚度为 6～8mm，水流速度不大于 0.8m/s，相当于每 1000m² 上的流量为 13～15L/s，可采用天然河水进行。

4.9.2.3　严格控制相邻坝段高差

各坝段应连续均匀上升，尽量缩短混凝土侧面暴露时间，防止产生表面裂缝。严格控制相邻坝段高差不大于 12m，控制最高坝段与最低坝段高差不大于 30m。

4.9.2.4　加强混凝土表面养护工作

高寒地区，太阳辐射热强，日照时间长，气候比较干燥，应特别注意加强混凝土表面养护。要求混凝土浇筑完毕 12～16h 后，及时采取洒水养护措施，保持混凝土表面经常处于湿润状态。对于基础约束区混凝土，夏季 5—9 月宜采用流水养护措施。对于短间歇均匀上升浇筑，其顶面应在间歇期内连续进行养护；对于间歇期超过 1 个月者，混凝土连续养护时间不少于 28d。

4.9.3　高温季节封拱灌浆的温控措施

对于拉西瓦拱坝夏季封拱灌浆的坝体，采取加大保温力度，采用 8～10cm 的保温板保温，局部加密冷却水管布置，灌浆时加强表层混凝土冷却通水降温措施等，减小坝体表面最大拉应力，提高坝体结构抗裂安全度。

4.9.4　混凝土冬季施工及其表面保温防裂措施

大坝混凝土冬季施工和表面保温，防止混凝土表面产生裂缝，是大坝混凝土温控的重点加难点。结合高寒地区气候特点，冬季混凝土施工拟采用以下温控措施：

（1）冬季（12 月至次年 1 月），日平均气温小于 -10℃时，混凝土浇筑拟采用综合蓄热法或暖棚法施工；当日平均气温 -10℃≤T_a≤5℃时，拟采用蓄热法施工；一般情况应在白班开盘，并在夜间气温达到最低前收盘。

（2）新浇混凝土之前，仓号内积水、冰块应清除掉，并用蒸汽将基岩面或老混凝土面加热到 3℃以上，加热深度不小于 10cm。

（3）为了防冻防裂，宜采用预热骨料并加热水拌和混凝土，控制混凝土出机口温度为 8～18℃，以确保混凝土浇筑温度为 5～8℃，同时应加强混凝土浇筑初期 7d 以前的保温养护，以确保混凝土强度大于 7.0MPa（混凝土受冻前的成熟度大于 1800℃·h），满足设计要求。

（4）冬季宜控制混凝土浇筑层厚为 3.0m，预埋冷却水管，间排距为 1.5 m×1.5m，采用天然河水通水冷却 15～20d。

（5）为避免混凝土受冷击应力作用，凿毛清理工作应放在白天 10 点以后，下午 18 点以前，日照较好时段揭被进行。

（6）每年 9 月、10 月采用天然河水进行中期冷却，以降低混凝土内部温度，减小内外温差。要求每年 9 月开始对 5—8 月、10 月对 9 月浇筑的混凝土进行中期冷却，将混凝土内部温度降至 16～18℃，以达到降低混凝土内外温差，防止表面裂缝的目的。

（7）加强坝面保温。每年 9 月、10 月为年气温变幅较大，且气温骤降频繁，为防止混凝土内外温差过大而产生表面裂缝，必须加强坝面保温措施。

1）对于上、下游坝面，采用施工期与运行期相结合的永久保温方式。混凝土一浇筑完毕，即开始保温要求保温后的混凝土表面等效仿放热系数 $\beta=3.05kJ/(m^2·h·℃)$；

2）对于高温季节 4—8 月浇筑的基础强约束区混凝土，应采取加大力度的保温方式，其 $\beta\leq0.84kJ/(m^2·h·℃)$。

3）大坝侧面及上表面采取临时保温方式，每年冬季 10 月至次年 4 月新浇混凝土表面必须覆盖保温材料，至次年 4 月下旬方可拆除，要求保温标准 $\beta\leq3.05kJ/(m^2·h·℃)$。

4）对导流底孔、大坝内廊道等部位形成的孔洞混凝土必须在 9 月底前挂保温材料封口，防止冷空气对流而产生裂缝，要求保温标准 $\beta\leq2.1kJ/(m^2·h·℃)$。

（8）密切注视气象预报工作，确保在气温骤降前对各部位混凝土做好保温工作，特别是加强重要部位混凝土表面保温。

拉西瓦拱坝河床坝段基础约束区、边坡坝段基础约束区和大坝非基础约束区混凝土温度控制要求见表 4.9-1～表 4.9-3。

表 4.9-1　　　　拉西瓦拱坝河床坝段基础约束区混凝土温度控制要求

月份	月平均气温/℃	按允许基础强约束区混凝土最高温度≤23℃，弱约束区混凝土最高温度≤26℃控制				
		浇筑层厚/m | 间歇时间/d	允许出机口温度/℃	允许浇筑温度/℃	冷却水管间排距/m	温控措施
4	9.9	1.5 | 6～8	自然拌和	常温浇筑		通天然河水 15～20d，遇寒潮加强保温
5	13.5					1. 加冰、加4℃冷水拌和混凝土，风冷骨料
6	16.2				1.5×1.0	2. 一期通 4～6℃冷却水 20d；
7	18.3	1.5 | 7～9	≤7	≤12		3. 浇筑时采用喷雾措施；
8	18.2					4. 采用天然河水进行表面流水养护；
9	13.7					5. 9 月对 4—7 月混凝土进行中期冷却； 6. 9 月底开始加强坝面混凝土保温

续表

月份	月平均气温/℃	按允许基础强约束区混凝土最高温度≤23℃，弱约束区混凝土最高温度≤26℃控制				
		浇筑层厚/m|间歇时间/d	允许出机口温度/℃	允许浇筑温度/℃	冷却水管间排距/m	温 控 措 施
10	7.3	1.5|6～8	自然拌和	常温浇筑	1.5×1.0	同4月，并对8月、9月浇筑的混凝土进行中期冷却，冷却温度为16～18℃
11	0.1	3.0|5～7	8～15	5～8	1.5×1.5	(1) 加热水拌和混凝土，并预热骨料； (2) 11月，2—3月采用蓄热法施工； (3) 12月至次年1月须采用暖棚法施工； (4) 加强表面保温； (5) 通天然河水冷却15～20d
12	−5.1					
1	−6.7					
2	−2.9					
3	4.0					

表 4.9－2　　　　拉西瓦拱坝边坡坝段基础约束区混凝土温度控制要求

月份	月平均气温/℃	浇筑层厚/m		间歇时间/d	允许出机口温度/℃	允许浇筑温度/℃	允许最高温度/℃	水管间排距（层高×水平间距）	主要温控措施
		强约束区	弱约束区						
4	9.9	1.5（或3.0①）	3.0	6～8	自然拌和	常温浇筑	各坝段允许最高温度详见表4.2－2	1.5m×1.0m 或 1.5m×1.5m（1～3号、20～22号坝段）	通天然河水20d，表面保温
5	13.5			7～9	≤7	≤12			(1) 加冰、加4℃冷水拌和混凝土，风冷骨料； (2) 一期通4～6℃冷却水20d； (3) 浇筑时采用喷雾措施； (4) 采用天然河水进行表面流水养护； (5) 对4—7月混凝土进行中期冷却，冷却温度为16～18℃； (6) 9月底开始加强坝面保温
6	16.2								
7	18.3								
8	18.2								
9	13.7								
10	7.3			6～8	自然拌和	常温浇筑			同4月措施，对8月、9月浇筑混凝土加强中期冷却，冷却温度为16～18℃
11	0.1	3.0		5～7	8～15	5～8		1.5m×1.5m	(1) 加热水拌和混凝土，并预热骨料； (2) 11月、2—3月采用蓄热法施工； (3) 12月至次年1月须采用暖棚法施工； (4) 通天然河水15～20d； (5) 加强表面保温
12	−5.1								
1	−6.7								
2	−2.9								
3	4.0								

① 距基岩高度3～9m范围混凝土浇筑层厚可采用3.0m。

表 4.9－3　　　　　　　　　拉西瓦大坝非基础约束区混凝土温度控制要求

月份	月平均气温/℃	浇筑层厚/m 间歇时间/d	允许出机口温度/℃	允许浇筑温度/℃	允许最高温度/℃	冷却水管间排距	温 控 措 施
4	9.9	3.0｜6～8	自然拌和	常温浇筑	28	1.5m×1.5m	通天然河水20d冷却，加强保温
5	13.5	3.0｜7～9	≤12	≤15	30	1.5m×1.5m	(1) 加冰、加4℃冷水拌和混凝土，预冷骨料； (2) 一期通4～6℃冷却水20d； (3) 浇筑时采用喷雾措施； (4) 9月对4—7月混凝土进行中期冷却，冷却温度为16～18℃； (5) 9月底开始加强坝面混凝土保温
6	16.2	3.0｜7～9	≤12	≤15	32		
7	18.3						
8	18.2						
9	13.7	3.0｜7～9	≤12	≤15	30		
10	7.3	3.0｜6～8	自然拌和	常温浇筑	28	1.5m×1.5m	同4月，并对8月、9月浇筑的混凝土进行中期冷却，冷却温度为16～18℃
11	0.1	3.0｜5～7	8～15	5～8	26	1.5m×1.5m	(1) 加热水拌和混凝土，并预热骨料； (2) 11月、2—3月采用蓄热法施工； (3) 12月至次年1月须采用暖棚法施工； (4) 一期通天然河水15～20d； (5) 加强表面保温
12	−5.1						
1	−6.7						
2	−2.9						
3	4.0						

第5章 高寒地区高拱坝MgO微膨胀混凝土筑坝技术研究

5.1 研　究　目　的

MgO混凝土筑坝技术的巨大优势，在于MgO所独有的延迟性微膨胀特性，其膨胀变形过程和大体积混凝土降温收缩变形相匹配，具有较高的温度应力补偿效应。不仅可取消预冷骨料措施，简化施工，实现大坝通仓浇筑，而且可加快工程建设速度，节省工程投资，意义重大。

本章主要以李家峡水电站双曲拱坝为依托，对MgO混凝土的膨胀机理、特性及MgO混凝土的温度应力补偿理论、MgO混凝土筑坝关键技术及其施工工艺进行全面系统的研究，并根据李家峡拱坝实际体型和混凝土材料参数，采用三维温控仿真计算程序，对典型拱冠坝段基础外掺MgO微膨胀混凝土施工期温度应力进行全过程仿真分析复核计算，总结MgO掺量、自生体积变形及补偿拉应力三者之间的关系，并进一步分析MgO微膨胀混凝土自生体积变形对李家峡双曲拱坝整体应力及对横缝开度的影响，总结大坝外掺MgO微膨胀混凝土筑坝关键技术及其施工工艺，为高寒地区高拱坝采用MgO微膨胀混凝土筑坝提供有力的技术储备。

5.2 国内MgO微膨胀混凝土筑坝技术应用现状

20世纪70年代我国工程技术人员在进行吉林白山混凝土重力拱坝（高149.5m）温控设计时，了解到刘家峡、恒仁大坝的气候条件与白山相似，气温年变幅、日变幅均较大，气温骤降频繁，但是大坝裂缝很少。对两座大坝的原型观测成果进行了分析，发现两坝实测混凝土自生体积变形均为膨胀型，最终膨胀量分别为（60～80）$\times 10^{-6}$和（100～120）$\times 10^{-6}$，综合分析后认为两座大坝所用水泥内含有较高的MgO（本溪水泥内含4.5%～6.0% MgO，永登水泥内含3.5～4.0% MgO），由于MgO混凝土具有延迟性膨胀性能，补偿了温降引起的收缩变形，从而避免了混凝土裂缝的产生。因此采用抚顺水泥（内含MgO 4.5%）作为白山拱坝专用水泥，以补偿混凝土温度应力。1975年开始浇筑混凝土，由于种种原因，白山拱坝60%以上的基础混凝土在夏天浇筑，1982年蓄水前检查基本无基础贯穿性裂缝，应变计均显示压应变，表面裂缝也很少。白山拱坝运行至2019年，无漏水现象。至此MgO膨胀混凝土的温降补偿作用得以证实，开创了MgO混凝土筑坝技术研究应用的先河。

MgO微膨胀混凝土筑坝技术的研究与推广，自1973年白山拱坝温控设计开始，至今已有40年历史，先后在我国修建了多个工程，其中有20世纪70—80年代东北寒冷地区的白山重力拱坝和红石重力坝，这两工程全部采用抚顺高镁水泥，基本未采取任何温控措施，无贯穿性裂缝产生；90 年代初在广东修建了青溪重力坝、福建水口重力坝，尤其是在青海高寒地区的李家峡拱坝基础约束区，采用了外掺 MgO 微膨胀混凝土技术取得了成功，取消夏季骨料预冷措施，实现了大坝通仓浇筑，确保了工程质量。

在 1990 年以前，整体大坝的应用多以水泥中内含 MgO 为主，如刘家峡、龙羊峡、桓仁、潘家口等大坝整坝都是使用了内含 3%～5% MgO 的水泥。此后，外掺的方式主动应用于基础约束部位，如浙江石塘坝、四川铜街子、福建水口、青海李家峡、广东青溪、飞来峡等水利水电工程。自 20 世纪开始，常态混凝土全坝外掺 MgO 逐步应用，如广东的青溪重力坝、长沙拱坝，贵州落脚河、三江等，全坝外掺 MgO 的碾压混凝土拱坝也相继建成，如贵州鱼简河、新疆的石门子、甘肃的龙首等拱坝。

5.3　MgO 微膨胀混凝土的膨胀机理及温度应力补偿理论

5.3.1　MgO 微膨胀混凝土的膨胀机理及其特性

（1）MgO 混凝土的膨胀机理就在于 MgO 水化后 Mg$(OH)_2$ 晶体的生成和发育，即 MgO 水化时，首先形成微小晶体，这些小晶体溶解并重结晶，生长成大晶体而产生膨胀。膨胀量取决于 Mg$(OH)_2$ 晶体所在的位置、形状和尺寸，膨胀能来自 Mg$(OH)_2$ 晶体的吸水肿胀力和结晶生长压力，早期膨胀的主要驱动力主要来自肿胀力，后期则主要来自结晶生长压力。

（2）MgO 混凝土是一种延迟性膨胀混凝土，其膨胀一般发生在浇筑后的一个月到半年，半年后基本趋于稳定。这正好与大体积混凝土的降温收缩过程同步，因此可补偿混凝土因温降收缩产生的拉应力，补偿收缩效果较好。李家峡大坝混凝土外掺 2.5% MgO 的自生体积变形详见图 5.3－1。

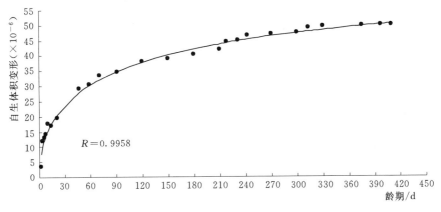

图 5.3－1　李家峡大坝混凝土外掺 2.5% MgO 的自生体积变形

（3）在此必须强调的是 MgO 在水泥中原本属于有害物质，其允许含量必须受到严格的限制。否则这种膨胀量过大，或者膨胀过程不可控制，MgO 水化导致的混凝土膨胀将会对混凝土结构带来很大危害。因此我国在《中热硅酸盐水泥　低热矿渣硅酸盐水泥》（GB/T 200—89）中要求水泥中 MgO 的含量不宜大于 5.0%，如果压蒸安定性试验合格，则水泥中 MgO 的含量允许放宽到 6.0%。作为水泥制品膨胀剂的轻烧氧化镁，由于在制品中的分散度和烧制条件各不相同，因此，外掺氧化镁在水泥净浆中的极限安全掺量有必要另行规定。

5.3.2　影响 MgO 混凝土膨胀性能的主要因素

影响 MgO 微膨胀混凝土膨胀性能的主要因素包括 MgO 的活性及掺量、煅烧温度与颗粒细度、水泥品种、掺合料、养护温度等。

（1）养护温度：大量试验资料证明，在不同的养护温度条件下，水泥浆体的膨胀量会有所不同。对于同种水泥浆体，在恒温条件下，MgO 掺量相同时，高温养护的水泥浆体能产生较大的膨胀，而低温养护的水泥浆体的膨胀发展较缓慢；浆体的膨胀变形特性具有单调递增及不可逆性。

（2）MgO 的活性：MgO 的活性是指 MgO 参与化学反应的能力。一般来说，MgO 的活性越大，越有利于水泥浆体的早期膨胀。而 MgO 的活性通常与 MgO 的煅烧温度和细度等因素有关。提高煅烧温度或延长煅烧时间会大大延缓 MgO 的水化反应速度．研究表明当煅烧温度低于 900℃ 时，MgO 水化较快；高于 1200℃ 时，MgO 的水化就比较慢了；超过 1450℃ 时，常温条件的方镁石几乎不水化。即煅烧温度越高．MgO 的活性越低。同时，在相同的煅烧温度下，MgO 颗粒越细小，晶格畸变越大，越有利于水泥浆体在早期膨胀。

（3）水泥品种与掺合料：根据以往的试验研究成果，粉煤灰对掺 MgO 混凝土自生体积膨胀变形具有拟制作用。分析原因是粉煤灰水泥和矿渣水泥对 MgO 水泥浆体膨胀具有抑制作用，主要是因为粉煤灰水泥和矿渣水泥浆体孔隙溶液的碱度低于硅酸盐水泥浆体溶液的碱度。即在高碱度环境下，OH^- 离子浓度高，Mg^{2+} 离子向周围扩散的距离短，$Mg(OH)_2$ 在 MgO 颗粒表面附近生长相对集中，从而产生较大的膨胀；反之，在低碱度环境下，$Mg(OH)_2$ 生长区域较分散，因而产生的膨胀较小。

李家峡大坝混凝土外掺 MgO 及粉煤灰混凝土的自生体积变形试验结果表明，在常温养护的条件下，随着粉煤灰掺量的增加，其自生体积反而有所增加，详见图 5.3-2，与常规试验有一定的反常现象。

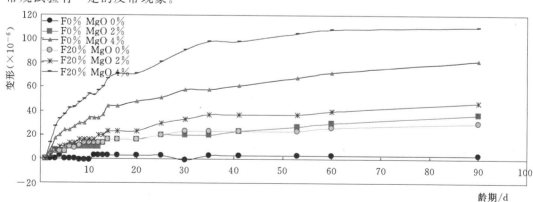

图 5.3-2　粉煤灰掺量对李家峡大坝 MgO 混凝土自生体积变形的影响

与此相似，相关试验研究成果表明：养护温度对外掺MgO粉煤灰混凝土自生体积变形有重要影响（详见图5.3-3）。具体表现如下：

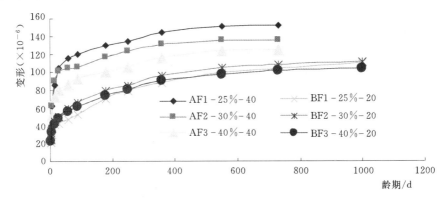

图5.3-3　粉煤灰掺量、养护温度对MgO混凝土自生体积变形的影响

（1）当粉煤灰掺量相同时，养护温度越高，其自生体体积变形越大。

（2）当养护温度为40℃时，其自生体变形随着粉煤灰掺量的增加而减小。分析认为在高温下，由于升高温度使水化速度加快时，水化物来不及扩散，在水泥颗粒周围就会迅速形成高浓度的水化物膜，阻碍水泥颗粒的继续水化以及火山灰反应的进行。

（3）常温养护时（即养护温度为20℃），其自生体积膨胀变形随粉煤灰掺量增大而增大。分析认为，在常温下，水化物有充分时间扩散及均匀分布于水泥颗粒间的整个空隙中，其水化产物有时间生成较多的钙矾石，使水泥浆体产生体积膨胀，这样的结果会增加混凝土的自生体积变形。

在常温条件下，上述两个试验结果是相似的。即随着粉煤灰掺量的增加，掺MgO混凝土自生体积变形相应有所增加。产生上述结果的原因与粉煤灰的质量有关，这两种粉煤灰的化学成分中的SiO_2、Al_2O_3、Fe_2O_3的总含量较高，达到了85%～90%，尤其是Al_2O_3的含量较高，达到了28%～30%，在常温水化物有充分时间扩散及均匀分布于水泥颗粒间的整个空隙中，其水化产物有可能生成较多的钙矾石，使水泥浆体产生体积膨胀，最终使混凝土的自生体积变形增加。可见MgO混凝土自生体积变形是很复杂的，掺粉煤灰后，MgO混凝土自生体积变形增加是生成了较多的钙矾石，导致了自生体积膨胀的增加。

5.3.3　MgO微膨胀混凝土的温度应力补偿设计理论

大体积混凝土最高温度一般出现在5～10d，在初期升温阶段产生压应力，由于混凝土早期弹性模量较低，因此储存的压应力较小，而混凝土温度一般在28d后开始下降，受基岩约束作用，即开始产生拉应力，随着混凝土弹性模量的增大，拉应力逐渐增大，至后期冷却结束时，混凝土拉应力达到最大，这时混凝土龄期一般为180d，正好与MgO微膨胀混凝土自生体积变化过程相一致，很显然，自生体积变形膨胀产生的压应力，正好抵消了一部分混凝土降温产生的拉应力。

MgO微膨胀混凝土的补偿收缩变形理论的关键就是利用混凝土的限制膨胀变形来补偿混凝土的限制收缩，即必须在特定的约束条件下，才能产生预压应力，以补偿大体积混凝土在降温收缩时产生的拉应力，从而达到防止混凝土裂缝，简化温控措施，实现大坝通仓浇筑的目的。也就是说，没有约束，就没有补偿应力，膨胀就没有意义。

大体积混凝土采用 MgO 微膨胀混凝土，主要应用在基础约束区范围内，不必全坝采用。脱离约束区，混凝土不受基岩约束，仅受内外约束，而内部混凝土自生体积膨胀，对防止混凝土表面裂缝是不利的。因此大坝采用 MgO 微膨胀混凝土防裂，特别是外掺 MgO 混凝土，其温度应力补偿设计的重点在基础约束区。对于非约束区混凝土，可不必采用 MgO 微膨胀混凝土，对于上部混凝土防裂仍然需要采用表面保温措施。

5.3.4　混凝土中含有 MgO 方式

使混凝土中含有 MgO 有四种方式：

（1）在水泥生料配料时配入一定量的高镁矿石并共同煅烧，简称共烧内含 MgO 水泥。

（2）配入一定量轻烧的 MgO 熟料与水泥熟料共同粉磨，简称共磨外掺 MgO 水泥或者称厂掺 MgO 水泥。

（3）将一定量磨细的轻烧 MgO 颗粒与磨细的水泥熟料预先共混均匀，简称共混外掺 MgO 水泥。

（4）将 MgO 膨胀剂直接在拌和混凝土时加入，简称机口外掺 MgO 微膨胀混凝土。

这四种方式，只有第一种属于内含 MgO 水泥，其膨胀量较难控制，主要由于其煅烧温度高，MgO 活性降低，很难达到预期目的；其他三种均属于外掺 MgO 水泥或外掺 MgO 混凝土，由于煅烧温度低，MgO 的活性更高，混凝土的膨胀量、稳定性、均匀性较易控制，而只有机口外掺 MgO 混凝土，对膨胀剂的生产、运输、储存及使用具有较大的更灵活和经济性，但是其均匀性不易控制。

5.4　李家峡大坝基础外掺 MgO 微膨胀混凝土温度应力补偿设计

5.4.1　项目背景

李家峡水电站工程是黄河上游龙羊峡—青铜峡河段规划的第 3 个大型梯级电站，工程位于青海省尖扎县和化隆县交界处，距西宁市直线距离 55km。

该工程以发电为主，装机容量为 2000MW。总库容为 16.48 亿 m³，属于一等大（1）型工程，枢纽主要建筑物主要由拦河坝、坝后式双排机厂房、泄引水建筑物等组成。拦河大坝为三心圆双曲拱坝，大坝建基高程 2030m，坝顶高程 2185.0m，最大坝高 155m，最大底宽 40m，主坝共分 20 个坝段，其中 9～13 号坝段为河床引水坝段（压力钢管为坝后背管），16 号、7 号坝段为左右中孔坝段，15 号坝段左底孔坝段，其余为边坡坝段，左岸设 1～3 号重力墩。主体工程混凝土总量为 252 万 m³，其中主坝约 130 万 m³。

在初步设计阶段，根据当时国内高拱坝温控水平，大坝混凝土采取分设一条纵缝的柱状法施工。其主要目的是为了减小大坝施工期温度应力，简化混凝土温控措施，从而采取加冰加冷水及一期冷却措施，即可满足设计允许基础温差和温度应力要求。但是随着设计的深入，考虑李家峡大坝为双曲薄拱坝，对整体性要求高，为了加快工程进度，确保工程提前投产发电，李家峡大坝宜采用混凝土通仓浇筑的方法。随着国内大型混凝土施工设备的发展、水电工程施工管理水平的提高、混凝土新材料的应用，李家峡大坝通仓浇筑势在必行。因此在发包阶段，李家峡大坝混凝土施工采用通仓浇筑的施工方法。

众所周知，通仓浇筑，由于加大了浇筑块尺寸，基础约束应力加大，混凝土温控要求更加严格，仅采取加冰加冷水及一期冷却的措施是不能满足温控设计要求，必须采取预冷骨料的措施。但是结合李家峡工程当时的现状，拌和系统仅按加冰加冷水设计，再增加一套骨料预冷系统已不现实，大坝要采取通仓浇筑，只有在基础部位采用 MgO 微膨胀混凝土，以补偿基础混凝土因降温收缩产生的拉应力，从而达到简化温控措施，实现大坝通仓浇筑的目的。通仓浇筑的优越性在于优质、高速、低价三者的高度统一。

该工程于 1989 年 3 月开工，大坝混凝土于 1993 年 4 月 28 日开盘浇筑第一仓混凝土，1996 年 12 月 26 日首台机组发电，1999 年 12 月第四台机组发电，工程全部竣工。大坝混凝土采用通仓浇筑，机关车水平运输，4 台 20t 平移式缆机配 6m³ 立罐垂直入仓浇筑。

5.4.2 基本工程资料

(1) 气象资料。坝址区多年平均气温 7.77℃，一年中 7 月月平均气温最高为 19.2℃，1 月月平均气温最低为 −6.2℃，相对湿度 50%，属于典型半干旱大陆气候，具有年平均气温低、年气温变幅大、日温差大、气温骤降频繁、冻融循环次数高、气候干燥、冬季施工时间长等特点。坝址区基本气象统计资料见表 5.4−1。

表 5.4−1   李家峡坝址区多年平均气象统计资料

月份 / 项目	1	2	3	4	5	6	7	8	9	10	11	12	全年
月平均气温/℃	−6.2	−2.6	3.9	10.4	14.2	17.1	19.2	18.8	14.0	8.3	0.8	−4.9	7.8
上旬平均气温/℃	−6.9	−4.6	2.0	7.9	13.1	16.0	18.6	19.9	16.0	10.7	3.5	−3.5	—
中旬平均气温/℃	−6.6	−2.1	4.2	10.4	14.1	17.1	19.3	18.8	13.9	8.6	0.7	−5.1	—
下旬平均气温/℃	−5.3	−0.7	5.9	12.3	15.6	18.2	19.6	18.8	12.4	6.0	−2.0	−6.2	—
最高月平均气温/℃	2.8	5.8	10.2	18.4	21.4	24.1	26.1	25.3	20.1	15.4	8.5	8.2	15.1
最低月平均气温/℃	−12.5	−8.5	−2.0	3.8	7.8	10.6	13.00	13.1	9.4	5.7	−4.7	−10.8	1.9
月极端最高气温/℃	11.1	17.6	24.5	29.6	30.1	34.3	34.5	34.2	26.9	19.2	11.4		34.5
月极端最低气温/℃	−19.8	−18.5	−12.6	−10.3	−0.4	1.0	7.4	6.8	0.8	−7.0	−14.2	−17.8	−19.8
平均降雨量/mm	0.87	1.72	3.98	18.90	36.60	42.90	80.50	82.80	47.70	21.90	3.62	0.45	331.40
月总蒸发量/mm	50.1	81.6	168.5	243.7	254.5	238.5	247.4	235.2	151.7	123.2	74.8	47.4	1881.4
相对湿度/%	38.5	38.0	41.9	41.5	49.6	55.5	61	60.8	64.2	57.5	49.2	42.7	50.1
月平均水温/℃	0.2	0.6	3.6	9.3	13.0	15.3	17.5	17.1	14.3	9.2	3.2	0.2	8.6
≥5 级风速次数	0.4	0.6	1.9	2.0	1.2	0.9	0.3	0.6	0.2	0.1	0.1	0.1	6.5
年冻融循环次数	12.14	18.27	10.73	0.64	—	—	—	—	—	1.59	18.00	15.81	77.2

(2) 混凝土原材料及其配合比性能试验。水泥：采用甘肃祁连山水泥有限公司生产的永登 42.5 号中热硅酸盐水泥；甘肃永登水泥本身内含 MgO，经调查自 1980—1991 年，实测水泥多年月平均 MgO 含量为 2.86%，离差系数为 0.13，总体 MgO 含量较为稳定，详见图 5.4−1。

(3) 粉煤灰：兰州西固电厂的Ⅲ级粉煤灰。

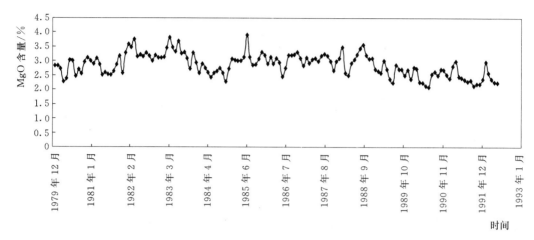

图 5.4-1　甘肃永登水泥内含 MgO 含量统计图表

（4）外加剂：采用河北石家庄混凝土外加剂厂生产的 DH4-B 减水剂，掺量 0.5%；SP169 破乳剂，掺量 0.02%；松香热聚物引气剂，掺量 0.005%。

（5）骨料：采用李家峡水电站直岗拉卡料场的天然砂砾石料。试验成果详见表 5.4-2～表 5.4-5。

表 5.4-2　　李家峡永登水泥 42.5 号硅酸盐水泥化学成分及物理力学性能指标表

永登水泥化学成分/%						凝结时间/h		抗折强度/MPa		抗压强度/MPa		水化热/(kJ/kg)	
SO_2	Al_2O_3	Fe_2O_3	CaO	MgO	fCaO	初凝	终凝	7d	28d	7d	28d	3d	7d
21.98	4.68	4.55	63.97	3.02	1.8	2.42	3.58	7.4	9.1	43.2	60.4	221	251

表 5.4-3　　　　　　　　　李家峡大坝用西固粉煤灰化学成分　　　　　　　　　　%

项　　目	SiO_2	Al_2O_3	Fe_2O_3	CaO	K_2O	Na_2O	MgO	SO_2	烧失量
1986 年厂家资料	48.78	27.91	8.00	5.43	2.08	2.08	2.00	—	2.79
1988 年样品分析	47.97	31.64	6.19	4.97	0.67	0.43	1.84	0.2	4.13

表 5.4-4　　　　　　　　　李家峡大坝基础混凝土配合比参数表

序号	强度等级	水胶比	胶材用量/kg		砂率/%	粗骨料级配	混凝土配合比	容重/(kg/m³)
			水泥	粉煤灰		特大：大：中：小	胶材：砂：石	
1	$R_{90}250S_8D_{100}$	0.55	160	—	22.5	30：25：22.5：22.5	1：3.144：10.831	2484
2	$R_{90}250S_8D_{100}$	0.52	137	34	21.5	30：25：22.5：22.5	1：2.778：10.152	2472

表 5.4-5　　　　　　　　　李家峡大坝基础混凝土物理力学性能指标

序号	级配	水胶比	抗压强度/MPa		轴拉强度/MPa		极限拉伸（×10^{-4}）		压缩弹性模量/GPa	拉伸弹性模量/GPa		备注
			28d	90d	28d	90d	28d	90d	28d	28d	90d	
1	四	0.55	24.43	29.48	2.73	3.13	1.17	1.21	28.5	27.8	30.5	$R_{90}250S_8D_{100}$
2	四	0.52	21.26	28.8	2.41	3.04	1.04	1.17	27.13	26.6	30.7	$R_{90}250S_8D_{100}$

5.4.3 大坝混凝土自生体积变形试验结果和 MgO 安全掺量的确定

5.4.3.1 MgO 原材料试验

MgO 原材料取自辽宁海城镁矿生产的 180 目成品，经测试其活性为 240s。李家峡大坝用轻烧 MgO 筛分成果及其物化指标试验结果见表 5.4-6 和表 5.4-7。

表 5.4-6   李家峡大坝用轻烧 MgO 筛分结果

孔径/μm	>80	80	65	50	40	30	<30
分计筛余/%	4.75	6.75	8.50	11.0	13.0	32.25	23.75
累计筛余/%	4.75	11.50	20.0	31.0	44.0	76.25	100.00

表 5.4-7   李家峡大坝用轻烧 MgO 物化指标试验成果

活性/s	烧失量/%	SiO_2/%	Fe_2O_3/%	CaO/%	MgO/%	Al_2O_3/%	细度/(80μm 方孔筛)/%
240	4.06	2.241.26	0.64	1.46	92.24	0.34	6.75

5.4.3.2 MgO 混凝土的安定性试验

《中热硅酸盐水泥 低热矿渣硅酸盐水泥》（GB 200—89）规定：水泥熟料中的 MgO 含量不得大于 5%，如水泥经压蒸安定性试验合格，则允许放宽到 6%。《水泥压蒸安定性试验方法》（GB/T 750—92）中规定，硅酸盐水泥净浆试件的压蒸膨胀率小于 0.8% 时，则认为水泥试样的压蒸安定性合格，否则为不合格。

根据永登水泥 1992 年 MgO 含量波动在 2.25%～3.0%，平均为 2.46%，确定的 MgO 外掺量分别为胶材总量的 0%、2.5%、3.5%、4.5%、5.5.%，分别按照掺粉煤灰和不掺粉煤灰两种配比进行压蒸，压蒸膨胀率曲线图 5.4-2 所示。

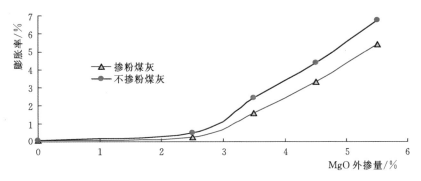

图 5.4-2 李家峡大坝混凝土外掺 MgO 压蒸膨胀率曲线

试验结果表明，掺粉煤灰净浆试饼经沸煮和压蒸后，在外掺 3.5% 以内的 MgO 混凝土试饼均完整，掺 4.5% 的试饼发生龟裂，掺 5.5% 的试饼上下面微细梅花状裂缝；而不掺粉煤灰净浆试饼在外掺 3.5% 的 MgO 时，已经有贯穿性裂缝，掺 4.5% 和 5.5% 时试饼周边均有裂缝，而且粉煤灰净浆外掺 3.5% 的 MgO 长条试体压蒸后，两头均发生挠曲，外掺 4.5% 的 MgO 试件两头严重挠曲，而当外掺 MgO 达到 5.5% 时，试件两头不仅发生严重挠曲，而且底面有梅花状微细裂缝发生。

5.4.3.3　李家峡大坝混凝土MgO安全掺量的确定

由于MgO水化后的体积膨胀特性，在水泥中属于有害成分，在实际工程中必须严格控制，不允许超出设计允许的安全掺量。在此必须引入以下两个概念：

MgO混凝土的允许最大掺量——即压蒸试验膨胀率为0.8%时的MgO总含量。

MgO混凝土的安全掺量——即压蒸试验膨胀曲线上的拐点所对应的MgO混凝土含量（且内含与外掺MgO之和应小于6%），即为MgO混凝土安全掺量的上限。

根据李家峡大坝混凝土压蒸试验成果和图5.4-2压蒸膨胀率曲线可知，当压蒸膨胀率为0.8%时，则外掺MgO的最大允许掺量为3.1%，而此次永登水泥内含MgO为3.02%，而曲线的拐点对应外掺量为3.0%，则李家峡大坝混凝土MgO安全掺量的上限为6.0%（内含与外掺之和）。

考虑现场施工时外掺MgO的不均匀性，根据青溪、水口等已建工程经验（外掺MgO均方差为0.25%），确定李家峡大坝混凝土内含与外掺MgO总含量以为5.5%为宜，最大不宜大于6%，最小不宜小于5%。

5.4.3.4　MgO混凝土自生体积变形试验

李家峡大坝混凝土外掺MgO自生体积变性试验按照《水工混凝土试验规程》（DL/T 5150—2017）中的有关规定进行。外掺MgO掺量分别为0%、1.5%、2.5%、3.5%，试验室养护温度分别38℃和30℃。试验结果见表5.4-8和图5.4-3。

表5.4-8　　　　　外掺MgO微膨胀混凝土自生体积变形试验资料

养护温度	MgO掺量/%	自生体积变形（×10^{-6}）												
		2d	4d	6d	8d	10d	14d	21d	47d	59d	71d	91d	120d	150d
38℃	0	0.50	0.35	2.87	2.82	2.10	−2.00	−2.53	−1.14	−3.33	−1.81	−2.87	−4.84	1.89
	1.5	3.64	11.12	12.90	13.80	14.50	15.70	16.54	17.71	18.90	20.90	21.60	22.56	24.20
	2.5	3.50	11.90	13.00	14.18	17.60	16.86	19.39	29.00	30.39	33.50	34.62	38.05	39.00
	3.5	5.60	17.90	22.08	25.46	26.44	27.17	32.52	45.49	47.09	48.00	50.91	52.50	53.00
30℃	2.5	−2.45	9.01	13.74	13.94	15.11	17.29	16.67	23.67	24.50	28.51	30.51	33.02	35.32
	0	−7.55	−1.73	0.31	0.82	−0.37	−0.91	−2.63	8.14	4.03	5.67	−4.98	−4.42	−2.12

养护温度	MgO掺量/%	自生体积变形（×10^{-6}）												粉煤灰/%
		180d	210d	218d	231d	242d	270d	300d	313d	330d	375d	397d	410d	
38℃	0	−4.07	2.55	−3.38	−0.75	0.69	2.16	3.99	−2.02	−1.82	1.01	−0.50	−0.20	20
	1.5	25.36	25.47	25.80	26.00	26.90	25.58	25.14	26.50	26.60	26.70	27.00	27.00	20
	2.5	40.32	42.00	44.36	45.00	46.43	47.00	47.50	49.00	49.50	49.70	50.00	50.00	20
	3.5	55.00	60.00	62.69	62.88	65.44	67.16	68.00	69.00	69.20	69.50	70.00	70.00	20
30℃	2.5	38.24	37.66	38.05	40.51	41.86	42.84	42.50	42.50	42.5	43.56	44.00	44.00	20
	0	−4.47	7.85	4.07	1.91	3.60	−3.41	5.52	9.31	4.76	−6.69	7.74	5.83	0

试验结果可知，当混凝土中外掺MgO后，其自生体积变形呈现明显的延迟性膨胀特性，300d基本趋于稳定。混凝土的膨胀量大小与MgO的掺量、养护温度、粉煤灰掺量有

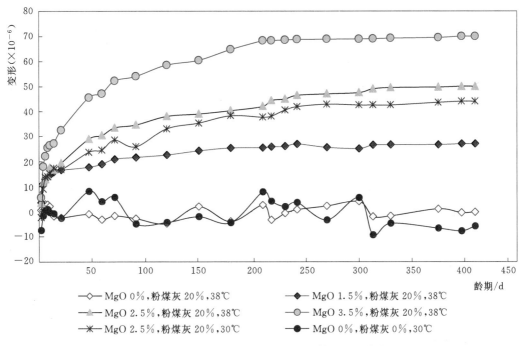

图 5.4 - 3 李家峡大坝混凝土自生体积变形曲线

关。试验结果表明:

(1) 当养护温度为 38℃,其自生体积膨胀变形随着 MgO 外掺量的增大而增大,当外掺 MgO 含量为 1.5%、2.5%、3.5% 时,其 180d 自生体积变形分别为 $25×10^{-6}$、$40×10^{-6}$、$55×10^{-6}$,每增加 1% 的 MgO,其膨胀变形增加 $15\mu m$。

(2) 提高养护温度,可有利于 MgO 膨胀变形。当养护温度由 30℃ 提高到 38℃,其自生体积变形相应增加了 $5\sim6\mu m$。

5.4.4 大坝混凝土材料参数

李家峡水电站大坝基础混凝土温控计算基本参数详见表 5.4 - 9。

表 5.4 - 9 李家峡水电站大坝基础混凝土温控计算参数

混凝土强度等级	$R_{90}250S_8D_{100}$ (约束区)		$R_{90}200S_8D_{50}$ (非约束区)	
龄期	28d	90d	28d	90d
抗压强度/MPa	27.8	34.2	15.5	22.7
轴拉强度/MPa	2.4	3.0	2.2	2.8
弹性模量/万 MPa	2.8	3.2	2.5	2.9
极限拉伸值 ($×10^4$)	1.04	1.17	1.0	1.13
抗裂安全系数	1.8		1.8	
允许抗裂应力/MPa	1.33	1.67	1.22	1.56
绝热温升/℃	$\theta(\tau)=25.5\tau/(3.185+\tau)$		$\theta(\tau)=23.3\tau/(2.35+\tau)$	

续表

混凝土强度等级	$R_{90}250S_8D_{100}$ （约束区）	$R_{90}200S_8D_{50}$ （非约束区）
导热系数/[kJ/(m·h·℃)]	9.312	
导温系数/(m²/h)	0.00359	
容　重/(kg/m³)	2400	
比热/[kJ/(kg·℃)]	1.0806	
线膨胀系数/(10⁻⁶/℃)	8.95	
热交换系数/[kJ/(m²·h·℃)]	83.72	
泊松比	0.17	
基岩弹性模量/GPa	25	

5.4.5　计算模型及计算方案拟订

以李家峡拱坝 11 号典型拱冠坝段为计算模型，建立三维有限元网格模型，水资源与水电工程科学国家重点实验室（武汉大学）利用 ANSYS 结构程序二次开发的三维有限元混凝土结构温控计算程序，对李家峡大坝混凝土施工期温度应力进行仿真计算，计算时长为 2 年，计算高度 84m，计算模型见图 5.4-4。

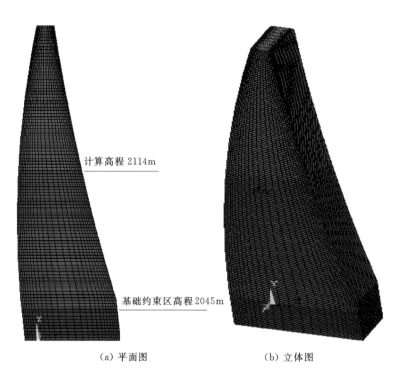

计算高程 2114m

基础约束区高程 2045m

（a）平面图　　　　　　　　　（b）立体图

图 5.4-4　李家峡拱坝基础外掺 MgO 混凝土施工期温度应力计算模型

以夏季 7 月开始浇筑工况为控制工况，以春季 5 月和冬季 12 月开始浇筑工况为比较工况，同时为了比较 MgO 微膨胀混凝土的补偿收缩效果，分别考虑了在大坝基础混凝土外掺 2.5％MgO、3.5％MgO 和 0％（不外掺）等 3 种情况。根据上述原则，共拟定了 6

个温控计算方案，详见表 5.4 - 10，计算成果详见表 5.4 - 11。计算采取的温控措施如下：

（1）基础约束区浇筑层厚为 1.5m，脱离约束区为 2.0m，间歇时间为 7d。

（2）6—8 月控制基础约束区混凝土浇筑温度不大于 18℃，控制非约束区混凝土浇筑温度不大于 20℃，4—5 月、9—10 月可常温浇筑混凝土，冬季 11 月至次年 3 月低温季节控制混凝土浇筑温度 5～8℃。

（3）6—8 月高温时段浇筑的混凝土采取通一期冷却水降低最高温度，基础约束区水管间排距为 1.5m×1.5m，脱离约束区 2.0m×2.0m，控制进坝水温为 6℃，通水时间 10～15d，通水流量为 1.08m³/h，控制水管长度为 250m；4 月、5 月、9 月、10 月可采用天然河水进行一期冷却。

（4）中期冷却：每年 9 月下旬对夏季 6—8 月高温季节浇筑的坝段进行中期冷却，中期冷却采用天然河水，冷却时间以坝体温度降到 18～20℃为准。

（5）后期冷却：采用 4℃ 冷水将坝体温度降至设计要求的封拱灌浆温度，要求两个灌区同时进行后期冷却，后期冷却时间以设计要求的封拱灌浆温度为准，灌区高度按 8m 控制，每年 10 月至次年 4 月进行后期冷却和接缝灌浆。

（6）表面保温：对于上下游面等永久暴露面采用聚乙烯泡沫塑料板全年保温，仓面及侧面采用玻璃棉被临时保温，每年 10 月底开始保温，次年 3 月底方可拆除。其等效放热系数 $\beta = 4.186 \text{kJ}/(\text{m}^2 \cdot \text{h} \cdot \text{℃})$。

表 5.4 - 10　　　　　李家峡大坝混凝土施工期温度应力计算方案

方案	浇筑层数×层厚	间歇时间/d	开始浇筑时间	冬季是否保温	浇筑温度/℃	间歇期/d	一期冷却	备　　注
LS1	10×1.5m+23×3m	7	7 月	是	18	7	10d×4℃	基础混凝土不外掺 MgO
LS2	10×1.5m+23×3m	7	7 月	是	18	7	10d×4℃	基础混凝土加掺 2.5% MgO
LS3	10×1.5m+23×3m	7	7 月	是	18	7	10d×4℃	基础混凝土加掺 3.5% MgO
LS4	10×1.5m+23×3m	7	5 月	是	15	7	15d×河水	基础混凝土不掺 MgO
LS5	10×1.5m+23×3m	7	5 月	是	15	7	15d×河水	基础混凝土加掺 2.5% MgO
LS6	10×1.5m+23×3m	7	12 月	是	8	7	—	基础混凝土不掺 MgO

表 5.4 - 11　　　　　李家峡大坝混凝土施工期温度应力计算成果汇总表

方案序号	开始浇筑时间	浇筑温度/℃	一期冷却	最高温度/℃		最大应力/MPa				基础MgO掺量/%
						顺河向		横河向表面		
				约束区	非约束区	约束区	非约束区	约束区	非约束区	
LS1	7 月	18	10d×4℃	27.42	27.93	1.71	1.39	2.76	1.59	0
LS2	7 月	18	10d×4℃	27.42	27.93	1.40	1.27	2.30	1.84	2.5
LS3	7 月	18	10d×4℃	27.42	27.93	1.30	1.70	2.20	1.75	3.5
LS4	5 月	常温	15d×河水	31.07	31.82	1.43	1.54	2.37	1.63	0
LS5	5 月	常温	15×河水	31.07	31.82	1.20	1.54	1.90	1.50	2.5
LS6	12 月	8	—	28.63	34.60	1.13	0.88	1.66	1.66	0

5.4.6　外掺 MgO 混凝土的温度应力补偿效果分析

分析总结各方案计算结果,对大坝基础外掺 MgO 对混凝土温度应力补偿效果分析如下:

(1) 对于顺河向基础温差应力:① MgO 掺量越大,其补偿应力越大;② 随着龄期的增大,补偿应力逐渐增大;③ 基岩约束越大,补偿拉应力越大;④ 外掺 2.5% MgO 后,靠近坝基处内部混凝土的最大补偿应力可达 0.3 ~ 0.4MPa,外掺 3.5% MgO 时,靠近坝基处混凝土内部的最大补偿应力可达 0.4 ~ 0.5MPa。相当于每 10 个微应变可产生 0.07 ~ 0.1MPa 的预压应力。详见表 5.4 - 12 和图 5.4 - 5 ~ 图 5.4 - 7。

表 5.4 - 12　　　　　　　　不同 MgO 掺量的基础混凝土补偿温度应力统计表

方案序号	MgO 掺量 /%	基础约束区顺河向 最大拉应力/MPa	基础约束区横河向 表面应力/MPa	基础约束区铅直向 最大拉应力/MPa
LS1	0	1.71	2.76	1.08
LS2	2.5	1.40	2.33	1.34
LS3	3.5	1.33	2.21	1.41

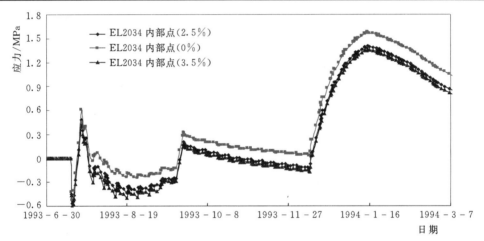

图 5.4 - 5　方案 LS1~LS3 基础约束区顺河向应力对比图

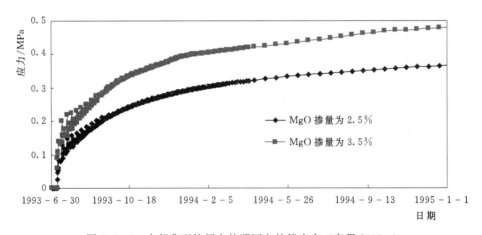

图 5.4 - 6　内部典型特征点的顺河向补偿应力（高程 2033m）

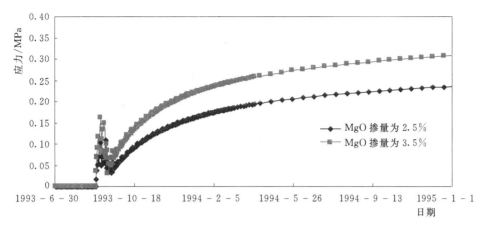

图 5.4 - 7　内部典型特征点的顺河向补偿应力（高程 2043m）

（2）对于表面横河向应力，掺 MgO 后，靠近坝趾位置横河向应力集中的地方应力有所减小，但上部表面横河向拉应力反而有所增大，详见图 5.4 - 8～图 5.4 - 10。说明掺MgO 后会在一定程度上增大上部混凝土表面横河向拉应力，因此脱离约束区不宜外掺MgO，对混凝土表面防裂不利。

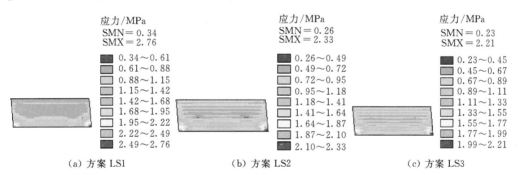

（a）方案 LS1　　　　　　　（b）方案 LS2　　　　　　　（c）方案 LS3

图 5.4 - 8　方案 LS1～LS3 基础约束区横河向应力对比图

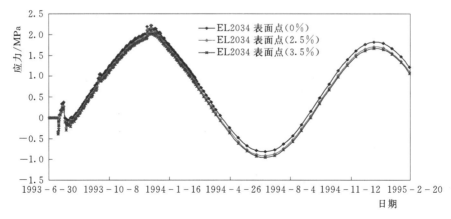

图 5.4 - 9　方案 LS1～LS3 基础约束区横河向应力对比曲线图（高程 2034m）

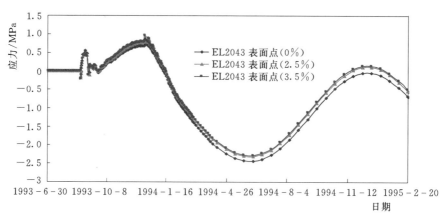

图 5.4 - 10　方案 LS1～LS3 基础约束区横河向应力对比曲线图（高程 2043m）

（3）对于表面铅直向应力，掺 MgO 后，铅直向应力有所增加，但由于自重应力等荷载作用，铅直向拉应力都能够满足应力控制标准。

（4）加强坝面表面保温。通过以上仿真计算结果可知，大部分方案表面横河向应力均超过设计要求，抗裂安全系数小于 1.8，且靠近坝趾、坝踵处应力集中较严重，分析原因主要由于该部位为基础强约束区，基岩约束应力本身较大，同时由于 12 月外界气温较低，尽管进行了表面保温，但是保温力度不够，造成内外温差过大，二者叠加，导致基础强约束区 0～5m 范围内表面应力超标。

本节主要以方案 LS2 的计算模型和原设计温控措施为基础，仅改变基础强约束区表面保温标准，进一步对基础约束区混凝土表面应力进行敏感分析。计算结果见表 5.4 - 13 和图 5.4 - 11～图 5.4 - 17。

表 5.4 - 13　　　　　　　李家峡大坝基础混凝土表面应力仿真计算成果

方案	约束区浇筑 层数×层厚	开始浇筑 时间	混凝土表面等效放热系数 /[kJ/(m²·h·℃)]	保温材料 厚度/cm	约束区最大表面 应力/MPa
LSB1	10×1.5m	7 月	4.20	4	2.33
LSB2	10×1.5m	7 月	2.10	8	2.04
LSB3	10×1.5m	7 月	0.84	15	1.80

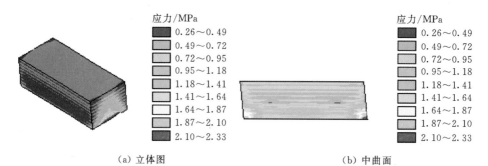

（a）立体图　　　　　　　　　　　　（b）中曲面

图 5.4 - 11　方案 LSB1 基础约束区最大横河向应力包络图（高程 2030～2045m）

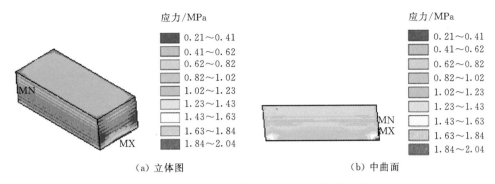

图 5.4-12　方案 LSB2 基础约束区最大横河向应力包络图（高程 2030～2045m）

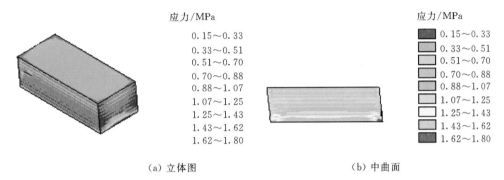

图 5.4-13　方案 LSB3 基础约束区最大横河向应力包络图（高程 2030～2045m）

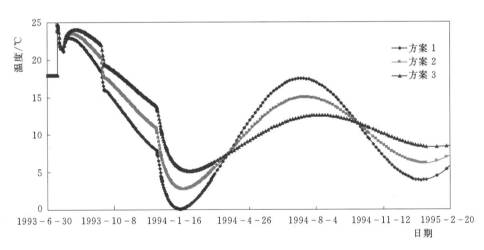

图 5.4-14　高程 2033.0m 基础约束区特征表面点温度历时过程线对比图

通过对比分析可知，加大基础约束区混凝土保温力度，可有效减小表面横河向应力。当基础混凝土表面等效放热系数由 4.20kJ/（m²·h·℃）降低到 0.84kJ/（m²·h·℃）（即保温材料和厚度由 4cm 加厚到 15cm），基础约束区横河向表面最大应力由 2.33MPa 减小到 1.80MPa，减小了 0.53MPa，基本满足设计要求，抗裂安全系数大于 1.8。因此施工时必须加大基础强约束区混凝土保温力度。

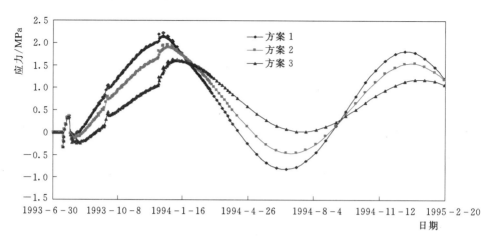

图 5.4-15　高程 2033.0m 基础约束区特征点横河向应力对比曲线图

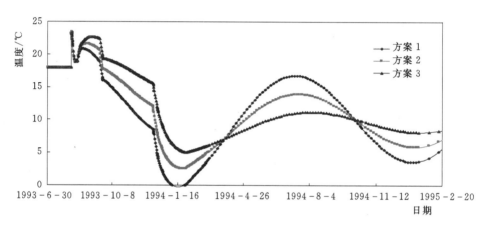

图 5.4-16　高程 2038.0m 基础约束区特征点温度历时过程线对比图

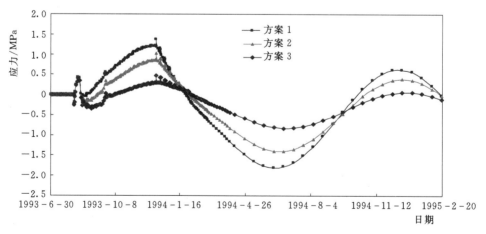

图 5.4-17　高程 2038.0m 基础约束区特征点横河向应力对比曲线图

5.4.7 小结

（1）大坝基础外掺 MgO 微膨胀混凝土补偿效果明显，可有效简化温控措施。

（2）MgO 掺量越大，其补偿应力越大；基础约束区内越靠近坝基，即约束作用越大，补偿应力也越大。

（3）当基础混凝土外掺 2.5%～3.5% 的 MgO，即基础混凝土 180d 自生变形为 40～60μm，约束区混凝土最大补偿应力可达 0.3～0.5MPa，相当于每个微应变可产生 0.007～0.01MPa 的预压应力。

（4）掺 MgO 后，在一定程度上增大上部混凝土表面横河向拉应力，因此脱离约束区不宜外掺 MgO，对混凝土表面防裂不利。

（5）过冬时加大基础约束区混凝土保护力度，可有效减小约束区横河向表面应力。当基础混凝土表面保温材料厚度由 4cm 增加到 15cm 时，其横河向表面最大应力由 2.33MPa 减小到 1.80MPa，基本满足表面应力控制标准，抗裂安全系数大于 2.0。

5.5 MgO 微膨胀混凝土对拱坝横缝开度的影响

5.5.1 研究目的

拱坝施工程序为先进行单坝段浇筑，然后再对横缝进行封拱灌浆，以形成整体结构，或者上部边浇筑同时下部进行封拱，甚至边封拱边蓄水。其封拱灌浆程序不同，坝体的传力路径也不同，坝体与坝基各部分的应力分布也随之不同。坝体横缝开度大小是影响拱坝封拱灌浆质量和拱坝整体稳定的一个重要的技术问题。本节主要以李家峡水电站工程双曲拱坝为研究对象，根据大坝基础混凝土外掺 0%、2.5%、3.5% 或全坝外掺 MgO 自生体积变形试验成果，重点研究 MgO 微膨胀混凝土自生体积变形对拱坝横缝开度的影响及其变化规律。

5.5.2 计算原理

坝体位移是由两部分组成，一部分是由弹性变形产生的，另一部分是由刚体位移产生的。由于拱坝混凝土浇筑、封拱灌浆和分期蓄水是一个持续时间较长的动态过程。水库蓄水后地基变形使坝体产生较大的刚体位移，封拱后下部已封拱的坝体产生的弹性变形对上部尚未封拱的独立坝段也产生较大的刚体位移，所以拱坝横缝开度变化过程十分复杂，不但与大坝体型、材料、荷载有关，还与封拱和蓄水过程有关。因此影响横缝开度的因素较复杂，有温度变化、湿度变化、混凝土自生体积变形、外荷载、徐变和相邻坝块约束及基础约束等。根据李家峡拱坝实际体型，按照实际施工过程和蓄水过程施加温度、自重和水压力等外荷载，研究自生体积变形对横缝开度的变化规律。

用薄层单元法和非线性接触单元法都可用来模拟横缝开度，而且其变化规律基本相同，仅在数值上略有差别。本节初步选用薄层单元法对横缝开度变化进行了仿真模拟。

考虑到李家峡拱坝的实际浇筑过程，在坝体有限元网格划分时采用三维有厚度薄层单元来模拟坝体的横缝，它可以较好地反映横缝附近的应力和接触条件，从而有利于用有限单元法进行仿真分析。本节采用三维有厚度薄层单元法模拟横缝，仿真计算了李家峡双曲

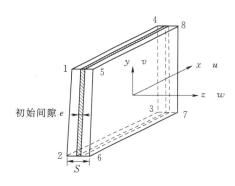

图 5.5-1　有限厚度三维薄层单元示意图
1~8—结点

拱坝整个施工期的横缝开合过程。图 5.5-1 为有限厚度三维薄层单元示意图。

如图 5.5-1 所示，薄层单元实际上是厚度为 S 的三维实体 8 结点等参单元，坐标轴 z 与缝面正交，坐标轴 x、y 在缝面内，单元含有初始间隙 e。横缝的开度可表示为单元内任一点的位移差：

$$\delta_i = w_i - w_j, i=1\sim4, j=5\sim8$$

式中：δ 为横缝 i 的开度；w_i、w_j 为节点 i、j 的位移。

单元内应力与变形关系：在 z 方向，即缝面正交方向，取结点 1 和结点 5 来分析，设横缝初始间隙为 e，有以下三种情况：

（1）当 $w_1 - w_5 = e$，即 $w_5 - w_1 + e = \Delta w + e$ 时，缝面正好密合，$\sigma_z = 0$。

（2）当 $w_1 - w_5 > e$，即 $w_5 - w_1 + e = \Delta w + e < 0$ 时，缝面受压，压缩变形为 $\Delta w + e$。

（3）当 $w_1 - w_5 < e$，即 $w_5 - w_1 + e = \Delta w + e > 0$ 时，缝面脱开，$\sigma_z = 0$。

计算中薄层单元厚度太薄容易引起方程组的病态，根据经验，薄层单元的厚度取为 20cm，横缝初始间隙 e 取为 0，横缝的等效弹性模量取为混凝土弹性模量的 80%。

5.5.3　有限元模型

为保证开度计算的真实性，拱坝的整体有限元模型依照李家峡拱坝实际整体模型资料绘出，无论是缝的条数与位置都按照实际模型资料在有限元模型中绘制出来。整个大坝单元数共为 69000，其中坝体单元数为 42912。节点数总共为 80025，其中坝体节点数为 51422。建立的坐标系为：左岸指向右岸方向为 x 正方向，下游指向上游方向为 y 正方向，从坝基到坝体方向为 z 正方向。李家峡大坝有限元计算模型如图 5.5-2 所示。

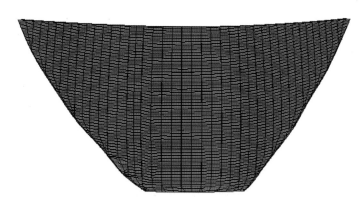

图 5.5-2　李家峡大坝有限元计算模型

5.5.4　初拟计算方案和计算基本参数

模拟时按照李家峡大坝实际浇筑进度，计算开始时间为 1993 年 4 月 28 日，根据坝体的浇筑过程沿着水平方向将坝体分成若干个浇筑层。在计算时，将坝体单元按照从坝基到坝顶的浇筑顺序，分成若干荷载步，依次激活，依此类推，直至到坝体的最顶层浇筑层浇筑完毕。在计算过程中，随着坝体单元的逐渐激活，相应的自重荷载、由温度场计算得到的相邻时间步的温度荷载以及相应大坝上下游的水压力、泥沙压力荷载也同时施加。

5.5.4.1　初拟的计算方案

根据李家峡大坝实际施工时，基础约束区混凝土外掺 2.5%～3.5% 的 MgO 微膨胀混凝土，为了进行敏感性分析，共拟定了四个方案，详见表 5.5-1。其中方案 LSF1～LSF3 主要以基础约束区混凝土分别外掺 0%、2.5%、3.5% 的 MgO 微膨胀混凝土的自生体积变形试验结果，分析计算其对缝开度的影响，同时为了进一步了解全坝外掺 MgO 对拱坝横缝开度的影响，拟定了方案 LSF4。

表 5.5-1　　　　　　　自生体积变形对李家峡双曲拱坝缝开度影响计算方案

序号	基础约束区	非约束区
方案 LSF1	掺 0% 的 MgO，不考虑自生体积变形的影响	不考虑自生体积变形的影响
方案 LSF2	掺 2.5% 的 MgO，自生体积变形为 50×10^{-6}	不考虑自生体积变形的影响
方案 LSF3	掺 3.5% 的 MgO，自生体积变形为 70×10^{-6}	不考虑自生体积变形的影响
方案 LSF4	掺 3.5% 的 MgO，自生体积变形为 70×10^{-6}	掺 3.5% 的 MgO，自生体积变形为 70×10^{-6}

5.5.4.2　李家峡大坝实际温控措施

（1）基础约束区浇筑层厚为 1.5m，脱离约束区为 2.0m。

（2）6—8 月基础约束区混凝土浇筑温度 18℃，4—5 月、9—10 月混凝土采取常温浇筑，冬季 11 月至次年 3 月低温季节的浇筑温度为 5～8℃。

（3）对 6—8 月高温时段浇筑的混凝土采取一期通制冷水降低混凝土最高温度，基础约束区水管间排距为 1.5m×1.5m，脱离约束区 2.0m×2.0m，进坝通水温度取为 4～6℃，通水时间 10d，通水流量为 1.08m³/h，单根水管长度控制为 250m；5 月、9 月浇筑的混凝土采取一期通天然河水降温的冷却措施，通水时间 15d。

（4）中期冷却：每年 9 月下旬对夏季 6—8 月高温季节浇筑的坝段进行中期冷却，中期冷却采用天然河水，冷却时间以坝体温度降到 18～20℃为准。

（5）后期冷却：采用 4℃冷水将坝体温度降至设计要求的封拱灌浆温度，两个灌区同时进行后期冷却，后期冷却坝体温度以设计要求的封拱灌浆温度为准，灌区高度按 8m 控制，每年 10 月至次年 4 月进行后期冷却和接缝灌浆。

（6）表面保温：对于上下游面等永久暴露面采用聚乙烯泡沫塑料板全年保温，仓面及侧面采用玻璃棉被临时保温，每年 10 月底开始保温，次年 3 月底方可拆除。其等效放热系数 $\beta = 4.186 \text{kJ}/(\text{m}^2 \cdot \text{h} \cdot ℃)$。

（7）实际施工进度。李家峡主坝开始浇筑时间为 1993 年 4 月 28 日，竣工时间为 1997 年 11 月 5 日。李家峡大坝实际浇筑进度如图 5.5-3 所示。

5.5.4.3　计算荷载

模拟计算时考虑的主要荷载为：水压力（正常蓄水位）＋自重＋泥沙压力＋温度荷载（温降或温升），并根据不同时段进行加载，基本反映了李家峡拱坝的真实应力状态和工作性态。水压力施加是根据李家峡水库实际蓄水过程线考虑。李家峡水库实际蓄水过程线详见图 5.5-4。

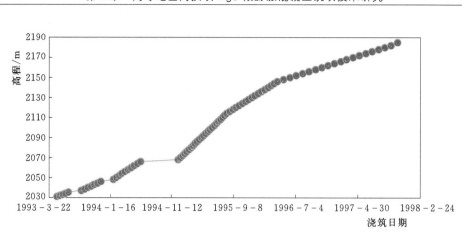

图 5.5 - 3　李家峡大坝实际浇筑进度

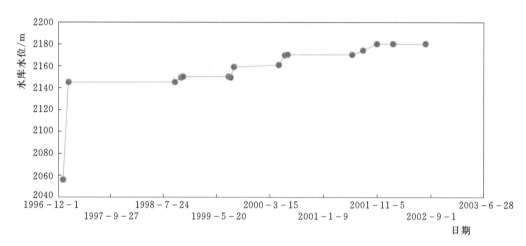

图 5.5 - 4　李家峡水库实际蓄水过程线

5.5.5　计算结果及分析

李家峡大坝共分有 20 条横缝，按照设计要求拱坝自上而下共划分为 17 个灌区，后期通水按两个灌区同时进行。由于横缝以及灌区数目较多，因此本书只给出部分具有代表性的成果。给出了用薄层单元法计算的 4 号、7 号、11 号、14 号、17 号横缝从浇筑开始至二期通水冷却结束时部分灌区的开度历时曲线。其中缝号 1 号表示 1 号坝段和 2 号坝段间的横缝，依此类推。

5.5.5.1　温度计算结果

根据上述建立的有限元计算模型以及基本计算资料，仿真模拟计算的李家峡拱坝坝体混凝土最高温度包络图如图 5.5 - 5 所示。

坝体混凝土在浇筑的过程中，共出现了 5 处高温区，高程分别为 2032～2040m、2058～2066m、2098～2116m、2148～2154m、2172～2178m，其中高程 2098～2116m 坝体内部混凝土温度最高，为 34.48℃。主要因为整个坝体浇筑历时长达 5 年，5 个高温区都是在夏季高温时段浇筑，且浇筑温度较高（20℃），浇筑层厚大（为 3.0m），层间散热

图 5.5-5 坝体混凝土最高温度包络图

差等原因造成的。

5.5.5.2 缝开度计算结果

表 5.5-2～表 5.5-3 为典型坝段约束区与非约束区最大横缝开度汇总表，图 5.5-6～图 5.5-9 为各方案坝体内部横缝开度展示图，图 5.5-10～图 5.5-12 为各方案计算的典型横缝中部开度对比图。

表 5.5-2　　　　　　　　基础约束区横缝最大开度汇总表　　　　　　　单位：mm

缝号	基础约束区各灌区高程/m	方案 LSF1 (不外掺 MgO)			方案 LSF2 (基础外掺 2.5% MgO)			方案 LSF3 (基础外掺 3.5% MgO)		
		上游面	中部	下游面	上游面	中部	下游面	上游面	中部	下游面
4 号	2110～2118	2.49	2.49	2.49	1.61	1.42	1.76	1.25	1.00	1.48
	2118～2126	1.91	2.15	2.07	1.48	1.69	1.54	0.61	0.78	0.83
7 号	2046～2054	3.12	2.47	2.78	2.70	1.84	2.45	2.18	1.57	2.18
	2054～2062	4.50	3.71	3.93	3.45	2.21	3.06	3.01	1.70	2.77
11 号	2030～2038.5	1.92	2.14	2.15	1.4	1.65	1.62	1.10	1.36	1.34
	2038.5～2046	2.18	1.93	2.18	1.52	1.40	1.29	1.27	1.23	1.17
14 号	2046～2054	2.52	1.92	2.30	2.01	1.20	1.71	1.79	0.89	1.56
	2054～2062	3.54	2.80	3.03	2.80	1.91	2.43	2.50	1.50	2.22
17 号	2102～2110	2.87	2.11	2.36	2.13	1.50	1.99	1.84	0.97	1.84
	2110～2118	2.4	2.29	2.47	1.56	1.38	1.84	1.26	0.80	1.14

表 5.5-3　　　　　　　　非基础约束区横缝最大开度汇总表　　　　　　　单位：mm

缝号	各灌区高程/m	方案 LSF3 (基础外掺 3.5%MgO)			方案 LSF4 (全坝外掺 3.5%MgO)		
		上游面	中部	下游面	上游面	中部	下游面
4 号	2150～2158	2.82	2.47	1.96	0.83	0.95	0.57
	2166～2174	3.06	2.87	3.06	1.51	1.42	1.51

缝号	各灌区高程/m	方案 LSF3 (基础外掺 3.5%MgO)			方案 LSF4 (全坝外掺 3.5%MgO)		
		上游面	中部	下游面	上游面	中部	下游面
7 号	2086~2094	2.86	1.49	2.94	1.49	0.71	1.49
	2102~2110	3.12	1.67	3.15	2.31	1.38	2.31
	2142~2150	2.29	2.29	2.42	1.07	1.14	1.20
	2166~2174	3.10	2.80	3.13	1.52	1.30	1.51
11 号	2054~2062	3.28	2.30	3.28	1.84	1.28	1.78
	2094~2102	4.49	2.78	4.20	2.98	1.67	2.63
	2110~2118	3.39	2.65	3.08	1.90	1.39	1.56
	2134~2142	2.25	1.46	2.17	0.89	0.45	0.77
	2142~2150	2.00	2.29	2.31	0.72	0.79	0.52
	2166~2174	3.03	2.72	3.03	1.78	1.52	1.79
14 号	2094~2102	2.25	2.07	2.22	1.13	0.98	1.13
	2142~2150	2.01	1.99	2.31	0.98	1.08	1.32
	2166~2174	2.51	2.27	2.51	1.46	1.20	1.46
17 号	2150~2158	2.00	1.94	1.68	1.06	1.00	1.79
	2166~2174	2.21	2.05	2.21	1.28	1.12	1.28

5.5.5.3 计算成果分析

对比分析方案 LSF1~方案 LSF4 计算成果，可得出以下几个结论：

（1）混凝土在浇筑初期，由于坝体混凝土温度不断升高，混凝土呈现膨胀的趋势，各坝段横缝开度值逐渐减小。在二期冷却通水后，坝体温度迅速下降，横缝开度明显增大，坝体混凝土温度不断降低，横缝开度逐渐增大，当二期冷却结束时混凝土温度达到设计封拱温度时，横缝开度达到最大值。

（2）由于坝体表面温度受外界气温影响较大，因此坝体表面横缝开度一般在冬季低温季节比内部横缝开度大，但是在夏季高温季节进行的二期冷却坝体，其内部横缝开度反较坝体表面开度大。

（3）外掺 MgO 混凝土自生体积膨胀变形对横缝开度的影响。

1）对于不掺 MgO 的混凝土（即方案 LSF1），约束区混凝土横缝表面最大开度为 2.0~3.5mm，内部横缝开度为 2.0~3.0mm。

2）当基础约束区外掺 2.5% MgO（即方案 LSF2）时，约束区混凝土表面横缝最大开度为 1.5~2.8mm，内部开度为 1.2~2.0mm，基本满足灌浆要求。相比不掺 MgO 混凝土而言，横缝开度普遍减小 0.5~1.0mm。

3）当基础约束区外掺 3.5% MgO（即方案 LSF3）时，约束区横缝表面最大开度为 1.0~2.5mm，内部开度为 0.8~1.5mm，部分区域横缝开度仅为 0.6mm，接近可灌开度标准值 0.5mm。相比不掺 MgO 混凝土而言，横缝开度普遍减小 1.0~1.2mm。

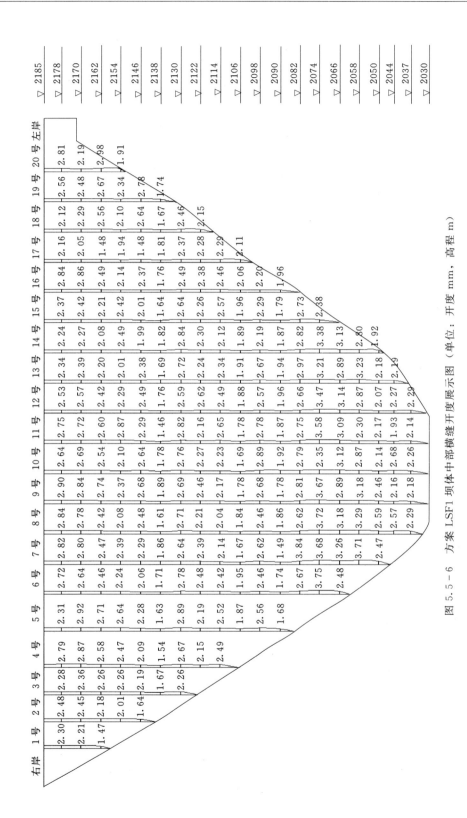

图 5.5-6 方案 LSF1 坝体中部横缝开度展示图（单位：开度 mm，高程 m）

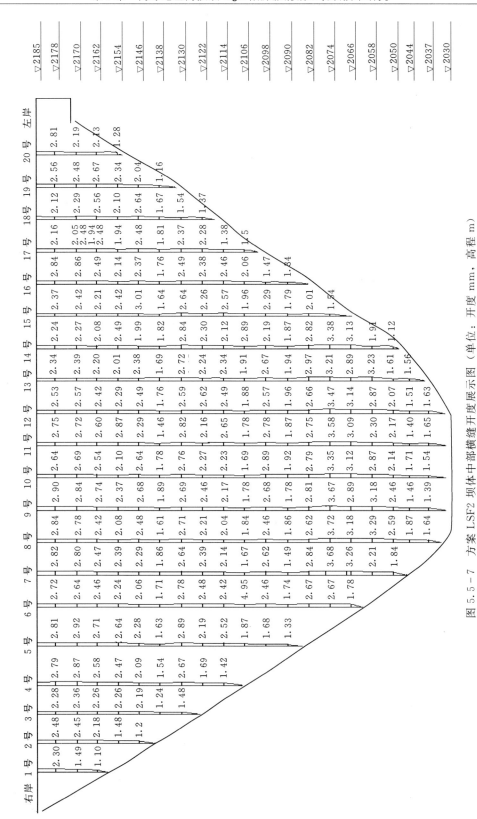

图 5.5-7　方案 LSF2 坝体中部横缝开度展示图（单位：开度 mm，高程 m）

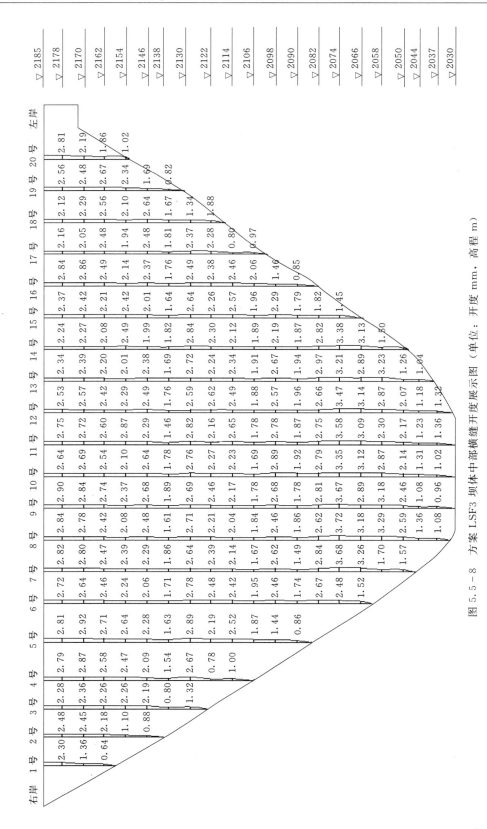

图 5.5-8 方案 LSF3 坝体中部横缝开度展示图（单位：开度 mm，高程 m）

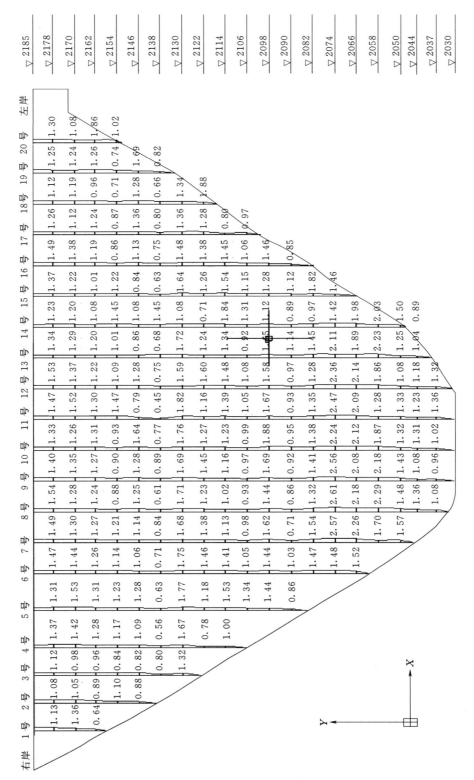

图 5.5 - 9　方案 LSF4 坝体中间面横缝开度展示图（单位：开度 mm，高程 m）

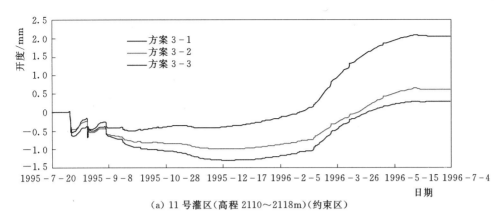

（a）11 号灌区（高程 2110～2118m）（约束区）

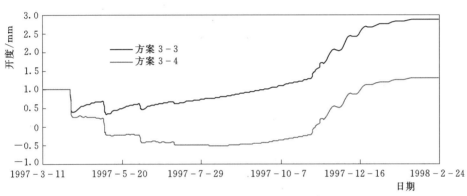

（b）18 号灌区（高程 2166～2175m）（非约束区）

图 5.5-10　各方案 4 号横缝中部开度对比图

4）对于非约束区内不外掺 MgO 时，非约束区横缝表面最大开度为 2.0～4.5mm，内部开度为 1.7～2.8mm。

5）当在整个坝体内部均外掺 3.5% MgO 时，非基础约束区内的横缝表面开度为 1.0～2.5mm，内部开度为 0.7～1.7mm，部分区域横缝开度计算值仅为 0.45mm，低于

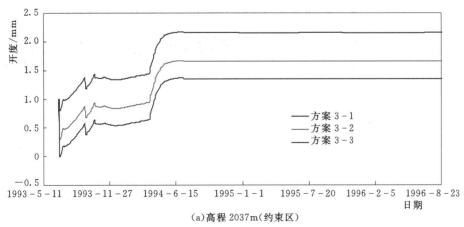

（a）高程 2037m（约束区）

图 5.5-11（一）　各方案 11 号横缝中部开度对比图

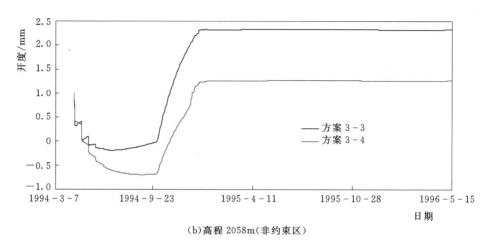

(b)高程 2058m(非约束区)

图 5.5-11（二）　各方案 11 号横缝中部开度对比图

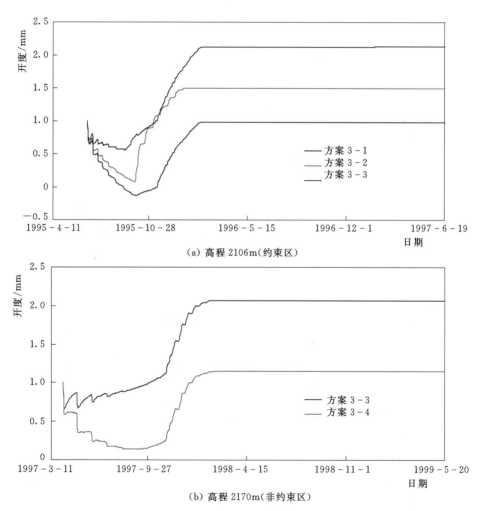

（a）高程 2106m(约束区)

（b）高程 2170m(非约束区)

图 5.5-12　各方案 17 号横缝中部开度对比图

可灌开度标准值 0.5mm；相比非约束区不掺 MgO 混凝土方案而言，横缝开度普遍减小约 1mm。

5.5.6 仿真计算结果与实测结果对比分析

图 5.5－13～图 5.5－17 给出方案 LSF2 部分灌区特征点开度仿真计算结果与实测结果对比图。可以看出，仿真计算结果与实测结果规律基本吻合。相比而言，仿真计算的横缝开度较实测值略微偏小。分析原因主要是由于仿真计算按设计要求的温控措施，而实际施工中部分坝段混凝土最高温度较计算值高，因而部分横缝开度较仿真成果大。

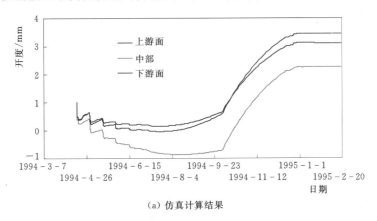

（a）仿真计算结果

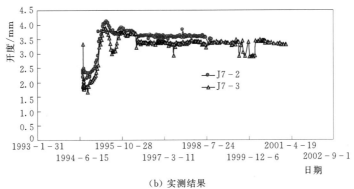

（b）实测结果

图 5.5－13　7 号横缝高程 2058m 横缝开度仿真计算结果与实测结果对比情况（方案 LSF2）

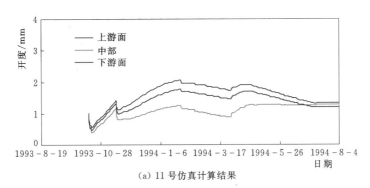

（a）11 号仿真计算结果

图 5.5－14（一）　11～13 号横缝高程 2043m 横缝开度仿真计算结果
与实测结果对比情况（方案 LSF2）

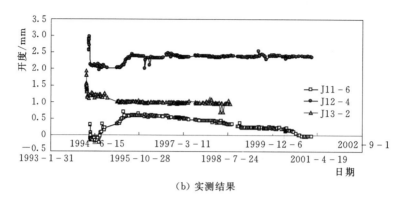

（b）实测结果

图 5.5 - 14（二）　11～13 号横缝高程 2043m 横缝开度仿真计算结果
与实测结果对比情况（方案 LSF2）

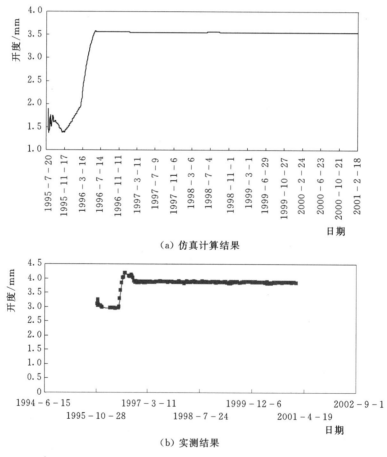

（a）仿真计算结果

（b）实测结果

图 5.5 - 15　11 号横缝高程 2120m 横缝开度仿真计算结果与实测结果对比情况

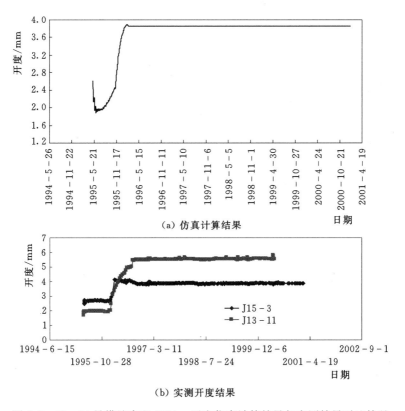

（a）仿真计算结果

（b）实测开度结果

图 5.5-16　14 号横缝高程 2090m 开度仿真计算结果与实测结果对比情况

　　综上所述，大坝外掺 MgO 在一定程度上减小了横缝开度值；基础外掺 2.5％MgO 时，即混凝土自生体积变形为 50μm，基础混凝土横缝开度普遍在 $1.2\sim2.0$mm，均能够满足灌浆标准；基础外掺 3.5％MgO 时，即混凝土自生体积变形为 70×10^{-6}，基础混凝土横缝开度值普遍在 $0.7\sim1.7$mm，部分区域最低开度达到 $0.45\sim0.6$mm；全坝外掺

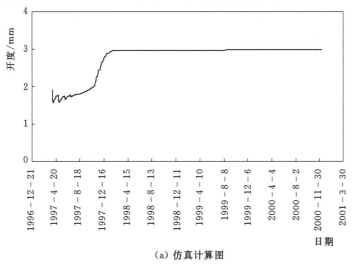

（a）仿真计算图

图 5.5-17（一）　17 号横缝高程 2160m 开度仿真计算结果与实测结果对比情况

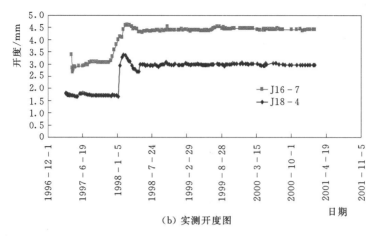

图 5.5-17（二）　17 号横缝高程 2160m 开度仿真计算结果与实测结果对比情况

3.5％的 MgO 时，部分灌区横缝开度小于 0.5mm，对横缝灌浆较为不利。因此对于高拱坝，不宜全坝采用外掺 MgO 微膨胀混凝土。

5.6　MgO 微膨胀混凝土对拱坝整体应力的影响

为了充分研究 MgO 微膨胀混凝土自生体积变形对拱坝整体应力的影响，按照李家峡水电站大坝基础约束区混凝土外掺 0％、2.5％、3.5％的 MgO 自生体积变形试验结果，对拱坝运行期的整体应力进行分析计算。采用两种方法分别进行计算，方法一为现行拱坝设计规范推荐的拱梁分载法；方法二为有限元法计算。

5.6.1　坝体应力控制标准

根据《混凝土拱坝设计规范》（DL/T 5346—2006）的相关安全标准对李家峡拱坝应力控制标准进行复核。按规范取各分项系数整理后的李家峡拱坝坝体应力控制标准见表 5.6-1。

表 5.6-1　　　　　　　　　　李家峡拱坝坝体应力控制标准

工　况	拱梁分载法/MPa		有限元法（等效处理后）/ MPa	
正常蓄水位	允许抗压应力	6.0	允许抗压应力	6.36
	允许抗拉应力	1.2	允许抗拉应力	1.25
校核洪水位	允许抗压应力	6.86	允许抗压应力	7.0
	允许抗拉应力	1.5	允许抗拉应力	1.5

5.6.2　拱梁分载法

5.6.2.1　计算假定

拱梁分载法无法直接计算 MgO 混凝土自生体积膨胀对坝体整体应力的影响。但是已得知大坝封拱后，掺加 3.5％的 MgO 坝体还将产生自生体积变形为 18×10^{-6}；掺 2.5％的 MgO，大坝封拱后，坝体还将产生自生体积变形为 12×10^{-6}。在拱坝坝体封拱前，自生体积变形对整体应力没有影响，而根据混凝土的性质，其线膨胀系数为 9.5×10^{-6}，因

此自生体积变形 $18×10^{-6}$ 在计算中可以等效为 T_m 增加 1.8℃，自生体积变形为 $12×10^{-6}$ 计算中可以等效为 T_m 增加 1.2℃。

按照正常蓄水位计算坝体水荷载。坝体混凝土计算参数见表 5.6-2。

表 5.6-2　　　　　　　　　　坝体混凝土计算参数表

坝体混凝土	容重/(kN/m³)	变模/GPa	泊松比
	2400	20	0.167

5.6.2.2　初拟的计算工况

根据计算分析的要求，共拟定以下 6 种工况进行计算分析：

（1）工况一：正常蓄水位＋自重＋泥沙压力＋温降。

（2）工况二：正常蓄水位＋自重＋泥沙压力＋温升。

（3）工况三：正常蓄水位＋自重＋泥沙压力＋温升（$T_m+2℃$）。

（4）工况四：正常蓄水位＋自重＋泥沙压力＋温降（$T_m+2℃$）。

（5）工况五：正常蓄水位＋自重＋泥沙压力＋温降（$T_m+1℃$）。

（6）工况六：正常蓄水位＋自重＋泥沙压力＋温升（$T_m+1℃$）。

5.6.2.3　计算结果分析

计算结果详见表 5.6-3，各方案应力分布见图 5.6-1～图 5.6-12 从中可以看出：

表 5.6-3　　　　　　　　　拱梁分载法坝体应力计算成果

工况	拱梁分载法应力/MPa			
	上　游　面		下　游　面	
	最大压应力	最大拉应力	最大压应力	最大拉应力
工况一	4.547	−0.808	5.221	−1.006
工况二	3.882	−0.899	5.320	−1.037
工况三	3.925	−0.711	5.215	−0.847
工况四	4.599	−0.634	5.083	−0.819
工况五	4.573	−0.720	5.151	−0.912
工况六	3.904	−0.804	5.266	−0.942

（1）拱梁分载法计算的拱坝坝体应力分布规律合理、均匀，左右岸对称性较好，应力状态良好，各种工况的最大主应力均满足应力控制标准，整个拱坝坝面基本上处于受压状态。正常荷载组合工况作用坝体最大主拉应力、最大主压应力均满足规范要求。也就是说，MgO 不同掺量下，坝体应力均满足要求。

（2）对比工况一～工况六可知，其他边界条件相同，仅温升工况和温降工况对比，温升工况下坝体主压应力及主拉应力均高于温降工况，因此温升工况为控制工况。

（3）随着 MgO 含量的增加，坝体上下游面主拉应力明显减小。温降工况上游面最大拉应力减少 21.5%，下游面最大拉应力减少 18.6%；温升工况上游面最大拉应力减少 20.9%，下游面最大拉应力减少 18.3%。与此同时，坝体上游面主压应力有所增加，但增加的幅度不大，温降温升工况均增加 1.1%，而下游面主压应力同样也有所减少。

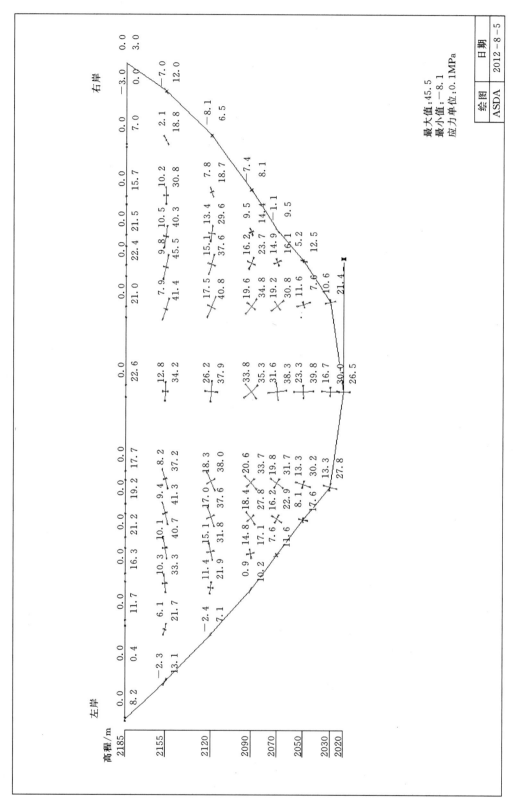

图 5.6-1　工况一上游面主应力矢量图

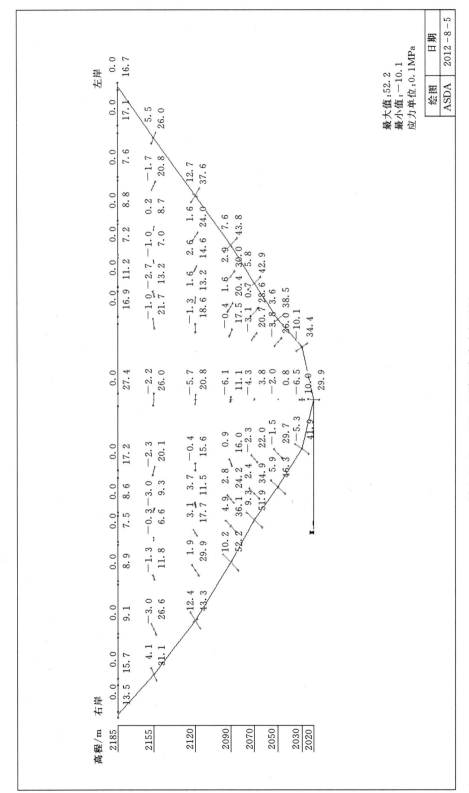

图 5.6-2 工况一下游面主应力矢量图

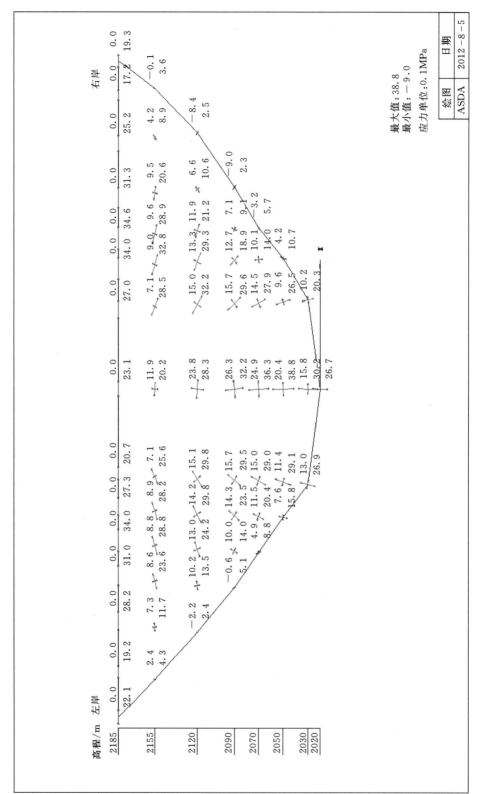

图 5.6-3　工况二上游面主应力矢量图

230

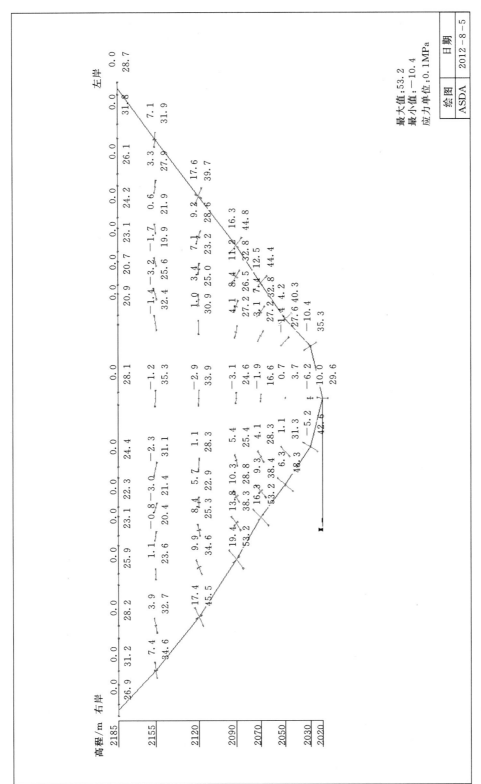

图 5.6-4 工况二下游面主应力矢量图

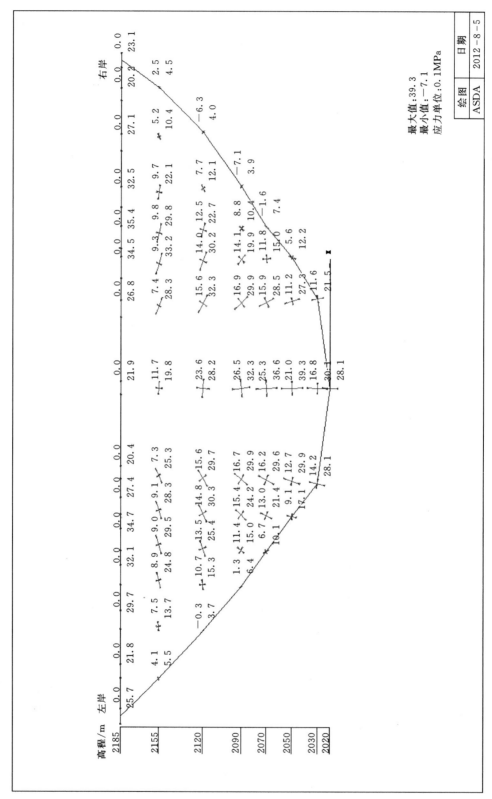

图 5.6-5　工况三上游面主应力矢量图

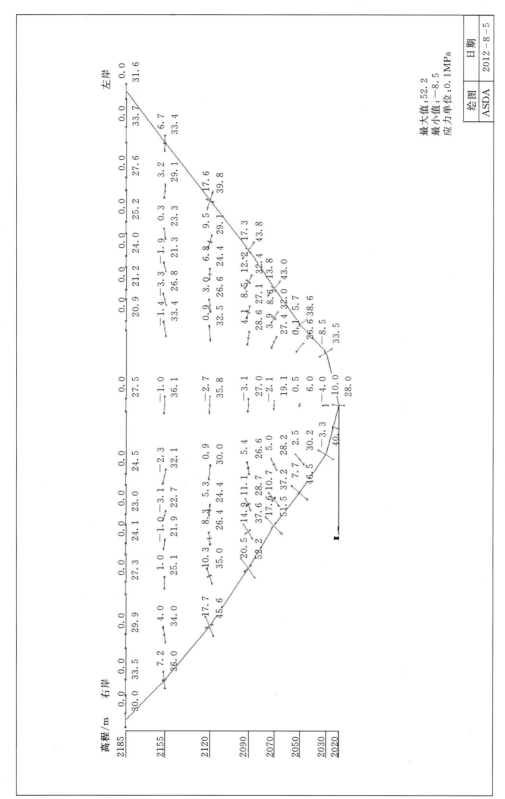

图 5.6 - 6 工况三下游面主应力矢量图

最大值：52.2
最小值：-8.5
应力单位：0.1MPa

	绘图	日期
	ASDA	2012 - 8 - 5

233

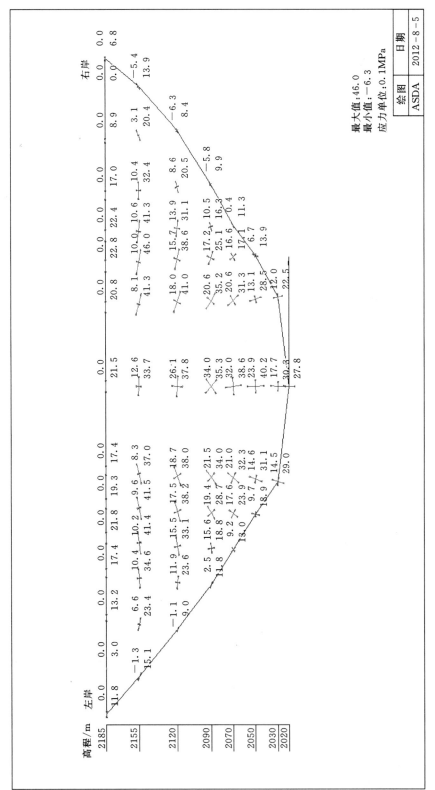

图 5.6-7　工况四上游面主应力矢量图

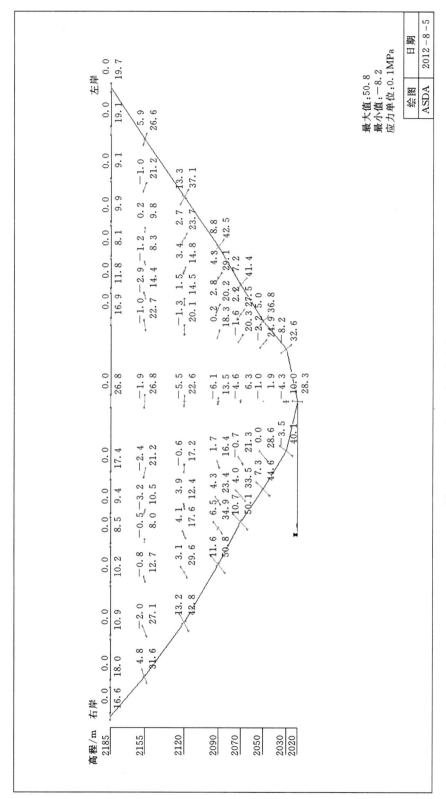

图 5.6-8　工况四下游面主应力矢量图

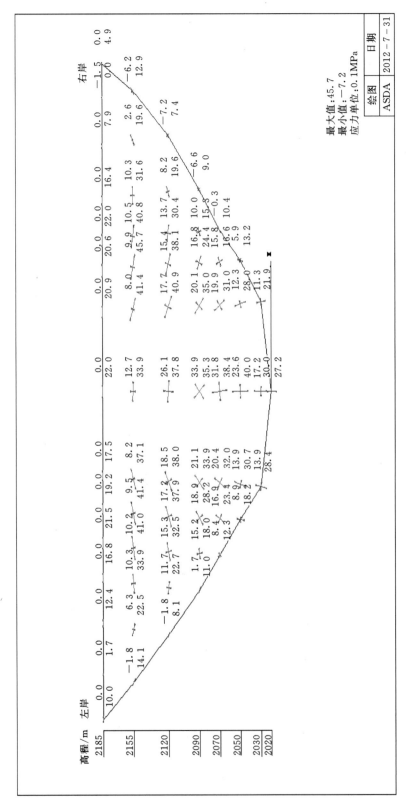

图 5.6-9　工况五上游面主应力矢量图

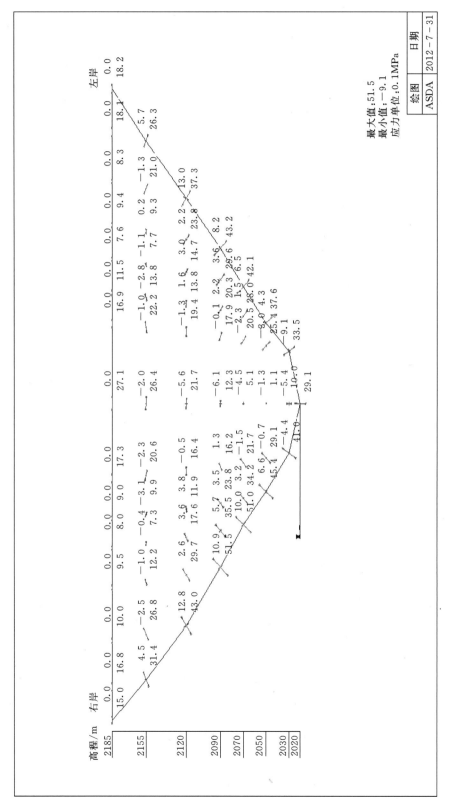

图 5.6-10 工况五下游面主应力矢量图

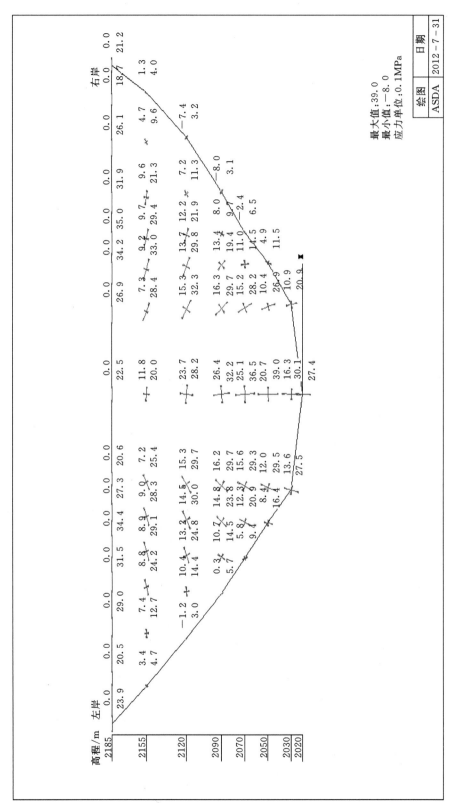

图 5.6 - 11　工况六上游面主应力矢量图

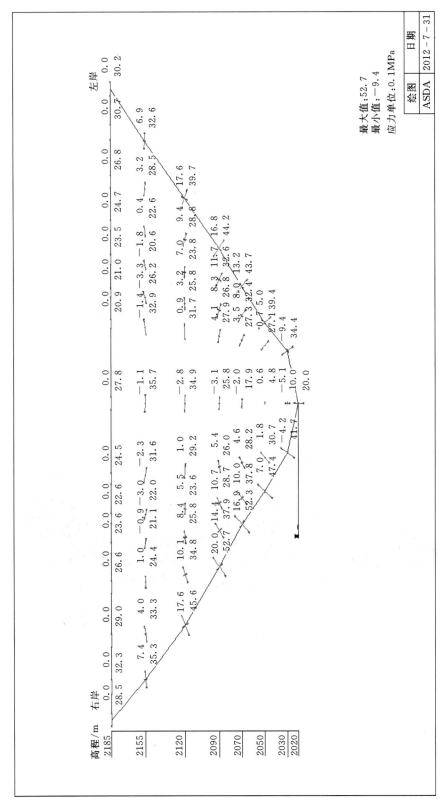

图 5.6-12 工况六下游面主应力矢量图

（4）总体而言，掺加 MgO 后，对坝体拉应力有所改善，对坝体压应力的影响较小。因此对拱坝整体应力而言，掺加 MgO 对坝体应力影响不大。

5.6.3　有限元法计算

5.6.3.1　计算边界条件及假设

本次计算的坝体运行期应力是指考虑坝体实际温度变化过程，考虑自重、水压力、淤沙压力等荷载，对大坝进行三维有限元应力计算即得到的应力。

计算时，上下游及左右边界取水平位移约束，底部取垂直位移约束；水荷载取李家峡正常蓄水位；运行期荷载施加时假设混凝土构件为向同性弹性体。

拱坝的温度荷载为时间的函数，从坝体灌浆到水库正常运行，坝体温度是不断变化的。拱坝的特征温度场包括：封拱温度、运行期年平均温度场以及运行期变化温度场。计算时拱坝的温度荷载包括两部分，一部分是初始温差，即坝体年平均温度和封拱温度之差，它们是不随时间而变化的；另一部分是时变温差，即外界水温和气温的变化在坝体所引起的温度变化的，夏季为温升，冬季为温降。有限元计算模拟时，是将温度荷载转化为等效线性温度施加于坝体上，等效线性温度并非真实温度，而是虚拟温度，但在直线法假设下，其力学作用与真实温度等效。

5.6.3.2　计算网格划分

模型网格采用八结点六面体单元，模型的单元总数 78230 个，结点总数 87486 个，其中坝体单元数 37500 个，结点数 42016 个，整体网格图如图 5.6-13 所示。建立的坐标系为：左岸指向右岸方向为 x 正方向，下游指向上游方向为 y 正方向，从坝基到坝体方向为 z 正方向。

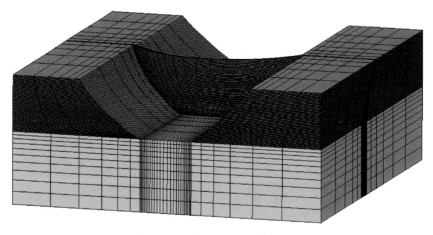

图 5.6-13　坝体-地基整体网格图

5.6.3.3　计算工况及设计封拱温度

根据李家峡双曲拱坝准稳定温度场，拟定的封拱温度见表 5.6-4。共选择 7 个计算工况，即温升、温降工况分别与 MgO 掺量 0%、2.5%、3.5%组合以及考虑坝体封拱后自生体积变形为 25×10^{-6} 时李家峡双曲拱坝坝体应力影响，计算方案见表 5.6-5。

表 5.6－4　　　　　　　　　　　李家峡拱坝设计封拱温度

计算高程/m	2030	2050	2070	2100	2120	2130	2160	2185
封拱温度/℃	10	9	7.5	6	6	7.5	7.5	7.5

表 5.6－5　　　　　　　　　李家峡拱坝坝体应力三维有限元计算方案

计算方案	基 础 约 束 区	非 约 束 区
方案 LSY1	正常蓄水位＋温降＋自重＋泥沙压力，不外掺 MgO，不考虑自生体积变形的影响	正常蓄水位＋温降＋自重＋泥沙压力，不外掺 MgO，不考虑自生体积变形的影响
方案 LSY2	正常蓄水位＋温升＋自重＋泥沙压力，不外掺 MgO，不考虑自生体积变形的影响	正常蓄水位＋温升＋自重＋泥沙压力，不外掺 MgO，不考虑自生体积变形的影响
方案 LSY3	正常蓄水位＋温升＋自重＋泥沙压力，掺 3.5% 的 MgO，大坝封拱后，坝体还将产生自生体积变形为 $18×10^{-6}$	正常蓄水位＋温升＋自重＋泥沙压力，不外掺 MgO，不考虑自生体积变形的影响
方案 LSY4	正常蓄水位＋温降＋自重＋泥沙压力，掺 3.5% 的 MgO，大坝封拱后，坝体还将产生自生体积变形为 $18×10^{-6}$	正常蓄水位＋温降＋自重＋泥沙压力，不外掺 MgO，不考虑自生体积变形的影响
方案 LSY5	正常蓄水位＋温降＋自重＋泥沙压力，掺 2.5% 的 MgO，大坝封拱后，坝体还将产生自生体积变形为 $12×10^{-6}$	正常蓄水位＋温降＋自重＋泥沙压力，不外掺 MgO，不考虑自生体积变形的影响
方案 LSY6	正常蓄水位＋温降＋自重＋泥沙压力，全坝外掺 3.5% 的 MgO，大坝封拱后，坝体还将产生自生体积变形为 $18×10^{-6}$	
方案 LSY7	正常蓄水位＋温降＋自重＋泥沙压力，考虑大坝封拱后，坝体还将产生自生体积变形为 $25×10^{-6}$	正常蓄水位＋温降＋自重＋泥沙压力，不外掺 MgO，不考虑自生体积变形的影响

1. 方案 LSY1

方案 LSY1，为不考虑外掺 MgO 微膨胀混凝土，即不考虑自生体积变形的影响，为正常荷载＋温降工况的坝体应力计算结果。图 5.6－14～图 5.6－18 给出了方案 LSY1 对应的应力以及位移分布图。

2. 方案 LSY2

方案 LSY2，为不考虑外掺 MgO 微膨胀混凝土，即不考虑自生体积变形的影响，为正常荷载＋温升工况的坝体应力计算结果。图 5.6－19～图 5.6－23 给出了方案 LSY2 的应力以及位移分布图。

3. 方案 LSY3

方案 LSY3，为基础约束区外掺 3.5% 的 MgO 微膨胀混凝土，脱离约束区不外掺 MgO 微膨胀混凝土，为正常荷载＋温升工况的坝体应力计算结果。图 5.6－24～图 5.6－28 给出了方案 LSY3 对应的应力以及位移分布图。

4. 方案 LSY4

方案 LSY4，为基础约束区外掺 3.5% 的 MgO 微膨胀混凝土，脱离约束区不外掺 MgO 微膨胀混凝土，为正常荷载＋温降工况的坝体应力计算结果。图 5.6－29～图 5.6－33 给出了方案 LSY4 对应的应力以及位移分布图。

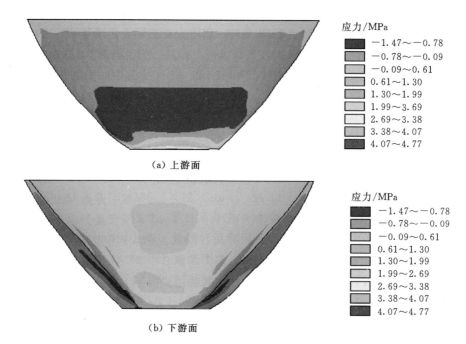

（a）上游面

（b）下游面

图 5.6-14　方案 LSY1 大坝第一主应力分布图

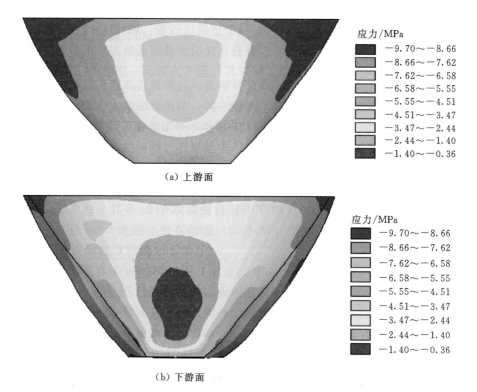

（a）上游面

（b）下游面

图 5.6-15　方案 LSY1 大坝第三主应力分布图

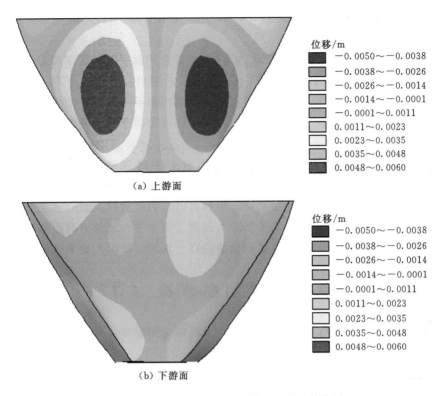

位移/m	
■	$-0.0050 \sim -0.0038$
■	$-0.0038 \sim -0.0026$
■	$-0.0026 \sim -0.0014$
■	$-0.0014 \sim -0.0001$
■	$-0.0001 \sim 0.0011$
■	$0.0011 \sim 0.0023$
□	$0.0023 \sim 0.0035$
■	$0.0035 \sim 0.0048$
■	$0.0048 \sim 0.0060$

（a）上游面

位移/m	
■	$-0.0050 \sim -0.0038$
■	$-0.0038 \sim -0.0026$
■	$-0.0026 \sim -0.0014$
■	$-0.0014 \sim -0.0001$
■	$-0.0001 \sim 0.0011$
■	$0.0011 \sim 0.0023$
□	$0.0023 \sim 0.0035$
■	$0.0035 \sim 0.0048$
■	$0.0048 \sim 0.0060$

（b）下游面

图 5.6-16　方案 LSY1 大坝横河向位移分布图

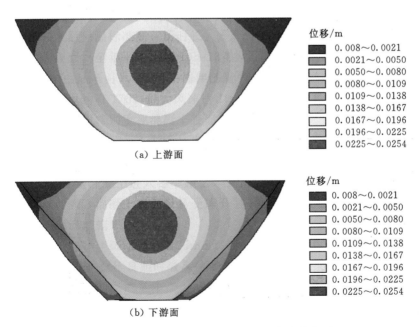

位移/m	
■	$0.008 \sim 0.0021$
■	$0.0021 \sim 0.0050$
■	$0.0050 \sim 0.0080$
■	$0.0080 \sim 0.0109$
■	$0.0109 \sim 0.0138$
■	$0.0138 \sim 0.0167$
□	$0.0167 \sim 0.0196$
■	$0.0196 \sim 0.0225$
■	$0.0225 \sim 0.0254$

（a）上游面

位移/m	
■	$0.008 \sim 0.0021$
■	$0.0021 \sim 0.0050$
■	$0.0050 \sim 0.0080$
■	$0.0080 \sim 0.0109$
■	$0.0109 \sim 0.0138$
■	$0.0138 \sim 0.0167$
□	$0.0167 \sim 0.0196$
■	$0.0196 \sim 0.0225$
■	$0.0225 \sim 0.0254$

（b）下游面

图 5.6-17　方案 LSY1 大坝顺河向位移分布图

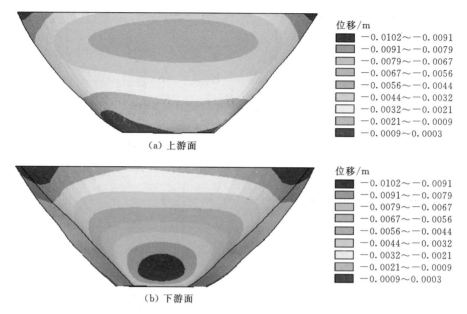

（a）上游面

（b）下游面

图 5.6-18　大坝铅直向位移分布图

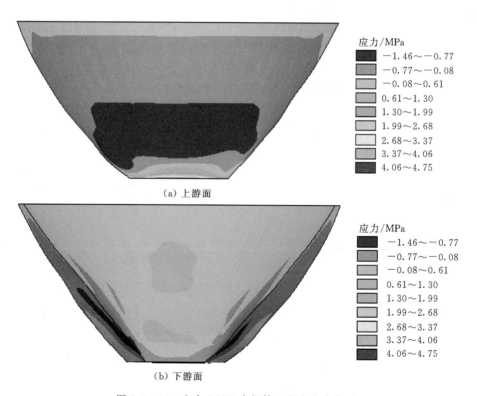

（a）上游面

（b）下游面

图 5.6-19　方案 LSY2 大坝第一主应力分布图

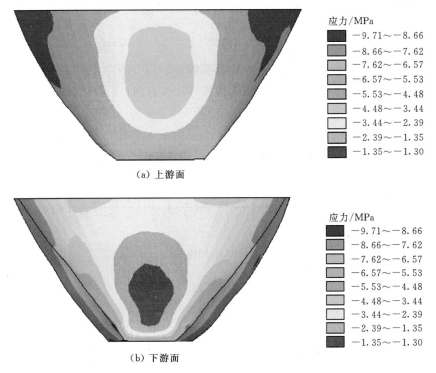

（a）上游面

应力/MPa
- −9.71～−8.66
- −8.66～−7.62
- −7.62～−6.57
- −6.57～−5.53
- −5.53～−4.48
- −4.48～−3.44
- −3.44～−2.39
- −2.39～−1.35
- −1.35～−1.30

（b）下游面

应力/MPa
- −9.71～−8.66
- −8.66～−7.62
- −7.62～−6.57
- −6.57～−5.53
- −5.53～−4.48
- −4.48～−3.44
- −3.44～−2.39
- −2.39～−1.35
- −1.35～−1.30

图 5.6 - 20　方案 LSY2 大坝第三主应力分布图

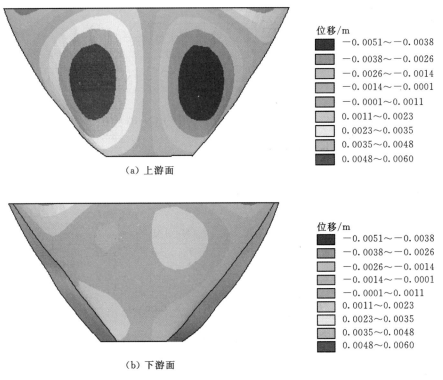

（a）上游面

位移/m
- −0.0051～−0.0038
- −0.0038～−0.0026
- −0.0026～−0.0014
- −0.0014～−0.0001
- −0.0001～0.0011
- 0.0011～0.0023
- 0.0023～0.0035
- 0.0035～0.0048
- 0.0048～0.0060

（b）下游面

位移/m
- −0.0051～−0.0038
- −0.0038～−0.0026
- −0.0026～−0.0014
- −0.0014～−0.0001
- −0.0001～0.0011
- 0.0011～0.0023
- 0.0023～0.0035
- 0.0035～0.0048
- 0.0048～0.0060

图 5.6 - 21　方案 LSY2 大坝横河向位移分布图

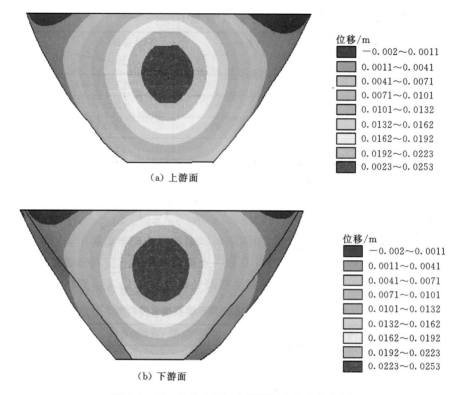

位移/m
- $-0.002\sim0.0011$
- $0.0011\sim0.0041$
- $0.0041\sim0.0071$
- $0.0071\sim0.0101$
- $0.0101\sim0.0132$
- $0.0132\sim0.0162$
- $0.0162\sim0.0192$
- $0.0192\sim0.0223$
- $0.0023\sim0.0253$

（a）上游面

位移/m
- $-0.002\sim0.0011$
- $0.0011\sim0.0041$
- $0.0041\sim0.0071$
- $0.0071\sim0.0101$
- $0.0101\sim0.0132$
- $0.0132\sim0.0162$
- $0.0162\sim0.0192$
- $0.0192\sim0.0223$
- $0.0223\sim0.0253$

（b）下游面

图 5.6-22　方案 LSY2 大坝顺河向位移分布图

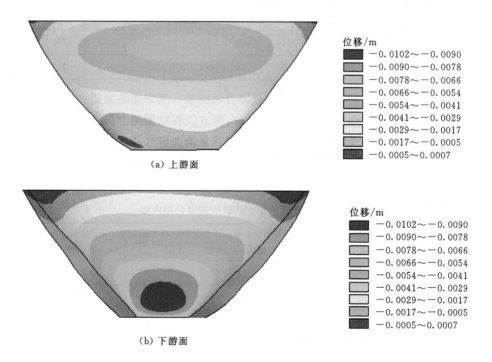

位移/m
- $-0.0102\sim-0.0090$
- $-0.0090\sim-0.0078$
- $-0.0078\sim-0.0066$
- $-0.0066\sim-0.0054$
- $-0.0054\sim-0.0041$
- $-0.0041\sim-0.0029$
- $-0.0029\sim-0.0017$
- $-0.0017\sim-0.0005$
- $-0.0005\sim0.0007$

（a）上游面

位移/m
- $-0.0102\sim-0.0090$
- $-0.0090\sim-0.0078$
- $-0.0078\sim-0.0066$
- $-0.0066\sim-0.0054$
- $-0.0054\sim-0.0041$
- $-0.0041\sim-0.0029$
- $-0.0029\sim-0.0017$
- $-0.0017\sim-0.0005$
- $-0.0005\sim0.0007$

（b）下游面

图 5.6-23　方案 LSY2 大坝铅直向位移分布图

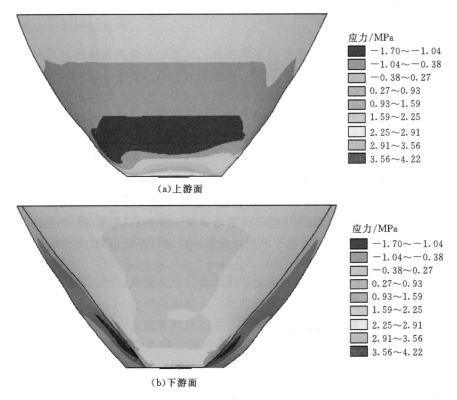

应力/MPa

- $-1.70 \sim -1.04$
- $-1.04 \sim -0.38$
- $-0.38 \sim 0.27$
- $0.27 \sim 0.93$
- $0.93 \sim 1.59$
- $1.59 \sim 2.25$
- $2.25 \sim 2.91$
- $2.91 \sim 3.56$
- $3.56 \sim 4.22$

（a）上游面

应力/MPa

- $-1.70 \sim -1.04$
- $-1.04 \sim -0.38$
- $-0.38 \sim 0.27$
- $0.27 \sim 0.93$
- $0.93 \sim 1.59$
- $1.59 \sim 2.25$
- $2.25 \sim 2.91$
- $2.91 \sim 3.56$
- $3.56 \sim 4.22$

（b）下游面

图 5.6-24　方案 LSY3 大坝第一主应力分布图

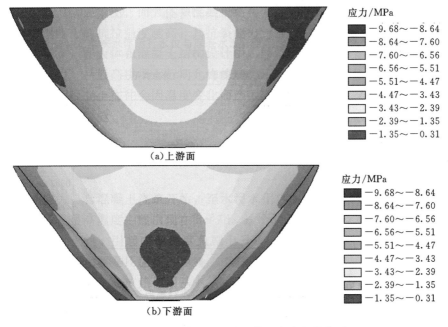

应力/MPa

- $-9.68 \sim -8.64$
- $-8.64 \sim -7.60$
- $-7.60 \sim -6.56$
- $-6.56 \sim -5.51$
- $-5.51 \sim -4.47$
- $-4.47 \sim -3.43$
- $-3.43 \sim -2.39$
- $-2.39 \sim -1.35$
- $-1.35 \sim -0.31$

（a）上游面

应力/MPa

- $-9.68 \sim -8.64$
- $-8.64 \sim -7.60$
- $-7.60 \sim -6.56$
- $-6.56 \sim -5.51$
- $-5.51 \sim -4.47$
- $-4.47 \sim -3.43$
- $-3.43 \sim -2.39$
- $-2.39 \sim -1.35$
- $-1.35 \sim -0.31$

（b）下游面

图 5.6-25　方案 LSY3 大坝第三主应力分布图

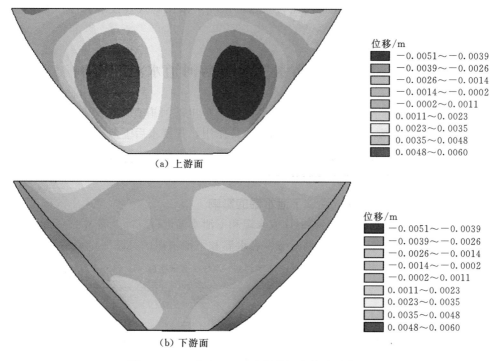

图 5.6 - 26　方案 LSY3 大坝横河向位移分布图

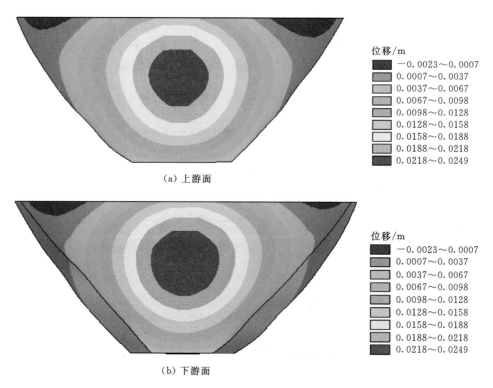

图 5.6 - 27　方案 LSY3 大坝顺河向位移分布图

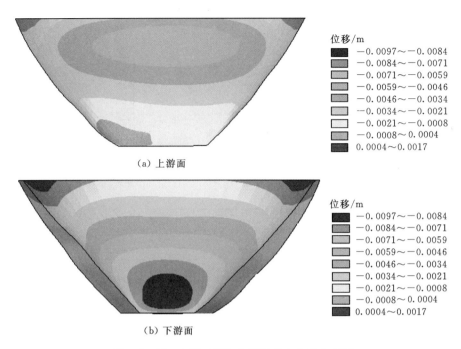

位移/m
■ −0.0097～−0.0084
■ −0.0084～−0.0071
■ −0.0071～−0.0059
■ −0.0059～−0.0046
■ −0.0046～−0.0034
■ −0.0034～−0.0021
■ −0.0021～−0.0008
■ −0.0008～0.0004
■ 0.0004～0.0017

（a）上游面

位移/m
■ −0.0097～−0.0084
■ −0.0084～−0.0071
■ −0.0071～−0.0059
■ −0.0059～−0.0046
■ −0.0046～−0.0034
■ −0.0034～−0.0021
■ −0.0021～−0.0008
■ −0.0008～0.0004
■ 0.0004～0.0017

（b）下游面

图 5.6 - 28　方案 LSY3 大坝铅直向位移分布图

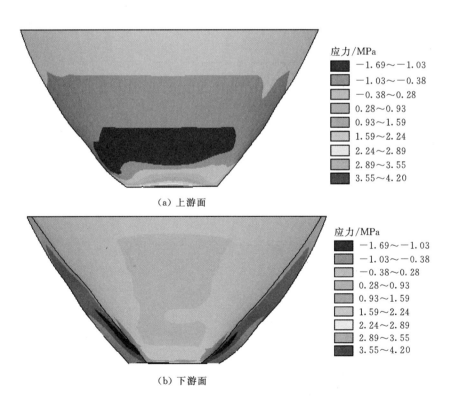

应力/MPa
■ −1.69～−1.03
■ −1.03～−0.38
■ −0.38～0.28
■ 0.28～0.93
■ 0.93～1.59
■ 1.59～2.24
■ 2.24～2.89
■ 2.89～3.55
■ 3.55～4.20

（a）上游面

应力/MPa
■ −1.69～−1.03
■ −1.03～−0.38
■ −0.38～0.28
■ 0.28～0.93
■ 0.93～1.59
■ 1.59～2.24
■ 2.24～2.89
■ 2.89～3.55
■ 3.55～4.20

（b）下游面

图 5.6 - 29　方案 LSY4 大坝第一主应力分布图

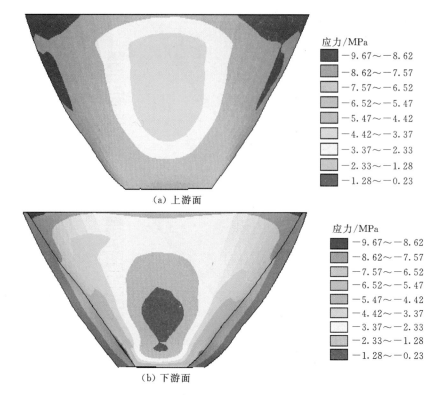

应力/MPa
- −9.67～−8.62
- −8.62～−7.57
- −7.57～−6.52
- −6.52～−5.47
- −5.47～−4.42
- −4.42～−3.37
- −3.37～−2.33
- −2.33～−1.28
- −1.28～−0.23

（a）上游面

应力/MPa
- −9.67～−8.62
- −8.62～−7.57
- −7.57～−6.52
- −6.52～−5.47
- −5.47～−4.42
- −4.42～−3.37
- −3.37～−2.33
- −2.33～−1.28
- −1.28～−0.23

（b）下游面

图 5.6 - 30　方案 LSY4 大坝第三主应力分布图

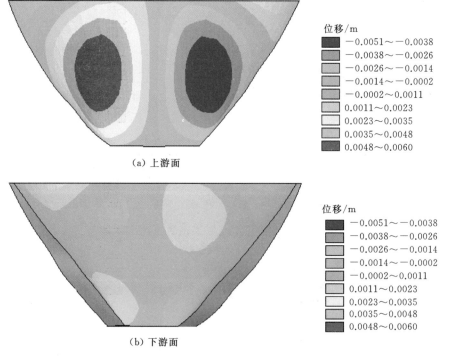

位移/m
- −0.0051～−0.0038
- −0.0038～−0.0026
- −0.0026～−0.0014
- −0.0014～−0.0002
- −0.0002～0.0011
- 0.0011～0.0023
- 0.0023～0.0035
- 0.0035～0.0048
- 0.0048～0.0060

（a）上游面

位移/m
- −0.0051～−0.0038
- −0.0038～−0.0026
- −0.0026～−0.0014
- −0.0014～−0.0002
- −0.0002～0.0011
- 0.0011～0.0023
- 0.0023～0.0035
- 0.0035～0.0048
- 0.0048～0.0060

（b）下游面

图 5.6 - 31　方案 LSY4 大坝横河向位移分布图

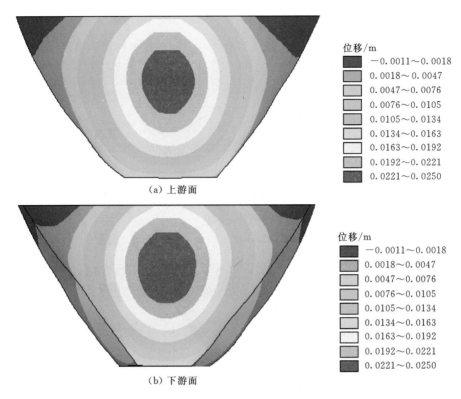

（a）上游面

（b）下游面

图 5.6-32 方案 LSY4 大坝顺河向位移分布图

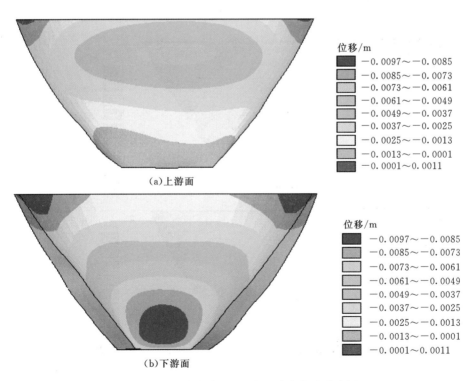

（a）上游面

（b）下游面

图 5.6-33 大方案 LSY4 坝铅直向位移分布图

5. 方案 LSY5

方案 LSY5，为基础约束区外掺 2.5％的 MgO 微膨胀混凝土，脱离约束区不外掺 MgO 微膨胀混凝土，为正常荷载＋温降工况的坝体应力计算结果。图 5.6－34～图 5.6－38 给出了方案 LSY5 对应的应力以及位移分布图。

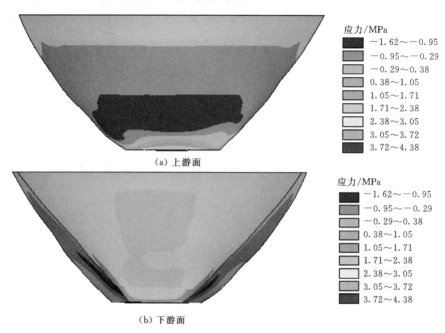

（a）上游面

（b）下游面

图 5.6－34　方案 LSY5 大坝第一主应力分布图

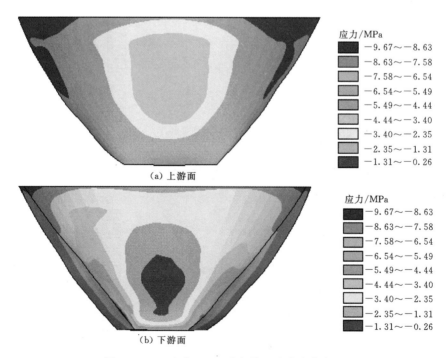

（a）上游面

（b）下游面

图 5.6－35　方案 LSY5 大坝第三主应力分布图

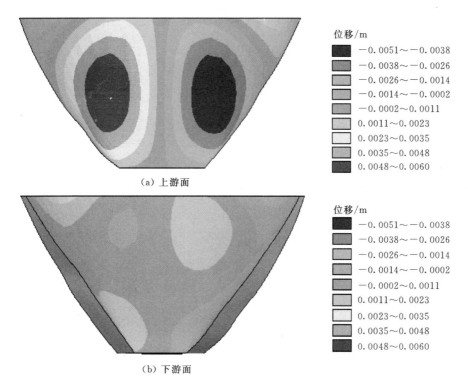

位移/m

■ −0.0051～−0.0038
■ −0.0038～−0.0026
■ −0.0026～−0.0014
■ −0.0014～−0.0002
■ −0.0002～0.0011
■ 0.0011～0.0023
□ 0.0023～0.0035
■ 0.0035～0.0048
■ 0.0048～0.0060

（a）上游面

位移/m

■ −0.0051～−0.0038
■ −0.0038～−0.0026
■ −0.0026～−0.0014
■ −0.0014～−0.0002
■ −0.0002～0.0011
■ 0.0011～0.0023
□ 0.0023～0.0035
■ 0.0035～0.0048
■ 0.0048～0.0060

（b）下游面

图 5.6 - 36　方案 LSY5 大坝横河向位移分布图

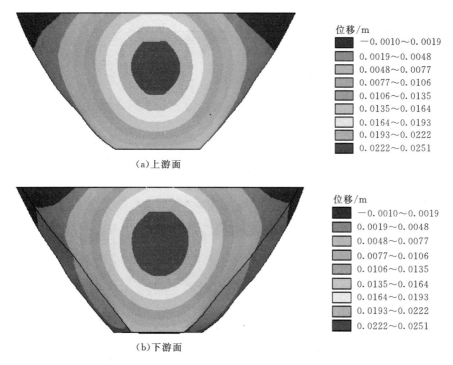

位移/m

■ −0.0010～0.0019
■ 0.0019～0.0048
■ 0.0048～0.0077
■ 0.0077～0.0106
■ 0.0106～0.0135
■ 0.0135～0.0164
□ 0.0164～0.0193
■ 0.0193～0.0222
■ 0.0222～0.0251

（a）上游面

位移/m

■ −0.0010～0.0019
■ 0.0019～0.0048
■ 0.0048～0.0077
■ 0.0077～0.0106
■ 0.0106～0.0135
■ 0.0135～0.0164
■ 0.0164～0.0193
■ 0.0193～0.0222
■ 0.0222～0.0251

（b）下游面

图 5.6 - 37　方案 LSY5 大坝顺河向位移分布图

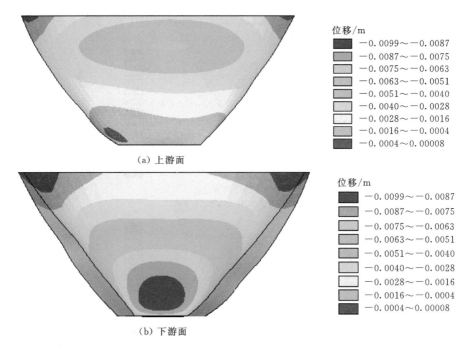

（a）上游面

（b）下游面

图 5.6-38　方案 LSY5 大坝铅直向位移分布图

6. 方案 LSY6

方案 LSY6，为全坝外掺 3.5％的 MgO 微膨胀混凝土，为正常荷载＋温降工况的坝体应力计算结果。图 5.6-39～图 5.6-43 给出了方案 LSY6 对应的应力以及位移分布图。

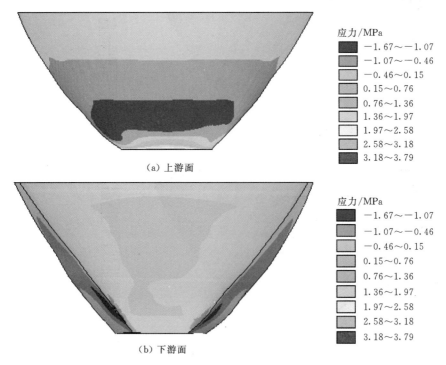

（a）上游面

（b）下游面

图 5.6-39　方案 LSY6 大坝第一主应力分布图

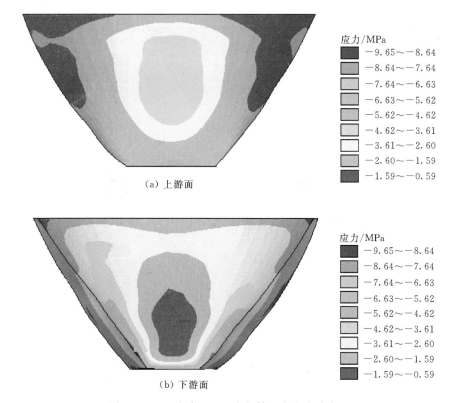

应力/MPa
- −9.65～−8.64
- −8.64～−7.64
- −7.64～−6.63
- −6.63～−5.62
- −5.62～−4.62
- −4.62～−3.61
- −3.61～−2.60
- −2.60～−1.59
- −1.59～−0.59

（a）上游面

应力/MPa
- −9.65～−8.64
- −8.64～−7.64
- −7.64～−6.63
- −6.63～−5.62
- −5.62～−4.62
- −4.62～−3.61
- −3.61～−2.60
- −2.60～−1.59
- −1.59～−0.59

（b）下游面

图 5.6-40　方案 LSY6 大坝第三主应力分布图

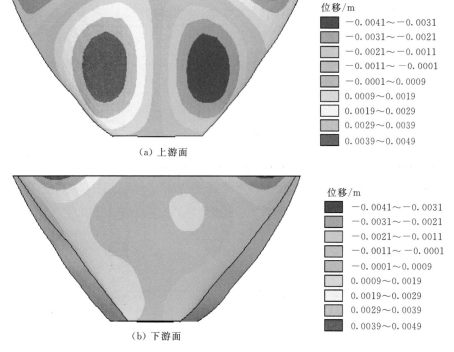

位移/m
- −0.0041～−0.0031
- −0.0031～−0.0021
- −0.0021～−0.0011
- −0.0011～−0.0001
- −0.0001～0.0009
- 0.0009～0.0019
- 0.0019～0.0029
- 0.0029～0.0039
- 0.0039～0.0049

（a）上游面

位移/m
- −0.0041～−0.0031
- −0.0031～−0.0021
- −0.0021～−0.0011
- −0.0011～−0.0001
- −0.0001～0.0009
- 0.0009～0.0019
- 0.0019～0.0029
- 0.0029～0.0039
- 0.0039～0.0049

（b）下游面

图 5.6-41　方案 LSY6 大坝横河向位移分布图

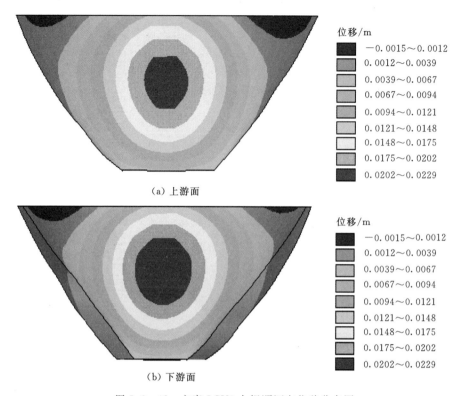

位移/m

■ -0.0015~0.0012
■ 0.0012~0.0039
■ 0.0039~0.0067
■ 0.0067~0.0094
■ 0.0094~0.0121
■ 0.0121~0.0148
■ 0.0148~0.0175
■ 0.0175~0.0202
■ 0.0202~0.0229

（a）上游面

位移/m

■ -0.0015~0.0012
■ 0.0012~0.0039
■ 0.0039~0.0067
■ 0.0067~0.0094
■ 0.0094~0.0121
■ 0.0121~0.0148
■ 0.0148~0.0175
■ 0.0175~0.0202
■ 0.0202~0.0229

（b）下游面

图 5.6-42　方案 LSY6 大坝顺河向位移分布图

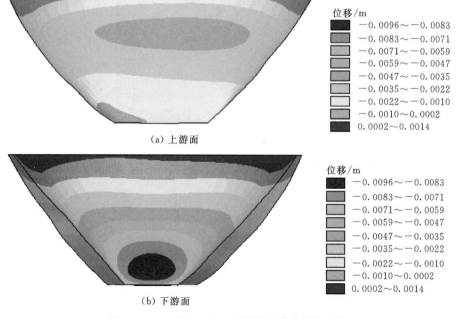

位移/m

■ -0.0096~-0.0083
■ -0.0083~-0.0071
■ -0.0071~-0.0059
■ -0.0059~-0.0047
■ -0.0047~-0.0035
■ -0.0035~-0.0022
■ -0.0022~-0.0010
■ -0.0010~0.0002
■ 0.0002~0.0014

（a）上游面

位移/m

■ -0.0096~-0.0083
■ -0.0083~-0.0071
■ -0.0071~-0.0059
■ -0.0059~-0.0047
■ -0.0047~-0.0035
■ -0.0035~-0.0022
■ -0.0022~-0.0010
■ -0.0010~0.0002
■ 0.0002~0.0014

（b）下游面

图 5.6-43　方案 LSY6 大坝铅直向位移分布图

7. 方案 LSY7

方案 LSY7，为基础约束区外掺 4％ 的 MgO 微膨胀混凝土（相当于坝体封拱后还将产生 25μm 的膨胀微应变），脱离约束区不外掺 MgO 微膨胀混凝土，为正常荷载＋温降工况的坝体应力计算结果。图 5.6-44～图 5.6-48 给出了方案 LSY7 对应的应力以及位移分布图。

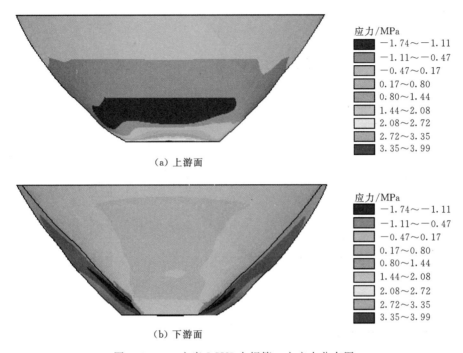

（a）上游面

（b）下游面

图 5.6-44　方案 LSY7 大坝第一主应力分布图

5.6.3.4　计算成果分析

各方案计算成果详见图 5.6-14～图 5.6-48。各方案计算成果对比表详见表 5.6-6～表 5.6-9。坝体基础约束区典型特征点拉应力和压应力取点位置示意图见图 5.6-49、图 5.6-50。

表 5.6-6　　正常蓄水位＋温降各工况下坝体静力作用下主应力汇总表

项　　目	方案 LSY1 （不掺 MgO）	方案 LSY5 （基础外掺 2.5％ 的 MgO）	方案 LSY4 （基础外掺 3.5％ 的 MgO）	方案 LSY7 （基础外掺 5％ 的 MgO）	方案 LSY6 （全坝外掺 3.5％ 的 MgO）
最大第一主应力/MPa	4.77	4.38	4.20	3.99	3.79
最大第三主应力/MPa	9.70	9.67	9.67	9.66	9.65

表 5.6-7　　正常蓄水位＋温升各工况下坝体静力作用下主应力汇总表

项　　目	方案 LSY2 （不掺 MgO）	方案 LSY3 （基础掺 3.5％ 的 MgO）
最大第一主应力/MPa	4.75	4.22
最大第三主应力/MPa	9.71	9.68

257

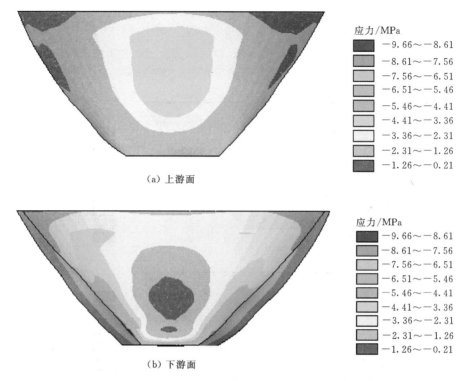

应力/MPa

- −9.66～−8.61
- −8.61～−7.56
- −7.56～−6.51
- −6.51～−5.46
- −5.46～−4.41
- −4.41～−3.36
- −3.36～−2.31
- −2.31～−1.26
- −1.26～−0.21

（a）上游面

应力/MPa

- −9.66～−8.61
- −8.61～−7.56
- −7.56～−6.51
- −6.51～−5.46
- −5.46～−4.41
- −4.41～−3.36
- −3.36～−2.31
- −2.31～−1.26
- −1.26～−0.21

（b）下游面

图 5.6-45　方案 LSY7 大坝第三主应力分布图

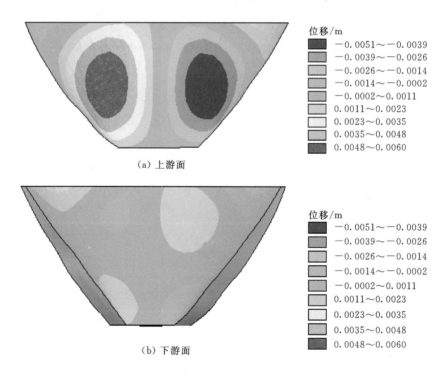

位移/m

- −0.0051～−0.0039
- −0.0039～−0.0026
- −0.0026～−0.0014
- −0.0014～−0.0002
- −0.0002～0.0011
- 0.0011～0.0023
- 0.0023～0.0035
- 0.0035～0.0048
- 0.0048～0.0060

（a）上游面

位移/m

- −0.0051～−0.0039
- −0.0039～−0.0026
- −0.0026～−0.0014
- −0.0014～−0.0002
- −0.0002～0.0011
- 0.0011～0.0023
- 0.0023～0.0035
- 0.0035～0.0048
- 0.0048～0.0060

（b）下游面

图 5.6-46　方案 LSY7 大坝横河向位移分布图

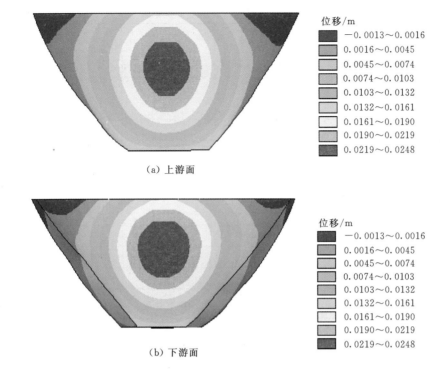

位移/m
- −0.0013～0.0016
- 0.0016～0.0045
- 0.0045～0.0074
- 0.0074～0.0103
- 0.0103～0.0132
- 0.0132～0.0161
- 0.0161～0.0190
- 0.0190～0.0219
- 0.0219～0.0248

（a）上游面

位移/m
- −0.0013～0.0016
- 0.0016～0.0045
- 0.0045～0.0074
- 0.0074～0.0103
- 0.0103～0.0132
- 0.0132～0.0161
- 0.0161～0.0190
- 0.0190～0.0219
- 0.0219～0.0248

（b）下游面

图 5.6-47 方案 LSY7 大坝顺河向位移分布图

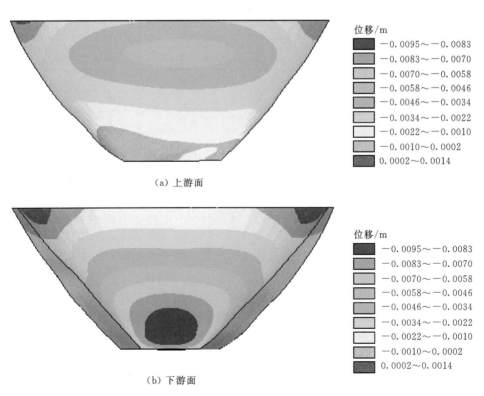

位移/m
- −0.0095～−0.0083
- −0.0083～−0.0070
- −0.0070～−0.0058
- −0.0058～−0.0046
- −0.0046～−0.0034
- −0.0034～−0.0022
- −0.0022～−0.0010
- −0.0010～0.0002
- 0.0002～0.0014

（a）上游面

位移/m
- −0.0095～−0.0083
- −0.0083～−0.0070
- −0.0070～−0.0058
- −0.0058～−0.0046
- −0.0046～−0.0034
- −0.0034～−0.0022
- −0.0022～−0.0010
- −0.0010～0.0002
- 0.0002～0.0014

（b）下游面

图 5.6-48 方案 LSY7 大坝铅直向位移分布图

表 5.6 - 8　　　　　　　　　基础约束区拉应力分布规律汇总表　　　　　　　单位：MPa

项　　目	方案 LSY1 (不掺 MgO)	方案 LSY5 (基础掺 2.5% 的 MgO)	方案 LSY4 (基础掺 3.5% 的 MgO)	方案 LSY7	方案 LSY6 (全坝掺 3.5% 的 MgO)
上游面特征点 1	4.77	4.38	4.20	3.99	3.79
上游面特征点 2	2.11	1.87	1.83	1.76	1.71
上游面特征点 3	1.94	1.80	1.75	1.70	1.66
上游面特征点 4	0.22	0.17	0.14	011	0.10
上游面特征点 5	0.31	0.25	0.21	0.19	0.17
下游面特征点 1	0.51	0.42	0.38	0.35	0.33
下游面特征点 2	2.21	2.12	2.06	2.03	2.01
下游面特征点 3	1.57	1.46	1.42	1.39	1.37
下游面特征点 4	0.42	0.37	0.32	0.30	0.28
下游面特征点 5	0.39	0.30	0.24	0.21	0.18

表 5.6 - 9　　　　　　　　　基础约束区压应力分布规律汇总表　　　　　　　单位：MPa

项　　目	方案 LSY1 (不掺 MgO)	方案 LSY5 (基础掺 2.5% 的 MgO)	方案 LSY4 (基础掺 3.5% 的 MgO)	方案 LSY7	方案 LSY6 (整坝掺 3.5% 的 MgO)
上游面特征点 1	3.16	3.21	3.24	3.26	3.29
上游面特征点 2	1.48	1.54	1.58	1.61	1.63
上游面特征点 3	1.36	1.40	1.43	1.45	1.47
下游面特征点 1	1.44	1.47	1.48	1.49	1.51
下游面特征点 2	0.98	1.01	1.02	1.04	1.05
下游面特征点 3	3.29	3.33	3.34	3.36	3.37
下游面特征点 4	2.32	2.34	2.35	2.37	2.38
下游面特征点 5	9.70	9.67	9.67	9.66	9.65
下游面特征点 6	8.94	8.92	8.91	8.90	8.90

综合分析李家峡大坝外掺 MgO 微膨胀混凝土坝体应力计算结果，可得出如下结论：

（1）第一主拉应力最大值基本发生在拱冠梁坝踵处，对比 7 种方案可知，方案 LSY1 的第一主应力最大，具体详见表 5.6 - 6、图 5.6 - 14。第三主压应力在坝体大部分区域沿着河谷中轴线呈对称分布，各工况的最大压应力出现位置基本相同，方案 LSY2 的第三主应力最大，详见表 5.6 - 8、图 5.6 - 29。

（2）由大坝位移分布图可知：坝体在横河向方向的位移均是向河谷中轴线改变，坝体在顺河向方向的位移基本是向下游方向改变，坝体在铅直向的位移自坝底到坝顶逐渐减小，且最大值基本发生在坝体上游面拱冠梁坝踵处。

（3）正常蓄水位＋温降的工况下，随着基础混凝土外掺 MgO 含量的增加，坝体混凝土自生体积变形的增大，坝体内部各区域拉应力都有所减小，见表 5.6 - 6，外掺 MgO 越多，拉应力值减少的也越多。常规混凝土（不外掺 MgO）形成的第一主拉应力最大值为

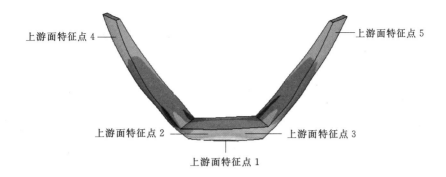

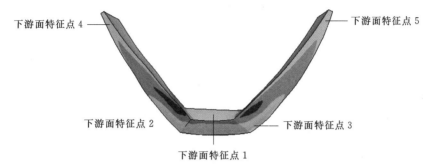

图 5.6-49 基础约束区拉应力特征点分布图

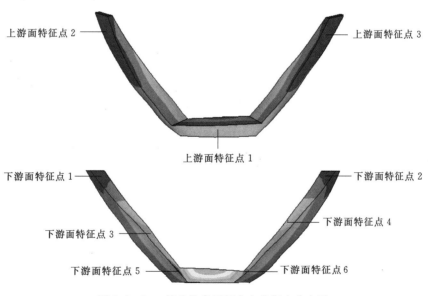

图 5.6-50 基础约束区压应力特征点分布图

4.77MPa，发生在拱冠梁坝踵处，位于基础约束区；当基础约束区外掺 2.5％的 MgO 时，拱冠梁坝踵处的第一主拉应力最大值变为 4.38MPa，较方案 LSY1 减小了 0.39MPa；基础约束区外掺 3.5％的 MgO 时，拱冠梁坝踵处的第一主应力最大值变为 4.20MPa，减小了 0.57MPa；方案 LSY7 拱冠梁坝踵处的第一主应力最大值变为 3.99MPa，减小了 0.78MPa。由此可知在坝体基础约束区外掺 MgO 时，能适当补偿坝体基础部位的拉应力。

（4）随着基础混凝土外掺 MgO 含量的增加，坝体内部大部分区域压应力值有所增加，见表 5.6 - 9，且外掺 MgO 越多，压应力值增量也越大，但普遍不超过 0.10MPa；值得注意的是，在压应力集中的地方，随着外掺 MgO 含量的增加，最大压应力值反而有所减小，但其变化也不到 0.10MPa，如表 5.6 - 9 所示的下游面特征点 5、特征点 6；总的来说，可以认为基础混凝土外掺 MgO 的增加，对压应力的影响不大。

（5）对比方案 LSY4 以及方案 LSY6 可知：正常蓄水下＋温降的工况下，当只在基础约束区外掺 3.5％的 MgO 时，形成的第一主应力最大值为 4.20MPa；当整个坝体内部均外掺 3.5％的 MgO，拱冠梁坝踵处的第一主应力最大值变为 3.79MPa，减小了 0.41MPa；说明整个坝体均外掺 MgO 时，能够更好地减小拱冠梁坝踵处的最大第一主拉应力，但对主压应力影响较小。

5.6.3.5　运行期拱坝等效应力

由于应力集中现象导致坝体与基岩交接处数值偏大，与实际情况有偏差。本节基于等效应力概念，基本思想是将有限元计算的坝与基岩交接面上应力分量，沿断面积分，合成截面内力，然后用材料力学法计算断面上的应力分量，以达到消除网格效应和应力集中现象。表 5.6 - 10 和表 5.6 - 11 给出上述 7 种工况下有限元等效应力计算结果。经综合分析可得出以下几个结论：

表 5.6 - 10　　　　正常蓄水位＋温降各工况下坝体静力作用下的等效应力

项　　目	方案 LSY1 （不掺 MgO）	方案 LSY5 （基础掺 2.5％ 的 MgO）	方案 LSY4 （基础掺 3.5％ 的 MgO）	方案 LSY7 （基础掺 5％ 的 MgO）	方案 LSY76 （整坝掺 3.5％ 的 MgO）
等效主拉应力/MPa	1.12	1.01	0.97	0.92	0.88
等效主压应力/MPa	6.12	6.15	6.16	6.18	6.19

表 5.6 - 11　　　　正常蓄水位＋温升各工况下坝体静力作用下的等效应力

项　　目	方案 LSY2 （不掺 MgO）	方案 LSY3 （基础掺 2.5％的 MgO）
等效主拉应力/MPa	1.02	0.96
等效主压应力/MPa	6.21	6.24

（1）当坝体不外掺 MgO 时，温降工况较温升工况计算的等效主拉应力大，等效主压应力略小，可认为温降方案为控制方案。

（2）在正常蓄水位＋温升的工况下，当混凝土基础约束区 MgO 掺量由 0％增加到 3.5％，其等效主拉应力由 1.12MPa 变为 0.97MPa，减小了 0.15MPa，等效主压应力仅增大了 0.04MPa；说明基础约束区外掺 MgO 微膨胀混凝土能有效补偿坝体主拉应力，而坝体等效主压应力则略微增加，但幅度不大。

（3）在正常蓄水位＋温降的工况下，比较方案 LSY4 和方案 LSY6 可知，MgO 掺量均为 3.5％，但是全坝外掺 3.5％的 MgO 其等效主拉应力减小了 0.09MPa，等效主压应力仅增加了 0.03MPa；说明增加外掺 MgO 混凝土的范围能进一步改善运行期坝体主拉应力。

（4）各方案计算的等效主拉应力和主压应力均满足表 5.6-1 李家峡坝体应力控制标准。

5.6.4　小结

（1）由拱梁分载法和有限元法两种方法计算的不同 MgO 掺量下拱坝整体应力状态，可以看出各工况条件下的坝体应力均分布规律合理、均匀，应力状态良好，符合一般拱坝应力分布规律。各种工况下最大主拉应力、压应力均满足应力控制标准。掺加 MgO 后，坝体应力状态满足规范要求。

（2）拱梁分载法和有限元法计算成果应力状态及分布相近，最大主应力量值较为接近，两种计算方法得出的规律基本一致。

（3）两种计算方法均得出以下结论：随着 MgO 含量的增加，坝体混凝土自生体积变形的增大，坝体上下游面主拉应力明显减小，与此同时，坝体上游面主压应力有所增加，但增加的幅度不大，温降温升工况均增加 1.1%，而下游面主压应力同样也有所减少。

（4）总体而言，基础约束区掺加 MgO 后，对坝体拉应力明显有所改善，对坝体压应力的影响较小。因此对拱坝整体应力而言，掺加 MgO 对应力影响不大。

5.7　高寒地区 MgO 混凝土筑坝的关键技术及其外掺工艺

MgO 微膨胀混凝土筑坝技术是一项多学科的高难技术，尽管 MgO 混凝土筑坝技术取消或简化了部分温控措施，对大坝混凝土防裂有利，但其技术要求却是非常严格的。MgO 混凝土筑坝技术应用成功与否，与 MgO 原材料质量及其稳定性、MgO 的安定性控制、MgO 混凝土自生体积膨胀变形规律与混凝土降温收缩过程是否匹配、MgO 混凝土的施工均匀性控制等有直接的关系，否则将达不到预期效果，或者适得其反。

为了确保工程质量，在充分发挥 MgO 混凝土筑坝技术的快速、高效、经济等巨大优势的同时，必须解决好 MgO 混凝土筑坝的关键技术及其施工工艺。MgO 混凝土筑坝的关键技术主要包括：

（1）MgO 混凝土的使用范围。

（2）MgO 料源质量控制。

（3）MgO 安全掺量的确定和自生体积变形试验。

（4）MgO 混凝土的外掺工艺及其均匀性控制。

（5）混凝土表面保温等。

5.7.1　MgO 微膨胀混凝土的适用范围

MgO 微膨胀混凝土主要适用于岩石基础上的混凝土重力坝、拱坝等有防裂要求的大体积混凝土结构物。重力坝采用 MgO 微膨胀混凝土，主要在基础约束区及老混凝约束区范围内，不必全坝采用；拱坝采用 MgO 混凝土主要在拱座部位，沿河床至两岸一周。在非基础约束区部位，一般不宜浇筑 MgO 微膨胀混凝土，以避免 MgO 混凝土侧向膨胀影响横缝开度和接缝灌浆；全坝采用高镁水泥时，必须进行自生体积膨胀变形对拱坝横缝开度和整体应力的影响研究。

5.7.2　MgO 原材料质量控制标准

　　MgO 原材料的质量是 MgO 混凝土筑坝质量的根本，它关系着 MgO 混凝土筑坝技术的成败。必须严格控制 MgO 原材料质量，水工专用 MgO 技术指标控制标准见表 5.7-1。要求厂家在生产过程中严格控制生料质量、矿石粒度和级配、煅烧温度、保温时间等，保证成品煅烧均匀；轻烧 MgO 的煅烧温度为 950～1100℃，保温时间为 30min 左右。产品出厂前，必须测定活性指标的均匀性，以 50～60t 为一批，随机抽样 30 个，要求离差系数 $C_v \leqslant 0.1$。

表 5.7-1　　　　　　　　　　　水工专用 MgO 技术指标控制标准

项目	MgO 含量/%	CaO 含量/%	SiO₂含量/%	Z 细度/目	筛余量/%	活性指标/s	烧失量/%	煅烧温度/℃
指标	>90%	<2%	<4%	180	≤4%	240±40	≤4%	950～1100

5.7.3　MgO 安全掺量的确定

　　MgO 水泥安定性掺量，必须根据各种 MgO 掺量的压蒸膨胀率的关系曲线确定，在超过某一掺量，试件压蒸膨胀率突然增大时（即关系曲线上的拐点），此掺量即为安全掺量的上限。混凝土中 MgO 含量应按下式计算：

$$MgO 含量(\%) = MgO 重量/(水泥重量 + 掺合料重量) \times 100$$

　　室内试验 MgO 掺量可取 0%、2%、4%、6%、8% 进行，掺合料中的 MgO 不应计入。在压蒸试验合格的情况下，MgO 含量仍不宜超过 6%。

5.7.4　MgO 混凝土自生体积变形

　　自生体积变形是大体积混凝土温度应力补偿设计的主要原始资料，必须严格进行试验。确保混凝土试件恒温、绝湿。外掺 MgO 的掺量必须按照 MgO 的安定掺量、两个相邻掺量及 0 掺量，共 4 个掺量的试件进行。试件环境温度宜取 20℃、40℃ 两种，半年后改为恒温 20℃；观测时间至少为 1 年，变形趋于稳定后才能停止观测。

5.7.5　MgO 混凝土施工的均匀性控制

　　MgO 微膨胀混凝土筑坝，施工中 MgO 含量均匀性检验包括以下三项：拌和机单罐均匀性检验、拌和楼随机均匀性检验和坝体均匀性检验。

　　（1）拌和机单罐均匀性检验：拌和楼每连续拌和一批混凝土，应对每台拌和机第一罐混凝土进方检验，当混凝土连续拌和超过 1 个月时，要求每月至少检验 1 次。每检验一次抽样，样品数不得小于 30 个，取湿筛砂浆试样每个重量不少于 2g，测定 MgO含量。

　　（2）拌和楼随机均匀性检验：MgO 混凝土施工过程中应实行全面质量管理，进行随机均匀性检验，随机抽样时间每次间隔不大于 4h，抽样检验结果编制质量控制图表，对 MgO 混凝土拌和均匀性进行实时控制。MgO 微膨胀混凝土拌和机口均匀性指标如表5.7-2 所示。

表 5.7-2　　　　　　　　　　MgO 微膨胀混凝土拌和机口均匀性指标

等级	优秀	良好	一般	较差
离差系数 C_v/%	<0.2	0.2~0.25	0.25~0.3	>0.3

（3）坝体均匀性检验：MgO 混凝土筑坝要求坝体混凝土 MgO 掺量均匀，各坝段（坝块）每浇注 1 层（或升高 2~3m）在仓面取 10 个样、取样位置在坝段中心线上，距上下游坝面（或纵缝面）各 1m 处开始，中间均布取 8 个。坝体混凝土 MgO 含量均匀性指标如表 5.7-3 所示。

表 5.7-3　　　　　　　　　　坝体混凝土 MgO 含量均匀性指标（C_v）

强度等级	优秀	良好	一般	较差
<C20	<0.15	0.15~0.18	0.19~0.22	>0.22
≥C20	<0.11	0.11~0.14	0.15~0.18	>0.18

施工时应按月以机口和单坝段进行混凝土 MgO 含量均匀性统计、分析、判断评定 MgO 混凝土浇筑质量，如发现问题应及时加以解决。

5.7.6　大坝混凝土温度控制与表面保温

大坝混凝土温度控制应根据施工期温度应力仿真计算及补偿设计成果提出，应从尽量简化夏季温控措施、加快工程进度角度提出，具体工程具体对待。但是由于高寒地区恶劣的气候条件，必须加强表面保温。对于上下游永久暴露面，必须采取全年保温的方式，尤其是应加大基础强约束区混凝土的保温力度。

5.7.7　大坝原型观测

MgO 微膨胀混凝土筑坝的原型观测包括两项主要任务：一是测定施工期 MgO 混凝土的温度状态、自生体积变形、大坝施工期横缝开度等，及时发现问题予以解决；二是测定运转期附加应力，着重是全部使用高镁水泥的拱坝。

MgO 混凝土筑坝原型观测的所用仪器，应作为永久性观测仪器，仪器布置和观测内容应根据 MgO 混凝土温度应力补偿设计的要求进行，在分析原型观测资料基础上提出观测总结报告，为设计和其他工程提供技术支撑。

5.8　李家峡大坝基础外掺 MgO 混凝土筑坝应用情况

5.8.1　大坝基础外掺 MgO 混凝土现场浇筑情况

李家峡大坝混凝土于 1993 年 4 月 28 日开盘浇筑第一仓混凝土，1996 年 12 月 26 日开始下闸蓄水，1997 年 2 月 13 日首台机组发电，1999 年 12 月第四台机组发电，工程全部竣工。大坝混凝土采用通仓浇筑，机关车水平运输，4 台 20t 平移式缆机配 6m³ 立罐垂直入仓浇筑。

（1）设计要求在基础约束区混凝土外掺 2.5%~3.5% 辽宁海城轻烧 MgO 膨胀剂，采用机口外掺的方式，控制混凝土中内含与外掺 MgO 总含量不大于 6%，以补偿高温季节浇筑的混凝土因温降收缩而产生的拉应力。

（2）设计要求主坝 MgO 混凝土使用范围主要在拱座部位，即沿河床至两岸一周。河床坝段高程为 2030～2045m，其中 2042～2045m 为 MgO 混凝土过渡段；边坡坝段以各坝段靠岸坡侧距基岩高度 9m 以下为 MgO 混凝土范围，其中上部为 3m MgO 混凝土过渡段。

（3）每年 5 月下旬至 9 月上旬浇筑上述范围的主坝基础混凝土时，需采用外掺 MgO 的微膨胀混凝土；9 月下旬至次年 5 月上旬浇筑的混凝土均不外掺 MgO，5 月中旬与 9 月中旬在确定使用 MgO 混凝土范围内浇筑同过渡段要求相同的 MgO 混凝土。

根据现场统计情况，从 1993—1996 年 5 下旬至 9 月上旬在 5～17 号坝段基础约束区范围共浇筑 MgO 混凝土 10.94 万 m^3，共从辽宁海城购进 300 多 t 轻烧 MgO。

5.8.2　外掺 MgO 现场均匀性测定

工地现场外掺 MgO 采用机口干掺的形式，投料方式与外加剂相同，但应控制拌和时间不小于 120s，以保证 MgO 的均匀性，试验室在机口段仓号取样检测其均匀性。根据李家峡水电站工程监理总结报告，由于 1995 年为李家峡水电站施工的高峰年，以 1995 年为例对分析坝体混凝土中水泥内含 MgO 和外掺 MgO 的总含量，检测现场浇筑 MgO 混凝土的均匀性。表 5.8－1 为 1995 年李家峡主坝用永登水泥各月化学成分检测结果，可知永登水泥内含 MgO 最大值为 4.44%，最小值为 2.0%，平均值为 3.2%。表 5.8－2 为 1995 年夏季，李家峡大坝机口检测的混凝土中 MgO 总含量（水泥内含与外掺 MgO 的总和）。从表 5.8－2 可知，1995 年 5 月至 9 月上旬机口共检测 457 组，平均值 4.9%，最大值 6.08%，最小值 3.0%，C_v 值为 0.21，基本达到了机口检验的良好水平。

表 5.8－1　　　　　1995 年李家峡主坝用永登水泥各月化学成分检测结果　　　　　　　%

月份	2	3	4	5	6	7	8	9	10	11	12	平均值
SiO_2	23.3	23.9	23.1	23.2	23.1	22.5	23.5	23.2	23.3	23.5	23.1	23.2
CaO	63.2	63.5	63.5	63.8	61.2	61.9	61.8	62.7	63.0	62.7	63.3	62.8
MgO	2.7	2.0	2.7	3.1	3.3	4.2	4.4	4.0	2.9	2.9	2.4	3.2
Al_2O_3	3.8	4.3	3.4	4.0	4.4	3.9	4.1	4.2	4.6	4.5	4.2
Fe_2O_3	4.6	4.4	4.8	4.9	4.2	4.4	4.6	4.3	4.6	4.6	5.0	4.6
SO_3	2.0	2.2	2.0	1.6	1.8	2.3	2.0	2.6	4.5	2.2	2.3	2.3
烧失量	1.1	1.0	1.0	0.8	1.6	1.3	1.4	1.0	1.2	1.2	1.1	1.2

表 5.8－2　　　　1995 年夏季李家峡主坝用永登水泥各月化学成分检测结果

时间	组数	平均值/%	最大值/%	最小值/%	均方差	离差系数
1995 年 5—9 月	457	4.9	6.08	3.0	1.03	0.21

5.8.3　现场自生体积变形观测成果

为了观测大坝外掺 MgO 混凝土自生体积变形，李家峡大坝施工期在 6 号坝段、11 号坝段、15～17 号坝段基础部位等埋设了一定数量的无应力计。由于施工原因，6 号坝段、16 号坝段浇筑 MgO 混凝土部位未埋设无应力计，11 号坝段内部无应力计 N11－2 资料缺失，从 15 号坝段、17 号坝段无应力计观测资料结果可知，在基础约束区部位夏季 5—9 月浇筑的 MgO 混凝土自生体积变形基本是膨胀变形，最大膨胀量为 $70\sim120\mu\mathrm{m}$，满足了设计要求的膨胀量，一年以后膨胀基本稳定。

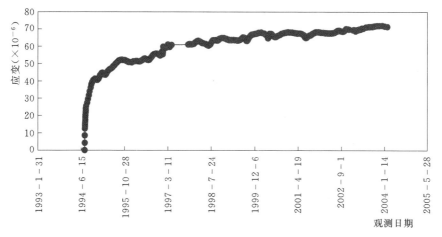

图 5.8-1 李家峡 15 坝段基础混凝土自生体积变形实测过程线（高程 2058m，N15-1）

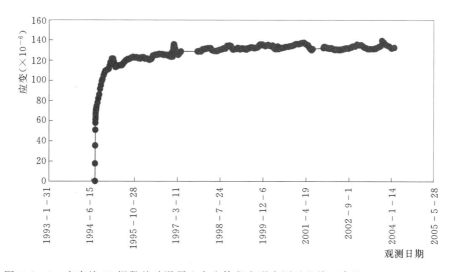

图 5.8-2 李家峡 15 坝段基础混凝土自生体积变形实测过程线（高程 2058m，N15-3）

5.8.4 李家峡大坝施工期裂缝调查

李家峡大坝混凝土于 1993 年 4 月 28 日主坝开盘浇筑第一仓混凝土，1996 年 12 月 26 日开始下闸蓄水，1997 年 2 月首台机组发电，1998 年 12 月大坝浇至坝顶高程 2185m，1999 年 12 月工程全部竣工。共浇筑大坝混凝土约 130 万 m^3。

大坝混凝土采用通仓浇筑，机关车水平运输，4 台 20t 平移式缆机配 $6\mathrm{m}^3$ 立罐垂直入仓浇筑。基础约束区混凝土外掺 2.5%～3.5% 辽宁海城轻烧 MgO 膨胀剂，以补偿高温季节浇筑的混凝土因温降收缩而产生的拉应力，脱离约束区设计要求严格控制混凝土内外温差，并加强坝面保温。但是由于气候等各种原因，经检查主坝共发现 157 条裂缝，平均每

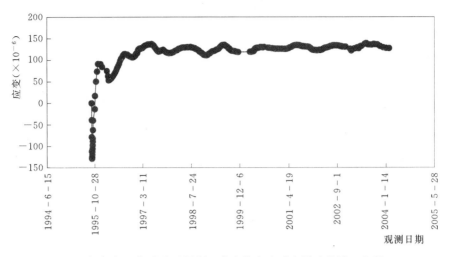

图 5.8-3　李家峡 17 坝段基础混凝土自生体积变形实测过程线（高程 2110m）

万立方米混凝土 1.2 条裂缝，其中仓面裂缝 128 条、立面缝 29 条，绝大部分是浅表裂缝，其中仅 11～13 号坝段高程 2066m 仓面，由于固结灌浆影响，造成混凝土长达 4 个月长间歇，恶劣的气候条件和保温措施不及时，于 1994 年 9 月底发现 9 条较大的裂缝，裂缝深度 6m，均已采用凿槽、布骑缝钢筋、化学灌浆等处理措施。值得一提的是，上述这些裂缝均位于非约束区，基础约束区混凝土基本未发现裂缝，说明 MgO 微膨胀混凝土补偿效果良好，减小了基础温差应力，避免了基础贯穿性裂缝，简化了夏季温控措施，实现了大坝通仓浇筑，加快了工程进度，节省了工程投资，开创了高寒地区高拱坝采用 MgO 微膨胀混凝土技术的先例。

5.9　主要结论与建议

通过对李家峡水电站拱坝基础外掺 MgO 微膨胀混凝土的施工期温度应力仿真计算、李家峡拱坝基础或全坝外掺 MgO 微膨胀混凝土对拱坝横开度和拱坝整体应力的影响研究，以及李家峡拱坝基础外掺 MgO 微膨胀混凝土的应用实践，对高寒地区高拱坝应用 MgO 微膨胀混凝土筑坝技术总结如下：

（1）MgO 混凝土筑坝技术的巨大优势，在于 MgO 所独有的延迟性微膨胀特性，其膨胀变形过程和大体积混凝土降温收缩变形相匹配，对大坝基础约束区混凝土施工期温度应力具有较高的补偿效应。从而达到了简化夏季温控措施，取消了薄层和预冷骨料等降温措施，实现通仓浇筑，加快工程进度，防止混凝土裂缝的目的。

（2）根据《中热硅酸盐水泥　低热硅酸盐水泥　低热矿渣硅酸盐水泥》（GB 200—2003）中热硅酸盐水泥对 MgO 的允许含量要求前提下，在压蒸试验合格的情况下，MgO 内含与外掺总量不宜大于 6%。如果 MgO 的膨胀性能够保证，根据李家峡工程经验，当基础混凝土外掺 2.5%～3.5% 的 MgO，即基础混凝土 180d 自生体积变形为 50×10^{-6}～70×10^{-6}，约束区混凝土最大补偿应力可达 0.3～0.5MPa，相当于每个微应变可产生

0.007~0.01MPa 的预压应力。

（3）大坝基础外掺 MgO 后，在一定程度上增大了上部混凝土表面横河向拉应力，因此脱离约束区不宜外掺 MgO，对混凝土表面防裂不利。

（4）拱坝采用 MgO 微膨胀混凝土后，对改善坝体运行期拉应力效果明显，对坝体上下游面主压应力影响不大。

（5）大坝外掺 MgO 在一定程度上减小了横缝开度值，MgO 掺量越大，横缝开度减小越大：①基础约束区外掺 2.5%~3.5% 的 MgO 时，自生体积变形为 50×10^{-6}~70×10^{-6}，内部横缝开度值在 0.6~2.0mm，基本满足灌浆要求；②全坝外掺 3.5% 的 MgO，内部横缝开度值在 0.6~1.7mm，局部区域横缝开度较小（0.45mm），对横缝灌浆不利；③仿真计算结果与实测横缝开度基本吻合。相比较而言，仿真计算的横缝开度较实测值略微偏小。

（6）鉴于高寒地区气候特点和拱坝结构受力特点，为提高工程质量，加快工程进度，简化混凝土夏季温控措施，实现大坝通仓浇筑，可在大坝基础约束区采用 MgO 微膨胀混凝土以补偿施工期混凝土降温收缩时产生的拉应力，防止基础贯穿性裂缝。但是，由于 MgO 的补偿收缩量是有限的，对于高拱坝，采用 MgO 混凝土筑坝技术只能作为一种辅助温控防裂措施，不可能完全取消温控措施。

（7）考虑到 MgO 微膨胀混凝土对拱坝横缝开度的影响以及机口外掺 MgO 的均匀性控制难度，为了确保工程质量，国内几个 300m 级高拱坝如拉西瓦、溪洛渡、锦屏等均采用了内含高镁水泥，使水泥内含 3.5%~5.0% 的 MgO，目的是使混凝土产生自生体积微膨胀。然而由于水泥煅烧温度较高，降低了 MgO 的活性，加之高掺（30%~35%）粉煤灰，抑制了 MgO 的膨胀变形或延缓了膨胀变形发生的时间，因此其混凝土自生体积变形先缩后胀居多，未能达到设计预期效果。

（8）由于 MgO 自生体积变形较为复杂，影响因素较多，如水泥中的 MgO 含量、煅烧温度、细度、混凝土养护温度、水泥品种和掺合料等均对自生体积变形有一定影响。结合李家峡工程经验，MgO 均匀性控制有一定难度，因此需要在今后的科研试验中进一步探索和研究采用厂掺 MgO 水泥（即配入一定量轻烧的 MgO 熟料与水泥熟料共同粉磨）用于混凝土中，以实现在更高混凝土拱坝或重力坝中。

第6章 高寒地区高拱坝混凝土施工期温度应力反演分析

6.1 研 究 目 的

拉西瓦水电站地处西北青藏高原，多年平均气温为 7.2℃，具有气候比较寒冷，气温年变幅、日变幅均较大，气候干燥，太阳辐射热强，寒潮频繁又伴随有大风，冬季施工期长等特点，对大坝混凝土温度控制及表面防裂极为不利。且大坝为双曲薄拱坝，最大坝高达 250m，坝高库大，混凝土强度等级高，基岩弹性模量和混凝土弹性模量均较大，大坝又采取通仓浇筑的施工方法，这些均增加了大坝混凝土基础温差应力，因此拉西瓦大坝混凝土温度应力较国内同类工程大，大坝混凝土温控难度大，温度控制要求严格。

为有效防止大坝混凝土表面裂缝，确保工程质量，设计采取了一系列严格而有效的温控措施，使大坝混凝土施工期裂缝得到有效控制，大坝裂缝较少。在拉西瓦这样恶劣的气候条件下，大坝裂缝控制到这样的水平，在国内混凝土高拱坝裂缝统计中应该属于较高水平，大坝混凝土施工质量控制较好。

本章依托拉西瓦工程，结合拉西瓦拱坝体型参数和施工期实测气温资料，根据拉西瓦大坝施工期及运行期监测资料和现场实际的温控措施，对拉西瓦水库运行初期水温分布规律进行分析，对坝体施工期温度应力进行全过程反演分析计算，进一步研究拉西瓦拱坝混凝土施工期温度应力的实际变化规律，并对施工过程中出现的裂缝进行裂缝成因分析，在此基础上评价拉西瓦大坝混凝土温控措施的有效性，从而反馈设计，为高寒地区高拱坝等同类工程温控设计提供技术支撑。

6.2 研 究 内 容

主要以拉西瓦 12 号典型拱冠坝段体型为计算模型，按照现场实际浇筑进度和温控措施，以施工期坝内温度计、无应力计等观测资料为依据，对大坝施工期温度应力进行全过程反演分析计算。在反分析计算中，充分考虑大坝分期封拱灌浆、分期蓄水过程的影响，尽量使模型的边界条件假定和计算符合实际施工，使反演分析更具现实意义。

（1）实测水库水温分析。截至 2012 年 12 月，拉西瓦水库蓄水已历时 45 个月，水库水位 2448m，距正常高蓄水位 2452m 仅相差 4m。根据拉西瓦水库运行初期环境监测资料，对水库各月水温分布规律及特点进行分析，在此基础上对运行期稳定后的上、下游水库水温做出数值预测，对今后高寒地区水库水温分析提出建设性意见。

（2）根据复核后预测的运行期水库水温分布规律，并考虑太阳辐射热的影响，采用三维有限元方法，复核计算典型坝段（12 号坝段）的稳定温度场及准稳定温度场。

（3）以 12 号典型拱冠坝段为计算模型，以现场实验资料、实际的浇筑时间和浇筑层厚、间歇时间以及坝内埋设的温度计、无应力计实测资料为依据，对坝体基础约束区及非约束区混凝土材料参数（绝热温升、自生体积变形）进行反馈分析，并对 12 号典型拱冠坝段混凝土施工期温度应力进行反演分析计算，并对典型时段混凝土温度应力及其裂缝成因进行了分析，进而对拉西瓦大坝混凝土温控措施进行合理的评价。

6.3 基 本 资 料

6.3.1 拱坝体型参数、材料参数及施工信息

（1）拉西瓦拱坝为对数螺旋线双曲薄拱坝，最大坝高 250m，拱冠最大底宽 49m，拱端最宽处约 55m。大坝建基面高程 2210m，坝顶高程 2460m。拉西瓦拱坝基本体型图详见图 4.1-1。

（2）大坝混凝土强度等级分区是按坝体不同部位的最大拉应力、压应力、抗渗、抗冻要求及其他特殊要求而定。拉西瓦水电站拱坝混凝土设计要求详见表 2.2-15。坝体混凝土强度等级分区详见图 4.1-2。

（3）拉西瓦大坝混凝土温控计算基本参数详见表 4.4-1。

（4）12 号坝段各灌区封拱灌浆起止时间表 6.3-1。

（5）拉西瓦水库蓄水历时曲线见图 3.4-3。拉西瓦大坝接缝灌浆、水库分期蓄水、机组发电节点时间见表 6.3-2。

（6）12 号拱冠坝段混凝土各浇筑层基本施工信息（包括开始浇筑时间、浇筑温度、间歇期、一期冷却措施、中期及后期冷却措施）见表 6.3-3。

（7）拉西瓦大坝施工期间 2006—2010 年日平均气温变化曲线详见图 6.3-1。

表 6.3-1　　　　　　　　　12 号坝段各灌区封拱灌浆起止时间表

灌区编号	灌区高程/m	灌 浆 时 间			
		日期	开始	结束	历时/min
12-0	2430.5～2440.0	2010-5-29	12：31	13：41	70
12-1	2420.5～2430.5	2010-3-23	11：31	12：41	60
12-2	2412.5～2420.5	2009-11-27	10：00	11：00	60
12-3	2404.5～2412.5	2009-11-21	11：44	12：49	65
12-4	2394.5～2404.5	2009-10-25	10：31	11：26	55
12-5	2385.5～2394.5	2009-9-2	12：15	13：40	85
12-6	2376.5～2385.5	2009-6-25	19：45	20：55	70
12-7	2367.5～2376.5	2009-2-19	14：03	15：18	75
12-8	2358.5～2367.5	2009-2-19	12：17	13：27	70
12-9	2349.5～2358.5	2009-1-19	1：20	13：36	80
12-10	2339.5～2349.5	2009-1-5	10：11	12：01	110

续表

灌区编号	灌区高程/m	灌浆时间			
		日期	开始	结束	历时/min
12－11	2330.5～2339.5	2008－12－17	15：47	17：37	110
12－12	2321.5～2330.5	2008－11－8	13：46	16：26	160
12－13	2312.5～2321.5	2008－9－7	9：47	12：32	165
12－14	2303.5～2312.5	2008－4－14	14：03	15：18	75
12－15	2294.5～2303.5	2008－3－31	12：17	13：17	60
12－16	2285.5～2294.5	2008－2－14	13：51	15：16	85
12－17	2276.5～2285.5	2008－1－14	12：27	14：37	130
12－18	2267.5～2276.5	2008－1－2	9：51	11：11	80
12－19	2258.5～2267.5	2007－9－29	11：44	12：54	70
12－20	2249.4～2258.5	2007－8－26	22：54	0：04	70
12－21	2241.5～2249.4	2007－6－15	11：34	12：42	68
12－22	2233.5～2241.5	2007－5－25	14：24	15：44	80
12－23	2225.5～2233.5	2007－2－24	22：38	0：29	111
12－24	2219.5～2225.5	2007－2－23	22：11	23：56	105
12－25	2212.0～2219.5	2007－2－9	13：53	15：47	114

表 6.3－2　　拉西瓦大坝接缝灌浆、水库分期蓄水、机组发电节点时间表

日期	接缝灌浆高程/m	水库蓄水位/m	机组发电	备注
2009－3－12	2376.5			2009 年 3 月 1 日开始蓄水
2009－3－27		2370		
2009－4－18		2370	5 号、6 号机投产发电	
2009－8－20	2385.5	2380	3 号机投产发电	
2009－11－15	2405.5	2390		
2009－12－18	2420.5	2420	2 号机投产发电	
2010－2－24		2400		
2010－4－25	2430.5	2400		
2010－6－25	2440.5	2400		
2010－8－14		2420	1 号机投产发电	
2010－12－30	2460	2420		
2011－1－14		2430		
2012－3－10		2440		2012 年 1 月 13 日水位开始从 2430m 向 2440m 抬升
2012－6－9		2448		2012 年 6 月 9 日水位开始从 2440m 向 2448m 抬升

表6.3-3 12号拱冠坝段混凝土各浇筑层基本施工信息表

灌区编号	灌区高程/m	灌区高度/m	浇筑块序号	浇筑块底高程/m	浇筑块顶高程/m	浇筑层厚/m	开始浇筑日期	间歇期/d	浇筑温度/℃	气温/℃	一期冷却				一冷闷温		中期+二期冷却						封拱灌浆日期
											开始日期	结束日期	进水温度/℃	出水温度/℃	日期	温度/℃	开始日期	结束日期	进水温度/℃	出水温度/℃	通水时长/d	闷温温度/℃	
12-25	2212~2219.5	7.5	12-01	2212	2213.5	1.5	2006-4-17	7	8.9	10.6	2006-4-16	2006-5-9	7.9	10.9	2006-5-24	16.5							
			12-02	2213.5	2215	1.5	2006-4-24	8	12.4	10.8	2006-4-24	2006-5-15	8.4	12.7	2006-5-24	16.5							
			12-03	2215	2216.5	1.5	2006-5-2	8	14.1	21.4	2006-5-2	2006-5-21	8.2	13.9	2006-5-24	17.5	2006-11-10	2007-2-2	6.2	7.6	84	8.0	2007-2-9
			12-04	2216.5	2218	1.5	2006-5-10	64	16.0	12.9	2006-5-11	2006-6-2	7.9	12.7	2006-5-24	18.0							
			12-05	2218	2219.5	1.5	2006-7-13	10	10.1	23.4	2006-7-13	2006-8-13	9.9	14.0	2006-8-22	16.5							
			12-06	2219.5	2221	1.5	2006-7-23	8	10.4	16.4	2006-7-23	2006-8-13	9.2	14.6	2006-8-22	16.6							
12-24	2219.5~2225.5	6.0	12-07	2221	2224	3	2006-7-31	8	8.6	21.1	2006-7-31	2006-8-25	8.1	15.2	2006-9-1	17.2	2006-11-28	2007-2-3	6.1	7.8	69	7.8	2007-2-23
			12-08	2224	2227	3	2006-8-8	7	9.4	24.4	2006-8-8	2006-8-30	8.4	15.3	2006-9-5	17.0							
			12-09	2227	2230	3	2006-8-15	6	9.4	24.6	2006-8-15	2006-9-6	8.3	15.0	2006-9-10	16.7							
12-23	2225.5~2233.5	8.0	12-10	2230	2233	3	2006-8-21	8	8.1	19.8	2006-8-21	2006-9-11	8.1	15.2	2006-9-14	16.3	2006-12-7	2007-2-12	6.1	8.5	67	8.3	2007-2-24
			12-11	2233	2236	3	2006-8-29	7	13.5	17.3	2006-8-29	2006-9-14	8.4	17.4	2006-9-24	18.3							
12-22	2233.5~2241.5	8.0	12-12	2236	2239	3	2006-9-5	8	12.9	16.9	2006-9-6	2006-10-5	8.8	12.7	2006-10-9	17.2	2007-1-21	2007-5-17	6.0	8.6	106	8.0	2007-5-25
			12-13	2239	2242	3	2006-9-13	6	11.9	15.3	2006-9-14	2006-10-27	10.2	16.2	2006-11-1	14.6							

续表

灌区编号	灌区高程/m	灌区高度/m	浇筑块序号	浇筑块底高程/m	浇筑块顶高程/m	浇筑层厚/m	开始浇筑日期	间歇期/d	浇筑温度/℃	气温/℃	一期冷却开始日期	一期冷却结束日期	一期冷却进水温度/℃	一期冷却出水温度/℃	一冷闷温日期	一冷闷温温度/℃	中期+二期冷却开始日期	中期+二期冷却结束日期	中期+二期冷却进水温度/℃	中期+二期冷却出水温度/℃	中期+二期冷却通水时长/d	中期+二期冷却闷温温度/℃	封拱灌浆日期
12-21	2241.5~2249.4	8.0	12-14	2242	2245	3	2006-9-19	7	12.8	15.6	2006-9-20	2006-11-1	9.9	15.6	2006-11-5	17.6	2007-1-21	2007-5-10	5.2	7.9	99	7.5	2007-6-15
			12-15	2245	2248	3	2006-9-26	14	13.0	14	2006-9-27	2006-11-1	8.9	16.8	2006-11-5	16.7							
			12-16	2248	2251	3	2006-10-10	10	14.0	12.2	2006-10-10	2006-11-9	9.9	15.6	2006-11-19	14.8							
12-20	2249.4~2258.5	9.0	12-17	2251	2254	3	2006-10-20	6	14.4	13.4	2006-10-21	2006-11-14	9.4	14.7	2006-11-19	17.2	2007-1-21	2007-8-25	5.9	7.3	206	7.1	2007-8-26
			12-18	2254	2257	3	2006-11-1	6	12.4	9.8	2006-10-27	2006-11-25	9.4	15.6	2006-11-30	17.0							
			12-19	2257	2260	3	2006-11-14	13	11.5	8.3	2006-11-7	2006-11-28	9.3	13.4	2006-12-3	16.3							
12-19	2258.5~2267.5	9.0	12-20	2260	2263	3	2006-11-24	10	6.8	5.9	2006-11-16	2006-12-15	8.8	12.7	2006-12-19	14.5	2007-1-21	2007-9-23	6.9	7.6	234	7.3	2007-9-29
			12-21	2263	2266	3	2007-1-11	48	6.0	3.4	2006-11-24	2006-12-19	8.4	12.2	2006-12-24	13.3							
			12-22	2266	2269	3	2007-1-27	16	6.5	-3.8	2007-1-14	2077-2-28	5.8	9.1	2007-3-4	11.6							
12-18	2267.5~2276.5	9.0	12-23	2269	2272	3	2007-2-21	25	11.6	1.9	2007-1-30	2007-3-3	5.6	10.6	2007-3-8	9.0	2007-4-15	2007-12-20	4.8	8.6	248	6.5	2008-1-2
			12-24	2272	2275	3	2007-3-11	18	7.1	2.7	2007-2-23	2007-3-14	5.4	9.6	2007-3-22	13.3							
			12-25	2275	2278	3		8	6.4	4.4	2007-3-13	2007-4-6	5.6	13.4	2007-4-12	15.8							

续表

灌区编号	灌区高程/m	灌区高度/m	浇筑块序号	浇筑块底高程/m	浇筑块顶高程/m	浇筑层厚/m	开始浇筑日期	间歇期/d	浇筑温度/℃	气温/℃	一期冷却 开始日期	一期冷却 结束日期	一期冷却 进水温度/℃	一期冷却 出水温度/℃	一冷间温 日期	一冷间温 温度/℃	中期+二期冷却 开始日期	中期+二期冷却 结束日期	中期+二期冷却 进水温度/℃	中期+二期冷却 出水温度/℃	中期+二期冷却 通水时长/d	中期+二期冷却 间温温度/℃	封拱灌浆日期
12－17	2276.5~2285.5	9.0	12－26	2278	2281	3	2007-3-19	7	7.2	4.95	2007-3-24	2007-4-12	5.9	13.7	2007-4-21	14.8	2007-9-18	2007-12-25	4.0	7.7	98	5.1	2008-1-14
			12－27	2281	2284	3	2007-3-26	6	8.3	8.8	2007-3-27	2007-5-23	7.4	13.6	2007-6-1	18.0							
			12－28	2284	2287	3	2007-4-1	7	10.6	10.6	2007-4-2	2007-5-24	7.7	14.6	2007-6-1	16.0							
12－16	2285.5~2294.5	9.0	12－29	2287	2290	3	2007-4-8	8	7.6	8.8	2007-4-9	2007-5-25	8.0	15.3	2007-6-1	16.1	2007-11-17	2008-1-11	3.6	8.8	55	5.9	2008-2-14
			12－30	2290	2293	3	2007-4-16	14	11.8	13.5	2007-4-17	2007-6-2	8.4	15.5	2007-6-12	15.0							
			12－31	2293	2296	3	2007-4-30	11	13.7	15.7	2007-5-2	2007-6-5	8.8	15.9	2007-6-12	15.7							
12－15	2294.5~2303.5	9.0	12－32	2296	2299	3	2007-5-11	7	10.4	9.5	2007-5-15	2007-6-11	9.1	14.8	2007-6-15	16.2	2007-12-2	2008-3-19	3.5	6.7	107	6.2	2008-3-31
			12－33	2299	2302	3	2007-5-18	9	11.3	21.7	2007-5-23	2007-6-25	9.4	14.6	2007-6-30	16.6							
			12－34	2302	2305	3	2007-5-27	7	9.9	13.7	2007-5-29	2007-6-25	9.5	14.2	2007-6-30	16.5							
12－14	2303.5~2312.5	9.0	12－35	2305	2308	3	2007-6-3	8	10.5	15.9	2007-6-4	2007-6-25	9.5	14.1	2007-6-30	16.8	2007-12-2	2008-2-25	3.8	7.0	85	5.4	2008-4-14
			12－36	2308	2311	3	2007-6-11	7	9.6	13.6	2007-6-13	2007-7-3	9.6	13.8	2007-8-7	16.6							
			12－37	2311	2314	3	2007-6-18	5	9.2	12.9	2007-6-21	2007-7-15	9.6	14.2	2007-7-19	17.3							

续表

灌区编号	灌区高程/m	灌区高度/m	浇筑块序号	浇筑块底高程/m	浇筑块顶高程/m	浇筑层厚/m	开始浇筑日期	间歇期/d	浇筑温度/℃	气温/℃	一期冷却 开始日期	一期冷却 结束日期	一期冷却 进水温度/℃	一期冷却 出水温度/℃	一冷闷温 日期	一冷闷温 温度/℃	中期+二期冷却 开始日期	中期+二期冷却 结束日期	中期+二期冷却 进水温度/℃	中期+二期冷却 出水温度/℃	中期+二期冷却 通水时长/d	中期+二期冷却 闷温温度/℃	封拱灌浆日期
12-13	2312.5~2321.5	9.0	12-38	2314	2317	3	2007-6-23	22	13.9	19.8	2007-6-25	2007-8-3	9.9	14.0	2007-8-11	17.0							
			12-39	2317	2320	3	2007-7-15	109	10.5	24.4	2007-7-16	2007-8-13	10.6	14.1	2007-8-18	16.5	2007-12-3	2008-8-30	2.3	5.9	270	6.6	2008-9-7
			12-40	2320	2323	3	2007-11-1	10	9.2	5.9	2007-11-5	2007-11-27	10.3	12.7	2007-12-5	14.5							
12-12	2321.5~2330.5	9.0	12-41	2323	2326	3	2007-11-11	24	7.3	5.6	2007-11-13	2007-12-6	9.7	12.6	2007-12-5	13.4							
			12-42	2326	2329	3	2007-12-5	33	8.9	1.6	2007-12-7	2007-12-26	8.1	11.1	2008-1-7	14.6	2008-4-15	2008-10-19	3.2	5.9	187	6.8	2008-11-8
			12-43	2329	2332	3	2008-1-7	23	10.1	-0.3	2008-1-8	2008-1-27	6.5	9.7	2008-2-3	10.1							
12-11	2330.5~2339.5	9.0	12-44	2332	2335	3	2008-1-30	22	9.4	-11.8	2008-2-1	2008-2-19	5.2	8.2	2008-2-24	10.6							
			12-45	2335	2338	3	2008-2-21	17	9.0	1.80	2008-2-22	2008-3-7	5.0	7.7	2008-3-12	11.9	2008-9-17	2008-11-24	3.9	8.5	68	6.6	2008-12-17
			12-46	2338	2341	3	2008-3-9	14	9.3	5.0	2008-3-10	2008-3-28	5.4	9.6	2008-4-3	14.3							
12-10	2339.5~2349.5	10.0	12-47	2341	2344	3	2008-3-23	9	8.8	6.8	2008-3-23	2008-4-10	5.6	9.0	2008-4-17	14.9							
			12-48	2344	2347	3	2008-4-1	12	8.3	3.1	2008-4-3	2008-4-22	6.0	8.7	2008-4-28	12.5	2008-9-17	2008-12-8	3.9	9.5	82	6.9	2009-1-5
			12-49	2347	2350	3	2008-4-13	19	10.7	8.2	2008-4-14	2008-5-5	6.4	10.1	2008-5-10	16.0							

续表

灌区编号	灌区高程/m	灌区高度/m	浇筑块序号	浇筑块底高程/m	浇筑块顶高程/m	浇筑层厚/m	开始浇筑日期	间歇期/d	浇筑温度/℃	气温/℃	一期冷却 开始日期	一期冷却 结束日期	一期冷却 进水温度/℃	一期冷却 出水温度/℃	一冷闷温 日期	一冷闷温 温度/℃	中期+二期冷却 开始日期	中期+二期冷却 结束日期	中期+二期冷却 进水温度/℃	中期+二期冷却 出水温度/℃	中期+二期冷却 通水时长/d	中期+二期冷却 闷温温度/℃	封拱灌浆日期
12-9	2349.5~2358.5	9.0	12-50	2350	2353	3	2008-5-2	12	14.1	16.7	2008-5-3	2008-5-22	7.7	10.2	2008-5-28	15.3							
			12-51	2353	2356	3	2008-5-14	20	13.7	16.7	2008-5-15	2008-6-4	8.1	10.9	2008-6-11	15.0	2008-11-7	2008-12-23	3.6	7.1	46	6.8	2009-1-19
			12-52	2356	2359	3	2008-6-3	15	12.1	17.5	2008-6-4	2008-6-25	7.7	10.0	2008-7-1	15.1							
12-8	2358.5~2367.5	9.0	12-53	2359	2362	3	2008-6-18	14	12.4	21.8	2008-6-19	2008-7-9	5.9	9.7	2008-7-16	15.8							
			12-54	2362	2365	3	2008-7-2	13	12.3	21.9	2008-7-3	2008-7-22	5.1	8.4	2008-7-27	16.4	2008-12-9	2009-1-19	3.6	8.3	41	6.4	2009-2-19
			12-55	2365	2368	2	2008-7-15	18	11.6	16.6	2008-7-16	2008-8-4	5.3	8.3	2008-8-9	15.2							
12-7	2367.5~2376.5	9.0	12-56	2368	2370	3	2008-8-2	129	13.3	28	2008-8-2	2008-8-25	5.9	9.5	2008-8-29	15.9							
			12-57	2370	2373	3	2008-12-9	35	8.9	-2.9	2008-12-10	2009-1-13	7.3	8.9	2009-1-20	15.3	2009-1-19	2009-3-10	4.2	6.3	51	6.3	2009-3-12
			12-58	2373	2376	3	2009-1-13	9	8.3	-5.2	2009-1-15	2009-2-12	4.8	6.6	2009-2-21	14.9							
12-6	2376.5~2385.5	9.0	12-59	2376	2379	3	2009-1-22	17	8.8	-0.7	2009-2-2	2009-2-27	4.6	6.2	2009-2-25	13.4							
			12-60	2379	2382	3	2009-2-8	11	7.55	-1.0	2009-2-9	2009-2-27	4.7	6.3	2009-3-9	14.9	2009-1-23	2009-6-19	4.0	5.3	147	6.6	2009-6-25
			12-61	2382	2382		2009-2-19				2009-2-27	2009-3-14	5.0	7.7	2009-3-23	12.9							
			12-62	2382	2383.5	1.5	2009-2-19	11	7.8	3.7	2009-2-27	2009-3-14	5.0	7.2	2009-3-23	13.3							

续表

灌区编号	灌区高程/m	灌区高度/m	浇筑块序号	浇筑块底高程/m	浇筑块顶高程/m	浇筑层厚/m	开始浇筑日期	间歇期/d	浇筑温度/℃	气温/℃	一期冷却 开始日期	一期冷却 结束日期	一期冷却 进水温度/℃	一期冷却 出水温度/℃	一冷闷温 日期	一冷闷温 温度/℃	中期+二期冷却 开始日期	中期+二期冷却 结束日期	中期+二期冷却 进水温度/℃	中期+二期冷却 出水温度/℃	中期+二期冷却 通水时长/d	中期+二期冷却 闷温温度/℃	封拱灌浆日期
12-5	2385.5~2394.5	9.0	12-63	2383.5	2386.5	3	2009-3-2	10	8.1	0.6	2009-3-7	2009-3-23	5.1	7.2	2009-3-30	12.8							
			12-64	2386.5	2389.5	3	2009-3-12	15	7.7	2.4	2009-3-12	2009-3-31	5.3	7.6	2009-3-20	15.6	2009-4-29	2009-8-22	4.0	7.3	115	7.2	2009-9-2
			12-65	2389.5	2392	2.5	2009-3-27	4	7.9	4.5	2009-3-27	2009-4-18	5.8	8.6	2009-6-15	15.9							
12-4	2394.5~2404.5	10.0	12-66	2392	2395	3	2009-3-31	10	8.8	6.5	2009-4-1	2009-4-24	6.5	8.2	2009-6-10	15.0							
			12-67	2395	2398	3	2009-4-10	10	10.6	15.1	2009-4-11	2009-5-11	6.7	8.1	2009-6-20	15.2	2009-6-5	2009-9-19	3.7	8.7	106	6.6	2009-10-25
			12-68	2398	2401	3	2009-4-20	13	11.5	11.6	2009-4-21	2009-5-18	6.3	8.8	2009-6-20	15.4							
			12-69	2401	2404	3	2009-5-3	16	13.1	18.4	2009-5-3	2009-6-2	5.9	9.1	2009-6-20	15.5							
12-3	2404.5~2412.5	8.0	12-70	2404	2407	3	2009-5-19	17	12.3	13.6	2009-5-21	2009-6-11	6.5	9.4	2009-6-30	15.2	2009-7-20	2009-10-22	3.6	6.9	94	7.0	2009-11-21
			12-71	2407	2410	3	2009-6-5	14	12.1	14.8	2009-6-6	2009-7-2	6.4	9.6	2009-6-30	15.4							
			12-72	2410	2413	3	2009-6-19	11	13.8	21.4	2009-6-20	2009-7-10	6.1	9.9	2009-7-19	16.4							
12-2	2412.5~2420.5	8.0	12-73	2413	2416	3	2009-6-30	13	10.5	17.3	2009-7-1	2009-7-25	6.9	10.5	2009-8-18	17.4	2009-9-22	2010-1-24	3.6	6.6	124	5.8	2009-11-27
			12-74	2416	2419	3	2009-7-13	18	9.2	17.0	2009-7-16	2009-8-9	7.1	10.8	2009-8-18	17.2							
			12-75	2419	2422	3	2009-7-31	19	9.5	17.7	2009-8-1	2009-8-29	6.9	10.5	2009-9-11	16.2							

续表

灌区编号	灌区高程/m	灌区高度/m	浇筑块序号	浇筑块底高程/m	浇筑块顶高程/m	浇筑层厚/m	开始浇筑日期	间歇期/d	浇筑温度/℃	气温/℃	一期冷却 开始日期	一期冷却 结束日期	进水温度/℃	出水温度/℃	一冷闷温 日期	一冷闷温 温度/℃	中期+二期冷却 开始日期	中期+二期冷却 结束日期	进水温度/℃	出水温度/℃	通水时长/d	闷温温度/℃	封拱灌浆日期
12－1	2420.5～2430.5	10.0	12－76	2422	2425	3	2009-8-19	15	9.6	17.8	2009-8-20	2009-9-17	8.2	11.1	2009-9-26	16.7							
			12－77	2425	2428	3	2009-9-3	14	9.4	17.0	2009-9-4	2009-9-24	8.1	11.3	2009-10-20	16.2	2009-10-10	2010-3-8	3.7	7.1	149	5.3	2010-3-23
			12－78	2428	2430	2	2009-9-17	11	8.4	13.9	2009-9-18	2009-10-6	8.4	11.8	2009-10-18	16.8							
			12－79	2430	2432	2	2009-9-28	17	9.0	14.0	2009-9-29	2009-10-21	8.1	11.2	2009-11-8	16.8							
12－0	2430.5～2440	9.5	12－80	2432	2435	3	2009-10-15	12	11.5	10.7	2009-10-17	2009-12-12	8.1	11.6	2009-12-20	12.1							
			12－81	2435	2438	3	2009-10-27	12	10.6	8.4	2009-10-28	2009-12-6	8.5	11.2	2009-12-15	11.7	2009-11-29	2010-4-8	3.6	5.9	128	5.4	2010-5-29
			12－82	2438	2441	3	2009-11-8	14	9.0	7.6	2009-11-9	2009-12-6	8.7	11.5	2009-12-15	11.0							
0灌区以上高程	2440～2450.5	10.5	12－83	2441	2444	3	2009-11-22	15	8.6	0.4	2009-11-23	2009-12-4	7.1	11.1	2009-12-2	10.8							
			12－84	2444	2447.5	3.5	2009-12-7	14	7.9	-1.6	2009-12-8	2009-12-30	6.9	11.3	2010-1-9	11.2	2010-3-31	2010-7-11	5.2	6.8	102	6.6	
			12－85	2447.5	2450.5	3	2009-12-21	87	8.3	-2.7	2009-12-22	2010-1-14	8.1	11.4	2010-1-23	11.3							
	2450.5～2459.5	9.0	12－86	2450.5	2453.5	3	2010-3-18	25	9.5	8.7	2010-3-19	2010-4-7	5.8	9.0	2010-4-18	14.3	2010-5-30	2010-8-15	4.2	7.2	76	6.6	
			12－87	2453.5	2456.5	3	2010-4-12	42	9.8	9.8	2010-4-13	2010-4-28	6.4	10.1	2010-5-6	16.0							
			12－88	2456.5	2459.5	3	2010-5-24	146	9.5	15.7	2010-5-25	2010-6-17	10.5	10.2	2010-6-25	15.1							

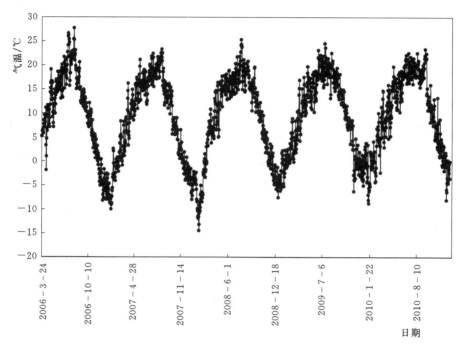

图 6.3-1　拉西瓦大坝施工期间 2006—2010 年日平均气温变化曲线

6.3.2　拉西瓦大坝混凝土实际施工的主要温控措施

（1）浇筑层厚与间歇期：薄层短间歇连续浇筑混凝土，以利混凝土散热。大坝基础约束区 4—10 月混凝土浇筑层厚为 1.5m，冬季（11 月至次年 3 月）混凝土浇筑层厚为 3.0m；脱离约束区后均可采用 3.0m 浇筑层厚。对于 1.5m 层厚要求间歇时间为 5～7d，3.0m 层厚间歇时间为 7～10d，尽量避免长间歇浇筑混凝土。

（2）浇筑温度：高温季节 5—9 月采用加冰、加冷水、预冷骨料等措施控制出机口温度。对于基础约束混凝土出机口温度小于 7℃，浇筑温度不大于 12℃，非约束区混凝土出机口温度小于 12℃，浇筑温度不宜大于 15℃；春秋季节 4 月、10 月采用自然入仓，常温浇筑混凝土；冬季低温季节浇筑混凝土时，应加热水、预热骨料拌和混凝土，控制混凝土浇筑温度为 5～8℃。

（3）表面养护：5—9 月浇筑的基础约束区混凝土，在间歇期内须采用天然河水进行表面流水养护。要求混凝土浇筑完毕后 12h 及时养护，流水厚度为 6～8mm，水流速度不大于 0.8m/s，相当于每 1000m² 面积上的流量为 130～150L/s；4—10 月混凝土浇筑完毕后 12h 内及时采取洒水养护措施，使混凝土表面处于湿润状态。

（4）初期（一期）通水：对于大坝所有浇筑的混凝土，须进行初期通水冷却措施，有效降低混凝土最高温度。5—9 月初期通水应采用进坝水温 4～6℃ 的制冷水，其他季节初期通水可采用天然河水。水管间排距：基础约束区为 1.5m×1.0m（层距×水平间距），非约束区为 1.5m×1.5m（层距×水平间距），通水时间为 15～20d，通水流量不小于 18～20L/min（高密聚乙烯类管材通水流量不小于 20L/min），每 24h 调换一次通水方向。

（5）中期冷却：每年 9 月初开始对当年 4—7 月浇筑的大体积混凝土块体、10 月初开始对当年 8 月浇筑的大体积混凝土块体、11 月初对 9 月浇筑的大体积混凝土块体进行中期通水冷却,削减混凝土的内外温差。中期通水采用天然河水进行,需 15～20d,通水时间以混凝土块体温度达到 16～18℃为准。

(6) 后期通水:后期通水一般从 10 月初开始,或根据接缝灌浆进度安排,进坝水温为 4℃。应保证连续通水,控制坝体降温速度不大于 1℃/d。水管通水流量:通制冷水时不小于 18L/min,通河水时应达到 20L/min。通水时间以坝体温度达到设计封拱灌浆温度为准,允许实际灌浆温度与设计封拱温度相差±1℃,应避免较大的超温和超冷。

(7) 混凝土冬季施工方法:该工程坝址区每年 10 月下旬至次年 3 月底,日平均气温低于 5℃,大坝混凝土即进入冬季施工,其中 12 月至次年 1 月需采用综合蓄热法施工,10 月下旬至 11 月和 2—3 月底采用蓄热法施工。

(8) 表面保护标准及其措施。

1) 应选择保温效果好且便于施工的材料,选定的保温材料须验算其 β 值并报监理工程师批准。

2) 对于上下游面等永久暴露面,施工期保温为全年保温方式,保温后混凝土表面等效放热系数 $\beta \leqslant 3.05 \text{kJ}/(\text{m}^2 \cdot \text{h} \cdot \text{℃})$;过冬前(9 月底)对距基岩面 10m 高范围内的混凝土加厚保温,加厚保温后使混凝土表面等效放热系数 $\beta \leqslant 0.84 \text{kJ}/(\text{m}^2 \cdot \text{h} \cdot \text{℃})$。

3) 各坝块侧面及上表面采取临时保温方式,保温后混凝土表面等效放热系数 $\beta \leqslant 3.05 \text{kJ}/(\text{m}^2 \cdot \text{h} \cdot \text{℃})$;对底孔、深孔等坝体重要部位形成的孔洞、廊道等,加强保温,要求保温后混凝土表面等效放热系数 $\beta \leqslant 2.1 \text{kJ}/(\text{m}^2 \cdot \text{h} \cdot \text{℃})$。要求对已浇筑的混凝土在每年 9 月底完成所有部位混凝土表面保温工作。当年 10 月至次年 4 月浇筑混凝土时模板需保温,并且混凝土浇筑完毕,其上表面及侧面应立即覆盖保温材料,直至上层混凝土开始浇筑前方可揭开,保温后混凝土表面等效放热系数 $\beta \leqslant 3.05 \text{kJ}/(\text{m}^2 \cdot \text{h} \cdot \text{℃})$。

4) 冬季浇筑的混凝土应适当推迟拆模时间,拆模时间为 5～7d,并选在中午气温较高时段拆模,气温骤降期间禁止拆模,模板拆除后应立即覆盖保温材料,防止混凝土表面产生裂缝。非承重模板拆除时,混凝土强度必须大于允许受冻的临界强度或成熟度,对于大体积混凝土不应低于 7.0MPa(或成熟度不低于 1800℃·h);对于非大体积混凝土和钢筋混凝土不应低于设计强度的 85%。

(9) 大坝混凝土允许最高温度控制标准详见本书 4.2 节相关内容。

6.3.3 典型拱冠坝段施工期裂缝资料

截至 2010 年,12 号拱冠坝段共发现施工期裂缝 13 条,其中主要的裂缝有以下 3 组:

(1) 2006 年 5—7 月,由于缆机故障导致施工长间歇,12 号坝段 12 - 4 层高程 2216.5～2218m 长间歇层面混凝土出现 1 条贯穿裂缝。

(2) 2007 年 7—11 月,2007 年 7 月中旬,右岸缆机平台边坡因暴雨塌方,造成缆机又一次停机,致使大坝混凝土浇筑停歇时间长达 3 个多月,至 2007 年 11 月 12 号坝段恢复浇筑时,12 号坝段 12—39 层高程 2320m 长间歇层面混凝土已经出现 4 条裂缝。

(3) 由于长间歇的影响,在老混凝土面上浇筑新混凝土,受上下层温差和冬季低气温的影响,2008 年 1 月 28 日在 12 号坝段高程 2332m 附近又发现 4 条裂缝。

(4) 2008 年 8—12 月,由于拱冠坝段孔口钢衬安装,以及初期发电前成拱的需求,拱冠坝段在高程 2365～2370m 有 4 个月的长间歇，产生 3 条裂缝。

6.4　实测水库水温分析及大坝准稳定温度场复核计算

截至 2015 年 12 月，拉西瓦水库蓄水已历时 68 个月，水库水位已蓄至 2452m 正常高水位。本节将根据拉西瓦水电站水库蓄水及运行过程中的环境监测资料（气温、水库水温），对水库初期蓄水各月水温分布规律及特点进行分析，在此基础上对运行期稳定后的上、下游水库水温做出数值预测，再与设计阶段预测的水库水温进行对比，对今后高寒地区水库水温分析提出建设性意见。再对典型拱冠坝段大坝准稳定温度场进行复核计算。

6.4.1　实测水库水温分析

拉西瓦拱坝建设过程中，在多个坝段的不同高程和部位，布设了大量温度计，用以监测坝内温度和上游库水温度。其中在 6 号、7 号、11 号和 19 号坝段不同高程距上游面 8～10cm 处，共埋设 21 支温度计（含土压力计），监测水库水温。本节主要根据拉西瓦水库运行初期近 7 年（2009 年 3 月至 2015 年 12 月）的水温实际监测资料，分析大坝上游水库水温分布情况。

结合 3.4 节拉西瓦水库初期蓄水实测水库水温分析成果，及典型高程点水库水温历时过程线及 2012 年、2015 年各月水库水温垂向分布图（图 3.4-12～图 3.4-15），可得出基本结论如下：

（1）截至 2015 年 12 月底，拉西瓦水库蓄水共历时 81 个月，虽然历时相对较短，水库水温还不够稳定，但是总的趋势已经明显，可初步与理论计算的水温进行对比。

（2）受库底水温和堆渣的影响，2250m 以下库底实测水温在 5～13.3℃直线变化，而估算法与数值分析法库底水温均为 5～10.4℃，分布规律基本相同，不受气温变化影响，呈层状分布，仅堆渣体底部实测温度仍较高为 13.3℃。分析原因主要是蓄水历时较短，从图 3.4-7 可知，温度仍在慢慢下降，预计最终温度为 10～11℃，与设计预测温度基本一致。

（3）两种方法预测的低温水层范围均在电站取水口以下高程 2250～2350m 范围，与实测水温分布基本相同，此部分水体水温受气温影响较小，但水温随时间变化仍呈简谐变化，水库水温呈弱分层。但是设计预测库底水温为 4～6℃，水温变幅仅 1℃，而实测水温为 5～9℃，水温变幅为 2℃。

（4）高程 2350m 以上水温受气温影响较大，距离库表越近，水温变幅越大。与实测水温成果相比，在高程 2350～2450m 范围，设计预测水温误差较大。分析原因是两种方法计算的水库水温均是按照高坝大库计算水库水温，即按照分层型水库计算公式来计算的，而拉西瓦水库虽然属于过渡型水库，但是水库水温分布系数 $\alpha=19.26$，基本接近于混合型水库的下限值，因此在拉西瓦水库电站取水口高程 2350m 以上，虽然水深达 102m，但这部分水库水温基本属于混合型水库水温分布，即水库水温沿高程上近乎均匀分布，即垂线分布，入库水温等来水温度，因此设计预测误差较大。

综上所述，总体而言，从水库水温年平均值来看，采用估算法和数值分析法预测的水库水温分布基本合理，较实测值偏低。对于计算稳定温度场的边界条件时，偏于安全。

6.4.2　拱坝准稳定温度场复核计算

根据实测水库水温进行的水库水温数值反分析预测结果，并结合坝址区气温、地温变化以及太阳辐射热的影响，用三维有限元的方法，对典型坝段（12 号坝段）的稳定温度场及准稳定温度场进行复核计算。计算分为 2 种：工况 1 考虑深孔上、下游闸门均关闭，孔内为空气；工况 2 考虑深孔上游闸门开启，下游闸门关闭，孔内充水。

拉西瓦拱坝运行初期年平均气温下的准稳定温度场如图 6.4-1 所示。计算结果表明：

（1）该阶段复核计算的准稳定温度场，与 2004 年的计算结果基本一致。

（2）河床坝段基础约束区混凝土准稳定温度为 10℃，比原设计略有提高（约高 1℃）。非约束区 2240～2380m 范围混凝土准稳定温度为 8.5～9.0℃（比原设计略高 0.5～1.0℃），2380m 以上为 8.0℃，与原设计基本一致。

（3）拱坝基础约束区准稳定温度场比设计阶段略有提高，对于拱坝的温控防裂是有利的。说明拉西瓦拱坝的温控设计及施工措施合理有效。

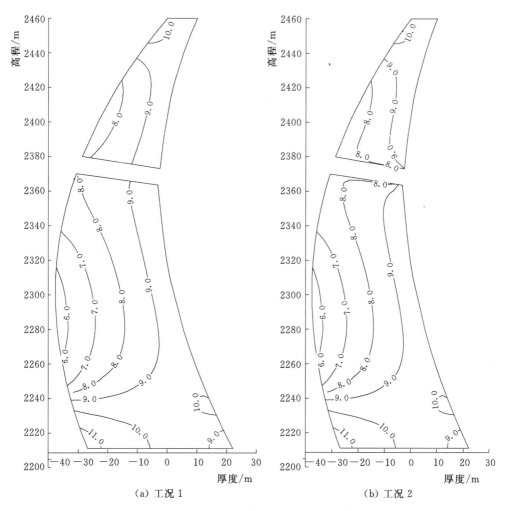

（a）工况 1　　　　　　　　　　　　（b）工况 2

图 6.4-1　拉西瓦拱坝运行初期年平均气温下的准稳定温度场

6.5 大坝混凝土材料参数反馈复核分析

本节主要以 12 号拱冠坝段为计算模型,以现场试验资料、混凝土实际浇筑时间、浇筑层厚、间歇时间以及坝内埋设的温度计、无应力计实测资料为计算依据,来反馈坝体基础约束区及非约束区的混凝土材料参数。

6.5.1 混凝土绝热温升复核分析

绝热温升是大坝混凝土温控计算中的最重要的参数之一,复核现场混凝土绝热温升对反演分析大坝混凝土施工期温度应力尤为重要。它与混凝土配合比、胶凝材料及其用量、水泥水化热直接相关。通常情况下,常态混凝土的绝热温升在 $0\sim28\text{d}$ 龄期以内的变化幅度较大,一般 14d 龄期的绝热温升占 $80\%\sim85\%$,28d 龄期时的绝热温升值约占总温升量的 $85\%\sim90\%$;到达 90d 龄期时,绝热温升值约占总温升量的 98%;120d 龄期之后,水泥水化热的散发基本结束,绝热温升值的变化幅度甚微。

大坝混凝土施工过程中温度的发展过程,除了与混凝土的绝热温升相关以外,还与施工季节、浇筑温度、水管冷却、层间间歇时间、表面保护措施等施工措施密切相关。

12 号坝段坝内共埋设了 40 多支温度计,利用不同高程温度计实测的坝内混凝土温度过程线回归现场混凝土绝热温升函数,将其代入程序中,并结合现场混凝土实际的温控措施(浇筑季节、浇筑层厚、浇筑温度、水管冷却、层间间歇时间、表面保护措施等),通过精确模拟大坝混凝土施工过程中的各项条件参数,对大坝混凝土的温度进行仿真计算分析,至少对比 90d 龄期以内的计算值与实测值的吻合度。当计算得到的温度过程线与实测温度过程相吻合或基本一致,则表明计算所采用的绝热温升参数值合理有效。计算表明:

(1)大坝混凝土的实际绝热温升发展过程,与绝热温升试验值基本一致。拉西瓦大坝混凝土绝热温升试验成果与绝热温升参数反馈复核结果见表 6.5-1 和图 6.5-1。

表 6.5-1 拉西瓦大坝混凝土绝热温升参数反馈复核结果

混凝土强度等级		$C_{180}32W10F300$ (Ⅰ区,基础约束区及孔口)	$C_{180}25W10F300$ (Ⅱ区,非约束区)
绝热温升 $\theta_0/℃$	试验结果	$\theta(\tau)=27.5\tau/(2.35+\tau)$	$\theta(\tau)=24\tau/(2.35+\tau)$
	反馈复核	$\theta(\tau)=27.5\tau/(2.35+\tau)$	$\theta(\tau)=24\tau/(2.35+\tau)$

(2)在 12 号坝段各材料分区的典型位置高程中,混凝土二期冷却结束之前现场测点监测数据与反馈计算结果的温度峰值较为吻合、温降过程及规律基本相似,说明反馈计算结果较真实地反映了工程实际,具有较好的参考价值。12 号坝段约束区和非约束区部分高程坝内温度计实测过程线和计算过程线详见图 6.5-2~图 6.5-5。

6.5.2 自生体积变形

自生体积变形对大坝混凝土温度应力影响较大,对于大坝混凝土施工期温度应力反演分析计算具有与绝热温升同样重要的意义。

在拉西瓦大坝建设中,在典型拱冠坝段和边坡坝段埋设大量的无应力计来观测大坝混凝土自生体积变形。本节选取与 12 号拱冠坝段相邻的 11 号拱冠坝段无应力计监测结果,

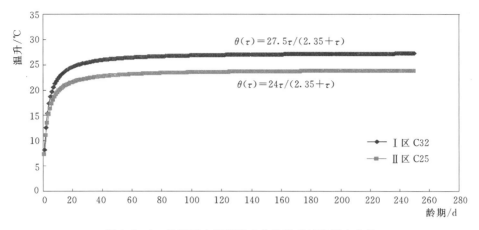

图 6.5-1 拉西瓦大坝混凝土绝热温升试验拟合曲线

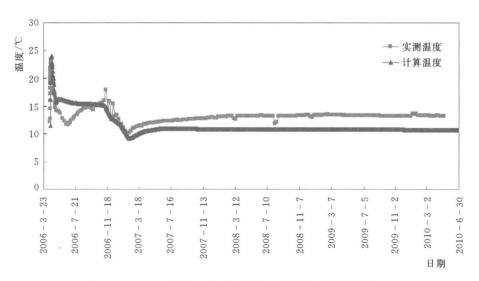

图 6.5-2 基础约束区典型高程温度监测及反馈复核结果对照
(高程 2212.2m,温度计编号 TA01-12)

对大坝混凝土实际的自生体积变形进行回归分析,并与实验值进行对比。11 号坝段在坝内不同高程共埋设了 17 支无应力计,11 号坝段自生体积变形监测结果详见表 6.5-2 和图 6.5-6、图 6.5-7,自生体积变形复核回归曲线详见图 6.5-8、图 6.5-9。

表 6.5-2　　　　拉西瓦大坝 11 号坝段混凝土自生体积变形监测成果统计表

编号	高程 /m	混凝土 分区	最大收缩变形		最大膨胀变形		最终变形		备 注
			龄期 /d	变形 $(\times 10^{-6})$	龄期 /d	变形 $(\times 10^{-6})$	龄期 /d	变形 $(\times 10^{-6})$	
N1-11	2216.5	Ⅰ区	945	−73.19	242	31.59	1452	−46.60	先缩后胀,再收缩
N2-11	2216.5	Ⅰ区	971	−72.46			1452	−54.30	先缩后胀,再收缩
N3-11	2216.5	Ⅰ区	13	−96.3			1456	−17.70	先缩后胀

续表

编号	高程/m	混凝土分区	最大收缩变形		最大膨胀变形		最终变形		备注
			龄期/d	变形(×10⁻⁶)	龄期/d	变形(×10⁻⁶)	龄期/d	变形(×10⁻⁶)	
N4-11	2240	Ⅰ、Ⅱ区交界	25	−57.34	6	26.96	1351	−28.60	先胀后缩再胀
N5-11	2240	Ⅰ、Ⅱ区交界			574	43.38	1351	31.50	单调膨胀
N6-11	2240	Ⅰ、Ⅱ区交界	46	−43.81	4	30.55	1351	−6.77	先胀后缩再胀
N7-11	2280	Ⅱ区	1190	−40.91	49	28.38	1308	−23.41	先缩后胀，再收缩
N8-11	2280	Ⅱ区	111	−18.38	718	34.71	1308	12.00	先缩后胀
N9-11	2280	Ⅱ区	111	−44.55	833	8.92	1308	−5.99	先缩后账
N10-11	2320	Ⅰ区	64	−29.03	5	32.01	456	17.71	先胀后缩再胀
N11-11	2320	Ⅰ区	106	−52.00	15	38.13	596	22.20	先胀后缩再胀
N12-11	2320	Ⅰ区	106	−74.89	1	2.19	372	−44.21	先缩后胀
N13-11	2359	Ⅰ区	197	−56.74			886	−31.80	先缩后胀
N14-11	2359	Ⅰ区	120	−39.56	9	33.44	886	10.03	先胀后缩再胀
N15-11	2359	Ⅰ区	43	−34.32	250	50.90	886	1.95	先缩后胀
N16-11	2400.5	Ⅰ区			276	101.00	549	41.00	单调膨胀
N17-11	2400.5	Ⅰ区	87	−21.67	5	0.55	549	−8.29	先缩后胀

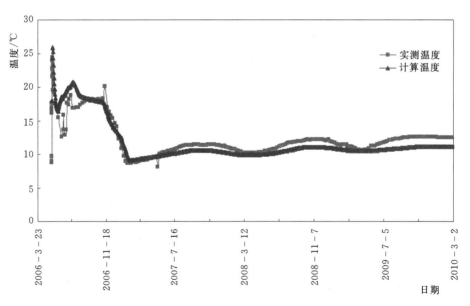

图6.5-3　基础约束区典型高程温度监测及反馈复核结果对照
（高程2216.9m，温度计编号TA04-12）

6.5.3　小结

本节以12号拱冠坝段为计算模型，以现场实验资料、实际的浇筑时间和浇筑层厚、

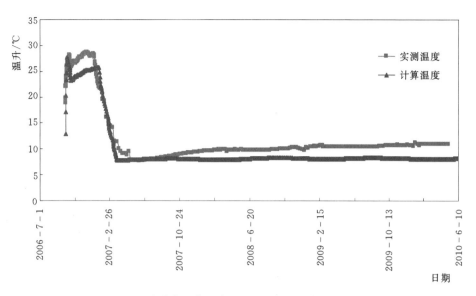

图 6.5-4 非约束区典型高程温度监测及反馈复核结果对照
（高程 2245.5 m，温度计编号 T7-12）

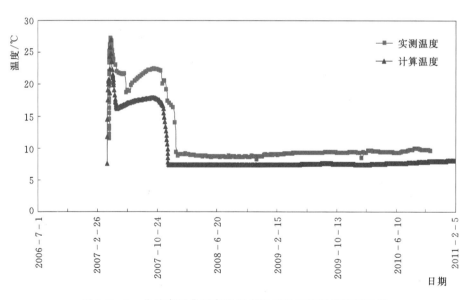

图 6.5-5 非约束区典型高程温度监测及反馈复核结果对照
（高程 2290.0m，温度计编号 T12-12）

间歇时间以及坝内埋设的温度计、无应力计实测资料为计算依据，仿真反馈复核了坝体基础约束区及非约束区的混凝土绝热温升和自生体积变形参数。主要结论如下：

（1）在 12 号坝段各材料分区的典型位置高程中，混凝土二期冷却结束之前现场测点温度监测数据与反馈计算结果的温度峰值较为吻合、温降过程及规律基本相似，说明反馈计算结果较真实地反映了工程实际，具有较好的参考价值。

（2）大坝混凝土的实际绝热温升发展过程，与试验绝热温升值基本一致。其中Ⅰ区混

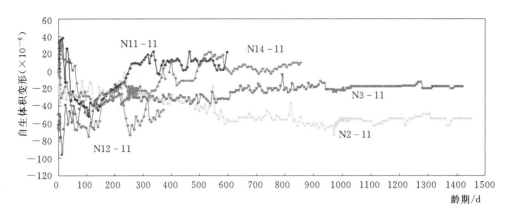

图 6.5-6　拉西瓦大坝 11 号坝段 I 区混凝土自生体积变形监测结果汇总

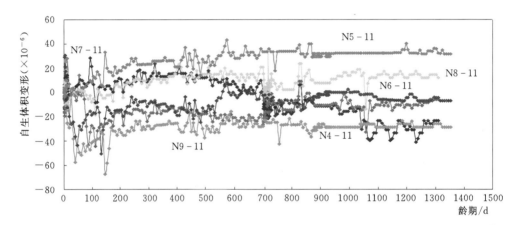

图 6.5-7　拉西瓦大坝 11 号坝段 II 区混凝土自生体积变形监测结果汇总

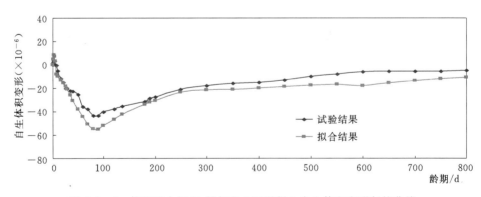

图 6.5-8　拉西瓦大坝 11 号坝段 I 区混凝土自生体积变形复核曲线

凝土绝热温升参数表达式可取 $\theta(\tau)=27.5\tau/(2.35+\tau)$，II 区混凝土绝热温升参数表达式可取 $\theta(\tau)=24\tau/(2.35+\tau)$。

（3）大坝约束区和非约束区混凝土的自生体积变形，在 90d 龄期以前主要呈收缩态势，之后呈膨胀趋势，600d 龄期以后基本稳定。由无应力计实测结果复核拟合的 I 区混

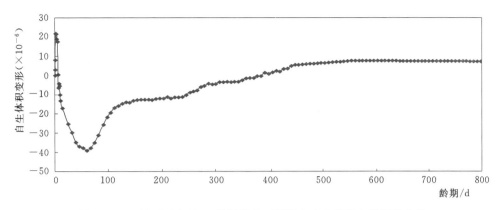

图 6.5-9　拉西瓦大坝 11 号坝段 II 区混凝土自生体积变形复核曲线

凝土自生体积变形结果可知，其混凝土自生体积变形的变化过程及规律与试验值基本相似，但现场实际收缩变形量略大。

6.6　典型拱冠坝段施工期温度应力反演仿真计算

6.6.1　计算模型

以 12 号坝段基本体型参数为依据，建立三维有限元计算模型、网格部分示意图见图 6.6-1～图 6.6-2。

图 6.6-1　拉西瓦拱坝 12 号拱冠坝段
三维有限元计算模型示意图

图 6.6-2　拉西瓦拱坝 12 号拱冠坝
段网格剖分示意图

6.6.2　计算工况及参数

根据 12 号坝段基本体型参数、实际施工时的气温统计资料、现场混凝土施工时的浇筑记录（层厚、浇筑温度、间歇时间、初期及中后期冷却措施等），混凝土绝热温升和自生体积变形按照坝内温度计、无应力计观测资料反馈分析结果考虑，采用三维有限元混凝土温控计算程序，对 12 号坝段混凝土施工期温度场及温度应力进行全过程反演分析计算，从而提供基础约束区及非约束区混凝土最高温度、最大基础温差应力及其各月温度及应力分布图以及 2006 年 11 月至 2007 年 2 月、2007 年 11 月至 2008 年 2 月、2008 年 11 月至 2009 年 2 月各月坝体上游面表面应力分布图及对应的温度场分布图等。反演仿真计算中将 12 号拱冠坝段施工时发生的大事记一并模拟，见表 6.6 - 1。

表 6.6 - 1　　　　　　　　　拉西瓦 12 号拱冠坝段施工大事记

时　间	事　　　由
2006 年 4 月 17 日	坝段基础混凝土开浇
2006 年 5—7 月	由于缆机故障导致施工长间歇，12 - 4 层面 2218m 附近产生裂缝
2007 年 7—11 月	由于边坡塌方导致施工长间歇，12 - 39 层面高程 2320m 附近产生裂缝
2008 年 8—12 月	由于拱冠坝段孔口钢衬安装，以及初期发电前发电高程成拱的要求，拱冠坝段在高程 2370m 有 4 个月的长间歇。高程 2365～2370m 附近产生裂缝
2009 年 3 月 1 日	水库开始蓄水
2009 年 3 月 12 日	拱坝接缝灌浆至高程 2376.5m
2009 年 3 月 27 日	水库蓄水至高程 2370m
2009 年 4 月 18 日	5 号、6 号机组发电
2009 年 8 月 20 日	拱坝接缝灌浆至高程 2385.5m。水库蓄水至高程 2380m
2009 年 9 月 15 日	3 号机组发电
2009 年 11 月 15 日	拱坝接缝灌浆至高程 2405.5m。水库蓄水至高程 2390m
2009 年 12 月 18 日	拱坝接缝灌浆至高程 2420.5m。水库蓄水至高程 2420m
2009 年 12 月 31 日	2 号机组发电。
2010 年 2 月 24 日	水库蓄水位回落至高程 2400m
2010 年 4 月 25 日	拱坝接缝灌浆至高程 2430.5m。水库蓄水位高程 2400m
2010 年 6 月 25 日	拱坝接缝灌浆至高程 2440.5m。水库蓄水位高程 2400m
2010 年 8 月 14 日	水库蓄水位高程 2420m
2010 年 8 月 15 日	1 号机组发电
2010 年 12 月 30 日	拱坝接缝灌浆至高程 2460m。水库蓄水位高程 2420m
2011 年 1 月 14 日	水库蓄水位高程 2430m

6.6.3　反演仿真计算结果

6.6.3.1　坝体混凝土温度

图 6.6 - 3 为 12 号坝段施工期中曲面最高温度包络图。由图 6.6 - 3 可见，12 号坝段在施工期内，混凝土温度超标或较高的有以下一些部位（表 6.6 - 2）。分析混凝土温度超标部位的原因，主要有以下几个方面：

（1）浇筑温度超标。12 号坝段基础强约束区 12 - 3、12 - 4 浇筑块施工时，浇筑温度达到 14～18℃，超出设计要求 2～6℃，导致混凝土的最高温度达到 27.4℃，超出设计标准 4.4℃。

（2）初期冷却通水温度偏高。施工记录显示在高程 2235～2238m 和 高程 2299～2302m 一期通水冷却过程中，通水水温达到 10℃左右，超出设计要求 4℃以上，导致混凝土的最高温度分别达到 28.0℃和 31.4℃，超出设计标准 2℃和 1.4℃。

（3）除了以上 3 处超标部位以外，12 号坝段其他部位混凝土的温度控制效果较好，基本达到设计温控技术要求。

表 6.6-2　　　　　　　　12 号坝段混凝土温度超标或较高部位统计

序号	分　区	高程/m	最高温度/℃	控制标准/℃	备　　　注
1	强约束区（Ⅰ区）	2214～2216.5	27.4	23.0	超标，浇筑温度 18℃超标
2	弱约束区（Ⅰ区）	2235～2238	28.0	26.0	超标，一期通水温度 10℃偏高
3	非约束区（Ⅱ区）	2245～2248	28.2	30.0	9 月浇筑
4		2299～2302	31.4	30.0	5 月浇筑，超标。一期通水温度 10℃偏高
5	孔口（Ⅰ区）	2315	28.5	32.0	6 月浇筑
6		2398～2401	28.3	28.0	4 月浇筑，略超标

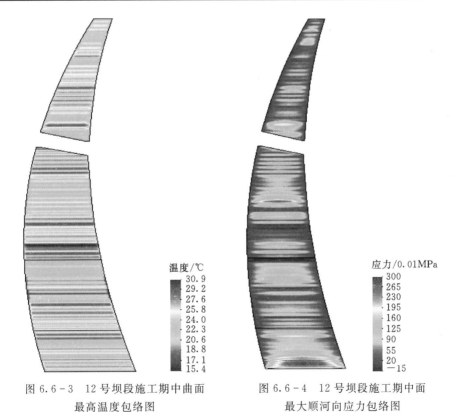

温度/℃
- 30.9
- 29.2
- 27.6
- 25.8
- 24.0
- 22.3
- 20.6
- 17.1
- 15.4

应力/0.01MPa
- 300
- 265
- 230
- 195
- 160
- 125
- 90
- 55
- 20
- −15

图 6.6-3　12 号坝段施工期中曲面最高温度包络图

图 6.6-4　12 号坝段施工期中面最大顺河向应力包络图

6.6.3.2　坝体混凝土顺河向温度应力

图 6.6-4 为 12 号坝段施工期中面最大顺河向应力包络图。表 6.6-3 为 12 号坝段施

工期内不同分区混凝土顺河向温度应力超标或较高部位统计。图 6.6-4～图 6.6-7 为不同分区典型点温度过程线及顺河向应力过程线。

表 6.6-3　12 号坝段施工期内不同分区混凝土顺河向温度应力超标或较高部位统计

序号	分区	高程 /m	最高温度 /℃	最大应力 /MPa	安全系数	允许应力 /MPa	备　注
1	约束区 （Ⅰ区）	2214	27.4	2.35	1.61	2.20 (180d)	最高温度超标，基础温差大，导致应力超标
2	非约束区 （Ⅱ区）	2273	21.0	1.56	2.31	2.10 (90d)	应力满足要求
3	孔口Ⅰ区	2330	25.0	2.23	1.66	2.16 (140d)	应力超标

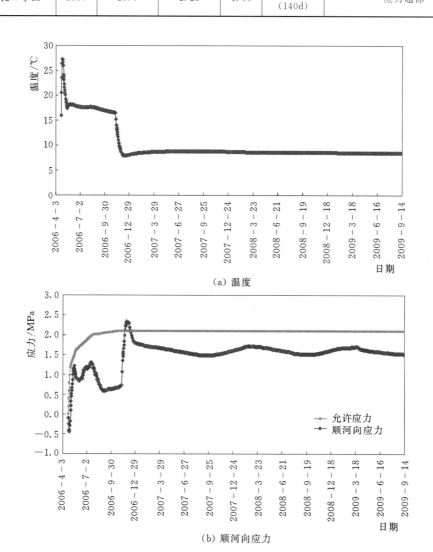

（a）温度

（b）顺河向应力

图 6.6-5　基础约束区高程 2214m 典型点温度及顺河向应力过程线

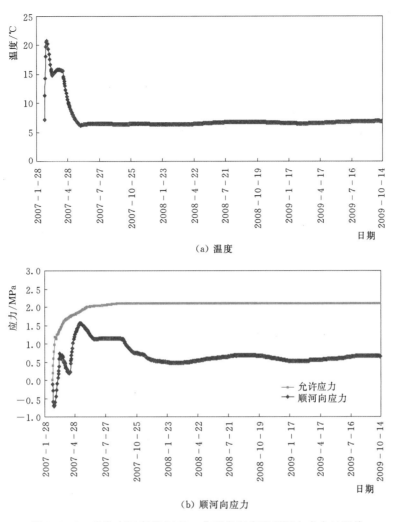

（a）温度

（b）顺河向应力

图 6.6-6　非约束区高程 2273m 典型点温度及顺河向应力过程线

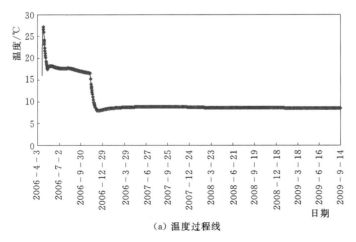

（a）温度过程线

图 6.6-7（一）　12 号坝段孔口 I 区高程 2330m 典型点温度及顺河向应力过程线

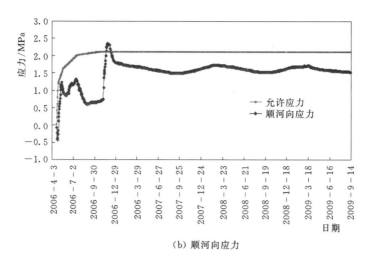

（b）顺河向应力

图 6.6 - 7（二）　12 号坝段孔口 Ⅰ 区高程 2330m 典型点温度及顺河向应力过程线

分析 12 号坝段施工期典型高程混凝土顺河向应力超标原因有以下几方面：

（1）强约束区 12 - 3、12 - 4 浇筑块浇筑温度超出设计要求 2~6℃，导致混凝土的最高温度达到 27.4℃，超出设计标准 4.4℃，因此在高程 2214 附近范围内基础温差和最终基础温差应力超标。

（2）非约束区高程 2240~2290m 在施工期混凝土温度均满足设计要求，在该区域最大顺河向应力产生于高程 2273m 后期冷却结束时，其值为 1.56 MPa，满足设计要求。

（3）高程 2330m 位于 12 - 12 灌区与 12 - 11 灌区的交界处。其混凝土应力超标的原因有两个：①12 - 12 灌区后期冷却超冷至 6℃（封拱温度 7.5℃）降温幅度达 13℃，最大温差达 19℃；②12 - 12 灌区与上层 12 - 11 灌区并未同时进行后期冷却，致使上下层温差达 14℃。因此对于高程 2330m 混凝土而言，后期冷却超冷和上下层温差过大的双重作用下，致使最大顺河向应力超标。

（4）另外，在 12 号坝段高程 2218m、2320m 和 2365~2370m，也发生了较大的顺河向温度应力。这些部位超标拉应力的产生，均与施工过程中的长间歇有关。这将在本书 6.7 节中专门分析。

6.6.3.3　冬季坝体表面温度及应力

反演分析的 12 号坝段上游面施工期最大轴向应力包络图如图 6.6 - 8 所示，2006 年 11 月至 2009 年 2 月冬季时段典型时刻上游面轴向应力分布图及对应的温度场分布图见图 6.6 - 9~图 6.6 - 11。

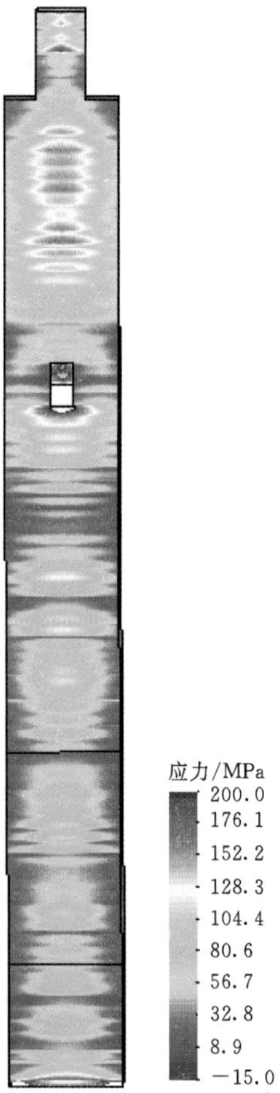

图 6.6 - 8　12 号坝段上游面施工期最大轴向应力包络图

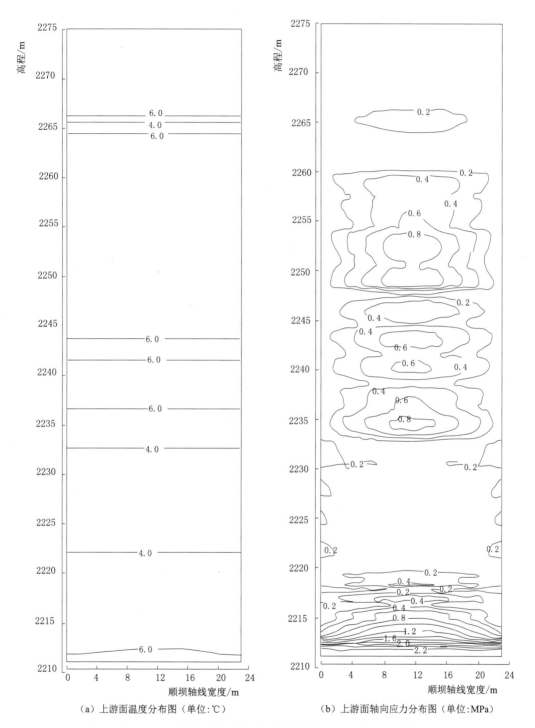

（a）上游面温度分布图（单位：℃）　　　（b）上游面轴向应力分布图（单位：MPa）

图 6.6-9　2007 年 1 月 2 日上游面温度、轴向应力分布图
（高程 2212m，最大应力 2.2MPa）

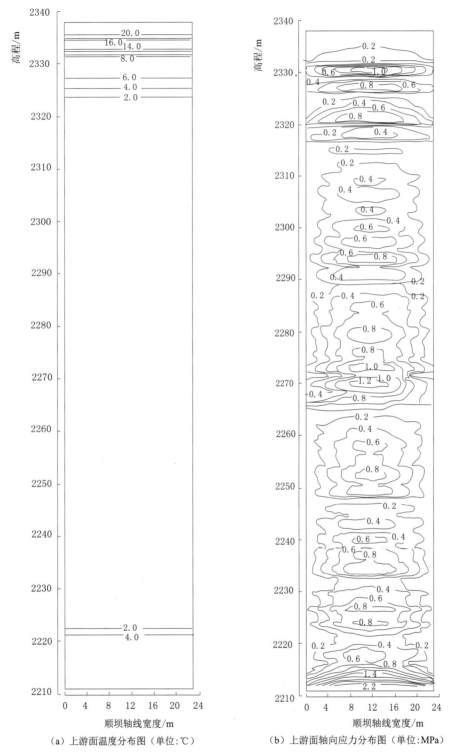

（a）上游面温度分布图（单位：℃）　　（b）上游面轴向应力分布图（单位：MPa）

图 6.6-10　2008 年 2 月 2 日上游面温度、轴向应力分布图
（高程 2330.5m，1.28MPa；高程 2270m，1.0 MPa）

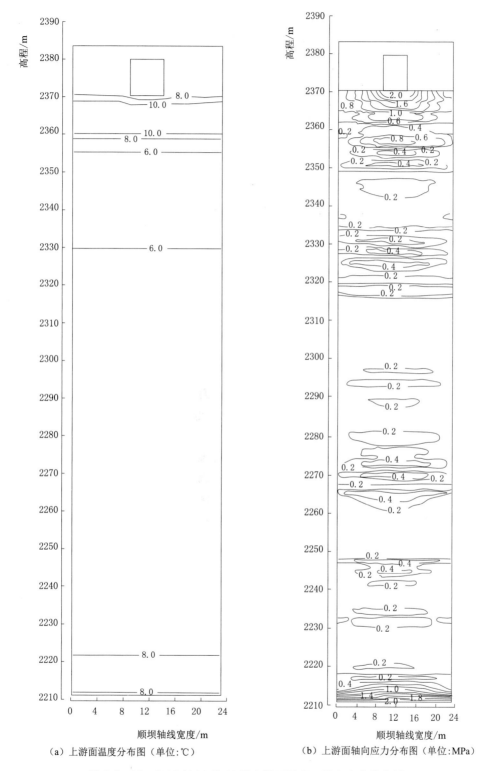

（a）上游面温度分布图（单位：℃）　　　　（b）上游面轴向应力分布图（单位：MPa）

图 6.6-11　2008 年 11 月 27 日上游面温度、轴向应力分布图
（高程 2370m，2.07MPa）

分析拉西瓦 12 号拱冠坝段 2006 年 11 月至 2009 年 2 月冬季时段大坝上游面混凝土不同时刻混凝土表面应力分布图可知：

（1）基础强约束区的混凝土表面应力最大。混凝土表面温度应力随着外界气温的变化而变化，一般在 12 月至次年 1 月外界气温最低时段，表面温度达到最低，其表面应力也是最大的；随着外界气温的升高，其表面应力也渐渐减小。

（2）2006 年冬季 11 月 12 号坝段浇筑高程为 2260m，2007 年 2 月坝段浇筑高程为 2275m，冬季上升高度 15m。其表面应力较大的部位分别有高程 2212m、2218m、2227m、2235m 和 2252m 等 5 处，仅在高程 2212m 上游面表面应力超标，其他部位均满足设计要求。高程 2212m 上游面最大表面应力发生在 2007 年 1 月初，达 2.2MPa。原因主要是该处位于基础强约束区，最高温度达 27.4℃，超标 4.4℃，又在冬季 11 月至次年 2 月进行后期冷却，受基岩约束和内外温差双重影响下，导致表面应力超标。

（3）2007 年 7 月 15 日，12 号坝段浇筑高程为 2320.0m，仓面长间歇 109d，至冬季 11 月自 2320.0m 开始向上浇筑，2008 年 2 月坝段浇筑高程为 2338m，坝段冬季上升高度 18m。在该冬季表面轴向应力较大的部位分别有高程 2270m、2306.5m、2320m 和 2330m 等 4 处，但是其表面应力均满足设计要求。

（4）2008 年冬季 11 月之前，坝段浇筑高程为 2370m，至 2009 年 2 月坝段浇筑高程为 2382m，坝段冬季上升高度 12m。在该冬季坝段表面轴向应力较大的部位分别有高程 2355m 和 2370m 2 处，但是其轴向表面应力基本满足设计要求。高程 2370m 位于上游孔口底部，属于 12－7 灌区，于 2009 年 1 月中旬至 3 月进行后期冷却。由于施工期间歇时间长达 4 个月，受外界气温影响较大，在 2008 年 11 月底气温变幅较大季节，表面应力达到 2.07MPa，基本满足设计要求。

6.7　拱冠坝段施工期典型裂缝成因分析

根据 6.3.3 节所述裂缝统计资料，12 号拱冠坝段施工期共发现裂缝 13 条，其中比较典型的裂缝是高程 2218.0m、2232.0m、2370m 水平仓面出现的 3 组裂缝，均是由于长间歇引起的。分析上述坝体混凝土出现裂缝时的温度场及温度应力分布，从而分析裂缝产生的原因，评价拉西瓦大坝混凝土施工期温控措施的有效性，对高寒地区高拱坝混凝土施工及其防裂有一定的借鉴意义。

6.7.1　高程 2216.5～2218m 层面裂缝成因分析

6.7.1.1　混凝土浇筑基本情况

12 号坝段 12－04 层，高程 2216.5～2218m 混凝土于 2006 年 5 月 9 日 22：40 开盘，2006 年 5 月 11 日 0：40 收盘。2006 年 5 月 15 日拉西瓦缆机故障，导致大坝浇筑停歇。2006 年 5 月 27 日在 12 号坝段左侧距上游面 17m 处发现一条平行于坝轴线，长约 11.8m、宽 0.1～0.5mm、左侧立面深度为 3.0m 的裂缝，2006 年 6 月 14 日发现该裂缝已延伸至 12 号坝段右侧，贯穿整个坝段，在右侧立面深度为 1.0m，具体见图 6.7－1。检查 12 号坝段基本施工信息，发现以下几点因素与大坝裂缝有关：

（1）浇筑温度超标：设计要求基础约束区混凝土的浇筑温度应控制在 5～12℃，但 12－

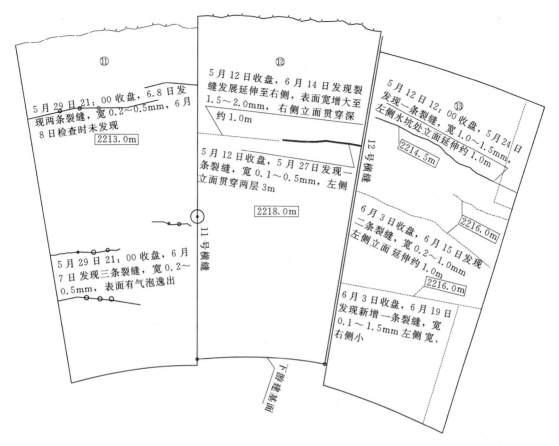

图 6.7-1 12 号坝段高程 2216.5～2218.0m 层裂缝分布图

2、12-3、12-4 坝块的浇筑温度均未满足设计要求，尤其是 12-4 坝块，最高浇筑温度达到 18℃，超出设计标准 6℃。

（2）施工中的长间歇：12 号坝段 12-4 浇筑块（高程 2216.5～2218m）于 2006 年 5 月 10 日浇筑，由于缆机故障导致大坝浇筑停工，上层 12-5 浇筑块于 2006 年 7 月 13 日覆盖，长间歇时间达 64d。

（3）温度骤降：在 12-4 坝块高程 2218m 层面长间歇的 2 个多月时间里（5—7 月），坝址地区气温总体呈上升趋势，与此同时遭遇了多次气温骤降，最大 3d 降幅超过 12℃（6 月中旬）；而在此期间长间歇层面的保护尚不到位（图 6.7-2）。

6.7.1.2 反演分析计算成果

1. 混凝土温度

根据 6.6 节反演分析结果可知，由于混凝土浇筑温度超标，因而计算的 12-3 层、12-4 层混凝土最高温度分别为 27.3℃、25.8℃，分别超出设计要求 4.4℃ 和 2.8℃，详见表 6.7-1。混凝土实测温度过程线与反演分析计算温度过程线、气温骤降期间混凝土温度与气温过程线分别如图 6.7-3～图 6.7-4 所示。由图 6.7-3 和图 6.7-4 可知，计算的混凝土温度过程线与实测温度过程线基本吻合，受外界气温影响气温骤降期间表层混凝土温

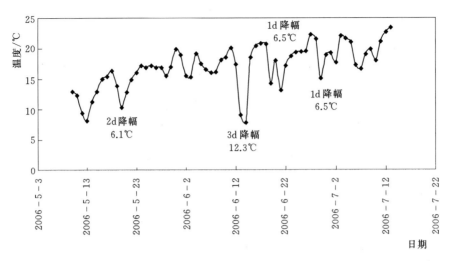

图 6.7 - 2　2006 年 5 月 11 日至 7 月 13 日高程 2218m 层面长间歇时段气温过程线

度变化与外界气温变化基本同步。

表 6.7 - 1　　　　　　　　　　　12 号坝段基础强约束区温度和应力反演计算结果

最高温度			最大层面应力（顺河向应力）		
温度/℃	时间	部位	应力/MPa	时间	部位
27.3	龄期 3～5d	12 - 3 层中部	2.1（安全系数 1.4）	2006 年 6 月 14 日气温骤降时	12 - 4 层表面（高程 2218m）
25.8		12 - 4 层中部			

注　表中列出的最大温度应力值，为 2006 年 5 月 10 日至 7 月 13 日长间歇时段内的最大值。

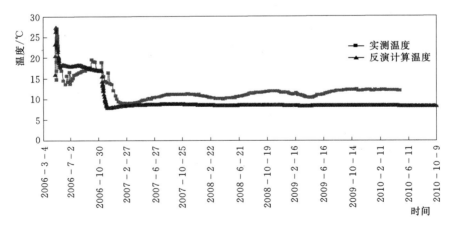

图 6.7 - 3　拉西瓦 12 号坝段典型高程实测温度与反演计算温度过程线
（温度计编号 T2 - 12，高程 2215.8m）

2. 混凝土表面应力

反演计算结果显示，在 12 - 4 坝块浇筑后的长间歇期内（2006 年 5—7 月），高程 2218m 长间歇层面的最大温度应力为顺河向应力，发生在最大气温骤降幅度（12℃）的 6

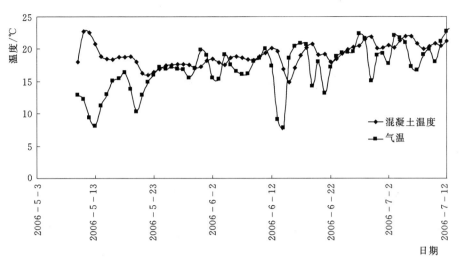

图 6.7-4 拉西瓦 12-4 坝块高程 2217.75m 混凝土温度与气温过程线

月 14 日，最大应力为 2.1MPa（混凝土龄期仅 33d），大于此时混凝土的允许应力。其最大应力发生时刻的应力分布图如图 6.7-5 所示。

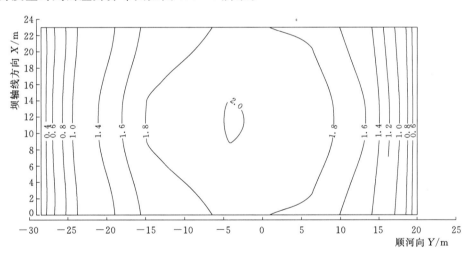

图 6.7-5 高程 2218m 长间歇层面顺河向应力分布图

（单位为 MPa，2006 年 6 月 14 日，气温低值 7.8℃）

3. 气温骤降对混凝土表层温度应力的影响深度

由图 6.7-6 可知，2218m 层面典型点顺河向应力随着气温的变化而变化，即外界气温降低表面应力增大，外界气温升高表面应力减小；气温骤降幅度越大，表面应力增量越大。

由图 6.7-7 可知，气温骤降对混凝土应力的影响深度为 1.5～3.0m，但是大于 1.5MPa 的应力仅分布在表层 1.0m 范围内。由于保温不及时，频繁的寒潮袭击，致使裂缝发展延伸。即 2006 年 5 月 27 日初次发现裂缝深度仅 1.0m 深，而且并未贯穿整个坝段，至 2006 年 6 月 14 日再次遭遇寒潮袭击，裂缝已经贯穿整个坝段，且左侧深度已发展为 3.0m。

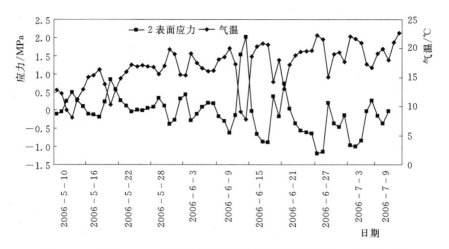

图 6.7-6　高程 2218m 长间歇层面典型点顺河向应力和气温历时过程线

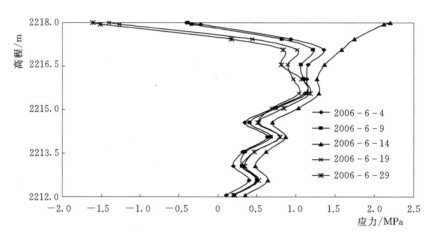

图 6.7-7　温度骤降对坝块温度应力影响深度示意图

6.7.1.3　裂缝成因分析

对比裂缝统计资料可知，2006 年 6 月 14 号在拉西瓦 12 号坝段距上游面 17m 处发现一条平行于坝轴线的裂缝，宽度 1.5mm，深度 3.0m，反演分析结果与现场实际情况完全吻合。通过对反演结果分析可见，造成拉西瓦拱坝基础约束区 12-4 长间歇层面裂缝的直接客观原因，是 2006 年 5 月中下旬和 6 月中旬的 2 次较大幅度的气温骤降；而主观原因则是实际施工时的温控措施没有完全满足设计要求。具体分析有以下几方面原因：

（1）施工间歇期过长，频繁的寒潮冲击是发生裂缝的直接客观原因。

设计要求薄层短间歇浇筑混凝土，对于基础约束区混凝土间歇时间以 5～7d 为宜。但由于缆机故障导致 12-4 坝块高程 2218 层面间歇长达 64d。

在长间歇期间，拉西瓦坝址区发生 4 次寒潮，最大一次寒潮为 3d 降温幅度达 12.3℃，频繁的寒潮袭击，致使混凝土表面不断受冷击作用，表面逐渐开裂延伸，6 月中旬最大表面应力达到 2.1MPa，超出混凝土的即时抗裂能力，导致整个坝段裂缝贯通。

（2）混凝土最高温度超标、表面保护措施未到位是发生裂缝的主观原因。

如前所述，由于12-3、12-4坝块混凝土浇筑温度超标，从而导致混凝土最高温度分别为27.4℃和25.8℃，大于设计要求的基础混凝土最高温度23℃的标准，导致基础温差和内外温差过大。

设计要求加强寒潮预报，遇到寒潮时应及时进行保温。但在大坝的早期施工中，仅注重了冬季的表面保护问题，而对进入春季以后的寒潮应对措施不足。对拉西瓦地区而言，春季是寒潮频发的季节，如果能在寒潮到来之前做好准备，对长间歇层面提早进行保护，发生裂缝的概率就会大大降低。

综上所述，导致2218m层面裂缝的实质原因就是即基础温差应力和内外温差应力的双重作用。因此严格进行混凝土温度控制，避免长间歇浇筑混凝土，加强表面保护，是防止混凝土表面裂缝的最有效措施。

6.7.2 高程2320m层面裂缝成因分析

6.7.2.1 混凝土浇筑基本情况

2007年7月中旬，右岸缆机平台边坡因暴雨塌方，造成缆机又一次停机，致使大坝混凝土浇筑停歇时间长达3个多月，至2007年11月12号坝段恢复浇筑时，12号坝段12-39坝块高程2320m长间歇层面混凝土已经出现4条裂缝。分析12号坝段基本信息，有以下几点不满足设计要求：

（1）一冷水温偏高：12-39坝块（高程2317~2320m）2007年7月15日浇筑，浇筑温度10.5℃满足要求，但一期通水温度达11℃，不满足设计要求采用4~6℃的制冷水，坝块内部混凝土最高温度虽未超标，但也达到27.5~28.5℃。

（2）施工中的长间歇：2007年7月中旬，右岸缆机平台边坡因暴雨塌方，造成缆机又一次停机，致使大坝混凝土浇筑停歇时间长达109d，至2007年11月1日恢复浇筑。

（3）温度骤降：在12-39坝块高程2320m层面长间歇的3个多月时间里（7—11月），坝址地区的气温总体呈下降趋势，与此同时还遭遇了4次气温骤降（图6.7-8），最大降温幅度为8.6℃，长间歇层面于10月上旬开始层面保护。

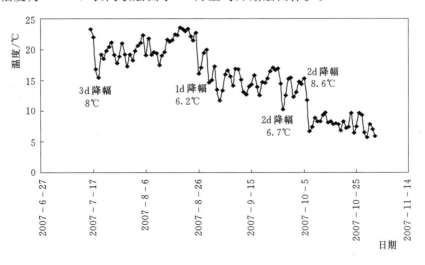

图6.7-8　2007年7月16日至11月1日高程2320m层面长间歇时段气温过程线

6.7.2.2　反演分析结果

（1）混凝土最高温度。根据 6.6 节反演仿真计算结果可知，由于高温季节施工且一冷水温偏高，混凝土内部最高温度达 28.5℃，虽未超标，但相对较高。图 6.7-9 和图 6.7-10 可知，反演计算的混凝土内部温度过程线和实测过程线基本吻合，在不保温的情况下，表层混凝土温度受外界气温影响较大，特别是气温骤降期间影响更加剧烈，但当 2007 年 10 月开始层面保护后，外界气温的影响大幅削弱。

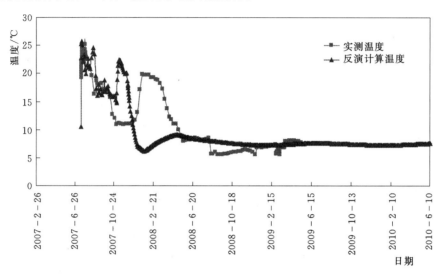

图 6.7-9　12 号坝段典型高程实测温度与反演计算温度过程线
（温度计编号 T15-12，高程 2320.0m）

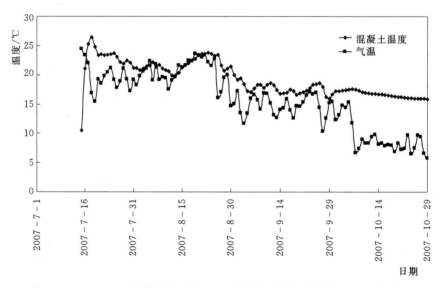

图 6.7-10　12-39 坝块长间歇层面以下混凝土表层温度与气温过程线对比

（2）表面应力计算结果。反演计算结果显示，在 12-39 坝块浇筑后的长间歇时段内（2007 年 7 月 16 日至 11 月 1 日），长间歇层面的最大温度应力为顺河向应力，频繁的温度骤降是导致高程 2320m 层面裂缝产生的直接原因。最大温度应力产生于 9 月下旬遭遇气温骤降，2d 降幅 6.7℃，层面应力达 2.03MPa，超过混凝土即时抗裂能力。而 10 月上旬虽然发生了 2d 降幅 8.6℃的温度骤降，但由于此时层面已经实施了保温措施，冷击造成的层面最大拉应力仅为 1.2MPa。高程 2320m 层面在 2007 年 9 月下旬和 10 月上旬气温骤降时的温度过程线、混凝土表面温度与气温变化过程对比图、顺河向应力分布图分别见图 6.7-9～图 6.7-12。

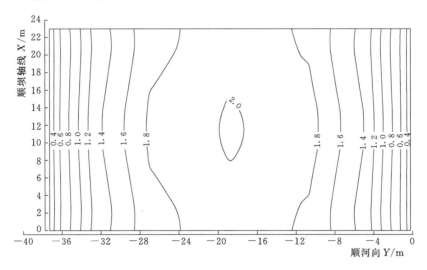

图 6.7-11 高程 2320m 长间歇层面顺河向应力分布图
（单位：MPa，2007 年 9 月 27 日，气温低值 10.28℃）

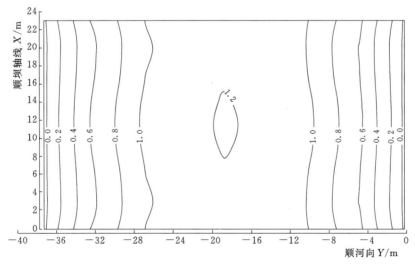

图 6.7-12 高程 2320m 长间歇层面顺河向应力分布图
（单位：MPa，2007 年 10 月 7 日，气温低值 6.70℃，保温后）

（3）温度骤降对长间歇层面温度应力的影响深度。图 6.7-13 为高程 2320m 长间歇层面典型点顺河向应力和气温历时过程线。由图 6.7-13 可见，长间歇期间，层面拉应力水平，随着气温的升高而减小，随着气温的降低而增大。尤其是进入 8 月下旬以后，在年内平均温降和温度骤降的共同作用下，层面应力多次接近或超过混凝土的允许拉应力，这将导致层面裂缝的产生和扩展。

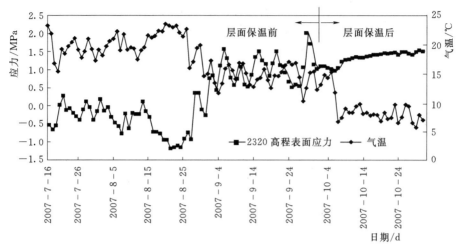

图 6.7-13 高程 2320m 长间歇层面典型点顺河向应力和气温历时过程线

图 6.7-14 为温度骤降对坝块温度应力影响深度示意图。由图 6.7-14 可见，本节模拟的 9 月下旬层面保温前 2d 降幅 6.7℃ 的温度骤降、和 10 月上旬保温后 2d 降幅 8.6℃ 的温度骤降，对混凝土应力的影响深度为 1.5～3.0m。

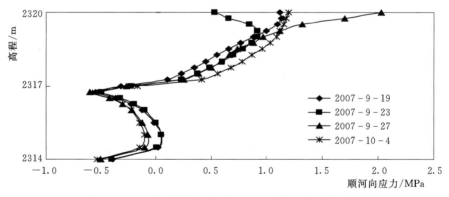

图 6.7-14 温度骤降对坝块温度应力影响深度示意图

6.7.2.3 裂缝成因分析

拉西瓦拱坝 12 号拱冠坝段施工期裂缝统计资料显示，2007 年 10 月中旬，在高程 2320m 长间歇层面发现 2 条仓面裂缝，裂缝宽度 0.5～1.0mm，裂缝深度 1m 以上。通过对反演结果分析可见，反演仿真计算结果与现场实际情况基本吻合。

分析仿真计算结果与基本浇筑情况，造成拉西瓦拱坝高程 2320m 长间歇层面裂缝的主要原因如下：

(1) 高温季节浇筑的混凝土，由于缆机故障，造成间歇期长达 109d，而从 7—11 月外界气温总体呈下降趋势，混凝土表面应力本身是随着外界气温的降低而增大，同时又频繁的遭遇寒潮袭击，从而导致混凝土表面应力大于允许应力，是混凝土仓面裂缝的直接客观原因。

（2）而主观原因则是对长间歇层面的混凝土未及时进行保护或长期保护。

（3）对于 2008 年 1 月 28 日在 12 号坝段高程 2332m 附近又发现 4 条裂缝，则是在老混凝土面上浇筑新混凝土，受上下层温差和 2007 年冬季低气温的影响，上下层温差和内外温差过大而引起的裂缝。

总而言之，避免长间歇浇筑混凝土，加强混凝土表面保护，严格进行混凝土温度控制是防止混凝土表面裂缝的有效措施。

6.7.3 高程 2365～2370m 层面裂缝成因分析

6.7.3.1 基本浇筑情况

2008 年 8—12 月，由于拱冠坝段孔口钢衬安装，拱冠坝段在高程 2365～2370m（渗孔部位）有 4 个月的长间歇，2008 年 11 月 26 日检查时发现仓面有 3 条裂缝。其基本施工信息如下：

（1）高温季节施工：12-55 坝块（高程 2365～2368m）和 12-56 坝块（高程 2368～2370m）分别于 2008 年 7 月 15 日和 8 月 2 日浇筑，浇筑温度分别为 11.6℃ 和 13.3℃，一期通水温度 5.5～6℃。

（2）施工中的长间歇：2008 年 8—12 月，由于拱冠坝段孔口钢衬安装，12 号拱冠坝段在高程 2370m（深孔部位）长间歇 4 个月。在此期间，长间歇层面于 10 月上旬开始层面保护。

（3）温度骤降：在高程 2370m 层面长间歇的 4 个多月时间里（2008 年 8—12 月），坝址地区的气温总体呈下降趋势，与此同时还遭遇了 3 次气温骤降（图 6.7-15），其中较大为有 8 月上旬，降温幅度达 11.4℃。

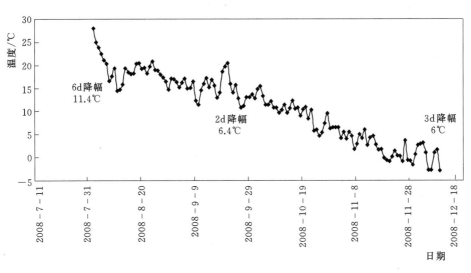

图 6.7-15　2008 年 8 月 2 日至 12 月 9 日高程 2370m 层面长间歇时段气温过程线

6.7.3.2 反演分析结果

1. 混凝土最高温度

根据 6.6 节反演仿真计算结果，12-55 坝块（高程 2365～2368m）和 12-56 坝块（高程 2368～2370m）内部混凝土最高温度为 27℃，满足设计要求。图 6.7-16 为典型高程（2366.5m）混凝土温度过程线反演成果。从图 6.7-16 中可以明显地看出 2008 年 8 月下旬和 9 月下旬两次较大的温度骤降对混凝土表层温度的影响。进入 10 月以后由于表面保护的作用，温度骤降对层面温度的影响幅度减小，但是由于拉西瓦地区进入冬季后平均气温亦下降剧烈，10 月至 12 月 9 日的最大日平均降幅 18.4℃，经表面保护后，高程 2370m 层面温度降幅也达到 7℃左右。

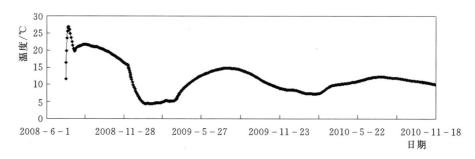

图 6.7-16　12 号坝段典型高程 2366.5m 反演计算温度过程线

2. 表面温度应力

反演计算结果显示，在 2370m（12-56 坝块）浇筑后的长间歇时段内（2008 年 8 月 2 日至 12 月 9 日），长间歇层面的最大温度应力为顺河向应力。在该时段内，坝址地区的气温总体呈下降趋势，同时还经历了 3 次温度骤降。进入 10 月后虽然层面采取了表面保护措施，但由于孔口钢衬安装等因素使得表面保护效果受到一定影响，层面应力随着气温的降低呈增长趋势，至 11 月中旬表面拉应力达到 2.2MPa，超过混凝土的即时抗裂能力；最大温度应力产生于 12 月上旬长间歇结束前，为 2.3MPa，超过混凝土的抗裂能力。图 6.7-17 和图 6.7-18 分别为高程 2370m 长间歇层面典型点混凝土温度和顺河向应力分布图。

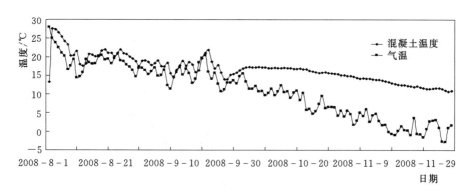

图 6.7-17　高程 2370m 长间歇层面典型点混凝土温度与气温对比过程线

3. 气温骤降对混凝土温度应力的影响深度

图 6.7-19 为高程 2370m 长间歇层面典型点顺河向应力和气温历时过程线。由图 6.7-19 可见，长间歇期间，层面拉应力水平，随着气温的升高而减小，随着气温的降低而增

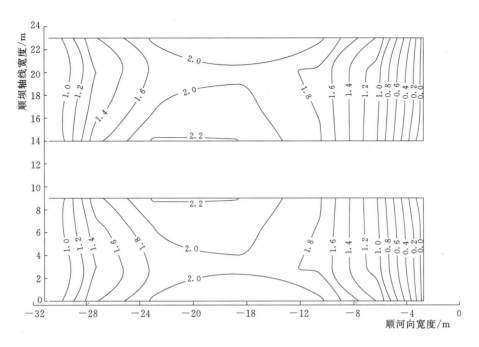

图 6.7-18 高程 2370m 长间歇层面混凝土顺河向应力分布图（2008 年 11 月 20 日）

大。尤其是进入 9 月下旬以后，在年内平均温降和温度骤降的共同作用下，层面应力在 11 月中旬之后超过混凝土的即时允许拉应力，这将导致层面裂缝的产生和扩展。

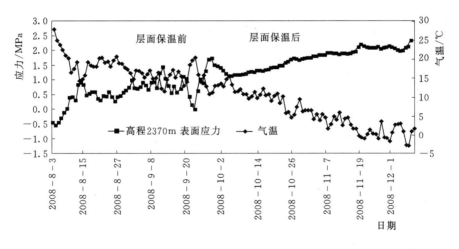

图 6.7-19 高程 2370m 长间歇层面典型点顺河向应力和气温历时过程线

图 6.7-20 为温度骤降对坝块温度应力影响深度示意图。由图 6.7-20 可见，气温骤降对混凝土应力的影响深度为 1.5～2.0m。

6.7.3.3 裂缝成因分析

12 号拱冠坝段施工期裂缝统计资料显示，2008 年 11 月下旬，在高程 2370m 长间歇

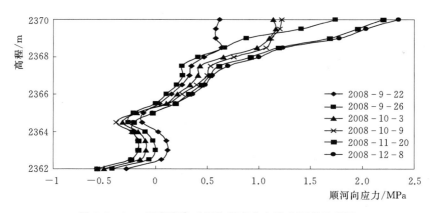

图 6.7 - 20　温度骤降对坝块温度应力影响深度示意图

层面发现 3 条仓面裂缝，裂缝宽度 0.1～1.25mm，裂缝深度 1.0～3.0m。可见仿真反演计算结果与现场实际情况基本吻合。分析上述计算结果，造成拉西瓦拱坝高程 2370m 层面裂缝的主要原因，是高温季节浇筑的混凝土，间歇期长达 129d，10 月之前未进行保温，进入 10 月虽然进行了保温，但是保温效果较差，随着外界气温的下降，表面应力逐渐增大，至 11 月 15 日外界气温降幅达 25℃，表面应力为 2.0MPa，已接近此时混凝土允许抗拉应力，至 11 月 20 日，表面应力为 2.2 MPa，大于此时混凝土的允许抗拉应力，直接导致混凝土开裂。

综上所述，高温季节浇筑的混凝土遇长间歇，层面未进行保护或保温效果较差是导致高程 2370m 长间歇层面产生裂缝的主要原因。

6.8　拉西瓦大坝混凝土温度及其施工质量评价

结合拉西瓦大坝混凝土温控特点和难点，并根据拉西瓦不同阶段典型拱冠坝段、陡坡坝段、孔口坝段施工期温度应力计算成果，对各种温控措施进行了敏感性分析后，经过反复研究后，西北勘测设计研究院有限公司提出了《黄河拉西瓦水电站工程大坝混凝土温度控制技术要求》，该技术要求具有条理清晰、措施严密、深入浅出、可操作性强、各阶段各分区皆有章可循等特点。该温控技术要求不仅是拉西瓦大坝温控防裂的坚实基础和可靠保证，也为我国高寒地区混凝土高拱坝的建设奠定了基础，积累了宝贵的经验。

6.8.1　拉西瓦大坝混凝土现场温度控制

在业主、设计、施工、监理各方的共同努力下，拉西瓦大坝混凝土浇筑质量控制良好，大坝混凝土温控措施基本得到实施，混凝土最高温度基本满足设计要求。以 12 号典型拱冠坝段为例，大坝高程 2435m 以下中心部位共埋设各种温度计 39 支，其中约束区 14 支，脱离约束区 25 支。基础约束区混凝土最高温度一般为 20～23℃，仅有两层混凝土温度超标，最高温度 25～27℃。主要是由于浇筑初期制冷措施不到位所致；脱离约束区混凝土最高温度均满足设计要求，一般为 22～28℃，仅有一支温度计大于 30℃，最高温度为 31.4℃，拉西瓦大坝混凝土温度控制良好。具体详见表 6.8 - 1。

表 6.8-1   拉西瓦 12 号坝段大坝内部混凝土温度计最高温度观测成果

序号	温度计编号	埋设高程 /m	埋设日期	初始温度 /℃	最高温度 /℃	观测日期
1	TA01-12	2212.2	2006-4-15	12.10	23.30	2006-4-20
2	TA02-12	2212.6	2006-4-15	8.75	20.45	2006-9-12
3	TA03-12	2217.3	2006-5-10	9.55	23.10	2006-5-12
4	TA04-12	2216.9	2006-5-10	9.70	24.40	2006-5-13
5	TA05-12	2217.7	2006-5-13	12.10	19.75	2006-5-15
6	TA06-12	2219.5	2006-7-30	13.70	25.75	2006-8-4
7	TA07-12	2219.5	2006-7-30	15.10	23.85	2006-8-6
8	TA08-12	2219.5	2006-7-30	13.25	23.55	2006-8-3
9	TA09-12	2219.5	2006-7-30	12.85	23.85	2006-11-14
10	TA10-12	2219.5	2006-7-31	8.15	23.75	2006-8-5
11	T1-12	2215.8	2006-5-2	15.85	26.85	2006-5-3
12	T2-12	2215.8	2006-5-2	14.65	27.00	2006-9-16
13	T3-12	2215.8	2006-5-2	12.90	26.95	2006-5-3
14	T4-12	2219.5	2006-7-30	15.35	22.80	2006-8-3
15	TA11-12	2231.0	2006-8-22	13.10	25.20	2006-8-27
16	TA12-12	2231.5	2006-8-22	14.30	29.05	2006-9-16
17	TA13-12	2232.0	2006-8-22	17.70	26.00	2006-11-7
18	T5-12	2230.0	2006-8-16	15.30	28.05	2008-9-2
19	T6-12	2236.0	2006-8-27	17.80	27.65	2006-9-15
20	T7-12	2245.5	2006-9-27	18.95	28.60	2006-12-7
21	T8-12	2254.0	2006-10-26	16.80	24.10	2006-11-6
22	T9-12	2263.0	2006-11-25	14.15	21.30	2006-12-3
23	T10-12	2271.5	2007-1-28	15.00	21.40	2007-2-2
24	T11-12	2280.0	2007-3-19	11.30	23.50	2007-4-2
25	T12-12	2290.0	2007-4-16	11.45	27.15	2007-4-23
26	T13-12	2299.0	2007-5-18	17.00	31.40	2007-5-26
27	T14-12	2308.0	2007-6-11	19.55	26.10	2007-6-17
28	T15-12	2320.0	2007-7-16	19.25	27.25	2007-7-23
29	T16-12	2326.0	2007-11-12	12.65	20.00	2007-11-15
30	T17-12	2335.0	2008-2-21	17.60	22.35	2008-2-26
31	T18-12	2344.5	2008-4-2	11.00	23.25	2008-4-9
32	T19-12	2360.0	2008-6-18	14.70	24.10	2008-6-22
33	T20-12	2381.0	2009-2-19	17.60	22.80	2009-2-24
34	T21-12	2390.0	2009-3-23	18.85	20.75	2009-3-25

续表

序号	温度计编号	埋设高程/m	埋设日期	初始温度/℃	最高温度/℃	观测日期
35	T22-12	2399.0	2009-4-22	22.00	28.75	2009-4-24
36	T23-12	2410.0	2009-6-8	19.00	25.95	2009-6-11
37	T24-12	2417.5	2009-7-14	19.40	21.20	2009-7-14
38	T25-12	2425.0	2009-8-19	14.70	19.05	2009-9-26
39	T26-12	2435.0	2009-10-17	15.15	28.65	2009-11-5

6.8.2　拉西瓦大坝混凝土裂缝统计情况

拉西瓦大坝混凝土自 2006 年 4 月 15 开盘浇筑，至 2010 年 7 月第五台机组发电共历时 44 个月，累计浇筑大坝混凝土 270 余万 m^3。由于各种原因，经现场检查统计共发现了 67 条裂缝，在这 67 条裂缝中，Ⅰ、Ⅱ类浅表缝（缝深 $h<1.0m$，$L\leqslant5m$）占 20.9%、Ⅲ类深层缝（缝深 $1.0<h<3.0m$，$L>5m$）占 67.2%，Ⅳ类平行坝轴线的仓面裂缝（缝深 $3.0<h<5.0m$）仅占 11.9%；平均每 4 万 m^3 混凝土仅有 1 条裂缝，在拉西瓦这样恶劣的气候条件下，裂缝控制到这样的水平应该是相当不错的，在国内混凝土坝裂缝统计中应该属于较高水平，大坝混凝土施工质量控制较好。

6.8.3　拉西瓦拱坝混凝土温度场和温度应力的特点及规律

通过对拉西瓦拱坝典型坝段施工期温度及温度应力的反演仿真分析计算，并对比分析了施工期的相关监测资料，在此对大坝混凝土施工期的温度和温度应力的特点及规律归纳如下：

（1）坝体混凝土温度。除了大坝建设初期，拱冠坝段基础约束区个别部位的浇筑温度乃至最高温度超标以外，拱坝大部分区域混凝土浇筑温度、一期冷却措施等均满足设计要求，混凝土的最高温度一般出现在浇筑后的 5～7d，各季节各分区混凝土的最高温度满足设计要求。一期冷却结束时，混凝土的温度在 20℃ 左右；中期冷却后，混凝土的温度达到 16～18℃；二期冷却则以混凝土温度降至封拱温度为准。

（2）顺河向温度应力。由 12 号坝段施工期中面最大顺河向应力包络图（图 6.6-3）可知，施工期顺河向应力较大的部位主要分布在基础强约束区和高程 2330m 孔口Ⅰ区（2.23MPa）。最大顺河向应力一般发生在二期冷却末期，对于基础强约束区混凝土而言，此时温差最大，基岩约束最强，顺河向应力最大。由于 12 号坝段基础强约束区混凝土最高温度超标，导致最大顺河向应力达到 2.35MPa，安全系数 1.61；高程 2330m 孔口部位混凝土，由于二期冷却超冷和上下层温差的双重作用下，二期冷却末最大顺河向应力达到 2.23MPa，安全系数 1.66。另外，高程 2216.5～2218m、2320m 和 2365～2370m 3 个长间歇层面附近的混凝土，顺河向应力水平超出即时允许应力标准。

除上述部位外，其他部位混凝土的顺河向应力基本满足设计允许的抗裂要求。

（3）上游面轴向温度应力。上游面坝轴向最大应力多发生在冬季低温时段。拉西瓦大坝混凝土施工主要经过了 2006 年冬季 11 月至 2007 年 2 月、2007 年冬季 11 月至 2008 年 2 月、2008 年冬季 11 月至 2009 年 2 月和 2009 年冬季至 2010 年 2 月等 4 个冬季。由于在大坝施工中冬季表面保护措施到位，有效阻隔了寒潮冷击，混凝土的表面温度大部分控制在 4℃ 以上，除了拱冠坝段基础约束区第一个冬季受基础温差和内外温差的双重影响，表面应力略有超标以外，总体来说每个冬季大坝表面的轴向应力基本均控制在允许应力范围内。

（4）长间歇层面温度应力。在拉西瓦大坝 12 号拱冠坝段的施工中，分别于 2006 年 5—7 月在高程 2216.5～2218m、2007 年 7 月 11 日在高程 2320m 和 2008 年 8 月 2 日至 12 月在高程 2365～2370m 经历了 3 次施工长间歇，均导致长间歇层面出现了不同程度的裂缝。长间歇层面的最大温度应力为顺河向应力，温度骤降是导致层面拉应力增大的直接原因。

6.8.4 大坝施工期典型裂缝成因分析

本节对 12 号坝段几个特殊时段典型高程附近，坝体混凝土出现裂缝时的混凝土温度场及温度应力进行了仿真反演计算。3 个典型部位为高程 2216.5～2218m、2320m 和 2365～2370m，均为施工中的长间歇层面。计算结果与现场实际情况吻合。通过对反演结果分析可见，造成上述部位仓面裂缝的直接客观原因，是长间歇期间的温度骤降；而主观原因则是施工中的相关温控措施没有完全满足设计要求。具体分析有以下几方面原因。

（1）混凝土浇筑层间歇时间过长，是大坝混凝土产生裂缝的主要原因之一。根据统计资料显示，拉西瓦大坝混凝土大多数裂缝主要是由于各种原因造成的混凝土浇筑层长间歇，以及长间歇期内频繁的日温差和寒潮冲击而产生的。裂缝发生的主要时段具体如下：

1）2006 年 5—7 月大坝浇筑初期，由于缆机故障导致施工长间歇时间达 64d。由于混凝土位于基础强约束区，基岩约束区应力本身较大，新浇筑的混凝土在遇寒潮冲击，加上保温措施不到位，因此导致在长间歇面上出现了一批裂缝。

2）2007 年 7 月中旬，因暴雨导致右岸缆机平台边坡塌方，造成缆机又一次停机，致使大坝混凝土浇筑停歇时间长达 3 个多月，至 2007 年 11 月恢复浇筑时，尽管设计一再强调加强保温，但是由于高温季节浇筑的混凝土长期停歇，过冬时其气温年变幅应力较大，再在秋季气温变幅较大季节遇寒潮，保温措施又不到位，因此长间歇面的老混凝土面上仍出现一批裂缝。

3）2008 年 8—12 月，由于拱冠坝段孔口钢衬安装，以及初期发电前发电高程成拱的需求，河床坝段在高程 2365～2370m 有 4 个月的长间歇，与 2007 年 7 月相似，在长间歇的老混凝土面上又出现一批裂缝。

（2）混凝土最高温度超标是裂缝产生的主要原因之二。设计要求基础约束区混凝土的浇筑温度应控制在 5～12℃ 内，控制混凝土最高温度不大于 23℃。以 12 号坝段为例，2218.0m 以下 12-2 层至 12-4 层等 3 层混凝土的浇筑温度均不满足设计要求，尤其是 12-4 坝块，最高浇筑温度达到 18℃，超出设计标准 6℃。混凝土浇筑温度超标直接导致最高温度超标，如 12-3 浇筑块（高程 2215～2216.5m）内的最高温度达到 27.4℃，超出控制标准 4.4℃、12-4 浇筑块（高程 2216.5～2218m）内的最高温度达到 25.8℃，超出控制标准 2.8℃。由此导致基础温差和内外温差的增大。

（3）寒潮多发季节表面保护措施不到位是裂缝产生的主要原因之三。相关规范中对寒潮的定义为："日平均气温在 2～4d 内连续下降超过 5℃者为一次气温骤降或寒潮"。对拉西瓦地区而言，春、秋季都是寒潮频发的季节，设计要求在施工中对水平层面或侧面在遇到寒潮时应及时保温，保温后混凝土表面等效放热系数 $\beta \leqslant 3.05\text{kJ}/(\text{m}^2 \cdot \text{h} \cdot \text{℃})$。在大坝的早期施工中，对冬季的表面保护问题比较重视，而对春、秋季的寒潮应对措施重视不够，表面保温措施不到位。

从本书 6.7 节的分析中可以看出，拉西瓦大部分仓面裂缝虽然都是出现在长间歇期间春、秋季寒潮频发的季节。但归纳起来可分为以下两种情况：

1）新浇筑的混凝土遇寒潮——这是施工期混凝土遇到的最不利工况之一。2006 年 4—6 月大坝浇筑初期所产生的裂缝就是这种情况。混凝土位于基础强约束区，其自身的基础温差应力本身较大，再在春季寒潮频发季节长期停歇，由于表面保温措施不到位，新浇筑的混凝土频繁遭遇寒潮袭击，使混凝土表面温度应力大于新浇混凝土的抗裂能力，从而导致混凝土开裂。

2）高温季节浇筑的混凝土遇长期停歇，过冬时再遇寒潮袭击——这是施工期混凝土遇到的最不利工况之二。2007 年 7 月因缆机故障和 2008 年 8 月因钢管安装造成的长间歇就是这种情况。由于表面保温措施不到位，在秋季气温降幅较大季节再遇寒潮，此时混凝土表面气温年变幅大应力本身较大，再叠加寒潮冷击应力，使混凝土表面温度应力大于自身的抗裂能力，导致大坝表面开裂。

综上所述，缆机故障等原因造成的施工长间歇、恶劣的气候条件，频繁的寒潮冲击，是造成大坝裂缝的客观原因；施工组织管理不善，造成混凝土浇筑温度、混凝土最高温度超标，寒潮频发季节未对水平施工层面及时表面进行保护是造成大坝裂缝的主观原因。

6.8.5　大坝施工期温度控制评价与建议

综上所述，拉西瓦拱坝地处西北高原寒冷地区，气候条件恶劣、混凝土材料参数具有中热、高弹性模量、高线膨胀系数、自生体积变形呈收缩等特点、大坝混凝土采取通仓浇筑、全年施工、全年封拱的施工方式，对大坝的温控防裂极为不利，大坝混凝土温控难度远远大于国内同类工程。但是在设计、科研、管理和施工各方的全力协作和共同努力之下，大坝混凝土温控措施基本得到实施，混凝土浇筑温度和最高温度（除浇筑初期个别坝段温控措施不到位外）均满足设计要求，混凝土施工质量良好，平均每 4 万 m^3 混凝土仅有 1 条裂缝，在拉西瓦这样恶劣的气候条件下，裂缝控制到这样的水平是不错的，在国内混凝土坝裂缝统计中应该属于较高水平。本书通过对拉西瓦典型坝段施工期温度应力反演分析计算，可得出如下结论：

（1）由混凝土主要材料参数反演结果可知，现场混凝土原材料的性能参数与设计试验参数值基本吻合，反映出现场混凝土质量控制较好，混凝土温控设计参数取值较为合适，为大坝混凝土温控防裂奠定了基础。

（2）由于各方对拉西瓦大坝温控防裂问题高度重视，在业主、设计、施工和监理各方团结协作下，大坝混凝土温控措施基本到位，混凝土温度控制较为理想，混凝土裂缝得到有效控制。具体表现在以下几方面：

1) 设计结合拉西瓦地区气候特点，根据拉西瓦拱坝的实际体型和材料参数，按照理论分析—数值仿真—经验判断的技术线路，采用三维有限元温控计算程序，对拉西瓦典型拱冠坝段、边坡坝段混凝土施工期温度场及温度应力进行全过程仿真分析计算，对影响混凝土温度应力的主要温控措施进行了敏感性分析，提出了符合拉西瓦工程实际的温控技术要求。具有条理清晰、措施严密、深入浅出、可操作性强、各阶段各分区皆有章可循等特点，是拉西瓦大坝温控防裂的坚实基础和可靠保证，也为我国高寒地区混凝土高拱坝的建设提供了一定的技术支撑和积累了工程经验。

2) 从拌和楼开始，到运输、浇筑、通水冷却、仓面养护、表面保护和现场监测各个环节严格控制，保证了设计温控要求的层层落实。

3) 施工资料记录完整，现场监控措施到位，监测数据精度及准确度高。所获取的技术资料，是寒冷地区混凝土高坝施工的一笔宝贵财富。

（3）由于现场资料可靠，典型坝段混凝土施工期温度应力反演计算结果较为理想，大坝混凝土温度变化过程线与温度计实测过程线基本吻合，反演计算的大坝混凝土温度应力水平也基本反映了大坝施工期实际的温度应力水平。

（4）施工期的裂缝成因较为明确。主要由于特殊原因导致的施工期长间歇，再加上恶劣的气候条件，频繁的寒潮冲击是造成大坝裂缝的直接客观原因；施工组织管理不善，造成混凝土浇筑温度和最高温度超标，寒潮频发季节未对水平施工层面及时进行表面保护是造成大坝裂缝的主观原因。

（5）施工中由于特殊原因导致的长间歇是不可避免的。通过对长间歇层面裂缝成因的分析，建议今后对于同类问题，要重视加强长间歇层面的表面保护，尤其应注重春秋等寒潮频发季节的层面保护，预防长间歇时段层面裂缝的产生。

（6）总结拉西瓦大坝混凝土温度控制设计和裂缝产生的原因，有以下几方面的经验供其他寒冷地区工程参考：

1) 薄层短间歇连续浇筑混凝土，尽量避免长间歇浇筑混凝土，是避免混凝土产生裂缝的有效途径。

2) 严格进行混凝土温度控制。采取有效措施控制混凝土出机口温度和浇筑温度，全年采用一期冷却措施，降低混凝土最高温度。

3) 上下游面采用全年保温，气温骤降期间加强保温。过冬时对高温季节浇筑的基础约束区混凝土采取加大力度的保温方式，并采取中期冷却措施降低内外温差的双保险措施，是减少拉西瓦大坝混凝土裂缝的有效措施。

4) 冬季为了防冻防裂，须采用热水、预热骨料等措施控制混凝土出机口温度，确保浇筑温度为5~8℃。冬季浇筑混凝土以蓄热法为主，当气温低于−10℃时，必须采用暖棚法或综合蓄热法施工，确保混凝土施工质量。

第 7 章 主 要 结 论 与 建 议

本书主要以黄河上游的龙羊峡水电站、拉西瓦水电站、李家峡水电站工程为依托，对高寒地区高拱坝混凝土原材料选择及其配合比性能试验、运行期库水温度及其准稳定温度场、典型坝段混凝土施工期温度应力及其温控措施、高寒地区高拱坝 MgO 混凝土筑坝技术应用、典型坝段施工期温度应力反演分析、高寒地区高拱坝全年接缝灌浆措施等进行了全面系统的研究。其主要研究成果结论如下。

7.1 高寒地区气候特点与高拱坝混凝土温控特点

（1）高寒地区高程较高（一般高于 2000m），一般具有年平均气温低、年气温变幅大、日温差大、气温骤降出现频繁、年冻融循环次数多、气候干燥、太阳辐射热强、冬季历时较长等特点，对混凝土表面保温防裂要求高。因而对混凝土的强度等级、抗冻、抗裂等耐久性指标要求较高，尤其是对混凝土早龄期（28～90d）的抗裂指标要求高，一般要求其 28d 龄期极限拉伸值大于 0.85×10^{-4}，90d 龄期极限拉伸值大于 1.0×10^{-4}。

（2）高寒地区年平均气温较低，坝体混凝土准稳定温度及大坝封拱温度相对较低，一般仅 7～10℃，相同条件下其混凝土基础温差较大，大坝混凝土基础温差应力较大，因而其混凝土温度控制更严格，难度更大。

（3）高拱坝一般要求基础岩石弹性模量较高，以便有足够的承载力；而且高拱坝拱冠和拱端厚度相对较大，由于拱坝对整体性要求高，因而均要求采取通仓浇筑的施工方法。众所周知，基础混凝土仓面尺寸越大，基础允许温差越严；基础弹性模量越高，基础混凝土约束应力也越大，对温度控制要求更严格。

7.2 高寒地区高拱坝混凝土原材料选择及其配合比设计原则

结合高寒地区气候特点、高拱坝温控要求，对高寒地区高拱坝混凝土原材料及配合比设计原则提出以下要求。

7.2.1 混凝土原材料选择

（1）水泥。高拱坝对混凝土抗裂指标及强度要求高。为了提高混凝土强度，应优先选择中热 42.5 号硅酸盐水泥，在满足国标对中热水泥的要求外，对下列指标提出更严格的要求：

1）宜选择微膨胀水泥或低热微膨胀水泥。为使混凝土的自生体积变形产生微膨胀，所用水泥中 MgO 的含量宜控制在 3.5%～5.0%。

2）宜控制 7d 水化热不大于 280kJ/kg，以降低混凝土水化热温升。

3）为了提高混凝土抗裂强度，水泥熟料中铁铝酸四钙（C_4AF）的含量宜大于 16%，水泥 28d 抗折强度宜大于 8.0MPa。

4）考虑水泥细度对混凝土早期强度和发热速率有一定影响，建议控制水泥比表面积在 $250\sim300m^2/kg$。

5）为了有效控制骨料碱活性反应，应控制水泥中的碱含量小于 0.6%。

6）为了调整混凝土的凝结时间，建议生产水泥所用石膏中的 G 类石膏（$CaSO_4 \cdot 2H_2O$）应大于 75%。

（2）粉煤灰：为了提高混凝土抗裂性能及耐久性能，宜采用优质Ⅰ级粉煤灰，并严格控制粉煤灰的烧失量、细度等。

（3）混凝土中宜掺入适量的高效减水剂和引气剂。要求减水剂的减水率宜大于 21%。掺入的引气剂可使混凝土在搅拌过程中引入大量不连续的小气泡，气泡直径应控制在 $0.05\sim0.2mm$。若大气泡较多，可掺入适量的破乳剂。

（4）骨料：应根据优质、经济、就地取材的原则进行混凝土骨料选择。必须高度重视骨料的强度特性、耐久性及热学特性指标。

1）骨料的强度特性：水工混凝土一般采用岩石饱和抗压强度、压碎指标以及跌落损失等评价骨料的强度特性。对于人工骨料，一般要求母岩饱和抗压强度大于 1.5 倍的混凝土强度等级；选择天然骨料时必须严格控制粗骨料的压碎指标、针片状和软弱颗粒含量等满足要求。

2）骨料的耐久性：一般采用坚固性、耐磨性、碱活性等指标评价骨料的耐久性。宜选择坚固性和磨损率较小的骨料。

3）骨料热力学特性：混凝土弹性模量、线膨胀系数主要取决于骨料的岩性。骨料的弹性模量越大，混凝土的弹性模量也越大，极限拉伸值越小，对混凝土抗裂不利。一般灰岩骨料线膨胀系数较小，砂岩、玄武岩骨料线膨胀系数较大；为减小大坝混凝土温度应力，宜选择骨料弹性模量适中、线膨胀系数较小的骨料。

4）天然骨料均匀性要求：高拱坝对骨料均匀性要求较高，而天然骨料级配及砂子细度模数分配不均，因此在砂石加工系统中应采取下列措施：①增加细砂回收设施；②将砂子分粗砂和细砂两级堆放，均匀掺混；③增加人工制砂设施，采用富裕的小石制砂等；④有序分区开采、均衡生产等措施调整砂的细度模数，使天然砂的细度模数达到 $2.4\sim3.0$ 的要求。

5）骨料碱活性判定方法：通常采用岩相法初步判定，采用砂浆棒快速法进行进一步试验判定，这种方法简单快速，而且一般不会漏判，重要的工程还须用混凝土棱柱体法进行试验判定。粉煤灰对骨料碱活性反应具有明显的抑制作用，当混凝土中掺用 20% 以上的粉煤灰时，即可有效抑制碱活性有害反应。

7.2.2 混凝土配合比设计原则

高寒地区高拱坝要求混凝土具有较高的抗压、抗裂强度及抗冻等级。配合比设计的核心是提高混凝土的抗冻及抗裂性能，应选择优质的水泥、粉煤灰和骨料，配合比设计应采用"两低三掺"的原则，两低为低水胶比、低用水量，三掺为高掺粉煤灰、高效减水剂、优质引气剂（破乳剂、稳气剂等）。

（1）设计龄期：为了充分发挥粉煤灰混凝土后期强度，减小胶凝材料用量，降低水化热温升，大坝混凝土宜采用 180d 龄期。

（2）掺合料：高寒地区高拱坝对混凝土早期抗裂性能要求高，因此粉煤灰掺量不宜过高，最大掺量可提高到 35%。

（3）外加剂：为提高混凝土的抗冻性，应掺入高效减水剂和引气剂。为避免高频振捣过程中混凝土气泡损失过大，可掺入适量的稳气剂，以确保混凝土含气量在 5%～6% 范围内。若大气泡较多，可掺入适量的破乳剂。

（4）强度保证率：由于加大粉煤灰掺量，对混凝土早期强度有一定影响。为提高混凝土早期强度，强度保证率应不低于 85%。

（5）水胶比：为提高混凝土抗冻等级，宜控制高强度等级混凝土最大水胶比小于 0.45。

（6）混凝土配合比设计：在满足混凝土设计要求的强度等级、抗渗、抗冻、和易性等各项指标的前提下，提出绝热温升低、极限拉伸值和抗冻性能较高的最优配合比。

7.3　高寒地区高拱坝运行期库水温度及其准稳定温度场研究成果

7.3.1　大型水库蓄水后对下游河道水温的影响

通过对龙羊峡水库单库运行前后以及大型水库联合运行后对下游河道水温的调查分析研究后得出以下结论：

（1）龙羊峡单库对下游河道水温的调节作用：龙羊峡水库为多年调节水库，坝高库大，其蓄水后对下游河道水温的影响十分显著。即具有"调峰填谷"的作用，也就是说抬升冬季水温，降低夏季水温。以贵德站为例，1986 年龙羊峡水库建库前，每年冬季天然河道最低月平均水温为 0℃，夏季最高月平均水温为 17.5℃，1993 年龙羊水库运行后，冬季河道最低水温为 4～5℃，抬高 4～5℃，夏季最高水温为 12.1℃，降低约 5.4℃，均较气温滞后 1～2 个月。

（2）大型水库联合运行对下游河道水温的调节作用：以循化站为例，1986 年龙羊峡水库建库前，每年冬季天然河道最低月平均水温为 0℃，夏季最高月平均水温为 18.5℃，1993 年龙羊峡水库单库运行后，夏季最高水温为 14℃，降低 4.5℃，冬季最低水温 3.5℃，升高 3.5℃。而 2001 年李家峡和 2004 年公伯峡水库分别投入联合调节后，其循化站冬季河道最低水温均略有抬高（1.5℃和 1.8℃），夏季水温虽变化不大，但相位有一定的滞后。

综上所述，多年调节水库对下游河道水温调节作用是主要的，但随着向下游沿程的增加，这种作用有一定削弱；而对于黄河上游坝高大于 100m 的日调节水库，对下游河道水温仍有一定的微调节作用。

7.3.2　高寒地区水库水温分布研究

采用数值分析法和估算法等对拉西瓦水库水温进行全面理论性研究，并结合拉西瓦、李家峡水库运行期水温监测资料，对拉西瓦水库和李家峡水库水温进行了反分析，总体而言，采用估算法和数值分析法预测的水库水温分布相对合理，较实测值低，偏于安全。对黄河上游高寒地区高坝大库水库水温分布、计算常数归纳总结如下：

（1）一般年调节或多年调节水库，如果坝前不存在浑水异重流，其水库水温一定是稳定分层型（如龙羊峡水库）。

（2）对于黄河上游坝高大于100m的周调节或日调节水库，其水温分布系数为10～20，为过渡型水库（李家峡、拉西瓦）。由于洪水流量小，年泄洪次数较少，水位调节变幅小，坝前不存在浑水异重流，其变温层以下水库水温分布基本成层状分布，库底存在稳定的低温水层。

（3）数值分析法同时考虑了水文气象条件、电站运行方式、泄洪方式等对水库水温的影响，计算较为准确。估算法计算较简单，其难点在于库底水温、库表水温、库表水温年变幅等常数较难确定，应结合同一条河流上的实测水温进行类比分析。对于初步设计阶段，采用估算法计算的年平均水温基本满足要求；对于可行性研究阶段，宜采用数值分析法进行水库水温计算。

（4）黄河上游地区高坝大库水温计算常数及水温分布特性归纳如下：

1）地温：库底地温与该地区多年平均地温相近。龙羊峡、拉西瓦、李家峡水库实测地温为10～11℃。

2）库表水温：库表水温受外界气温、太阳辐射热、来水温度的影响较大。实测资料表明，龙羊峡下游电站库表年平均水温为10～11℃，2月底3月初库表水温最低为7～8℃（3月平均气温3.7℃，河道来水温度4.4℃），8月库表水温最高为14～15℃（8月平均气温为18.2℃，河道来水温度10.1℃），较气温滞后1～2个月，库表水温年变幅为3～4℃。受龙羊峡水库调蓄作用的影响，库表最低水温较外界气温高约4℃，库表最高水温较外界气温低3～4℃，与来水温度相比，太阳辐射热的影响为3～4℃。而正常蓄水位10m以下至电站进出水口之间的水体水温在3月最低，11月最高，水温与来水温度基本基本相同。

3）库底水温：库底年平均水温与坝址区的纬度、多年平均气温有一定的相关性。黄河上游的高坝大库，根据其纬度和多年平均气温，若坝前无弃渣的影响，其库底水温实测值基本为4～8℃，平均值在5～6℃。

4）变温层的底部高程：当泄引水建筑物进口高程较低，在泄引水建筑物的干扰下，则变温层底部高程自进水口向下移10～20m。

5）恒温层水温分布：自库底堆渣高程以上10～15m，即为库底低温水层。库底低温水层—变温层底部即为恒温层，这部分水体水温随外界气温变化较小。但是恒温层的分布与水库特性有关，对于过渡型水库，低温水层范围较小，自库底低温水层向上呈斜线分布；而对于多年调节水库，其低温水层呈垂线分布。

7.3.3 高寒地区高拱坝准稳定温度场研究成果

拱坝运行期准稳定温度场的准确计算，关键在于其边界条件的正确假定和边界温度的选取，而坝前库水温度分布是准稳定温度场计算的重要边界条件。根据拉西瓦拱坝运行期稳定温度场计算成果可知：

（1）从各月混凝土准稳定温度场分布图可以看出，随着外界气温的变化，坝体厚度小于 30m 的混凝土温度受外界气温的影响变化较大；拱坝厚度大于 30m 的大坝内部混凝土温度受外界气温影响变化较小。基础约束区混凝土准稳定温度在 9～10℃，脱离约束区混凝土准稳定温度为 6～10℃。

（2）高寒地区封拱原则：合理确定封拱温度，有利于改善坝体的应力，提高接缝灌浆质量。一般情况下，温降对坝体拉应力不利，温升将使拱端推力加大。一般工程均选择略低于准稳定温度封拱。但是对于高寒地区拱坝，其准稳定温度一般较低（在 6～10℃），人工制冷水温度最低仅 2℃，进坝水温为 4℃，温差较小，很难将坝体温度降到更低。因此高寒地区宜采用平均准稳定温度封拱。

（3）封拱温度确定：对于坝体厚度大于 30m 的下部坝体混凝土，内部温度随外界气温变化不大，封拱温度可采用平均准稳定温度；上部坝体混凝土温度随外界气温变化较大，其封拱灌浆温度采用最低月准平均稳定温度封拱。

7.4　高寒地区高拱坝施工期温度应力及其温控措施研究成果

结合拉西瓦典型拱冠坝段、陡坡坝段、孔口坝段等数十个典型方案的混凝土施工期温度场及温度应力全过程三维仿真分析计算结果，以及高寒地区混凝土冬季施工及保温措施研究结果、单工况和最不利工况组合下的混凝土表面温度应力计算结果，提出黄河上游西北高原寒冷地区高拱坝混凝土施工期温度控制标准及其防裂措施。

7.4.1　大坝混凝土温度控制标准

高拱坝大坝混凝土温度控制标准应按"双"标准控制，既要满足温差标准，又要满足应力标准。

（1）基础混凝土允许温差及允许最高温度。高寒地区对混凝土温控防裂要求高，基础允许温差宜按规范要求的下限值控制。结合拉西瓦大坝基础浇筑块最大尺寸，强约束区允许温差取 14℃，弱约束区允许温差取 17℃。根据基础允许温差和各灌区封拱温度，确定拉西瓦典型坝段强约束区混凝土允许最高温度为 23℃，弱约束区最高温度为 26℃。

（2）混凝土允许抗裂应力。

1）基础混凝土允许抗裂应力。高拱坝对混凝土抗裂指标要求高，对于拱坝混凝土温度应力控制标准可按综合安全系数法。采用综合安全系数法时，施工期混凝土温度应力应满足要求：

$$\sigma \leqslant \varepsilon E / K_f$$

式中：K_f 为综合安全系数，中、高坝宜采用 1.5～1.8，坝高大于 200m 的高坝宜采用 2.0。

混凝土允许抗裂应力采用极限拉伸值计算的允许应力一般较轴拉强度计算值大，为安全起见，也可采用轴拉强度确定混凝土允许抗裂应力。

2）表层混凝土允许抗裂应力。《混凝土坝温度控制设计规范》（NB/T 35092—2017）规定，表层混凝土允许拉应力安全系数为 1.3～1.5。考虑高寒地区气候条件恶劣，气温年变幅、日变幅大，气温骤降频繁，对混凝土表面抗裂不利，必须采用高标准严要求，加强混凝土表面保温。对于长龄期混凝土及约束区混凝土，由于气温年变化作用时间长，危害大，建议表面抗裂安全系数不宜小于1.8。对于非约束区混凝土表面应力，考虑气温日变化、气温骤降作用时间短，建议短龄期（<28d）混凝土抗裂安全系数不宜小于1.65。

7.4.2 高温季节混凝土温度控制措施

结合高寒地区气候特点，混凝土允许最高温度较低，温度控制要求严格。夏季5—9月是大坝混凝土温控的重点。必须采取加冰、加冷水、风冷骨料等措施，控制混凝土出机口温度满足设计要求，并采取一期冷却、表面流水措施，确保混凝土最高温度满足设计要求。

（1）提高施工工艺，采取有效措施降低混凝土浇筑温度。高温季节5—9月采取加冰、加4℃冷水、风冷粗骨料等措施控制混凝土出机口温度和浇筑温度。对于基础约束区混凝土，宜控制混凝土出机口温度不大于7℃，浇筑温度不大于12℃；脱离约束区，宜控制混凝土出机口温度不大于12℃，浇筑温度不大于15℃。为减少混凝土温度回升，确保混凝土浇筑温度满足设计要求，宜采取以下措施：

1）应严格控制混凝土自出机口至仓面上层混凝土覆盖前的暴露时间，对于6—8月混凝土自出机口至仓面上层混凝土覆盖前的暴露时间应小于150min，5月、9月宜小于180min，10月至次年4月宜小于210min。

2）混凝土运输设备应加设遮阳防晒措施，仓面采用喷雾措施，以降低混凝土环境温度，混凝土平仓后，立即采用2cm的聚氯乙烯片材保温材料覆盖。

3）加大骨料堆料高度。要求骨料堆料高度大于6m。

4）5—9月高温季节，应尽量避开白天高温时段（13：30—16：30）浇筑混凝土，尽量利用夜晚开盘浇筑混凝土。

（2）采用薄层短间歇浇筑，以利层面散热。基础强约束区浇筑层厚为1.5m，脱离强约束区控制为3.0m；间歇期控制在5～7d，以不超过10d为宜。避免长间歇浇筑混凝土，特别是由于固结灌浆影响而造成的长间歇混凝土。可采取无盖重灌浆或引管灌浆等有效措施，尽量缩短固结灌浆影响的长间歇时间，一般不宜超过14d。

（3）加强一期冷却，降低混凝土最高温度。要求坝体所有部位全年进行一期通水冷却，控制混凝土最高温度，以降低混凝土基础温差和内外温差。混凝土浇筑后12h应立即通水，通水时间为20d。对于夏季5—9月浇筑的混凝土，水温4～6℃；10—4月可采用天然河水冷却，通水流量为18～20L/min。要求每24h更换一次水流方向，基础约束区混凝土水管间排距为1.0m×1.5m，非约束区混凝土水管间排距为1.5m×1.5m，每套水管总长度控制在250m之内。控制一期冷却降温幅度为6～8℃，平均降温速率小于0.5℃/d。一期冷却结束后，还应采取间断通水、减小通水流量等措施控制温度回升。

（4）加强中期降温冷却，降低混凝土内外温差。过冬前采用天然河水对高温季节浇筑的老混凝土进行中期降温冷却，中冷目标温度按16～18℃。

（5）计算结果表明，浇筑层厚越薄，表面流水冷却效果越好。因此建议基础约束区夏季5—9月浇筑混凝土，应采用1.5m层厚，采用表面流水养护。要求间歇期内连续养护，流水厚度为6～8mm，水流速度不大于0.8m/s，相当于每1000m² 面积上的流量为13L～15L/s，可采用天然河水进行。

（6）严格控制相邻坝段高差。各坝段应连续均匀上升，尽量缩短混凝土暴露时间，防止产生表面裂缝。严格控制相邻坝段高差不大于 12m，控制最高坝段与最低坝段高差不大于 30m。

（7）加强混凝土表面养护工作。高寒地区，太阳辐射热强，日照时间长，气候比较干燥，应特别注意加强混凝土表面养护。要求混凝土浇筑完毕 12～16h 后，及时采取洒水养护措施，保持混凝土表面经常处于湿润状态。对于基础约束区混凝土，夏季 5—9 月宜采用流水养护措施。对于短间歇均匀上升浇筑，其顶面应在间歇期内连续进行养护；对于间歇期超过 1 个月者，混凝土连续养护时间不少于 28d。

7.4.3　混凝土冬季施工及其表面保温防裂措施

每年 10 月至次年 4 月大坝混凝土进入冬季施工，加强表面保温，防止混凝土表面产生裂缝，是高寒地区大坝混凝土温控的重中之重。结合高寒地区气候特点，冬季混凝土施工拟采取的主要温控措施如下：

（1）冬季（12 月至次年 1 月），日平均气温小于 −10℃时，混凝土浇筑宜采用综合蓄热法或暖棚法施工。一般宜在白天气温较高时段开盘，并在夜间气温达到最低前收盘。

（2）为了防冻防裂，宜采用预热骨料并加热水拌和混凝土，控制混凝土出机口温度为 8～16℃，以确保混凝土浇筑温度为 5～8℃，同时应加强混凝土浇筑初期（7d 以前）的保温养护，以确保混凝土受冻前的成熟度大于 1800℃·h，混凝土强度大于 7.0MPa。

（3）冬季宜控制混凝土浇筑层厚为 3.0m，预埋冷却水管，间排距为 1.5 m×1.5m，采用天然河水进行一期冷却，降低内外温差。

（4）每年 9 月过冬前采用天然河水进行中期冷却，以降低混凝土内部温度，减小内外温差，防止表面裂缝。中期冷却目标温度 16～18℃。

（5）加强坝面保温。每年 9 月、10 月年气温变幅较大，且气温骤降频繁，为防止混凝土内外温差过大而产生表面裂缝，必须加强坝面保温措施。

1）对于上、下游坝面，采用施工期与运行期相结合的永久保温方式。混凝土一浇筑完毕即开始保温，要求保温后的混凝土表面等效仿放热系数 $\beta = 3.05\text{kJ}/(\text{m}^2 \cdot \text{h} \cdot ℃)$。

2）对于大坝侧面及仓面采取临时保温方式。每年冬季 10 月至次年 4 月新浇混凝土表面必须覆盖保温材料，至次年 4 月下旬方可拆除，要求保温标准 $\beta \leqslant 3.05\text{kJ}/(\text{m}^2 \cdot \text{h} \cdot ℃)$。

3）对于高温季节 5—9 月浇筑的基础强约束区混凝土，过冬前应采取加大力度的保温方式，其 $\beta \leqslant 0.84\text{kJ}/(\text{m}^2 \cdot \text{h} \cdot ℃)$。

4）对泄洪底孔、大坝内廊道等部位形成的孔洞混凝土必须在 9 月底以前挂保温材料封口，防止冷空气对流而产生裂缝，要求保温标准 $\beta \leqslant 2.1\text{kJ}/(\text{m}^2 \cdot \text{h} \cdot ℃)$。

（6）密切注视气象预报工作，确保在气温骤降前对各部位混凝土做好保温工作，特别是加强重要部位混凝土表面保温。

7.4.4　坝体全年封拱灌浆的温控措施

（1）计算结果表明，不同季节灌浆的坝块内部温度都能基本达到设计封拱温度，但是由于外界气温的影响，夏季封拱灌浆时的坝体表面温度较高，因而过冬时夏季封拱灌浆的坝块表面降温幅度较大，过冬时表面产生较大的拉应力，对坝体局部结构安全不利。

（2）加强坝表面保温对减缓坝体表面最大拉应力效果显著。加大坝面保温力度，能有效降低表层混凝土夏季封拱时的表面温度，减小表层混凝土过冬时的降温幅度，有效降低了表层混凝土表面最大拉应力。

（3）对表层附近区域混凝土加强冷却能改善夏季封拱灌浆区表面高应力。采用局部加密冷却水管间排距，加强冷却措施，对降低坝体表面最大拉应力效果显著。

综上所述，采取加强表面保温、加密表层混凝土冷却水管间排距、加强表层混凝土通水冷却的综合工程措施，可有效减小夏季封拱灌浆混凝土的冬季表面最大拉应力。因此对于拉西瓦拱坝夏季封拱灌浆的坝体，加大保温力度，采用 8～10cm 的保温板保温，局部加密冷却水管布置，加强冷却措施等，减小坝体表面最大拉应力，提高坝体结构抗裂安全度。

7.5　高寒地区高拱坝 MgO 筑坝技术应用研究成果

通过对李家峡水电站拱坝基础外掺 MgO 微膨胀混凝土的施工期温度应力仿真计算、李家峡拱坝基础或全坝外掺 MgO 微膨胀混凝土对拱坝横缝开度和拱坝整体应力的影响研究，以及李家峡拱坝基础外掺 MgO 微膨胀混凝土的应用实践，对高寒地区高拱坝应用 MgO 微膨胀混凝土筑坝技术总结如下：

（1）MgO 混凝土筑坝技术的巨大优势，在于 MgO 所独有的延迟性微膨胀特性，其膨胀变形过程和大体积混凝土降温收缩变形相匹配，对大坝基础约束区混凝土施工期温度应力具有较高的补偿效应。从而达到了简化夏季温控措施，取消了薄层和预冷骨料等降温措施，实现通仓浇筑，加快工程进度，防止混凝土裂缝的目的。

（2）根据《中热硅酸盐水泥　低热矿渣硅酸盐水泥》（GB 200—89）中热硅酸盐水泥对 MgO 的允许含量要求前提下，在压蒸试验合格的情况下，MgO 内含与外掺总量不宜大于 6%。根据李家峡工程经验，当基础混凝土外掺 2.5%～3.5% 的 MgO，即基础混凝土自生变形为 $50 \times 10^{-6} \sim 70 \times 10^{-6}$，约束区混凝土最大补偿应力可达 0.3～0.5MPa，相当于每个微应变可产生 0.007～0.01MPa 的预压应力。

（3）大坝基础外掺 MgO 后，在一定程度上增大了上部混凝土表面横河向拉应力，因此脱离约束区不宜外掺 MgO，对混凝土表面防裂不利。

（4）拱坝采用 MgO 微膨胀混凝土后，对改善坝体运行期拉应力效果明显，对坝体上游面主压应力有所增加，对下游面压应力有所减少，但幅度均不大。

（5）大坝外掺 MgO 在一定程度上减小了横缝开度值，MgO 掺量越大，横缝开度减小越大：①基础约束区外掺 2.5%～3.5% 的 MgO 时，自生体积变形为 $50 \times 10^{-6} \sim 70 \times 10^{-6}$，内部横缝开度值为 0.6～2.0mm，基本满足灌浆要求；②全坝外掺 3.5% 的 MgO，内部横缝开度值为 0.6～1.7mm，局部区域横缝开度较小（0.45mm），对横缝灌浆不利；③仿真计算结果与实测横缝开度基本吻合。相比较而言，仿真计算的横缝开度较实测值略微偏小。

（6）鉴于高寒地区气候特点和拱坝结构受力特点，为提高工程质量，加快工程进度，简化混凝土夏季温控措施，实现大坝通仓浇筑，可在大坝基础约束区采用 MgO 微膨胀混凝土以补偿施工期混凝土降温收缩时产生的拉应力,防止基础贯穿性裂缝。但是,由于 MgO 的补偿收缩量是有限的,对于高拱坝,采用 MgO 混凝土筑坝技术只能作为一种辅助温控防裂措施,不可能完全取消温控措施。

7.6   高寒地区高拱坝施工期温度应力反演分析研究成果

拉西瓦 12 号拱冠坝段混凝土施工期温度场及温度应力反演分析计算结果表明:

(1) 最高温度:12 坝段混凝土最高温度除了强约束区 2214.0m 层混凝土最高温度为 27.4℃(>23℃)、非约束区 2302.0m 层最高温度为 31.4℃(>30℃)不满足设计要求外,其他区域混凝土最高温度均在设计允许范围内。

(2) 顺河向应力:除基础约束区 2214m、2330m 应力超标(分别 2.35MPa 和 2.21MPa)外,12 坝段其他部位施工期顺河向最大应力均满足设计要求。

(3) 冬季上游面横河向应力:仅 2006 年冬季在 2012.0m 层冬季表面应力超标,2008 年冬季在 2355.0m、2370m 层表面应力较大,但均小于 2.1MPa,其他部位均满足设计要求。

(4) 长间歇水平层面应力:由典型 12 号坝段施工期温度应力反演分析成果可知,在 2218.0m、2320m、2330m、2370m 层长间歇面上顺河向应力均大于混凝土即时允许应力,不同程度地出现了裂缝。

综上所述,缆机故障、钢衬安装等原因造成的施工长间歇,恶劣的气候条件、频繁的寒潮冲击,是造成大坝裂缝的直接原因;混凝土浇筑温度和最高温度超标,寒潮频发季节未对水平施工层面及时进行表面保护是造成大坝裂缝的主要原因。

7.7   科 研 成 果 应 用

本书主要以龙羊峡、李家峡、拉西瓦水电站工程为依托,结合高寒地区气候特点、高拱坝混凝土温控标准和防裂要求,对高寒地区高拱坝混凝土温度控制技术进行了全面系统的研究,形成了一套完整的适合高寒地区高拱坝混凝土温度控制综合防裂技术,并取得了良好的效益。可为黄河上游、金沙江上游、怒江流域等高寒地区同类工程高拱坝温度控制设计和施工提供借鉴和指导,具有较高的推广应用价值,社会经济效益显著。

7.8   主 要 建 议

(1) 高寒地区气候条件恶劣,具有年平均气温低、气温年变幅大、日温差大、气温骤降频繁、年冻融循环次数高、冬季施工期长、太阳辐射热强、气候干燥等特点,混凝土表面温度应力较大,表面保护标准要求较高,保温难度大。因此必须高度重视高寒地区混凝土表面保温,合理确定大坝混凝土表面保温标准和冬季施工方法。建议高寒地区高拱坝上下游面等永久暴露面采用施工期与运行期相结合的永久保温方式。

(2) MgO 微膨胀混凝土筑坝技术是一项多学科的高难技术,尽管 MgO 混凝土筑坝技术取消了或简化了部分温控措施，对大坝混凝土防裂有利，但其技术要求却是非常严格的。MgO 混凝土筑坝技术应用成功与否，与 MgO 原材料质量及其稳定性、MgO 的安定性控制、MgO 混凝土自生体积膨胀变形规律与混凝土降温收缩过程是否匹配、MgO 混凝土的施工均匀性控制等有直接的关系，否则将达不到预期效果。

（3）考虑 MgO 自生体积变形较为复杂，影响因素较多，不仅与水泥中的 MgO 含量、煅烧温度、细度及混凝土养护温度、水泥品种和掺合料等有关，借鉴李家峡工程经验，机口外掺 MgO 均匀性控制有一定难度，因此建议采用厂掺 MgO 水泥（即配入一定量轻烧的 MgO 熟料与水泥熟料共同粉磨）用于混凝土中，以实现在更高混凝土拱坝或重力坝中应用。国内 300m 级高拱坝如拉西瓦、溪洛渡、锦屏等均采用了内含高镁水泥，使水泥内含 3.5%～5.0%的 MgO，目的是使混凝土产生自生体积微膨胀。然而由于水泥煅烧温度较高，降低了 MgO 的活性，加之高掺粉煤灰，抑制了 MgO 的膨胀变形或延缓了膨胀变形发生的时间，膨胀效果差。

（4）结合拉西瓦大坝施工期温度应力反演计算成果和现场混凝土温度控制总结，大坝施工期裂缝成因主要是由于特殊原因导致的混凝土长间歇、恶劣的气候条件、频繁的寒潮冲击是造成大坝裂缝的直接原因；各种原因导致的混凝土浇筑温度和最高温度超标，寒潮频发季节未对水平施工层面及时进行表面保护是造成大坝裂缝的主要原因。总结拉西瓦拱坝现场混凝土温控经验，供其他寒冷地区同类工程参考。

1）严格进行混凝土温度控制，采取有效措施控制混凝土出机口温度和浇筑温度，全年采用一期冷却措施，降低混凝土最高温度。

2）薄层短间歇连续浇筑混凝土，避免长间歇浇筑混凝土，是避免混凝土产生裂缝的有效途径。尤其应采取有效措施缩短固结灌浆引起的基础长间歇，建议控制间歇时间小于 14d。

3）上下游面采用全年保温，气温骤降期间加强保温。过冬时对高温季节浇筑的基础约束区混凝土采取加大力度的保温方式，每年 9 月过冬前对高温季节浇筑的老混凝土进行中期冷却，降低内外温差，是减少大坝混凝土裂缝的最有效措施。

4）冬季为了防冻防裂，须采用热水、预热骨料等措施控制混凝土出机口温度，确保浇筑温度为 5～8℃。冬季浇筑混凝土以蓄热法为主，当气温低于－10℃时，必须采用综合蓄热法或暖棚法施工，确保混凝土施工质量。应加强新浇混凝土前 7d 的保温养护，但混凝土表面不宜使用防冻剂防冻，以免混凝土表面受腐蚀。

参 考 文 献

［1］ 陈聿伦. 黄河龙羊峡水电站大坝混凝土及温度控制设计专题报告 ［R］. 西安：中国电建集团西北
勘测设计研究院，1981.

［2］ 雷丽萍，张现平. 黄河李家峡水电站大坝混凝土温控设计及质量控制专题报告 ［R］. 西安：中国
电建集团西北勘测设计研究院，1992.

［3］ 雷丽萍. 黄河拉西瓦水电站大坝混凝土温控设计及质量控制专题报告 ［R］. 西安：中国电建集团
西北勘测设计研究院，2006.

［4］ 盘海燕. 拉西瓦主体工程混凝土配合比及其混凝土性能试验报告 ［R］. 西安：中国电建集团西北
勘测设计研究院，2004.

［5］ 王少江. 拉西瓦水电站工程大坝混凝土配合比优化及掺Ⅱ粉煤灰试验成果报告 ［R］. 北京：北京
水利水电科学研究院结构材料所，2005.

［6］ 王少江. 拉西瓦红柳滩砂砾石料场骨料碱活性补充验证试验研究报告 ［R］. 北京：北京水利水电
科学研究院结构材料所，2006.

［7］ 朱伯芳. 大体积混凝土温度应力与温度控制 ［M］. 北京：中国电力出版社，2003.

［8］ 丁宝英，王国秉，黄淑萍. 关于大型水库水库水温调查及对龙羊峡拱坝稳定温度场的分析 ［R］.
北京：北京水利水电科学研究院，1982.

［9］ 国家能源局发布. 混凝土坝温度控制设计规范：NB/T 35092—2017 ［S］. 北京：中国水利水电出
版社，2017.8.

［10］ 中华人民共和国国家发展和改革委员会. 混凝土拱坝设计规范：DL/T 5346—2006 ［S］. 北京：
中国电力出版社，2006.

［11］ 国家能源局. 水工混凝土施工规范：DL/T 5144—2015 ［S］. 北京：中国电力出版社，2015.

［12］ 国家能源局. 水工混凝土试验规程：DL/T 5150—2017 ［S］. 北京：中国电力出版社，2017.

［13］ 中华人民共和国电力行业标准. 水工混凝土砂石骨料试验规程：DL/T 5151—2014 ［S］. 北京：
中国电力出版社，2014.

［14］ 李东升，金正浩，苏加林，等. 混凝土冬季施工 ［M］. 北京：中国水利水电出版社. 2001.

［15］ 张国新，张翼. MgO 微膨胀混凝土的应用研究 ［C］//2007 年现代坝工技术国际研讨会暨中日韩
瑞大坝委员会第四次学术交流会论文集，2007.

［16］ 章清娇，邓敏. 掺 MgO 膨胀剂水泥浆体膨胀机理研究述评 ［J］. 科技导报，2009，27（13）：
111 - 115.

［17］ 李承木. 高掺粉煤灰对氧化镁混凝土自生体积变形的影响 ［J］. 四川水力发电，2000，19（S）：
72 - 75.

［18］ 李承木. 外掺 MgO 混凝土的基本力学与长期耐久性能 ［J］. 水利水电科技进展，2000，20（5）：
30 - 35.